ATLAS DEL FIRMAMENTO

VICENTE AUPÍ

ATLAS DEL FIRMAMENTO

De la Osa Mayor a las Nubes de Magallanes

Mapas celestes de
Juan Conejero Gil

Planeta

Diagonal, 662-664, 08034 Barcelona (España)
Diseño del interior: Método, comunicación y diseño, S. L.
Ilustraciones del interior: Observatorio Astronómico de la Universidad de Valencia, Instituto de Astrofísica de Canarias (IAC), Instituto de Astrofísica de Andalucía (IAA), IAC/Royal Greenwich Observatory (RGO)/David Malin, Observatorio Fabra de Barcelona, Centro Astronómico del Alto Turia (CAAT), Agencia Espacial Europea (ESA), Telescopio Espacial Hubble/NASA, Jet Propulsion Laboratory (JPL)/NASA, NASA/JPL/U. S. Geographical Service (USGS), Philip James, University of Toledo/Steve Lee, University of Colorado/NASA, Edward Emerson Barnard/Carnegie Institution of Washington, Vladimir Yershov/Observatorio Astronómico de Pulkovo (Rusia), Joan Genebriera, Vicente Aupí, Juan Conejero, Gonzalo Moure, Mark Kidger, Jon Marcalde, Joan Manuel Bullón, Francisco Catalá, Ramón Barber/Francisco Rodríguez, Joaquín Tío, Calvin J. Hamilton, A. Tayfun Oner/NASA, D. Ducros/Agencia Espacial Europea (ESA), H. Bond/B. Balik/ J. Trauger/R. Sahai, B. Woodgate/J. Hutchings/NASA, R. Evans/K. Stapelfeldt/NASA, W. Couch, University of New South Wales/R. Ellis, Cambridge University/NASA, Marcos Gil Fons, Javier Járboles, Meade Instruments Corp., Inocencio Font Tullot, Colección particular Antonio E. Ten Ros, British Astronomical Association
Preimpresión: Àrea Preimpressió
Primera edición: junio de 2007
Depósito Legal: B. 21.091-2007
ISBN 978-84-08-07250-8
Impresión y encuadernación: Talleres Gráficos Soler, S. A.
Printed in Spain-Impreso en España

A mi esposa, Carmen Cortelles,
que una noche de invierno
se escapó del mundo para venirse
conmigo a ver las estrellas.

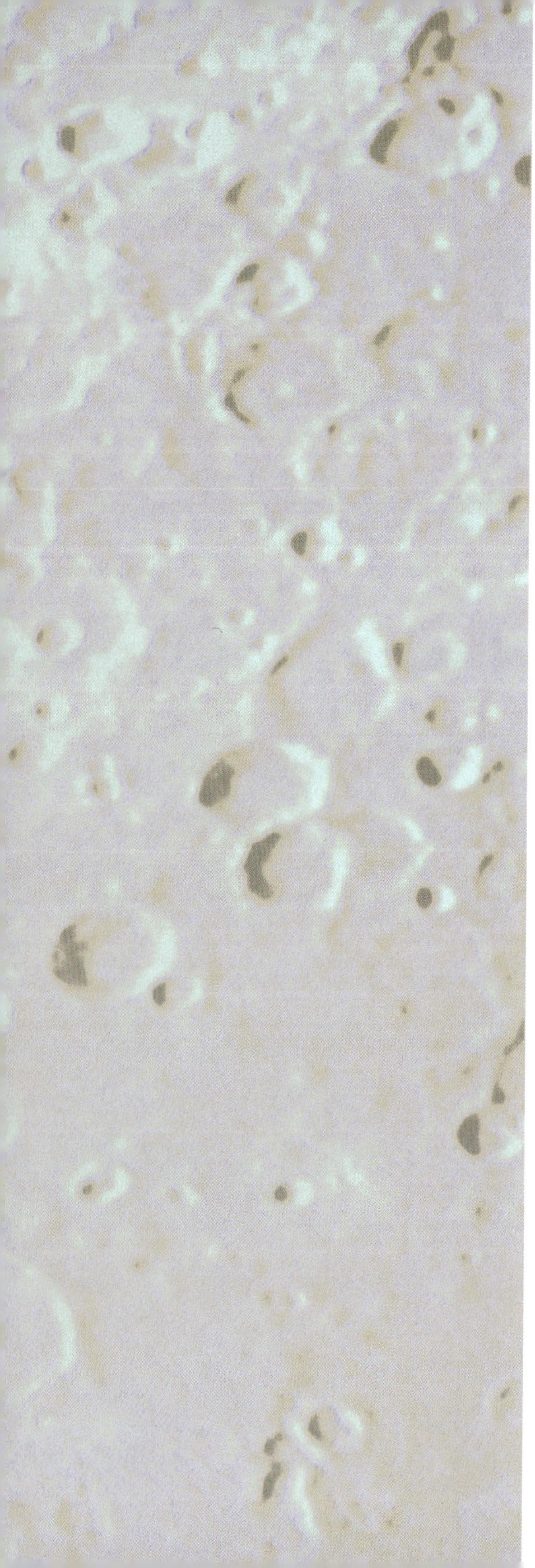

Sumario

La astronomía popular

Antonio E. Ten Ros

Profesor de Historia de la Ciencia
de la Universidad de Valencia

Hasta que Galileo dirigió por primera vez un telescopio a los cielos la astronomía era una ciencia reservada a unos pocos. Los intereses de los astrónomos iban poco más allá de conocer con anticipación el lugar que en el firmamento ocuparían el Sol, la Luna y los planetas. Los patricios requerían de aquéllos la lectura de su futuro. Los campesinos aplicaban una experiencia ancestral para tratar de sacar un poco más de provecho a sus cosechas... De tiempo en tiempo, la aparición de unos misteriosos cuerpos celestes, extraños astros parecidos a cometas y cuyas colas llenaban el cielo, excitaba la curiosidad y los temores de la población y volcaba hacia los astrónomos la atención de los asustados ciudadanos, en busca de explicaciones y consuelo.

La aparición del telescopio y la osadía de Galileo Galilei al apuntarlo hacia los cielos abrieron a la humanidad un nuevo espectáculo. Quienes se atrevieron a mirar con aquellos primeros y defectuosos tubos ópticos pudieron ver, maravillados, cómo la Vía Láctea se disolvía en miríadas de estrellas; cómo nuevos cuerpos celestes aparecían ante la vista de los humanos. La Luna apareció sembrada de montañas, el Sol mostró extrañas manchas que aparecían y desaparecían; curiosos objetos de aspecto difuso excitaron la imaginación...

Pero hasta finales del siglo XVII el espectáculo del cielo era un placer reservado a los especialistas con buena formación matemática. Sólo unos pocos elegidos podían gozar de aquellas inalcanzables bellezas que el nuevo instrumento les revelaba. Y, de pronto, alguien cayó en la cuenta de que otros públicos reclamaban participar del espectáculo. Bernard le Bovier de Fontenelle, que llegaría a ser el secretario perpetuo de la Academia de Ciencias Francesa, publicó en 1686 las *Conversaciones sobre la pluralidad de los mundos*, una astronomía dedicada a distraer e ilustrar a su amiga la marquesa de G. Había nacido la moderna divulgación científica.

Desde el libro de Fontenelle, el nuevo género literario no dejó de florecer. Nuevas obras acercaron las maravillas celestes a los no especialistas. Tal vez la obra que mejor resume los alcances de esta literatura hasta finales del siglo XVIII sea la Astronomía para señoras, que el gran astrónomo Jérôme de Lalande dedicó a divulgar los conocimientos astronómicos de su tiempo.

El siglo XIX, con sus deseos de universalizar la cultura, contempló el triunfo del género. Dos grandes obras de astrónomos famosos, la Astronomía popular de François Arago y la mucho más divulgada, del mismo título, de Camille Flammarion, crearon los modelos que copió toda Europa. Desde entonces, y estimuladas por los nuevos instrumentos y descubrimientos, grandes obras se han dedicado a mostrar a los no especialistas las maravillas que los cielos reservan a los que saben buscar.

Este libro que el amable lector tiene en sus manos continúa esta tradición, que en España ha tenido ilustres cultivadores. Desde la Astronomía para todos (1889), de José Ciganal y Angulo, a la preciosa obra de José Comas Solá titulada *El cielo y la tierra*, publicada ya en pleno siglo XX, destacados astrónomos han tratado de hacer llegar al público español la emoción del descubrimiento del Universo.

De la Osa Mayor a las Nubes de Magallanes contiene, en efecto, algo más que fría divulgación astronómica. A través de sus capítulos, en sus páginas y en sus preciosas fotografías se percibe la magia de los cielos. En sus descripciones de largas horas de espera en la fría cima de una montaña, aguardando para ver aparecer tras una nube o junto al horizonte en que despunta la aurora el cometa tanto tiempo esperado, o el eclipse cuidadosamente previsto, se resume la emoción que han experimentado los astrónomos de todas las épocas, profesionales o aficionados.

Tal vez sea éste el mayor valor de la buena divulgación astronómica a la que tan importantes astrónomos como los citados dedicaron sus esfuerzos y que Vicente Aupí ha conseguido recuperar. Percibir el escalofrío que produce la inmensidad del cosmos, gozar de las formas y colores de las nebulosas y de las estrellas que en ellas nacen y mueren y acercarse a los límites del universo traslada al lector la emoción que ha llevado a muchos jóvenes científicos a dedicar su vida a la astronomía.

Introducción

Ninguna otra ciencia ha puesto tanta belleza al alcance del hombre. La noche repentina que cae en pleno día durante la totalidad de un eclipse, el hechizo de los anillos de Saturno a través del ocular del telescopio, la miríada de soles nocturnos que pueblan la morada galáctica que es para nosotros la Vía Láctea y las lluvias de estrellas fugaces, como la de las Perseidas, hipnotizan a la humanidad cada vez que mira hacia el cosmos de la mano de la astronomía, que es la única disciplina científica que comparte su actividad con la de millones de aficionados que han sucumbido a la magia del firmamento.

El paso del tiempo nos ha permitido saber que, aunque lo parezca, la Tierra no es el centro de todo, y que de las galaxias existentes más allá de la nuestra nos separan distancias que hace tan sólo un siglo eran insospechables para los astrónomos, porque se miden en millones o en miles de millones de años luz. Que estos enigmas se descifren no le quita interés al mensaje de las estrellas, sino que enriquece a la vez el conocimiento científico y la fascinación popular por el espectáculo del cielo nocturno, que nos sugiere claramente que no vivimos en el único planeta habitado, sino en uno más del universo del que formamos parte.

Este libro no sólo pretende ayudar al lector a admirar la bóveda celeste en una noche estrellada, con telescopio o sin él, sino también facilitarle la comprensión de los principales fenómenos astronómicos y sumergirse en el océano de maravillas que guarda el cielo. El Universo puede observarse de mil maneras, desde el minucioso trabajo de los físicos para detectar las partículas elementales de la materia hasta el estudio de los astros más lejanos que se conocen mediante el telescopio espacial Hubble (HST). El encanto y la popularidad de la astronomía se deben, precisamente, a que gracias a ella todo el que lo desee puede compartir desde la Tierra esa espectacular tarea encomendada al Hubble, porque para observar, estudiar e investigar el firmamento no hacen falta indescifrables fórmulas matemáticas ni tener una licenciatura universitaria; sólo una noche bajo las estrellas. Con unos prismáticos muchos aficionados han descubierto un sinfín de cometas que después fueron bautizados con sus nombres y otros fueron los primeros en hallar a simple vista una supernova. Ello no quiere decir que todo entusiasta que decida iniciarse en la observación astronómica vaya a correr la misma suerte, pero nada le privará —salvo las inclemencias atmosféricas en algunas ocasiones— de abrirse camino en el cielo para encontrar, constelación por constelación, enjambres en los que hay miles de estrellas juntas, galaxias de todos los tamaños y formas, cúmulos de galaxias e innumerables nebulosas.

El Sol y su familia de planetas también tienen reservadas grandes sorpresas. Miles de astrónomos observan todos los días nuestra estrella madre para seguir la evolución de las manchas y fáculas solares, y algunos dispositivos especiales permiten contemplar el espectáculo de las protuberancias. Marte muestra cada dos años, al entrar en oposición, sus grandes rasgos superficiales, de los que un sencillo telescopio revela con facilidad ambos casquetes polares. Júpiter y sus cuatro satélites galileanos ofrecen excelentes posibilidades al observador y la belleza de los anillos de Saturno exige que se los venere periódicamente enfocando hacia ellos hasta el más pequeño anteojo.

La astronomía abre al aficionado excepcionales posibilidades, pero la observación del cielo también tiene sus dificultades, debidas más al contexto en el que se desarrolla que a la complejidad de su práctica. Las luces de las ciudades, los caprichos de la atmósfera y la circunstancia de que las sesiones de observación se hagan muchas veces de madrugada entorpecen la buena disposición inicial y exigen, en buena parte, cierta dosis de sacrificio. Sin embargo, como saben quienes ya llevan años estudiando el cielo, la satisfacción —y los resultados para un observador iniciado— de asistir a un eclipse de Sol o de Luna o de fotografiar con éxito un cometa borran rápidamente de la memoria el sinsabor de alguna noche anterior frustrada por las nubes.

Como la mayor parte de los lectores de esta obra vive en el hemisferio norte, se ha prestado una atención especial al firmamento visible desde las latitudes septentrionales, pero el lector encontrará información sobre toda la bóveda celeste, que en nuestro atlas de estrellas se ha separado en 54 mapas, que incluyen también las constelaciones australes y los principales astros visibles desde el hemisferio sur. Se trata, pues, de una guía útil para los observadores de los hemisferios norte y sur en la que figuran tanto las estrellas observables como los principales objetos celestes de interés.

Somos deudores de las estrellas
por haber fabricado las moléculas que forman
los ojos que volvemos hacia ellas.

Hubert Reeves

Al ver el cielo todo cautiva la mirada y despierta la curiosidad del espíritu. Como animados por un movimiento, incansable y parsimonioso, por encima de nosotros se suceden alternativamente el disco deslumbrador del Sol, la Luna de formas cambiantes y las miríadas de estrellas, cual puntos centelleantes que van encendiéndose progresivamente al caer el día.

Lucien Rudaux y Gérard de Vaucouleurs,
Les astres, l'Univers

Abajo todo está tranquilo, glacial. La frescura se eleva por los corredores y los últimos rayos, estremecidos de frío, huyen lentamente de la pared y la abandonan luego en la noche. Llega entonces un tiempo muerto en el cual la vida parece suspendida; los débiles ruidos no son más que murmullos. Pero después de esta vacilación otra nueva vida empieza: una a una las estrellas van apareciendo en la gran bóveda, palpitan, centellean y reinan, innumerables y fraternales.

Gaston Rébuffat, alpinista,
Estrellas y borrascas

Cielo y Tierra

CAPÍTULO 1

El firmamento nocturno

Figuración de la Estación Internacional Espacial, un proyecto en el que participan numerosos países y que está llamado a dar un gran salto en la historia de las exploraciones espaciales (ESA/D. Ducros).

Las Nubes de Magallanes eran así muchos milenios antes de que el hombre se transformara en civilización. Su descubridor, el marino de origen portugués Fernando de Magallanes, las encontró una noche cuando exploraba los mares del sur, en 1519, sin saber que lo que estaba viendo era en realidad la imagen de un pasado remoto, porque la luz de esos dos astros difusos había partido hacia sus ojos casi 200 000 años antes. Sin duda, le llamó la atención el hecho de que ninguno de los dos manchones que coronaban el firmamento austral, y que ahora llevan su nombre, eran visibles desde la península Ibérica, pero ni él ni quienes le acompañaban en su travesía llegaron a conocer su verdadera naturaleza. Debieron transcurrir varios siglos antes de que los astrónomos comprendieran que se trataba de dos pequeñas galaxias que orbitan en torno a otra más grande llamada Vía Láctea, que es la que habitamos.

Sabemos ahora que la Gran Nube de Magallanes se halla aproximadamente a unos 160 000 años luz de distancia de nosotros, y que la Pequeña Nube de Magallanes está todavía más lejos, a 190 000 años luz. Ambas están unidas a la Vía Láctea por una especie de cordón umbilical que forma una corriente de hidrógeno y son galaxias satélites de la nuestra, en torno a la cual describen sus respectivas órbitas como si fueran lunas alrededor de un planeta. Las Nubes de Magallanes constituyen el símbolo del firmamento austral, hasta el punto de que cientos de astrónomos europeos y norteamericanos han viajado adrede a algún país del hemisferio sur para poder admirarlas, ya que son invisibles desde las latitudes medias del hemisferio norte. El horizonte le oculta a Septentrión este tesoro astronómico, pero en torno a Polaris, la actual estrella polar del cielo boreal, brillan otras leyendas en forma de constelación, como Perseo, Cassiopeia y la Osa Mayor, que junto a Orión es la más conocida de las 88 en las que está dividida la bóveda celeste.

La Gran Nube de Magallanes fotografiada a 4 375 m de altitud, desde la base de pico Aconcagua, en los Andes de Argentina. Este objeto, junto a su hermana la Pequeña Nube de Magallanes, es uno de los símbolos del firmamento austral. Ambas son galaxias satélites de la Vía Láctea, de la que se hallan a menos de 200 000 años luz (Joan Manuel Bullón).

Las constelaciones fueron una creación de la antigüedad en la que astrónomos como Claudio Ptolomeo simbolizaron figuras de personajes mitológicos, animales y cosas que la disposición de las estrellas les sugería, de ahí los nombres: Andrómeda, Leo (León), Hércules, Eridanus (Eridano, el Río), Taurus... En el siglo II Ptolomeo agrupó las estrellas en 48 constelaciones, pero el paso del tiempo añadió otras 40 y en la actualidad, con el beneplácito de la Unión Astronómica Internacional (IAU), el cielo ha quedado dividido en un total de 88 constelaciones, con sus correspondientes límites para separar los objetos celestes (estrellas, galaxias, cúmulos y nebulosas) que quedan dentro de ellas. Por ejemplo, la galaxia de Andrómeda, que el francés Charles Messier incluyó en el siglo XVIII como M 31 en su catálogo de objetos difusos, se halla visualmente dentro de la constelación del mismo nombre, pero en realidad no tiene nada que ver con ella, ya que está mucho más lejos. Las estrellas que forman la constelación de Andrómeda pertenecen a la Vía Láctea, nuestra galaxia, y M 31 es otra galaxia que se halla a casi 2,3 millones de años luz.

De la misma manera que una lente fotográfica enfoca en el infinito todos los objetos que se hallan a partir de determinado punto, el ojo humano no distingue las distancias que nos separan de las estrellas y, por ello, el efecto de perspectiva propició que nuestros antepasados concibieran el firmamento visible como una esfera que envolvía a la Tierra, que era para ellos el centro del Universo. El cielo nocturno que vemos hoy es prácticamente el mismo que estudió Ptolomeo, pero su observación ha requerido dieciocho siglos para revelar que el planeta en el que vivimos no es más que un diminuto mundo que gira en torno a una estrella enana a la que llamamos Sol, que pertenece a la familia de 150 000 millones de estrellas que es la Vía Láctea, que a su vez forma parte de un cúmulo (el Grupo Local) integrado por apenas dos docenas de los miles de millones de galaxias que salpican el espacio conocido.

Aunque en la Grecia antigua Aristarco de Samos (310-250 a. C.) fue el primer defensor de un modelo cosmológico en el que el Sol, y no la Tierra, ocupaba el centro, la astronomía no empezó a poner las cosas en su sitio hasta que en los siglos XVI y XVII Nicolás Copérnico, Galileo Galilei y Johannes Kepler derrumbaron el sistema aristotélico-ptolemaico con datos irrefutables sobre las órbitas planetarias. El Sol destronó a la Tierra como rey del universo, pero hubo que esperar hasta la segunda década del siglo que ahora termina para que el hombre entendiera que su lugar en el Cosmos era todavía mucho más pequeño de lo que admitió Galileo tras convertirse en el primer hombre que veía, gracias al telescopio, la danza de Europa, Ío, Ganímedes y Calisto en torno a Júpiter. Su rudimentario anteojo fue suficiente para observar que los cuatro satélites de Júpiter hacían lo mismo que la Luna en torno a la Tierra, que dejó de ser el único planeta en torno al cual giraban los astros.

Nicolás Copérnico (1473-1543) plasmó en su libro De revolutionibus orbium coelestium *sus teorías heliocéntricas, que escribió sin intención de publicarlas por miedo a sus consecuencias. La obra se publicó poco antes de que muriera, propiciando el llamado «giro copernicano».*

En sólo unas décadas, el alemán Johannes Kepler, que fue contemporáneo de Galileo, gestó los trabajos que darían pie a sus tres famosas leyes sobre los movimientos planetarios en torno al Sol, en las que caracterizaba las órbitas de Mercurio, Venus, la Tierra, Marte, Júpiter y Saturno, los seis planetas conocidos en el siglo XVII. Si con su libro *De revolutionibus orbium coelestium* el clérigo polaco Nicolás Copérnico echó por tierra la visión geocéntrica del Universo que había permanecido vigente más de 1 400 años, Kepler consiguió en sólo unos años definir las claves de la mecánica celeste dentro del Sistema Solar, para lo cual se sirvió de una gran parte de los trabajos realizados anteriormente por otro gran astrónomo europeo, el danés Tycho Brahe.

Isaac Newton, considerado uno de los mayores genios de la historia de la ciencia, basó sus trabajos en el legado de Kepler para definir las leyes que rigen los movimientos gravitatorios de los cuerpos celestes. Plasmó sus conocimientos en los *Prin-*

Vehículo automático (ATV) de la Agencia Espacial Europea. Con la llegada del nuevo siglo, los proyectos espaciales entrarán en un nuevo horizonte, en el que uno de los principales objetivos será establecer bases permanentes en torno a la Tierra (ESA).

cipia mathematica, su universal obra que fue publicada gracias al apoyo, entre otros, de Edmund Halley, descubridor del famoso cometa que lleva su nombre. Pocos saben, que Newton tuvo que aguardar más de una década para publicar su trabajo porque todo ese tiempo es el que empleó en encontrar un libro imprescindible: *Mesure de la Terre*, del francés Jean Picard. En él se plasmaban los primeros datos conocidos sobre las medidas de la Tierra, indispensables para que Newton pudiera hacer sus cálculos. Del libro de Picard apenas quedan hoy unos cuantos ejemplares repartidos por Europa, pero tuvo un papel clave en la historia de la ciencia.

A pesar de las revolucionarias contribuciones que hicieron todos ellos, lo cierto es que hasta hace muy poco la astronomía ha sido una ciencia conservadora, reacia a admitir los descubrimientos que han agrandado paulatinamente el tamaño del Universo. En realidad, hace tan sólo siete decenios que sabemos con certeza de la existencia de las galaxias; hasta los años veinte se hablaba de la Galaxia, en referencia a la Vía Láctea, que era entendida como la única que aglutinaba todos los objetos celestes conocidos, desde el Sol a las nebulosas más tenues que alcanzaban los telescopios. Muchos astrónomos de la época pensaban, que el cosmos traspasaba claramente esos límites y decidieron trabajar en la obtención de pruebas que lo demostraran. El primero en conseguirlo fue el norteamericano Edwin Powell Hubble —el mismo con cuyo nombre ha sido bautizado el telescopio espacial—, quien en 1924 logró desgranar varias

El firmamento estival, fotografiado en una noche de agosto en el parque nacional de Ordesa (Vicente Aupí).

Figura que escenifica en París el paso de diferentes cometas durante el siglo XIX. Arriba, de izquierda a derecha, el de 1861, el de 1819, el Halley en 1835 y el cometa Donati en 1858. Abajo, con el trazo más largo de todos, el de 1843, el Halley en 1910 y el cometa de 1874. La ilustración revela que en 1835 y 1910 el Halley fue más espectacular que en su último regreso de 1986, pero otros cometas le aventajan.

Detalle de la estructura de los brazos espirales de la gran galaxia de Andrómeda (M 31) (IAC/RGO/David Malin *et al.*).

Isaac Newton (1643-1727) está considerado uno de los mayores genios de la ciencia de todos los tiempos. Los Principia mathematica, *su obra cumbre, recoge los fundamentos de las leyes gravitacionales y de los movimientos planetarios. Fue, además, autor del diseño de un nuevo telescopio: el reflector newtoniano, que hoy sigue plenamente vigente.*

estrellas de la galaxia de Andrómeda (M 31), que hasta entonces había sido conocida con el término nebulosa porque se creía que estaba dentro de la Vía Láctea.

Los estudios posteriores extendieron la naturaleza extragaláctica a miles de objetos que estaban catalogados como nebulosas y que no eran tales, sino galaxias diferentes y lejanas a la Vía Láctea, tanto que hubo que empezar a medir su distancia en millones de años luz. El hallazgo de Hubble puso la primera piedra para la construcción del modelo cosmológico que en la actualidad defiende la mayor parte de los astrónomos y sintetizado en el *Big Bang*, el gran estallido que hace unos 12 000 o 15 000 millones de años dio origen al universo actual, que parece expandirse en todas direcciones.

Todos esos secretos están ahí, en el firmamento. Además de sus contribuciones fundamentales al conocimiento científico, el atributo más fascinante de la cosmología es que nos permite saber bastantes cosas acerca de la naturaleza de lo que observamos en el cielo. Charles Messier (1730-1817) decidió elaborar su famoso catálogo de objetos difusos, el primero de la historia, para evitar confundirlos con los cometas que intentaba descubrir diariamente entre las estrellas, pero nunca supo que la nebulosa del Cangrejo, que él anotó en primer lugar en su lista con la denominación M 1, eran los restos de una catástrofe cósmica protagonizada en el año 1054 por una estrella que se convirtió en supernova y, al explotar, alcanzó tal luminosidad que superó en brillo al planeta Venus. La nebulosa, que se encuentra en la constelación de Taurus es perfectamente visible en la actualidad con el telescopio, y las fotografías que existen de ella muestran con nitidez los restos de una estrella difunta tras su violenta destrucción.

Los más de 100 objetos que figuran en el catálogo Messier (tabla A-3 del apéndice) son una buena muestra de la diversidad del firmamento, ya que en él hay decenas de galaxias, nebulosas galácticas y planetarias, y cúmulos de estrellas, entre ellos el más famoso de todos: las Pléyades, clasificadas como M 45, cuya visión es uno de los espectáculos que más sorprende a quienes se internan por primera vez en el cielo estrellado con unos prismáticos o un telescopio con pocos aumentos. Éste es uno de los primeros regalos del cielo, por el que el viaje sin límites que es la observación astronómica tiene dos destinos fundamentales: el imperio del Sol, al que pertenecen todos los planetas, los asteroides, los cometas y las estrellas fugaces (meteoros), y el cielo profundo, que abarca todo lo demás: las estrellas y constelaciones, los cúmulos estelares, las nebulosas y las galaxias.

MESURE
DE LA TERRE.

ARTICLE I.

CE n'eſt pas d'aujourd'huy qu'on a tâché de déterminer la grandeur de la Terre. Pluſieurs Auteurs anciens ſe ſont ſignalez par cette recherche ; mais la plus memorable entrepriſe qui ait eſté faite pour ce ſujet, eſt celle des Arabes, qui eſt rapportée par leur Geographe en ces termes. *Les grands cercles de la Terre ſont diviſez en 360 parties, comme ceux que nous imaginons dans le Ciel. Ptolomée Auteur de l'Almageſte, & pluſieurs autres des anciens ont obſervé quel eſpace contenoit ſur la terre l'vne de ces 360 parties ou degrez, & ont trouvé qu'elle contenoit 66 milles & $\frac{2}{3}$. Ceux qui ſont venus aprés eux ont voulu s'en éclaircir par leur propre experience, car s'eſtant aſſemblez par l'ordre d'Almamon dans les plaines de Sanjar, & ayant pris la hauteur du Pole, ils ſe ſeparerent en deux troupes. Les vns s'avancerent vers le Septentrion, & les autres vers le Midy, allant le plus droit qu'il leur fut poſſible, juſqu'à ce que l'vne des troupes euſt trouvé le Pole Septentrional plus élevé d'vn degré, & que l'autre au contraire l'euſt trouvé abaiſſé d'vn degré. Ils ſe raſſemblerent aprés à leur premiere ſtation, pour confronter leurs obſervations. On trouva que l'vne des troupes avoit compté dans ſon chemin 56 milles & $\frac{2}{3}$, au lieu que l'autre n'avoit compté que 56 milles juſtes ; mais ils demeurerent d'accord du compte de 56 milles $\frac{2}{3}$ pour vn degré : ſi bien qu'entre les obſervations des anciens & celles des modernes il y a vne difference de 10 milles.*

Comme nous ſçavons que Ptolomée avoit eſtably la grandeur du degré de 500 ſtades, pour leſquels les Arabes ont compté 66 milles $\frac{2}{3}$, il s'enſuit que le mille Arabique eſtoit égal à 7 ſtades & $\frac{1}{2}$. Mais il reſte à ſçavoir de quels ſtades Ptolomée ſe ſera ſervi ; car ſi c'eſtoient des ſtades Grecs, dont il en falloit huit pour vn mille d'Italie ancien, la proportion du mille Arabique à celuy d'Italie ſeroit comme de 15 à 16, & par conſequent les 56 milles $\frac{2}{3}$ trouvez au degré par les Arabes, ne feroient que 53 milles d'Italie anciens & $\frac{1}{8}$. Mais ſi nous ſuppoſons plus favorablement pour les Arabes, & comme il eſt plus vraiſemblable, que les 500 ſtades de Ptolomée eſtoient Alexandrins, plus grands que les ſtades Grecs, ſuivant la proportion communément receuë, de 144 à 125, nous trouverons que le degré par la meſure des Arabes eſtoit de 61 milles d'Italie & vn demy, ce qui feroit 47188 Toiſes de Paris, ſuppoſé que le pied Romain ancien, tel que le Pere Riccioli aprés Villalpande l'a voulu eſtablir, ſoit à celuy de Paris

A

Primera página del libro Mesure de la Terre, *del francés Jean Picard, uno de los fundadores de la Academia de Ciencias de París. Fue el primer libro de la historia en el que se aportaban datos sobre las dimensiones de la Tierra, pero de él apenas quedan una docena de ejemplares en todo el mundo, por lo que se trata de una obra histórica de gran valor.*

Primer viaje a través de las constelaciones

Aunque determinados campos de la observación astronómica pueden desarrollarse desde entornos urbanos, es aconsejable que el aficionado busque zonas con cielos oscuros, que le permitirán disfrutar de un gran espectáculo. Además del estudio de los astros, es factible hacer fotografías sumamente sencillas mediante la instalación de la cámara en un trípode. Con exposiciones de menos de un minuto evitaremos la aparición de trazos estelares, y con un poco de suerte entrará algún meteorito en el campo (Vicente Aupí).

En una noche oscura, lejos de las luces de la ciudad, brillan aproximadamente 3 000 estrellas ante nuestros ojos. Si flotáramos en el espacio como un astronauta podríamos ver otras 3 000 más, porque el horizonte no nos taparía el resto del cielo, como ocurre en la superficie terrestre, desde la que un observador situado en Europa continental o Norteamérica no ve las mismas constelaciones que pueden contemplarse desde Australia, África o América del Sur. El azar ha dispuesto las estrellas de tal forma que el firmamento boreal es más fácil de identificar, hasta el punto de que un astrónomo neófito puede conocer en una sola noche las estrellas principales; en dos, las constelaciones más importantes, y en una semana recorrer la bóveda celeste sin perderse en el camino.

Desde la antigüedad el brillo de los astros se mide con un farragoso concepto denominado magnitud, que ordena la intensidad lumínica con un número mayor para los astros más débiles y con uno menor para los más brillantes. Una estrella de primera magnitud es 2,512 veces más brillante que una de segunda; una de segunda lo es 2,512 veces más que una de tercera, y así sucesivamente. El principal problema de este sistema es que se traduce en que los astros más brillantes tienen magnitud negativa, como la estrella Sirius, cuya magnitud es de –1,4, o el planeta Venus, que alcanza la –4,4. El Sol tiene una magnitud de –26,8 y la Luna, de –12,5. Por contra, algunos objetos muy lejanos, como las galaxias, pueden tener magnitud 14 o más débil. El ojo humano puede ver hasta la magnitud 6, pero con el uso del telescopio ampliamos nuestra capacidad para ver objetos débiles.

Las estrellas más brillantes del cielo tienen nombre propio, como Sirius, Rigel, Bellatrix, Cástor, Antares, Betelgeuse, Régulo y varias decenas más. Para ellas, las denominaciones que han prosperado hasta la actualidad mantienen para una misma estrella tanto el nombre propio como las clasificaciones que hicieron Johan Bayer y John Flamsteed entre los

Antigua litografía que muestra el firmamento estrellado sobre París en torno al 20 de diciembre. A la derecha se observa, en posición vertical, la Osa Mayor, y a la izquierda la extensa banda estelar de la Vía Láctea. Esta estampa pertenece ya al pasado, puesto que no sólo París, sino todas las grandes ciudades europeas, han perdido la Vía Láctea de su cielo por culpa de sus grandes luces.

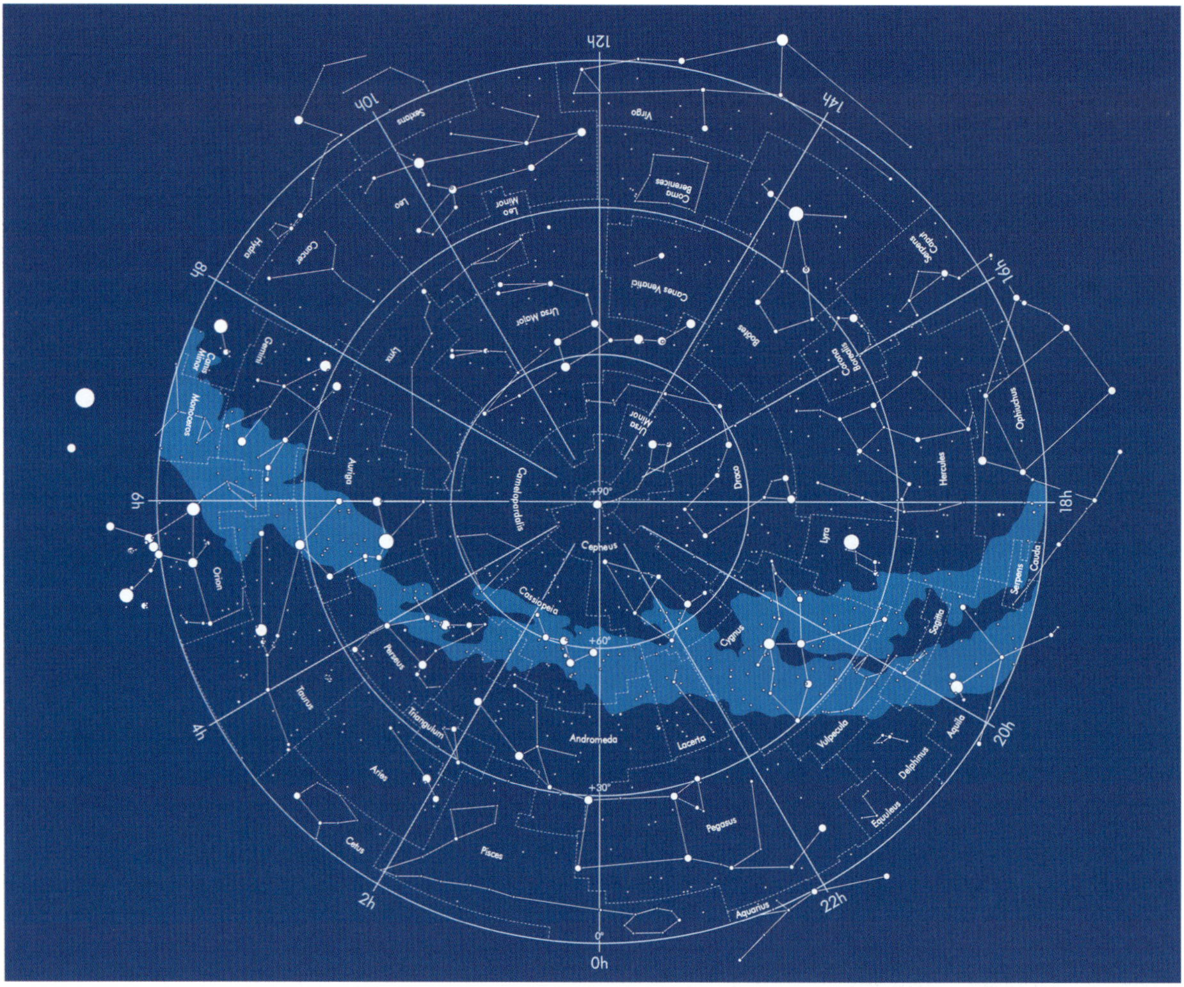

Constelaciones visibles desde las latitudes medias del hemisferio norte. Algunas de las más conocidas del cielo boreal, como la Osa Mayor, no pueden observarse desde las regiones más meridionales de la Tierra.

siglos XVII y XVIII. Mientras que Flamsteed utilizó números para ello, Bayer recurrió al alfabeto griego utilizando sus letras y el genitivo del nombre de la constelación a la que pertenece cada estrella para catalogar ésta en función de su brillo. Por ejemplo, Sirius comparte su nombre propio con la denominación Alfa (α) Canis Majoris, al tratarse de la estrella más brillante —también lo es de todo el cielo— de la constelación del Can Mayor, dentro de la cual Mirzam le sigue en brillo y por eso Bayer la denominó Beta (β) Canis Majoris. Aunque el uso de las denominaciones de Bayer sigue vigente, su catálogo adolece de dos problemas fundamentales: por un lado, el alfabeto griego no tiene bastantes letras para ordenar las estrellas de cada constelación, y por otro, muchas de ellas han cambiado de magnitud lo suficiente como para que ya no sean las más brillantes de su constelación. Éste es el caso de Betelgeuse, la estrella que Bayer llamó Alfa (α) Orionis, y cuyo brillo es inferior, dentro de la misma constelación de Orión, al de Rigel, a la que él identificó como Beta (β) Orionis.

Los sucesivos catálogos, como los de Flamsteed, Lalande y otros, completaron la tarea de ordenar las estrellas, de manera que en el caso de las más conocidas se usa su nombre verdadero o la denominación griega que introdujo Bayer, y para las demás algún catálogo numérico, de los que el de Flamsteed es el más habitual.

La constelación de la Osa Mayor no es sólo una de las más populares y conocidas, sino también una de las más recomendables para abrirse camino en el cielo, porque es visible en el hemisferio boreal en cualquier época del año mirando hacia el norte. Aunque su nombre procede de la mitología griega, lo cierto es que la imagen que componen sus siete estrellas principales se asemeja más a la de un carro —los chinos la denominan el Carro Celeste— que a la de una osa, y por ello también se le denomina el Carro Mayor o Gran Carro. Aunque es aconsejable comenzar el recorrido con una carta estelar, el tamaño y espectacularidad de la Osa Mayor la hacen fácilmente localizable incluso sin ella: Alkaid es la estrella que se halla en el extremo del brazo del carro, al lado de ella está Mizar, y junto a ésta, Alioth. Megrez, Phecda, Dubhe y Merak forman el cuadrado del carro. Una octava estrella, cuyo nombre es Alcor, se halla muy próxima a Mizar y los observadores con buena vista no tienen problemas en localizarla sin ayuda óptica.

Una vez identificada la constelación nos servirá de punto de partida hacia el resto del cielo. Tomemos como ejemplo una noche diáfana y sin luna del mes de agosto: el Gran Carro aparece tras la medianoche en posición casi horizontal, descansando sobre el horizonte norte. La línea imaginaria que une Merak y Dhube (en el extremo derecho) apunta hacia la estrella Polar; hay que prolongar cinco veces en línea recta la distancia entre estas dos estrellas del Carro Mayor para dar con Polaris, también conocida como Alfa (α) Ursae Minoris, en torno a la cual giran las demás en sentido contrario al de las agujas del reloj. Aunque su posición exacta no es la del polo norte astronómico, se halla a menos de un grado de él, y por ello en la actualidad está considerada como la estrella Polar.

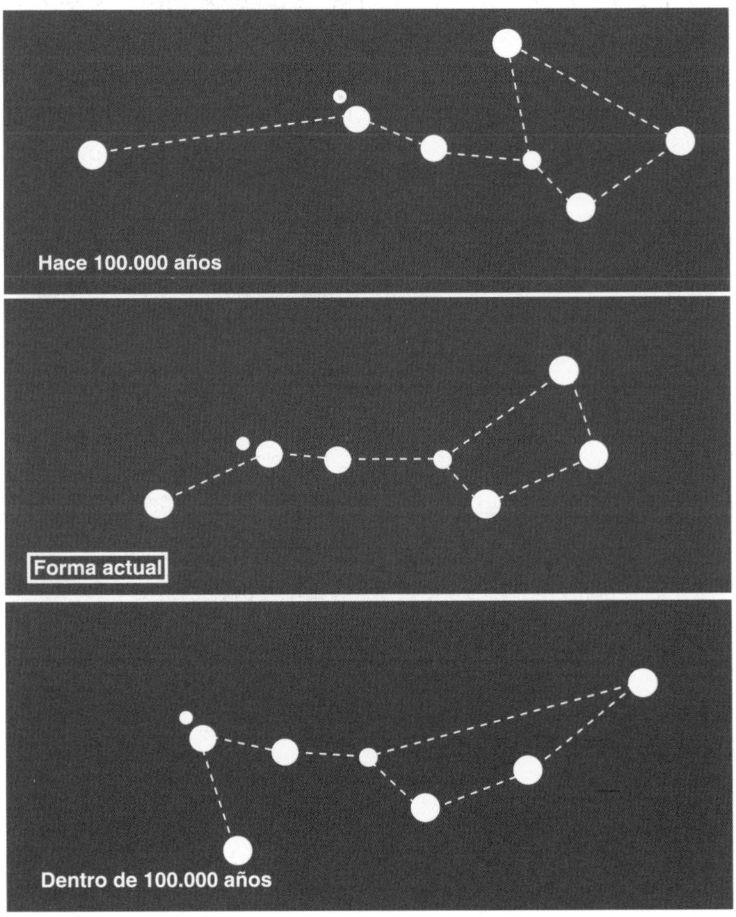

Las constelaciones sólo son agrupaciones ordenadas por el hombre por un efecto de perspectiva, pero ello no quiere decir que las estrellas de cada una estén ligadas a un mismo sistema físico. En la Osa Mayor, las estrellas se mueven en direcciones diferentes, aunque no podamos percibirlo debido a su lejanía. Hacen falta miles de años para que cambien las formas de las constelaciones, y en el caso del Gran Carro, dentro de 100 000 años el aspecto será muy distinto, como también lo era hace 100 milenios.

Si seguimos nuestro camino por el cielo observaremos que Polaris se encuentra, a su vez, en el extremo del brazo de la Osa Menor o Carro Menor, bastante más pequeña y menos brillante que la Osa Mayor. La Osa Menor está rodeada, casi envuelta, por otra constelación más tenue, la del Dragón, cuyo escaso brillo la hace casi invisible desde las ciudades.

Próxima a Polaris en dirección hacia el cenit —el punto más alto del cielo— se halla la constelación de Cefeo, y al este de ella la famosa Cassiopeia, con su característica forma de W. Más al este nos encontramos con la débil constelación de Andrómeda, y en ella a M 31 (NGC 224), la única galaxia visible claramente a ojo desnudo en el hemisferio boreal. La larga línea central que forman las estrellas de Andrómeda está unida visualmente al gran cuadrado de la constelación de Pegaso, muy fácil de reconocer por su gran tamaño, que triplica el del cuadrado del Gran Carro.

Litografía que representa las constelaciones del hemisferio austral que no son visibles desde España y la mayor parte de la Europa continental. Los dos manchones que aparecen a la derecha de la Vía Láctea son las Nubes de Magallanes. Al lado de la Pequeña Nube se ve el cúmulo globular 47 Tucanae.

Si regresamos a la Osa Mayor para tomarla de nuevo como punto de partida, comprobaremos que el leve arco que forma el brazo del carro, con la estrella Alkaid en el extremo, apunta en dirección oeste hacia una estrella muy brillante de color anaranjado. Es Arturo o Alfa (α) Boötis, la estrella principal de la constelación del Boyero (Boötes) y la tercera en brillo del cielo boreal. Desde aquí, si elevamos paulatinamente la mirada hacia el cenit (el punto más alto del cielo) nos encontraremos con las constelaciones de Corona Borealis, Hércules y Lyra, en la que destaca la estrella Vega, la más brillante del hemisferio norte. Se encuentra a una distancia de 26 años luz de nosotros, en un lugar de la Vía Láctea que se denomina ápex, porque es el punto hacia el que se desplaza el Sol arrastrando a la Tierra y los demás planetas en su viaje por el espacio.

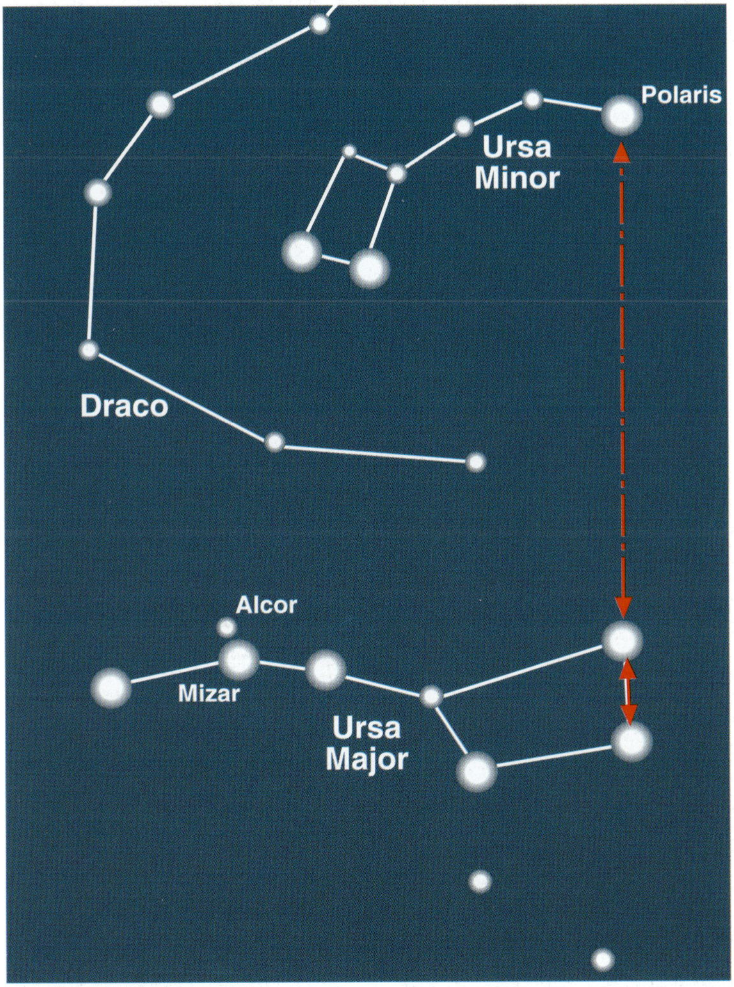

La localización de Polaris es muy fácil para el observador. Si trazamos una línea imaginaria que una Dubhe y Merak, las dos estrellas del extremo derecho del cuadrado del Gran Carro (Osa Mayor), la prolongación de la misma nos llevará directamente a la estrella Polar. Hay que multiplicar por cinco la distancia entre Dubhe y Merak.

Vega, Alfa (α) Lyrae, es una de las tres estrellas que forman el llamado Triángulo Estival, que corona el firmamento en las noches de verano. Las otras dos estrellas de este triángulo son Deneb *(Alfa Cygni)* y Altair *(Alfa Aquilae)*, también muy brillantes. Todo el conjunto se halla atravesado por el gran manchón blanquecino de la Vía Láctea, que en torno a la medianoche de los días de verano cruza el cielo de noreste a suroeste, cambiando su orientación a medida que avanza la madrugada. Al final de ella, la Vía Láctea se dispone en sentido este-oeste, y por ello desde tiempos inmemoriales fue denominada en España «El camino de Santiago», puesto que servía a los peregrinos que se dirigían hacia Santiago de Compostela para saber la dirección correcta.

Dentro del Triángulo Estival, para el observador del hemisferio norte, la estrella Altair es una de las más adecuadas para seguir el recorrido por el cielo hacia el horizonte sur tomando como hilo conductor la Vía Láctea, cuyas zonas más densas nos dirigirán hacia la constelación de Sagitario, repleta de cúmulos de estrellas y de nebulosas. Justo al suroeste de ella encontraremos a la brillante estrella Antares, en la tortuosa constelación del Escorpión. En ella el horizonte marca el límite de visibilidad para las latitudes medias del hemisferio norte, de forma que para los observadores que se encuentran por encima del paralelo 40 las estrellas y constelaciones existentes más al sur permanecen ocultas.

Aunque la Osa Mayor es una excelente referencia para el primer recorrido visual por el firmamento, durante el invierno también lo es la constelación de Orión. Durante el solsticio de verano, Orión es invisible porque el Sol está delante de ella. La Tierra, en su viaje de un año alrededor de la estrella que le da vida, cambia de posición progresivamente, y ello

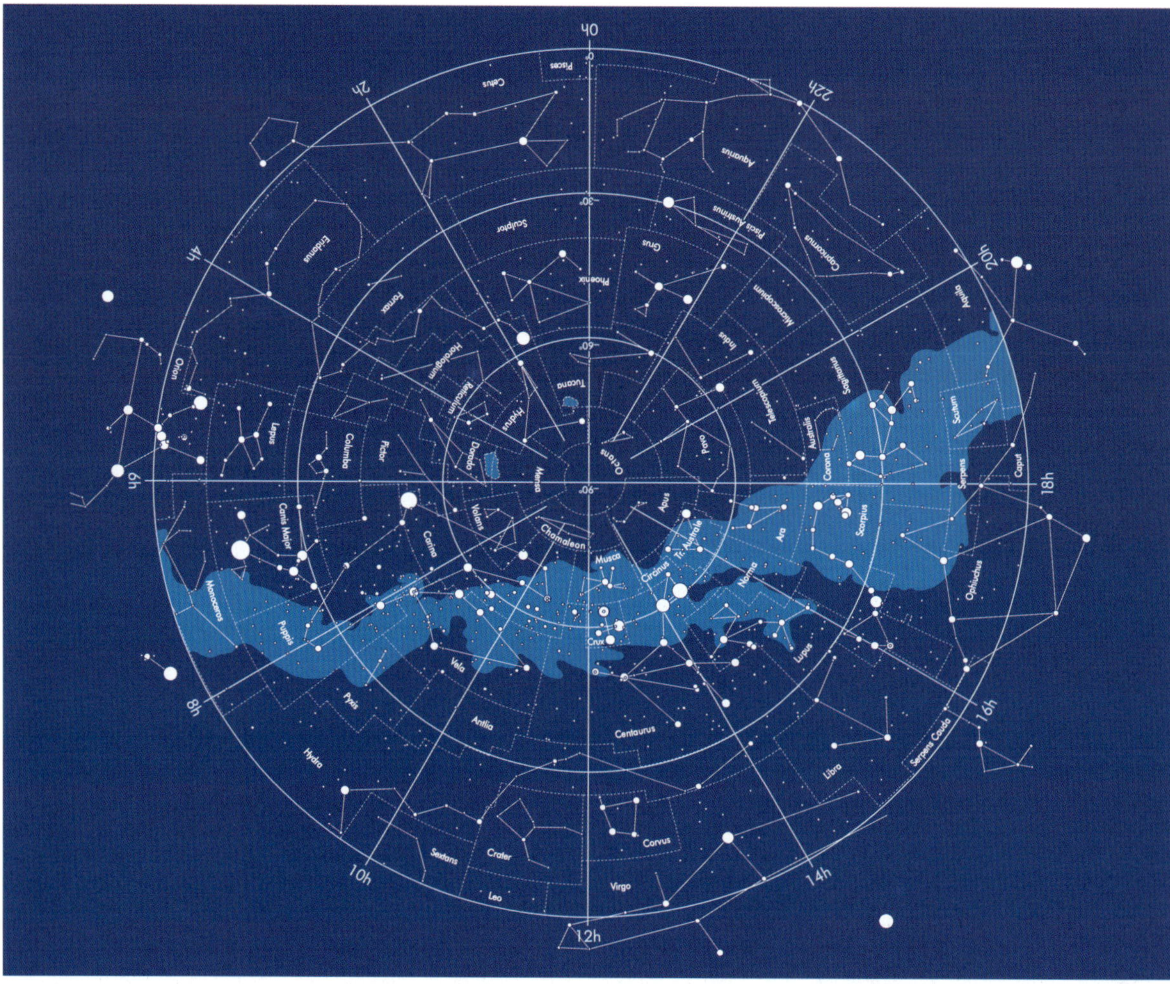

Mapa en el que aparecen las constelaciones visibles desde el hemisferio sur de la Tierra. La Cruz del Sur y Centaurus no puden observarse desde la península Ibérica.

origina que las estrellas y constelaciones que se hallan en el mismo plano de la órbita desaparezcan de nuestra vista durante algún tiempo, porque el resplandor solar nos las oculta. Para Orión esto ocurre al principio del verano boreal, pero durante el invierno se halla en la dirección opuesta a la del Sol y es el principal protagonista del cielo. Es incluso más fácil de localizar que la Osa Mayor; sólo hay que mirar hacia el sur, en lugar de hacia el norte, en los meses de diciembre o enero en las horas previas a la medianoche. Ninguna otra figura celeste gana en belleza a la del Gran Cazador que representa Orión en la mitología de las constelaciones, y tampoco existen muchas regiones del cielo que deparen tantas maravillas para la astronomía: el observador encontrará aquí M 42, la más famosa de las nebulosas, y algunas de las estrellas más hermosas de todo el firmamento, como Betelgeuse, Rigel y el Trapecio, una mágica formación cuádruple de soles. Esta zona del espacio tiene un especial interés porque de sus nebulosas están naciendo continuamente nuevas estrellas, algo así como si Orión fuera uno de los criaderos estelares más importantes de la Vía Láctea. En el centro de la constelación hay tres estrellas muy próximas y semejantes en brillo: Alnitak, Alnilam y Mintaka. Su disposición inconfundible siempre despierta la admiración del observador, y desde la antigüedad se las llama «Las tres marías». Forman el asterismo conocido como Cinturón de Orión.

Abajo, a la izquierda de Orión, aparece la constelación del Can Mayor, que encontraremos gracias a que en ella está Sirius, la estrella más brillante del firmamento nocturno. Si unimos con una línea recta imaginaria Sirius con «Las tres marías», la prolongación de la misma nos llevará directamente al cúmulo estelar de las Híades, en la constelación de Tauro, cuyo mayor exponente es la brillante y anaranjada Aldebarán. Desde aquí, la misma línea que trazamos desde Sirio nos conduce hasta las Pléyades (M 45), que forman el cúmulo de estrellas más bonito del firmamento y que han sido llamadas de mil formas diferentes («Las siete cabrillas», «Las siete hermanas»...) en cada región del planeta. Para una persona con buena vista que las contemple desde una zona con cielos oscuros es fácil apreciar siete o incluso ocho de los componentes del cúmulo, pero unos buenos prismáticos o un telescopio pequeño nos mostrará decenas y podremos recorrer las Pléyades estrella por estrella. Por esa misma razón, las Pléyades constituyen una de las mejores invitaciones al observador para que profundice en el estudio del firmamento, porque si para conocer las constelaciones y sus estrellas principales nuestros ojos son el mejor instrumento, la presencia de cúmulos tan bellos como éste nos induce a recurrir a algún tipo de ayuda óptica, como los prismáticos o el telescopio, para poder apreciar todas las sorpresas que guarda.

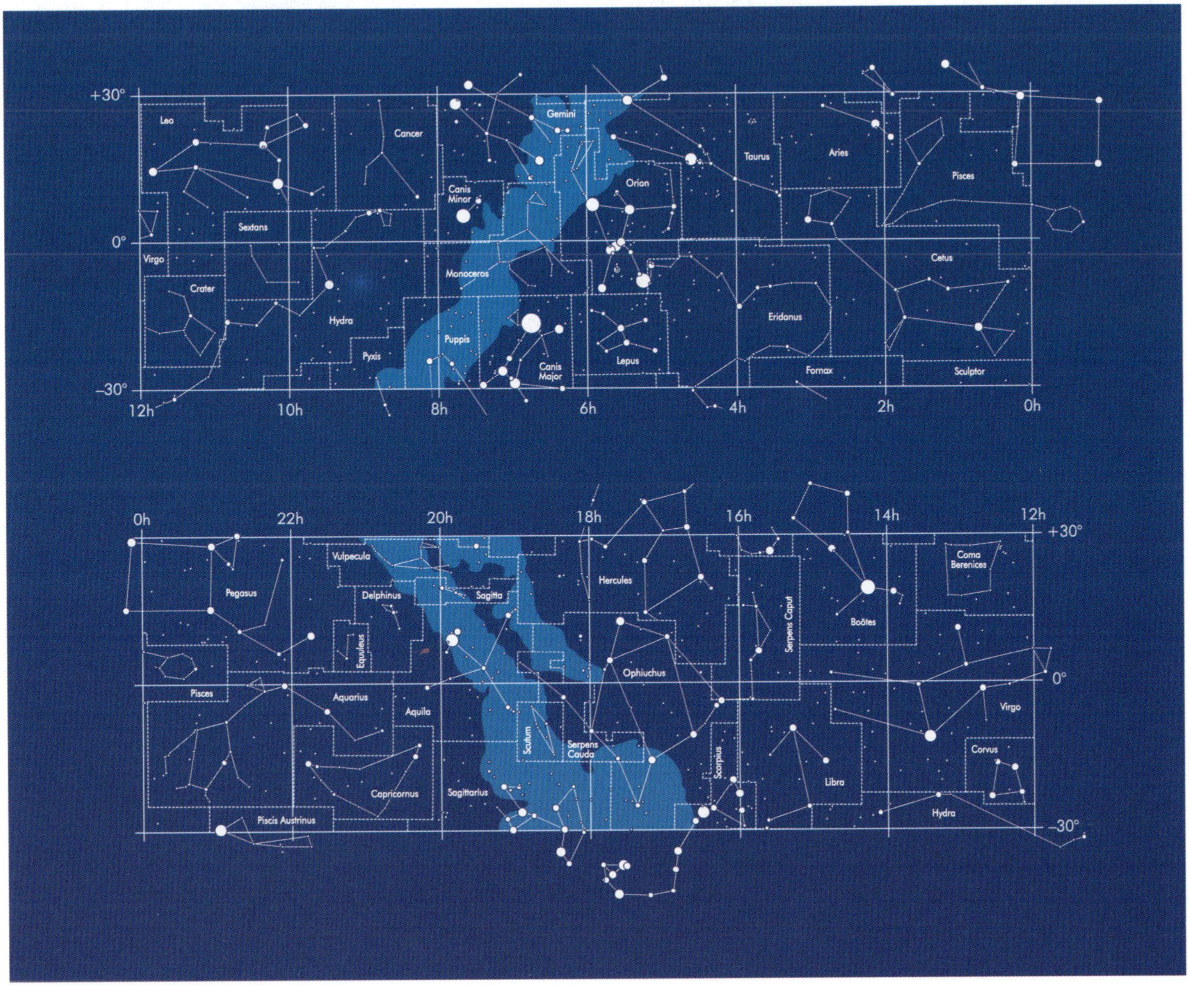

Franjas del cielo que muestran las constelaciones que surcan el ecuador de la bóveda celeste. La línea ecuatorial divide en dos mitades la constelación de Orión y pasa junto al asterismo denominado «Las tres marías», que forman las estrellas Alnitak, Alnilam y Mintaka.

Los planetas, vagabundos entre las estrellas

Representación artística de Venus por Boticcelli. Arte y cosmos han estado vinculados desde siempre en la historia, pero en el caso de los planetas la fascinación ha ido mucho más allá porque la humanidad ha atribuido personalidad propia a cada uno de ellos.

Salvo el Sol y la Luna, ningún astro brilla más que Venus, el «Lucero del alba», y tampoco ninguno ha hecho correr tantos ríos de tinta como Marte, el planeta rojo, sobre el que se ha recuperado la esperanza de que no sea un mundo muerto. Júpiter y sus lunas casi pueden considerarse un sistema solar en miniatura y la imagen de Saturno con sus anillos es ejemplo de lo más hermoso que albergan los cielos. Mercurio, Urano, Neptuno y Plutón son esquivos para el observador, pero su propia búsqueda constituye un estímulo.

La identificación de los planetas más brillantes es una de las metas más fáciles para quien se inicia en la observación astronómica. Sus cambios de posición en el lapso de varios días y la ausencia de centelleo en su luz los delatan. Ambas características son las que permitieron, ya en la antigüedad, distinguir los planetas de las estrellas, que en el tiempo que dura la vida de un ser humano permanecen inmóviles. La principal diferencia real entre ambos tipos de astro es que las estrellas tienen luz propia gracia a su energía interior y los planetas, en cambio, sólo brillan porque reflejan la luz del Sol.

La principal dificultad para ver Mercurio es que hay que hacerlo al amanecer o durante el ocaso, siempre muy próximo al Sol, lo que entorpece su localización. Nunca está por encima del horizonte cuando ya ha anochecido del todo. Se trata de un mundo lleno de cráteres, como la Luna, y con un diámetro de 4 880 km, menos de la mitad que el de la Tierra. El 15 de noviembre de 1999 se producirá un tránsito de Mercurio por delante del Sol, es decir, que el planeta cruzará para el observador terrestre el disco solar. El fenómeno será visible desde Australia y la Antártida.

Venus resulta inconfundible por su resplandor, bien al anochecer o bien al amanecer. A diferencia de Mercurio, puede permanecer varias horas sobre el horizonte durante la oscuridad, y esta circunstancia, unida a su brillo, le otorgan la facultad de provocar sombra, aunque lógicamente mucho más tenue que la de la Luna.

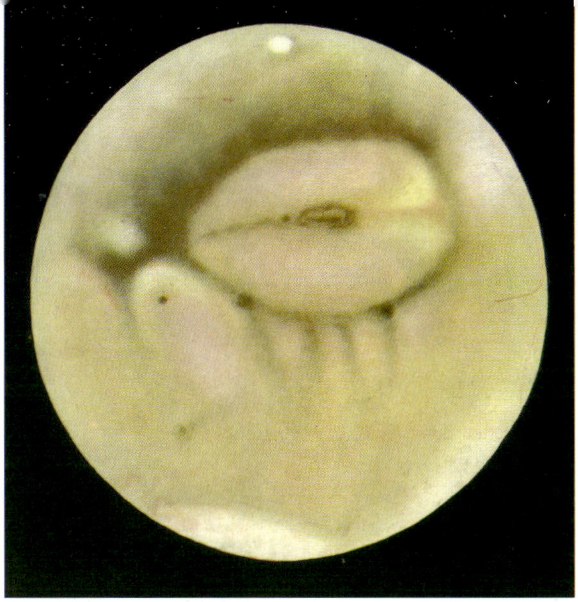

Dibujo de Marte realizado en 1926 por el ilustre astrónomo español Josep Comas Solá con el ecuatorial astrofotográfico de 38 cm del Observatorio Fabra de Barcelona. La zona central corresponde a la región de Taumasia, con el lago del Sol en su centro.

Mercurio y Venus son los dos únicos planetas interiores conocidos del Sistema Solar, o sea, aquellos cuyas órbitas en torno al Sol quedan dentro de la que describe la Tierra. Por ello, y a diferencia de Marte, Júpiter, Saturno, Urano, Neptuno y Plutón, que son los seis planetas exteriores, Mercurio y Venus nunca entran en oposición, lo que dificulta su observación al hallarse casi siempre en la zona del cielo todavía iluminada por los rayos solares. Tanto en el caso de Mercurio como en el de Venus se dice que está en conjunción superior cuando para un observador terrestre el planeta se encuentra detrás del Sol, y en conjunción inferior cuando se halla delante. Durante ambas conjunciones se dan las peores condiciones para observarlos; es necesario esperar a que el planeta se halle en elongación oriental u occidental, es decir, los dos puntos en que se halla más separado de la perspectiva del Sol.

Por su mayor proximidad al Sol, los movimientos orbitales de Mercurio y Venus son más rápidos que los demás planetas y, por tanto, también lo es su trayectoria sobre el cielo, en el que pueden ser visibles indistintamente durante el crepúsculo matutino o el crepúsculo vespertino. Estos cambios llegaron a hacer creer a algunos astrónomos en la antigüedad que se trataba, en cada caso, de dos planetas diferentes y no —como sabemos ahora— de un mismo astro en posiciones distintas.

Los planetas exteriores también pueden entrar en conjunción, pero nunca inferior, porque no pueden hallarse entre el Sol y la Tierra. En cambio, cuando la Tierra ocupa la posición intermedia entre los tres, el planeta entra en oposición y es

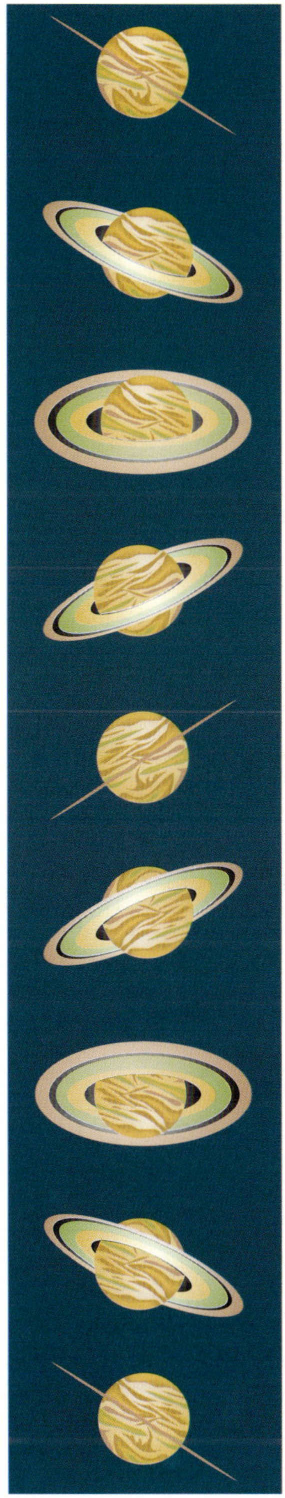

Ciclo de 15 años en el movimiento angular de los anillos de Saturno, desde su máxima inclinación hasta el momento en el que aparecen de canto y prácticamente no pueden verse. Cuando ello ocurre, a través del telescopio observamos el disco del planeta con dos segmentos a ambos lados.

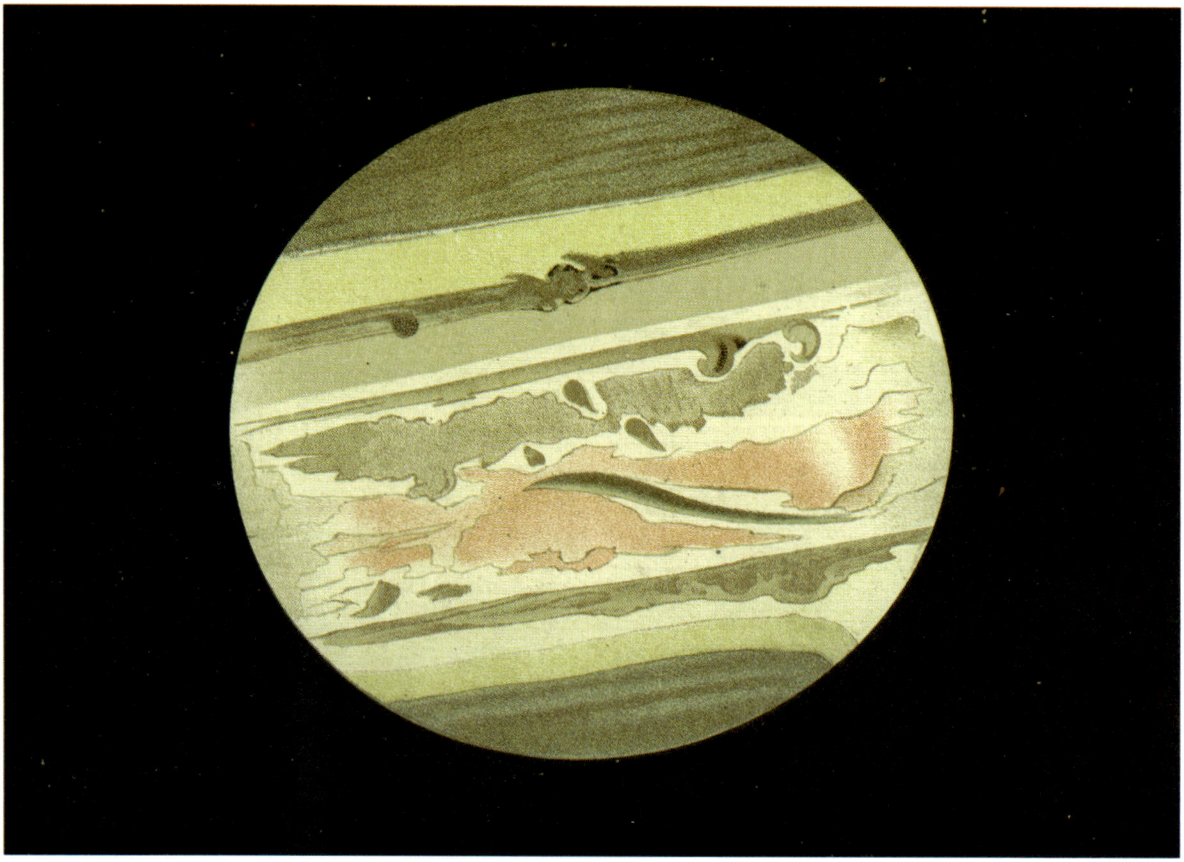

Dibujo del planeta Júpiter hecho por el astrónomo Tachini en el año 1873. Los trazos plasmados con su propia mano sobre el papel reflejan con mayor definición los detalles que la fotografía planetaria. Obsérvese en el centro la Gran Mancha Roja.

visible toda la noche, alcanzando sus mejores condiciones para la observación. De esta forma, cuando Marte, Júpiter y Saturno están en oposición es factible observarlos durante varias semanas seguidas y, lo que es mejor, en plena noche al situarse en dirección opuesta al Sol. Los tres alcanzan suficiente brillo para que se los distinga a simple vista, pero habitualmente es Júpiter el que destaca en esta faceta, aunque sin alcanzar la magnitud de Venus, con el que tampoco puede confundirse porque aquél es amarillento y éste muestra una tonalidad blancoazulada.

El principal atributo óptico de Marte es el que llevó a los astrónomos a llamarlo «el planeta rojo». Cada dos años, aproximadamente, cuando entra en oposición, resplandece en el firmamento y en algunas ocasiones, cuando la posición es más favorable, gana en brillo al mismísimo Júpiter. Todo depende de las distancias entre Marte y la Tierra, que en unas oposiciones se hallan cercanos y en otras, muy lejanos, lo que repercute en las condiciones de observación, ya que cuando está distante, el planeta rojo tiene un escaso diámetro aparente a través del telescopio, en el que se revela como una pequeña bola en la que no es fácil apreciar sus rasgos. Cuando no está en oposición, además de ocultar los detalles de su superficie, Marte se apaga en el cielo y sólo brilla como una estrella de primera o de segunda magnitud.

Júpiter, el gigante del Sistema Solar, es la mejor baza del entusiasta de la observación planetaria. Por su gran tamaño muestra numerosos rasgos de su superficie incluso con telescopios pequeños, con los que se pueden ver sin dificultad la Gran Mancha Roja y las franjas ecuatoriales. El interés de su estudio es extensivo a las cuatro lunas que descubrió Galileo: Ganímedes, Ío,

Europa y Calisto, cuyos movimientos en torno al planeta causarán admiración al observador, porque se traducen en ocultaciones detrás de Júpiter y tránsitos por delante del disco planetario, sobre el que los satélites proyectan su sombra. En 1979, las naves *Voyager I* y *Voyager II* descubrieron la existencia de un débil anillo, invisible para los telescopios, en torno al planeta.

Saturno es menos brillante que Venus y Júpiter, pero su color amarillento y el menor centelleo de su luz respecto a las estrellas permiten localizarlo con facilidad. Para ver sus anillos no son necesarios grandes aumentos con el telescopio y, en realidad, es posible observarlos con unos prismáticos potentes, pero siempre y cuando se coloquen en un soporte estable, porque el movimiento involuntario de las manos impide una imagen estable. Las oscilaciones de Saturno y de la Tierra originan que, aproximadamente cada 15 años, sus anillos queden de canto desde nuestra perspectiva visual, como ocurrió durante 1995 y 1996. Desde entonces, el vaivén vuelve a hacerlos visibles y tiende a aumentar su ángulo de observación, que alcanzará su máximo en torno al año 2002, tras el cual se repetirá el proceso hasta que los anillos se oculten de nuevo hacia el 2010.

Urano, Neptuno y Plutón son difíciles de observar. Urano es visible sin ayuda óptica, pero su brillo está próximo al límite que alcanza el ojo humano, por lo que para encontrarlo hay que rastrear muy bien el cielo. Lo mejor es buscarlo, a partir de sus coordenadas, con unos prismáticos, porque el telescopio no nos enseña grandes cosas de él; sólo vemos un pequeño disco de color verde azulado. Descubierto por William Herschel el 13 de marzo de 1781, Urano hizo sospechar a los astrónomos en 1977, durante la ocultación de una estrella, que también es un planeta con anillos. Su existencia fue confirmada en enero de 1986 gracias a la aproximación de la sonda espacial *Voyager II*, que detectó un sistema de anillos sumamente finos y muy separados entre sí.

Neptuno es invisible a simple vista, y a través del telescopio, sea éste grande o pequeño, únicamente veremos un diminuto disco. El observador debe, sin embargo, intentar localizarlo en el cielo y distinguirlo de las estrellas que ocupen el campo visual del ocular del telescopio. Como ocurrió con Urano, la sonda *Voyager II* encontró anillos en Neptuno, aunque en este caso son más débiles. Esta nave ha venido a demostrar que los cuatro gigantes gaseosos del Sistema Solar, es decir, Júpiter, Saturno, Urano y Neptuno, poseen cada uno su propio sistema anular.

El 24 de agosto de 2006 la Unión Astronómica Internacional (IAU) dejó de considerar Plutón como un planeta tras el descubrimiento, más allá de su órbita, de cuerpos celestes de mayor tamaño. Por tanto, desde esa fecha el último planeta del Sistema Solar ya no es Plutón, sino Neptuno. No obstante, pese a que la IAU es la Institución Internacional responsable en esta materia, numerosos aficionados a la astronomía mantienen su interés en torno a Plutón, sobre cuya naturaleza se mantiene un vivo debate desde hace muchos años. Tiene un diámetro de 2.320 kilómetros —mucho menor que el de la Luna— y no sólo no queda al alcance de nuestra vista, sino que para poder observarlo como un punto de luz es necesario un telescopio de mediana potencia. Aun así, Plutón parecerá una simple estrella en el campo visual del observador.

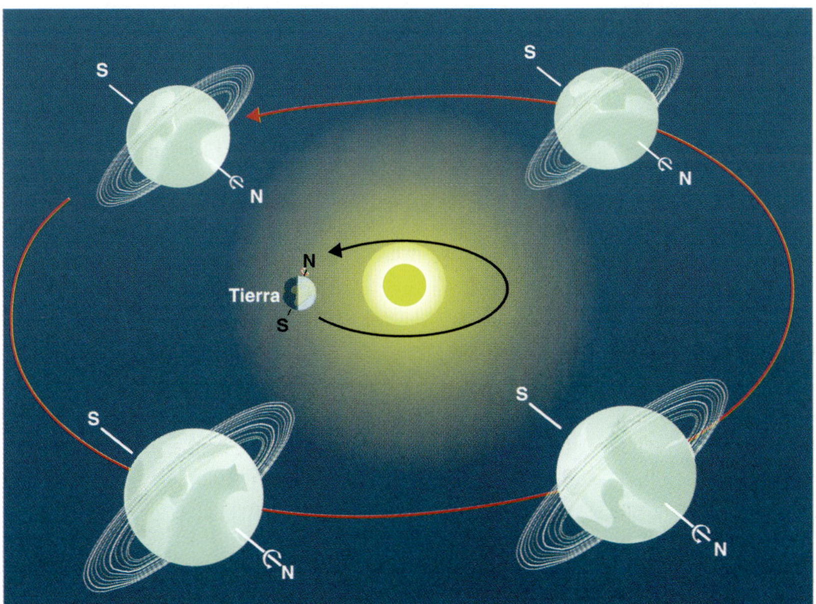

Urano se distingue de los demás planetas del Sistema Solar porque gira sobre su propio eje casi de forma perpendicular al plano de su órbita, como si rodara por ella igual que una bola. La existencia de los anillos se sospechó en 1977 y fue confirmada en 1986 por la sonda Voyager II.

El sistema Tierra-Luna

La Tierra vista desde el espacio, con África en primer término. La foto fue tomada por el Apolo XVII *y pertenece a la valiosa colección elaborada en los años sesenta y setenta por ésta y otras misiones de la NASA. El* Apolo XVII *fue, además, la última nave tripulada que llegó a la Luna* (NASA/JPL).

Hasta el descubrimiento de Caronte junto a Plutón, la Luna ostentaba el atributo de ser el satélite del Sistema Solar más grande en relación al tamaño del planeta a cuyo alrededor gira. De la misma manera que el telescopio nos muestra la existencia de infinidad de estrellas dobles en cualquier región del firmamento, si observáramos la Tierra desde Venus o Marte nos parecería un planeta doble, porque brillaría en el cielo con dos puntos de luz muy próximos: el de nuestro propio mundo y el de su único satélite.

Recientemente, la ciencia ha aportado algo de luz sobre el misterio del origen de la Luna al asentarse una de las teorías discutidas durante décadas. Según ésta, la Tierra fue sacudida por un enorme asteroide en una colisión tan violenta que desgajó hacia el espacio un trozo del planeta, que en el transcurso de millones de años terminó formando la Luna. Se trata de la hipótesis que mayor respaldo tiene ahora acerca del satélite terrestre, del que hasta hace poco se pensaba mayoritariamente que podía haber nacido gracias a la agregación de materia primigenia existente en la órbita de la Tierra. La teoría actual, aunque no resuelve en su totalidad el enigma del origen lunar, sí que parece dar respuesta a algunos de los grandes problemas que envolvían este asunto, en especial a la composición de la Tierra y de su satélite. Como los materiales que formaron la Luna son similares a los existentes en el manto terrestre, esta evidencia se correspondería con la hipótesis de que fueron arrancados de nuestro planeta por el choque del asteroide, cuyo cuerpo se mezcló con ellos.

La Luna se halla a una distancia media de la Tierra de 384 000 km y siempre, aunque con pequeñas oscilaciones, presenta la misma cara hacia nosotros. El hallazgo de hielo anunciado en 1998 ha significado una llamada de atención para la ciencia, porque prácticamente ningún otro lugar del Sistema Solar evoca tan bien la sensación de aridez. Resulta increíble pensar que el agua está allí, a salvo del Sol, oculta

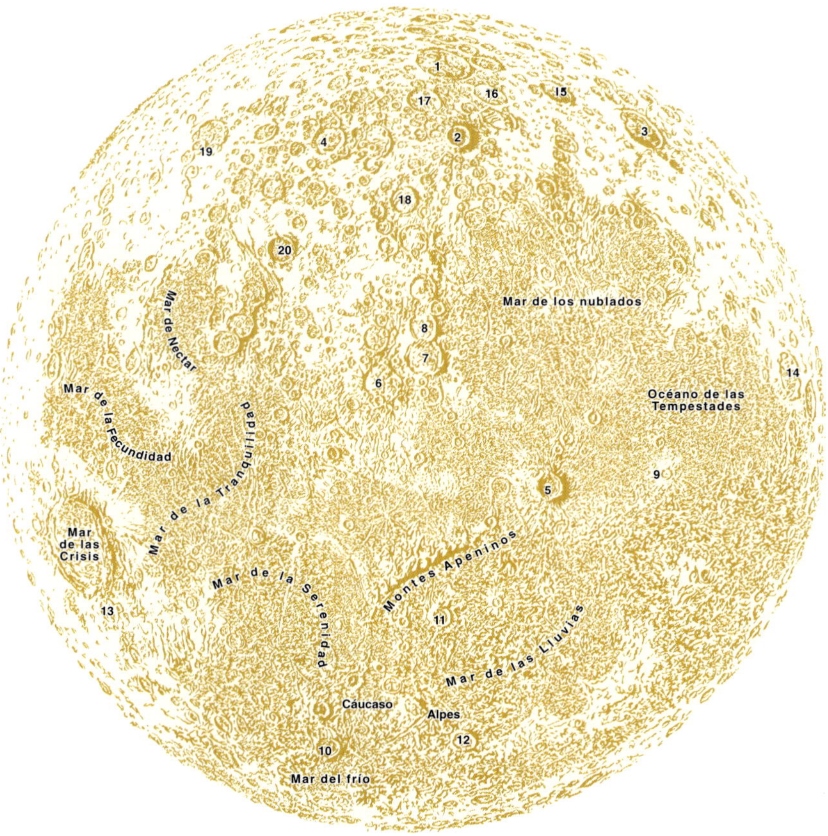

PRINCIPALES CRÁTERES DE LA LUNA

1.Clavyus
2. Tycho
3. Schickard
4. Maurolicus
5. Copérnico
6. Hipparco
7. Ptolomeo
8. Alfonso
9. Kepler
10. Aristóteles
11. Arquímedes
12. Platón
13. Cleomedes
14. Grimaldi
15. Schiller
16. Longomontanus
17. Magino
18. Humboldt
19. Fabrizio
20. Sacrobosco

entre los escondrijos que le brindan las áreas de sombra de los cráteres que salpican ambos polos lunares. Éste es otro de los descubrimientos que evidencian que el estudio del Universo es una invitación a la sorpresa, y ha devuelto el interés general hacia un astro en el que sólo continuaban fijándose los astrónomos aficionados. La Luna no despertaba emociones desde que en diciembre de 1972 los astronautas del *Apolo XVII* regresaron a la Tierra, pero los datos enviados por la sonda no tripulada *Lunar Prospector* en 1998 han provocado un vuelco en el programa de exploraciones espaciales de la NASA, que considera que la presencia de agua abre buenas expectativas para construir una base lunar permanente.

Lo cierto es que el agua era un elemento erradicado de la Luna por las creencias de la mayor parte de los astrónomos, y eso que Galileo, el primero que la observó con telescopio, decidió llamar *mares* a las grandes superficies oscuras que capturaron su atención porque contrastaban en la superficie lunar con las decenas de cráteres y accidentes montañosos que muestra el hemisferio visible de nuestro satélite. No es que Galileo pensara realmente que se trataba de mares como los terrestres —él mismo aclaró ante otros científicos en 1632 que pensaba que eran llanuras—, pero la denominación que introdujo ha pervivido hasta nuestros días y así aparece en los mapas lunares, en los que el Mare Serenitatis, el Oceanus Procellarum y todos los demás aparecen rodeados por nombres de personalidades ilustres con los que se ha bautizado a los principales cráteres, como Copérnico, Kepler y Tycho.

Los mares son uno de los cuatro grandes accidentes que pueden distinguirse en la superficie lunar; los otros tres son los cráteres, las radiaciones que parten de éstos y los sistemas montañosos. Todo el conjunto que ofrece la Luna puede reportar grandes satisfacciones al observador, ya que ningún otro objeto celeste presenta tantas facilidades para su estudio, que puede realizarse con los más pequeños telescopios o con unos prismáticos potentes colocados sobre un trípode con el fin de que la imagen sea estable. La labor del aficiona-

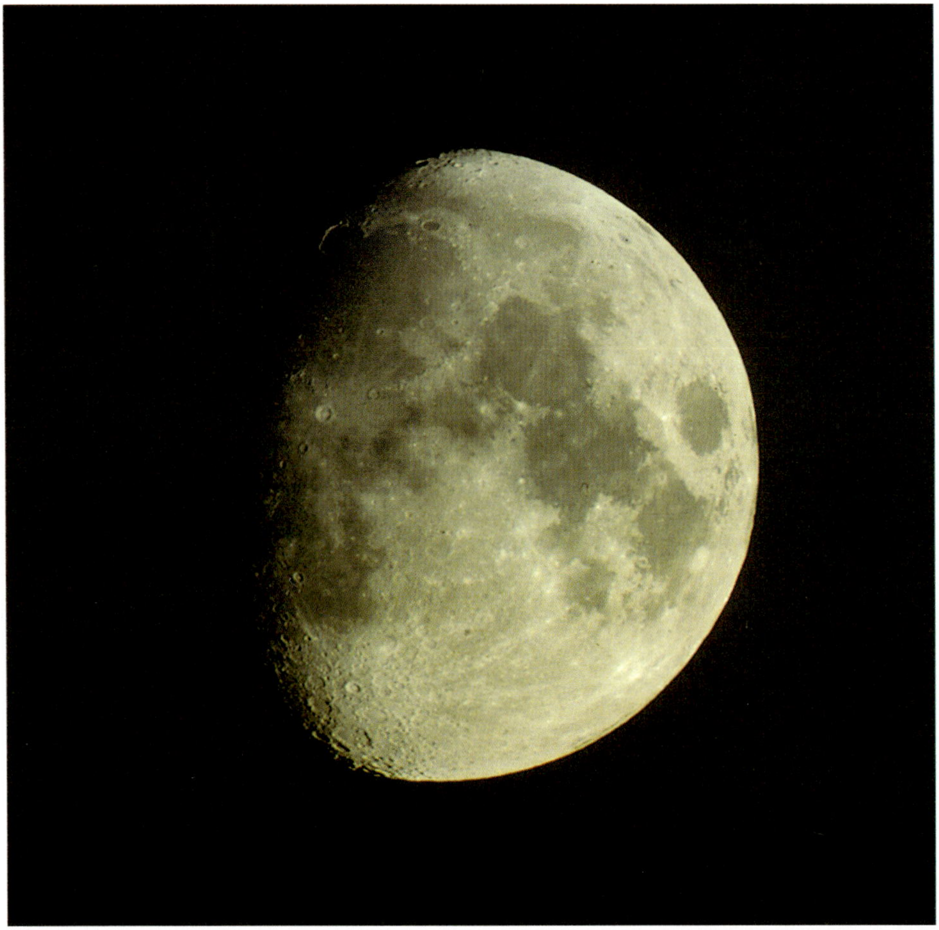

La Luna gibosa muestra iluminada aproximadamente las tres cuartas partes del hemisferio visible. Los detalles observables son más numerosos que en el cuarto creciente, pero sin el exceso de luz que durante la Luna llena borra los contrastes entre los principales accidentes superficiales (Vicente Aupí).

do es en este campo una gran alternativa a la de los grandes observatorios profesionales, entre los que quedan muy pocos que continúen estudiando la Luna. Sin embargo, para quien acaba de introducirse en la actividad astronómica, al igual que ocurre con el conocimiento de las principales estrellas y constelaciones, es una excelente meta recorrer la cara visible de la Luna con la ayuda de un telescopio y un mapa para localizar e identificar por sus nombres los cráteres, los mares y las grandes cadenas montañosas.

Una lunación o mes lunar dura aproximadamente 29,5 días terrestres. Es el tiempo que transcurre entre dos novilunios, y en el cual la Luna pasa sucesivamente por las fases nueva, creciente, llena y menguante. En Luna nueva es imposible verla porque se halla delante del Sol, pero a medida que se separa angularmente de éste durante su órbita en torno a la Tierra, nuestro satélite muestra cada día una porción visible mayor hasta alcanzar, al cabo de una semana, el cuarto creciente, y aproximadamente después de otra semana, la fase llena, en la que nos muestra todo su hemisferio visible iluminado por los rayos solares.

A partir de aquí, y después de pasar por detrás de la Tierra, el ángulo vuelve a cerrarse y siete días después de la Luna llena se produce el cuarto menguante, en el que vemos bañada por la luz solar la mitad lunar que permanecía a oscuras 14 días antes, en el cuarto creciente. Distinguir los dos cuartos es tarea fácil: el creciente únicamente se ve por la tarde y durante la primera mitad de la noche, y el menguante, en la segunda mitad de ésta y por la mañana.

Los astrónomos también determinan el paso por las sucesivas fases mediante la llamada edad lunar, que se cifra con el número de días que han transcurrido desde la anterior Luna nueva. Por ejemplo, la fase llena equivale a 14 días de edad y la Luna de tres días de edad que se ve al anochecer es la que adquiere la clásica forma con cuernos en los extremos al estar iluminada sólo una pequeña porción de su superficie. En este caso, muchas personas han comprobado que la zona de la Luna no iluminada directamente por el Sol resplandece tenuemente y no se halla en sombra, sino en penumbra. Se trata de la hermosa luz cenicienta, que la Tierra refleja hacia su satélite de la misma manera que hace éste durante las noches de Luna llena, en las que podemos ver perfectamente sombras gracias a la intensidad de la luz que nos llega. Así, en los días previos al creciente —o en los siguientes al menguante—, la Tierra está casi llena vista desde la Luna, que queda iluminada por los rayos de luz solares que refleja el planeta azul.

La observación lunar queda al alcance de los telescopios de aficionado de todos los tamaños. El astrónomo debe estudiar la superficie primero en conjunto para distinguir los principales accidentes y después aumentar la potencia de su telescopio para recorrer cada sector en busca de detalles. Aparecerán ante su vista cráteres, circos, cadenas montañosas, fisuras y las llanuras grisáceas que Galileo bautizó con el nombre de «mares» (Vicente Aupí).

Las cuatro estaciones

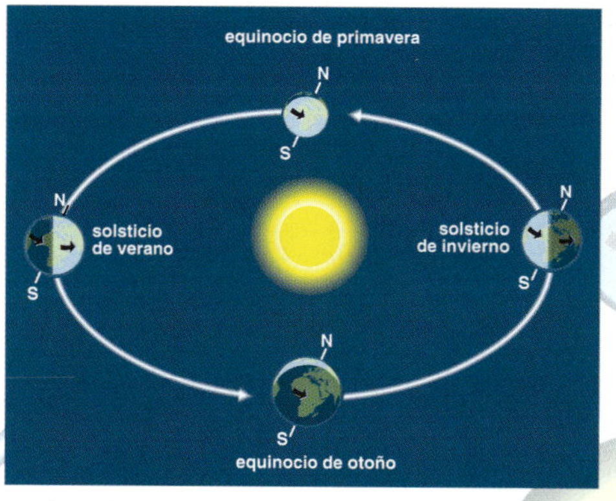

El movimiento de traslación de la Tierra en torno al Sol y la inclinación del eje polar respecto al plano de la órbita dan lugar a las cuatro estaciones del año, que son inversas en cada hemisferio: cuando llega el invierno en el norte, el sur entra en verano, y viceversa. Por tanto, la primavera boreal se corresponde con el otoño austral.

La Tierra y los astros están sometidos a tal infinidad de movimientos que sería inabarcable enumerarlos todos. Sin embargo, y si dejamos al margen a los planetas y la Luna, los cambios periódicos que son perceptibles en el cielo tienen como patrones fundamentales la rotación y traslación terrestres. La primera nos marca la vida cotidiana impuesta por el día y la noche; la segunda, las cuatro estaciones del año, que tiene una duración de 365,25 días, el tiempo que nuestro mundo tarda en completar su órbita alrededor del Sol. Lo hace a una velocidad media superior a los 100 000 km por hora, que le hace recorrer más de 910 millones de kilómetros en su trayectoria, no exactamente circular, sino en forma de elipse.

La Tierra orbita en sentido contrario a las agujas del reloj y el plano en el que se mueve durante su traslación recibe el nombre de eclíptica. Para el observador terrestre, por tanto, la eclíptica también es el plano imaginario en el que el Sol realiza su movimiento aparente anual. Además de ello, desde el punto de vista astronómico la eclíptica tiene una importancia fundamental porque no sólo define el plano orbital de la Tierra, sino que también marca la línea en torno a la cual se mueven, con muy poca separación sobre ella, los demás planetas del Sistema Solar. Dicho de otra forma, los planos orbitales de los planetas del Sistema Solar se hallan muy próximos entre sí, de forma que las órbitas se asemejan en su grado de inclinación. Se considere o no un planeta, el movimiento también diferencia a Plutón, cuya órbita está inclinada más de 17 grados respecto a la eclíptica. Las órbitas de Marte y Júpiter, en cambio, sólo se separan algo más de un grado del plano de traslación de la Tierra.

El nombre de eclíptica se debe a que también es el plano en el que se producen los eclipses merced a las alineaciones periódicas del Sol, la Luna y la Tierra. El conjunto de fenómenos que ocurren en ella ya fue advertido por los primeros astrónomos, que se dieron cuenta de que se trata del camino aparente que recorren tan-

Grabado perteneciente a una de las joyas bibliográficas de la historia de la astronomía española: el libro Observaciones astronomicas y phisicas hechas de orden de su majestad en los Reynos del Perú. *Obra de Jorge Juan, este libro se convirtió en 1748 en la primera publicación europea sobre la medida del grado en América meridional.*

La trayectoria del Sol a través de la eclíptica es, pues, el resultado de nuestra percepción visual al moverse la Tierra en su órbita alrededor de aquél. Durante los 365 días que dura un año, nuestro planeta cambia paulatinamente de posición y ello trastoca su alineación con el Sol, lo que repercute en que en invierno podamos ver constelaciones que son invisibles en verano y viceversa. Así, en diciembre la estrella Sirius, la más brillante del cielo nocturno, destaca sobre las demás porque la Tierra la tiene detrás, pero al avanzar en su movimiento de traslación y pasar en el mes de junio al lado opuesto del Sol, éste queda delante de Sirius y la tapa con su resplandor.

La órbita determina, asimismo, las cuatro estaciones anuales: invierno, primavera, verano y otoño. Si el eje de rotación de la Tierra fuera perpendicular a su plano orbital y no estuviera inclinado respecto al mismo, los dos hemisferios del planeta tendrían el mismo clima todo el año, pero el plano del ecuador —la línea que divide el globo terráqueo en dos mitades— se desvía 23,5 grados de la eclíptica. Por esta razón, en el solsticio de diciembre el hemisferio norte entra en el invierno y el hemisferio sur en el verano, y en junio se invierten las estaciones: verano boreal e invierno austral. En ambos casos, cada hemisferio recibe diferente índice de radiación solar a causa de la inclinación del eje terrestre respecto a

to el Sol como los planetas sobre el fondo estelar. Se comprobó así que los planetas cambiaban de posición en sólo unos días para cruzar el cielo de constelación en constelación, mientras que las estrellas dan la sensación de permanecer inmóviles.

su órbita, pero en los equinoccios se recibe la misma, aunque las estaciones siguen cambiadas: cuando es primavera en el norte, el sur entra en otoño, y durante la primavera austral se produce el otoño boreal.

Un lugar para ver las estrellas

Observatorio de Pic du Midi. Se empezó a construir en el XIX y a mediados de este siglo fue uno de los grandes protagonistas de los programas internacionales de observaciones planetarias, en particular de Marte, gracias a los detalles de su superficie visibles merced a la estabilidad atmosférica del emplazamiento, a 2 877 m de altitud, en la cordillera pirenaica (Vicente Aupí).

Los astrónomos nunca han necesitado otra cosa; sólo eso: un buen lugar para ver las estrellas. Hasta principios del siglo XX cualquier sitio era aceptable, incluso las ciudades con clima adecuado, pero a partir de los años cincuenta los observatorios empezaron a batirse en retirada y se escondieron en los lugares más remotos. Los que no lo consiguieron han terminado sus días convertidos en museos tras perder la batalla de la luz.

Para la astronomía, la ciencia más antigua de la humanidad, el primer reto actual es que las luces de este mundo no le impidan ver las demás. Todas las grandes metrópolis que históricamente han ejercido un notable influjo científico-cultural, como París, Berlín, Viena y San Petersburgo, albergan en su interior o en sus proximidades observatorios que se fundaron en épocas en las que la polución lumínica no existía, pero ahora ningún telescopio programado para operar en el espectro visible se instala en un emplazamiento urbano, porque quedaría condenado al fracaso. Los principales centros de observación mundiales, como el de Mauna Kea, en Hawai, construido a 4 200 m de altitud, y los observatorios internacionales que operan en las islas Canarias a 2 400 metros son un buen ejemplo de este proceso, que también ha llevado a la ciencia a observar el Universo desde fuera de la Tierra al colocar en órbita instrumentos como el telescopio espacial *Hubble*.

Afortunadamente, las cosas no son tan dramáticas para el astrónomo aficionado. Sin duda, las luces urbanas han mediatizado su actividad, pero a diferencia de lo que le ocurre a los observatorios profesionales, la posibilidad de desplazarse fuera de la ciudad y el menor tamaño de los instrumentos que utiliza el aficionado juegan a su favor. Más aún, el estudio del Sistema Solar, cuyo abanico de posibilidades es tan extenso que comprende desde el seguimiento de la actividad solar a la anotación de los eclipses de Júpiter y sus satélites, es tarea que desarrollan miles de observadores urbanos de todo el planeta.

El cometa Hale-Bopp combinaba a la perfección en 1997 con el paisaje nocturno, como se aprecia en esta fotografía obtenida desde Puçol, cerca de Valencia (Joaquín Tío).

Resplandor de las áreas urbanas del sur de Francia, próximas al observatorio de Pic du Midi. Pese a la luz, la gran altitud del observatorio le pone a salvo de la contaminación lumínica, a la que en cambio han sucumbido numerosos centros astronómicos europeos emplazados en núcleos urbanos (Vicente Aupí).

Sorprendentemente, en una noche diáfana, un telescopio para aficionados de sólo 10 cm de abertura nos permitirá ver desde una ciudad los rasgos de la nebulosa de Orion (M 42) mejor que un instrumento profesional de varios metros de diámetro. El gran tamaño de éste le otorga, efectivamente, muchísima más capacidad de captación de luz, pero al hallarse en un núcleo urbano recogerá también los reflejos de las farolas circundantes, que borrarán del ocular la imagen de la nebulosa. En cambio, el pequeño telescopio, menos sensible a la luz parásita, nos aportará un fondo más oscuro y contrastado que permitirá apreciar el aspecto de la nebulosa. Lógicamente, en un lugar ideal, el instrumento más grande aportaría imágenes notablemente más espectaculares, pero esta comparación sirve como ejemplo demostrativo de que el astrónomo aficionado goza de grandes posibilidades para desarrollar su actividad preferida y que muchas veces juega con ventaja respecto a las limitaciones que presupone el uso de grandes y sofisticados telescopios.

Con todo ello, lo que debe quedar claro es que las ciudades aún dejan un margen de actuación para el astrónomo aficionado que no comparten, por sus especiales características, los observatorios con grandes telescopios. Aquél, sin embargo, también deberá alejarse de enclaves urbanos si realmente pretende tener una visión global del firmamento, y por esta misma razón la persona que se inicie en la astronomía ha de tener claras dos cuestiones básicas: dónde observará y qué es lo que más le interesa estudiar de todo el conjunto que nos ofrece la bóveda celeste. Adquirir un telescopio antes de decidir ambas cosas es un grave error que puede traducirse en tirar a la basura una gran suma de dinero, porque cada instrumento tiene sus propias exigencias en cuanto al emplazamiento y el transporte, y los diferentes dispositivos ópticos de los que están dotados los especializan hacia campos también diferentes.

Acerca del lugar de observación, y salvo que las circunstancias personales lo impidan, lo más recomendable para el neófito es elegir algún punto en plena naturaleza que nos permita abarcar todo el cielo y al que nos podamos desplazar periódicamente. Allí podremos conocer en unas cuantas jornadas de observación los principales rasgos del firmamento,

El brillo del cometa Hale-Bopp permitió que en 1997 se contemplara incluso desde el interior de las ciudades. Sin embargo, su imagen urbana nada tenía que ver con su aspecto en zonas de montaña, donde los astrónomos aficionados asistieron a un espectáculo como el que muestra la imagen y que puede tardar décadas en repetirse (Francisco Catalá).

identificar las estrellas más importantes y diferenciar una constelación de otra, algo que no es posible en la actualidad desde un emplazamiento urbano. A medida que nos adentremos en el conocimiento del cielo, la propia evolución de nuestras observaciones y nuestras inquietudes personales serán las que decanten la actividad hacia campos específicos, que nos llevarán, a su vez, a elegir algún tipo de ayuda óptica, ya sea un telescopio o unos buenos prismáticos.

Instalaciones del observatorio astronómico de Pic du Midi, al que, a excepción del verano, solamente puede accederse mediante un teleférico que lo une con la estación invernal de La Mongie, en los Altos Pirineos de Francia, muy cerca del célebre Tourmalet (Vicente Aupí).

La envoltura gaseosa que es la atmósfera de la Tierra actúa ópticamente como un filtro, algo que es particularmente notable en la observación astronómica. Las capas de aire refractan la luz procedente de las estrellas y atenúan su brillo, pero en el caso de objetos tan difusos como una galaxia lejana las condiciones atmosféricas pueden significar verla o no verla. Se comprende de esta forma que la altitud del lugar de observación favorezca decisivamente las condiciones necesarias de transparencia atmosférica que exige el estudio del cielo. Por supuesto que un emplazamiento al mismo nivel del mar y sin luces parásitas puede ser un buen sitio para observar, pero nunca podrá compararse con otro a 1 000 m de altitud, donde la negrura del fondo del cielo y la nitidez con la que brillan los astros es un espectáculo por sí mismo.

Durante los años de la segunda guerra mundial, astrónomos como Bernard Lyot consiguieron desde el observatorio francés de Pic du Midi, a 2 877 m de altitud, algunas de las fotografías más nítidas de Marte que se habían logrado hasta entonces. Con un telescopio refractor de 38 cm de diámetro registraron excelentes imágenes de la rotación del planeta rojo que sirvieron para convertir este centro en el más famoso del mundo por sus mag-

Observatorio de Pic du Midi, al que todavía se considera como uno de los mejores lugares del mundo para la observación astronómica. Aunque el número de noches despejadas es inferior al de otros observatorios internacionales, en las madrugadas más favorables la calidad de su cielo es superior (Vicente Aupí)

níficas condiciones de observación, ya que además de la notable altitud el Pic du Midi tiene un microclima sumamente favorable en las noches de gran estabilidad atmosférica.

Esta referencia no hay que interpretarla en el sentido de que para observar hay que escalar una gran montaña; simplemente se trata de un ejemplo que evidencia como pocos que la altitud es uno de los factores clave para una buena observación. El aficionado debe atenerse en cada caso a la búsqueda del mejor lugar de observación posible dentro de su propio entorno geográfico, y si a la misma distancia de su lugar de residencia puede elegir entre un punto al nivel del mar y otro a 500 metros de altura, deberá apostar por el último, ya que le permitirá evitar las capas de aire más densas.

Perspectiva de la cordillera pirenaica desde Pic du Midi. La visibilidad diurna de un lugar permite conocer la calidad y transparencia de su atmósfera para la observación nocturna. En los observatorios astronómicos de montaña, el alto índice de reflexión (albedo) de la superficie nevada evita el calentamiento diurno y favorece la estabilidad atmosférica, lo que equivale a noches serenas con excelentes condiciones para el estudio del cielo (Vicente Aupí).

Las coordenadas celestes

Los movimientos planetarios y la mecánica celeste han sido objeto de discusión durante siglos, y por ello siempre fueron motivo de las representaciones artísticas vinculadas a la astronomía, como la de este antiguo grabado.

La posición de las estrellas y de los planetas en el firmamento se localiza mediante un sistema de coordenadas similar al que los geógrafos utilizan en la Tierra. El ecuador celeste es una prolongación hacia el espacio del ecuador terrestre y lo mismo ocurre con los polos norte y sur astronómicos. Como visualmente todo el cielo tiene la apariencia de una esfera que envuelve el globo terrestre, los astrónomos idearon un conjunto de coordenadas basado en el mismo esquema que el usado para fijar el punto en que se encuentra un lugar cualquiera de nuestro planeta.

La principal diferencia está en los nombres de las coordenadas: la declinación es en astronomía la que equivale a la latitud sobre la Tierra, es decir, la que nos define si un astro se encuentra al norte o al sur del ecuador celeste. Así, tal como el polo norte terrestre se halla a +90 grados de latitud, el polo norte celeste se encuentra a +90 grados de declinación, y la estrella Polar a menos de un grado de dicho punto. Por tanto, un observador imaginario que se encontrara en el mismo polo norte tendría sobre él, en el cenit, el polo norte celeste o astronómico, y lo mismo le sucedería a otro observador hipotético que se hallara en el polo sur, a –90 grados. La línea que divide el firmamento en dos mitades iguales al norte y al sur es el ecuador celeste.

La otra coordenada astronómica, que se corresponde con la longitud terrestre, se denomina ascensión recta, y es la que define las posiciones de los astros en función del movimiento diario del cielo de este a oeste. En la Tierra, el meridiano de Greenwich (Inglaterra) es una línea que une de norte a sur ambos polos cruzando el ecuador a 0 grados de longitud, por lo que marca la divisioria entre el este y el oeste. A ambos lados del meridiano de Greenwich cada lugar de la Tierra tiene una longitud determinada, y así, por ejemplo, Moscú se halla a 37,35 grados este, y Nueva York, en cambio, está a 75 grados de longitud oeste. En astronomía, sin embargo, como el cielo gira una vez cada 24 horas se ha optado por medir la ascensión recta en horas en vez de en grados de arco (la medida usada en la longitud geográfica), aunque se trata, simplemente, de una cuestión de conceptos: las 24 horas que aproximadamente dura un día terrestre es el tiempo que nccesita el firmamento para recorrer los 360 grados de circunferencia que tiene la bóveda celeste. Por tanto, una hora de ascensión recta equivale a 15 grados de arco, un minuto a 15 minutos de arco y cada segundo a 15 segundos de arco. El punto a partir del cual se numeran las 24 horas en ascensión recta es el de la intersección del ecuador con la eclíptica, de la que ya se ha hablado antes y que, como se ha dicho, es la línea o sendero que describe la órbita de la Tierra en torno al Sol. Dicho punto de intersección se llama equinoccio vernal. A efectos prácticos, el observador debe entender la declinación y la ascensión recta como las coordenadas que le sirven para localizar cualquier objeto celeste. Para ambas se utilizan habitualmente las abreviaturas Dec. y A. R., aunque en ocasiones también se recurre a las letras griegas α (alfa) para la ascensión recta y d (delta) para la declinación.

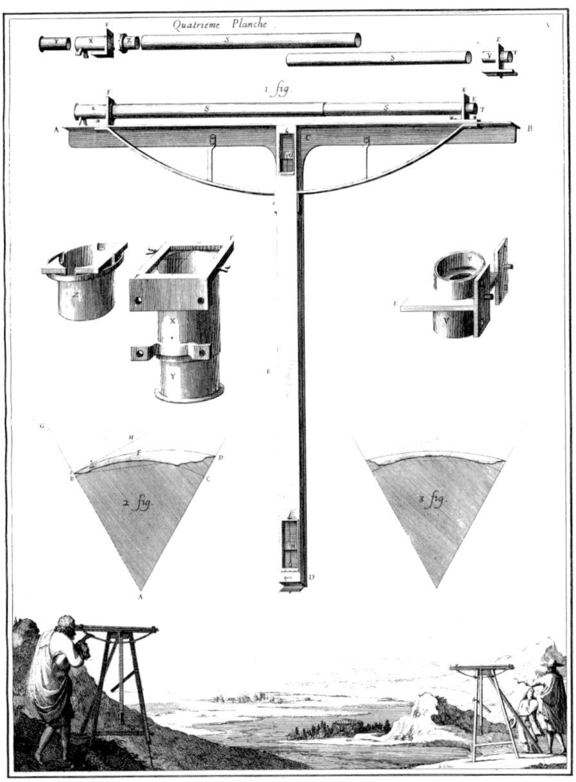

Del libro Mesure de la Terre, *de Jean Picard. De la docena de ejemplares que quedan, sólo tres están en Francia, uno de ellos en la Biblioteca Nacional de París, y otros dos se encuentran en Inglaterra. Los demás están repartidos por el mundo, en algunos casos en colecciones particulares.*

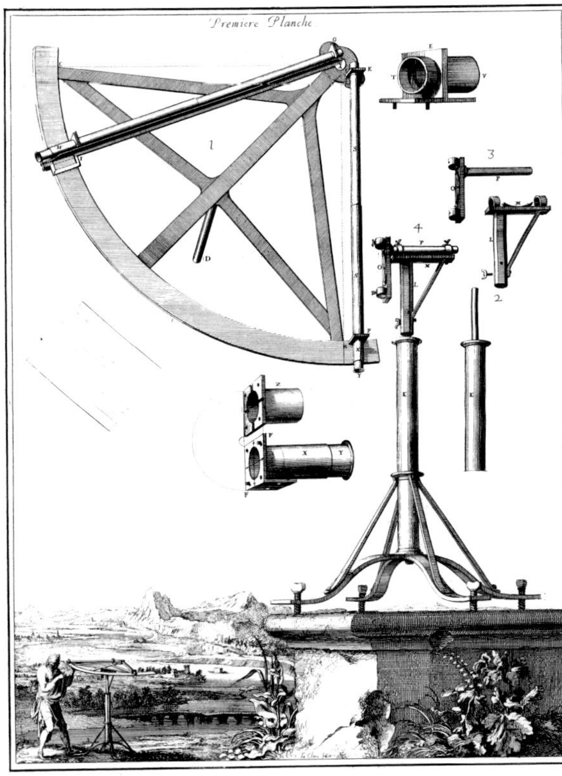

Grabado con instrumentos de medidas del libro Mesure de la Terre, *de Picard. La trascendencia de esta obra fue tal que el propio Isaac Newton aguardó más de 10 años antes de publicar sus* Principia Mathematica *porque necesitaba consultar los datos relativos a las medidas de la Tierra.*

Aunque no ocurre lo mismo con los planetas, que se desplazan diariamente, puede afirmarse que las estrellas se mantienen fijas en su posición, y sólo al cabo de años o décadas se aprecia que se han movido ligeramente. Un ejemplo: las coordenadas de la estrella Sirius en el año 1950 eran de 6 horas y 42,9 minutos de ascensión recta y –16 grados y 39 minutos de declinación. En cambio, su posición para el año 2000 será de 6 horas y 45,1 minutos en ascensión recta y de –16 grados y 42,5 minutos en declinación. La estrella se habrá movido ligeramente, pero no lo suficiente para que alguien lo perciba a simple vista.

La ascensión recta y la declinación pertenecen al sistema de coordenadas ecuatorial, en el que están plasmados los mapas celestes de este libro y que se ajusta a la perfección al ámbito de la observación del firmamento que interesa al aficionado. Existen, no obstante, otros tres sistemas astronómicos de coordenadas que se utilizan para otros fines: el azimutal, el horario y el eclíptico.

El ciclo anual de los astros

Antiguo dibujo de la revolución de la Tierra en torno al Sol y las cuatro estaciones astronómicas. Nótese cómo además de las posiciones e inclinación de nuestro planeta en cada momento de su órbita, la ilustración explica el paso por las diferentes constelaciones del Zodíaco en el fondo del cielo.

Los cambios paulatinos que el movimiento de la Tierra causa en el aspecto general del firmamento nos proporcionan una gran fuente de sorpresas y espectáculos celestes a lo largo de todo el año. Aunque en las zonas circumpolares del cielo las constelaciones nunca desaparecen —sólo cambian de posición según la época—, a lo largo de la eclíptica podemos descubrir cada mes estrellas y objetos que aparecen ante nuestra vista a medida que la Tierra baila en su danza orbital alrededor del Sol.

En los 12 meses del año la mecánica celeste depara, además, fenómenos periódicos como las lluvias de estrellas fugaces, que se producen cuando la Tierra cruza regiones del espacio abundantes en restos meteóricos, cuyas partículas se vuelven incandescentes al entrar en la atmósfera. La más conocida de estas lluvias es la de las Perseidas, que se produce en la primera quincena del mes de agosto. Aunque en teoría el máximo suele ocurrir en torno al 12 de agosto, lo cierto es que las fechas varían de un año a otro y en algunas ocasiones el fenómeno se ha prolongado durante varias noches desde finales de julio hasta el 20 de agosto.

Casi todos los años se producen uno o varios eclipses de Sol o de Luna. Los primeros son más difíciles de observar, porque la zona de visibilidad del fenómeno es muy restringida, sobre todo cuando se trata de la franja desde la que puede contemplarse la totalidad. Los eclipses lunares, por contra, pueden verse desde una gran parte de la Tierra y a pesar de que no pueden compararse en espectacularidad con los solares, son acontecimientos astronómicos difíciles de olvidar por su belleza.

Cada año el observador debe estar atento a la evolución de los planetas y sus condiciones de visibilidad. Júpiter entra en oposición —el momento más favorable para estudiarlo— cada 399 días y Saturno lo hace cada 378, por lo que casi todos los años ambos ofrecen buenas expectativas para su observación telescópica.

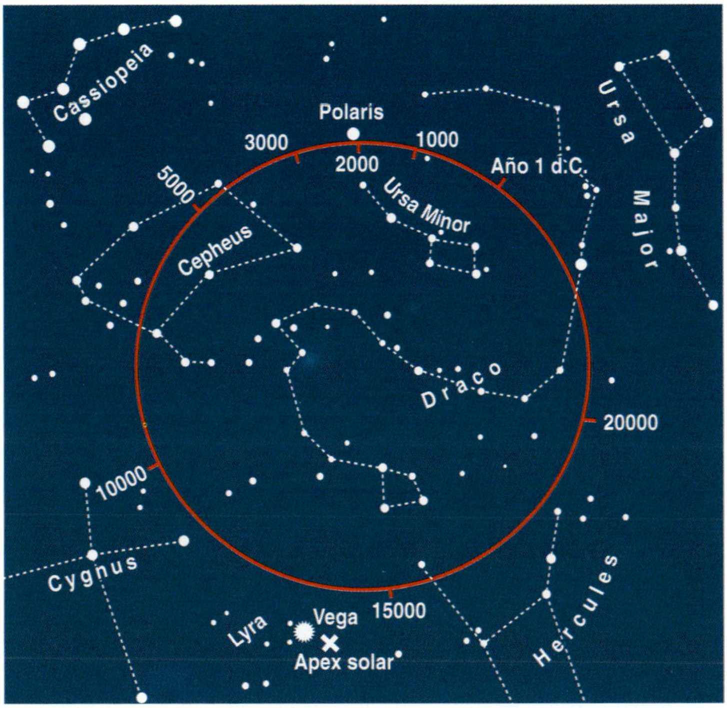

La Tierra describe un vaivén, como si fuera una peonza. La proyección de dicho movimiento sobre el cielo se traduce en que el polo norte astronómico describa un círculo cada 25 000 años aproximadamente. Por ello, Polaris no ha sido siempre la estrella Polar del firmamento boreal, papel que ha compartido con otras como Vega.

Los intervalos entre las oposiciones de Marte son más largos, ya que duran 780 días, es decir, más de dos años, y además entre una y otra su distancia a la Tierra varía, así como su tamaño aparente. El seguimiento de Venus es más sencillo al tratarse de un planeta fácilmente localizable por su brillo, tanto al amanecer como al atardecer. A pesar de tal virtud, la realidad es que no es precisamente un mundo lleno de contrastes, como puede comprobarse en las imágenes que de él nos aporta el telescopio, y hay quien opina que es más bonito contemplarlo a simple vista cuando destaca sobre un fondo de estrellas. La ausencia de detalles se debe al gran manto de nubes que envuelve la superficie de Venus, que queda oculta de forma permanente.

La observación del ciclo anual nos permitirá entender también por qué los primeros astrónomos dieron tanta importancia al zodíaco, que es una estrecha franja del firmamento que se extiende a ambos lados de la eclíptica, y por la que se mueven tanto el Sol como la Luna y los planetas en su trayectoria aparente sobre el fondo de estrellas. En esa banda se encuentran las 12 constelaciones que en la antigüedad sirvieron a los astrólogos para vincularlas a los signos zodiacales a medida que el Sol cruzaba cada una de ellas. Sin embargo, el movimiento de peonza que experimenta la Tierra merced al vaivén de su eje —el mismo que hace cambiar de posición los polos— ha hecho que con el paso de los siglos el Sol ya no cruce en las mismas fechas que antaño cada región del zodíaco, por lo que los signos que se utilizan en los horóscopos en la actualidad no se corresponden con las constelaciones originarias: Leo, Virgo, Libra, Escorpión, Sagitario, Capricornio, Acuario, Piscis, Aries, Tauro, Géminis y Cáncer.

El periplo anual de las estrellas sobre el firmamento nos revela que no estamos quietos en el espacio. En el hemisferio boreal, si un observador mira todos los días hacia el horizonte a la misma hora de cada noche apreciará ligeros cambios respecto a la jornada anterior. Para comprobarlos, la constelación de la Osa Mayor es, nuevamente, una excelente referencia que nos muestra en su rotación alrededor de la estrella Polaris el ciclo anual del cielo. En las fechas próximas al solsticio de invierno —verano en el hemisferio sur—, el Gran Carro aparece al principio de la noche a ras de horizonte, y al final de la misma asciende hasta su máximo ángulo y se coloca arriba. En el solsticio de junio —verano en el hemisferio norte e invierno en el austral—, la Osa Mayor se comporta a la inversa: aparece arriba al caer la noche y desciende paulatinamente a medida que transcurre la madrugada para acostarse sobre el horizonte con las primeras luces crepusculares. Las diferencias estacionales de visibilidad también comportan que las constelaciones que destacan sobre el cielo en ambos solsticios sean más espectaculares que las de los equinoccios. En primavera y otoño el aspecto del conjunto de estrellas que se revelan ante nuestros ojos es más tenue que los de invierno y verano, e incluso durante algunas semanas parece algo pobre en las horas centrales de la madrugada.

En diciembre, enero y febrero, si miramos hacia el sur antes de la medianoche, serán Orión y el Can Mayor las dos constelaciones que más nos llamen la atención. La gran mancha de la Vía Láctea las bordea hasta desaparecer por el horizonte sur. Ambas se desplazan diariamente hasta desaparecer de nuestra vista entrada la primavera, cuando en torno a la medianoche

El cúmulo estelar de las Pléyades y la región de Tauro, en la que se hallan, tienen en el invierno la estación más favorable para su observación (Vicente Aupí).

Los sectores más densos de la Vía Láctea componen el escenario celeste habitual durante los mseses estivales (Vicente Aupí).

coronan el cielo visible constelaciones como Leo y el Boyero, con su brillante estrella de color naranja Arcturus. El Cisne, Lyra y el Águila ganan terreno por el este en las madrugadas de abril y mayo, para adueñarse del cielo visible durante las escasas horas de oscuridad de las noches estivales.

Entrado el mes de julio, el Sol se aleja de la perspectiva de Orión, que aparece nuevamente en el cielo durante la madrugada. Durante el verano se produce también un acontecimiento protagonizado por Sirius, en la constelación del Can Mayor. Tras haberse ocultado en primavera detrás del Sol, semana a semana se separa angularmente de él hasta que, entrado ya el verano, se produce su ascensión helíaca, o sea, su primera aparición sobre el horizonte este poco antes del amanecer. Este fenómeno, que puede presenciar en la actualidad cualquier observador, era celebrado antiguamente por la civilización egipcia y otras culturas porque para ellos significaba la llegada del estío.

En las madrugadas estivales, desde la latitud de España, puede percibirse cierta claridad en el cielo estrellado, en contraste con las negras y frías noches del invierno. La tenue luz de fondo se debe a que la atmósfera refracta una parte de los rayos solares que llegan a todo el hemisferio norte con un ángulo más directo que en las demás estaciones del año. Es el mismo fenómeno que por encima del círculo polar ártico produce el Sol de Medianoche e impide que reine la oscuridad.

El cielo otoñal se caracteriza por un brusco cambio en el que lo más significativo es la rapidez con la que anochece. La claridad del fondo del cielo estival desaparece y en el inicio de la noche la Vía Láctea ya no recorre el firmamento de norte a sur, sino de este a oeste. En octubre, la galaxia de Andrómeda (M 31) se halla próxima al cenit y es fácil contemplar a simple vista su aspecto de nube diminuta, y próxima a ella está el

El doble cúmulo de Perseo es muy fácil de observar (Vicente Aupí).

doble cúmulo estelar (NGC 869 y NGC 884) de la constelación de Perseo. Al lado de ésta aparece la constelación de Auriga (Cochero) y dentro de ella la estrella Capella, de color amarillento y la segunda más brillante del cielo boreal, con una magnitud de 0,1. Sólo Vega —Sirius, Canopus y Alfa Centauri pertenecen al hemisferio sur— le gana en brillo al tener una magnitud de 0,0.

El cielo otoñal es especialmente propicio para las lluvias de estrellas fugaces. Los restos del cometa Halley que vagan por el vacío espacial en el sector de la órbita que nuestro planeta atraviesa en octubre generan la lluvia de las Oriónidas, que se produce todos los años habitualmente en torno al 21 o el 22 de octubre. Dos semanas más tarde, hacia el 5 de noviembre, tiene lugar la lluvia de las Táridas, que muestra la particularidad de tener dos subenjambres: las llamadas Táuridas Boreales, cuyo radiante —el punto del cielo del cual parecen caer los meteoritos— se halla en el cúmulo estelar de las Híades, y las Táuridas Australes, con radiante en las Pléyades. Esta lluvia se asocia al cometa Encke.

En diciembre hay otras dos lluvias más de meteoritos. La de las Gemínidas cae hacia el día 14 desde las proximidades de la estrella Cástor, y una semana después, coincidiendo con el solsticio del invierno boreal, pueden verse las Úrsidas, vinculadas al cometa Tuttle, que reciben su nombre porque aparecen en torno a la constelación de la Osa Menor.

Las lluvias de estrellas fugaces tienen, pues, carácter periódico y están relacionadas con el ciclo anual de la Tierra en su traslación alrededor del Sol. Por la amplitud espacial del fenómeno, nuestros ojos constituyen el mejor dispositivo óptico para verlas, pero la astronomía nunca nos habría permitido conocer lo que ahora sabemos y podemos observar del Universo sin un instrumento llamado telescopio. Como le ocurrió a Galileo, la primera vez que lo enfoquemos hacia el cielo cambiará nuestra concepción del Cosmos.

El aire fresco de la época moderna
ha dispersado la niebla y los duendes; el
hombre de ciencia no necesita ya
el manto de la magia; la creencia
en la milagrería ha disminuido y,
sin embargo, nos admira mucho más
lo que la ciencia moderna revela que lo
que en aquellos oscuros tiempos
podían realizar los astrólogos y los
alquimistas con sus artes mágicas. Pero
aún hoy, cierto encanto envuelve
el taller solitario del astrónomo. Éste es
el lugar desde el cual el hombre,
el pequeño dios de la Tierra, se eleva
con su pensamiento a los espacios
inconmensurables; aquí está,
por decirlo así, la puerta al infinito.

Bruno H. Burgel

Los mundos lejanos

El telescopio y los instrumentos astronómicos

CAPÍTULO 2

Las «orejas» de Saturno y los ojos del Hubble

Cúpula del telescopio Galileo, de 3,5 m de diámetro, instalado en el observatorio del Roque de los Muchachos (IAC).

Saturno fue el primer tropiezo de Galileo con su rudimentario anteojo. Había observado ya con él las montañas de la Luna y descubierto los cuatro satélites principales de Júpiter, pero el aspecto de Saturno no le encajaba, porque no se veía redondo como los demás planetas y a ambos lados del disco visible aparecían dos prominencias inexplicables. Llegó a decir de él que parecía «un planeta con orejas» y reconoció en diversas ocasiones su impotencia para resolver el enigma, como en una carta remitida a un enviado del emperador de Austria, en la que afirmaba lo siguiente: «Cuando observo a Saturno con un telescopio que aumenta más de 30 veces, el tamaño aparente se ve triplicado; en el medio está el astro y a sus lados otras dos estrellas, una al este y otra al oeste en línea recta y parece que tienen contacto con la estrella central. A mí me hace el efecto de dos servidores que acompañan al viejo Saturno, ayudándole a recorrer su camino y que no se separan de él.» La cuestión fue resuelta décadas más tarde, en 1655, por Christian Huygens, un astrónomo holandés que postuló por primera vez que Saturno estaba rodeado de un anillo. Veinte años después, ante el interés suscitado por esta peculiaridad del planeta, el científico francoitaliano Jean Dominique Cassini descubrió que el anillo estaba separado en dos grandes partes. Esta característica —que es visible con telescopios pequeños— es conocida por ello con su nombre. Se denomina la División de Cassini.

La experiencia de Galileo podemos repetirla hoy, pero para ello deberemos usar unos prismáticos a pulso en lugar de un telescopio. El planeta no parece esférico, sino algo informe y caótico, y eso fue lo que desconcertó al célebre astrónomo italiano, cuyo anteojo no era lo bastante potente para revelarle que aquellas prominencias correspondían a los anillos que conocemos hoy y que distinguen a este mundo como el más hermoso del Sistema Solar. Quizá fuera la penitencia más pequeña que tuvo que cumplir —también fue procesado por

Círculo Meridiano del Observatorio Fabra de Barcelona. Asentado sobre un eje horizontal fijo, este telescopio se utiliza para medir con exactitud la posición de los astros cuando pasan por el meridiano. De hecho, por su configuración únicamente puede apuntarse hacia el sur (Observatorio Fabra).

herejía— por el pecado de atreverse a enfocar un telescopio al reino de los cielos, pero gracias a él este instrumento quedó definitivamente destinado a descubrir los secretos del Universo. Aunque Galileo no fue, pese a algunas creencias populares, quien lo inventó, sí que es cierto que hasta el verano de 1609, cuando él lo orientó por vez primera a las estrellas, nadie le había sacado tanto provecho a una lente.

Algunos autores creen actualmente que el telescopio fue una creación del matemático inglés Leonard Digges, cuyo hijo Thomas sería, años después de la muerte de su padre en 1559, el que difundiría su utilización. Sin embargo, genéricamente se atribuye la invención propiamente dicha al óptico holandés Hans Lippershey, quien en 1608 intentó infructuosamente que se le autorizara su fabricación, lo que le fue denegado por las autoridades. A pesar de tal revés, la noticia corrió rápidamente y en 1609 Galileo oyó hablar del revolucionario aparato, que decidió construir por su cuenta con los resultados ya conocidos.

En los casi 400 años que han transcurrido desde entonces el telescopio ha sido objeto de innumerables transformaciones y mejoras, hasta el punto de que su utilización se ha extendido más allá del espectro visible y hoy también entendemos como telescopios aquellos aparatos que operan en el infrarrojo o que trabajan en la detección y estudio de ondas de radio procedentes de otros lugares del espacio (radiotelescopios). El máximo exponente de este proceso es el telescopio espacial *Hubble*, situado en órbita alrededor de la Tierra con el fin de escrutar el Cosmos sin el molesto filtro que supone la atmósfera. Por ello el *Hubble* le ha dado a la astronomía los mejores ojos que ha tenido en su historia. Su espejo de 2,5 metros de diámetro (abertura) fue construido con las más avanzadas técnicas en óptica, y a pesar de que tras su lanzamiento al espacio se comprobó que era defectuoso, los ajustes realizados posteriormente le han otorgado la suficiente calidad de imagen para que en la actualidad podamos ir con él mucho más lejos de lo que permiten los observatorios terrestres.

Galileo Galilei (1564-1642) fue la primera persona que observó el cielo con un telescopio. Su sencillo anteojo, fabricado por él mismo, le permitió descubrir Ganímedes, Ío, Europa y Calisto, las cuatro lunas principales de Júpiter, y observar los principales accidentes de la Luna y las fases de Venus. La Inquisición le condenó en 1633 a recluirse en su casa, después de que tuviera que retractarse públicamente de sus teorías para salvarse de la hoguera.

Marte, fotografiado con el telescopio espacial Hubble. *Si exceptuamos las cámaras fotográficas de las sondas espaciales, el* Hubble *es el instrumento que ha aportado a los astrónomos las imágenes más precisas de las que se dispone actualmente de los planetas* (ESA/NASA).

El ocaso de los grandes anteojos y la victoria del reflector

El gran refractor doble del observatorio Fabra. Cada una de sus dos lentes principales tiene 30 cm de diámetro. Las instalaciones muestran actualmente un excelente estado de conservación gracias al proyecto de rehabilitación acometido hace algunos años (Observatorio Fabra).

Tanto el *Hubble* como los instrumentos que a lo largo del siglo XX han permitido a la ciencia tener la percepción actual del Universo corresponden a una de las dos grandes clases de telescopios: los reflectores, que reciben este nombre porque utilizan uno o varios espejos. El anteojo o refractor, telescopio formado por lentes que refractan la luz y eterno rival del reflector, perdió a principios de siglo la guerra que mantenía por la supremacía en los grandes observatorios mundiales y en la actualidad únicamente se le utiliza para tareas específicas. La victoria de los grandes espejos en la observación astronómica tuvo varios motivos, pero uno de los más decisivos fue que permitían su fabricación con un diámetro de varios metros. Las lentes, en cambio, tienen su umbral en una abertura de un metro. A partir de este límite, el gran tamaño de la lente implica deformaciones inadmisibles.

Asimismo, los refractores, por perfectas que sean sus lentes, nunca concentran en el mismo punto las diferentes longitudes de donda que tienen los colores. Las lentes desvían la luz hacia el foco con un índice de refracción diferente para cada color del espectro, y ello provoca un defecto óptico que se denomina aberración cromática. Aunque existen diferentes soluciones para disminuir el cromatismo, este problema también influyó en su día en favor de los reflectores, a los que no afecta.

El mayor telescopio refractor construido es el del observatorio norteamericano de Yerkes, con un objetivo de lentes de 102 cm de diámetro. Entró en servicio en 1897 en Williams Bay (Wisconsin) y fue el momento culminante de una época dorada vivida durante el siglo XIX por los grandes refractores, conocidos también como anteojos, muchos de los cuales han sido preservados hasta la actualidad y siguen operando en campos específicos de la astronomía. Además del de Yerkes, entre los mayores refractores del planeta figura el del observatorio de Lick, sito en el monte Hamilton de Estados Unidos, a casi 1 300 m de altitud, y al que se deben algunas de las mejores fotografías de la Luna conseguidas

Retrato de José Comas Solá, considerado como uno de los grandes astrónomos españoles del siglo XX. *Desde el Observatorio Fabra de Barcelona descubrió numerosos cometas y asteroides* (Observatorio Fabra).

La Edad de Oro de los grandes refractores. En este antiguo grabado se muestran los innovadores mecanismos, como el preciso movimiento de relojería del que fueron dotados los telescopios a lo largo del siglo XIX.

desde un observatorio en la Tierra. Su lente-objetivo mide 91 centímetros de diámetro y fue inaugurado en 1888.

También el gran refractor del observatorio de París, de 83 centímetros, fue utilizado para obtener a finales del siglo XIX y principios del actual detalles fotográficos de la Luna de gran resolución, especialmente por parte de los astrónomos Loewy y Puiseux.

En España, el mayor refractor es el del observatorio de Madrid, de 40 centímetros. En el observatorio Fabra de Barcelona, recientemente restaurado, continúa operativo el gran refractor doble (visual y fotográfico), cada una de cuyas dos lentes-objetivo tiene 38 cm. Con él, José Comas Solá, uno de los astrónomos españoles más importantes del siglo XX, descubrió entre 1915 y 1930 ocho asteroides, uno de los cuales fue bautizado con el nombre de Barcelona.

A pesar del declive de los refractores en el ámbito profesional de la astronomía, este tipo de telescopios mantiene un notable protagonismo en el estudio de los asteroides, y recientemente se ha inaugurado en España un astrógrafo de 30 centímetros de diámetro que trabajará en esta línea. El instrumento ha sido fabricado en los talleres del histórico observatorio de Pulkovo, próximo a la ciudad rusa de San Petersburgo, gracias a un acuerdo con la Universidad de Valencia. Se ha instalado en el Centro Astronómico del Alto Turia, en Aras de Alpuente (Valencia), a 1 300 m de altitud. Junto al origen del telescopio principal del observatorio, lo más significativo es que éste ha nacido merced a una de las escasas iniciativas conjuntas realizadas en España entre astrónomos profesionales y aficionados, ya que el centro será explotado conjuntamente por la Universidad de Valencia y la Asociación Valenciana de Astronomía (AVA).

Gran refractor ecuatorial del Observatorio de París, en un grabado de 1870. Veintitrés años más tarde, en 1893, el Observatorio de París-Meudon sería dotado con un nuevo telescopio con una lente de 83 cm de diámetro que en aquel momento le hizo disponer del segundo refractor más grande del mundo, tras el de 91 cm de Lick, puesto en servicio en 1888. En 1897, el refractor de 102 cm de Yerkes superó a ambos.

Cúpulas astronómicas e instrumentos meteorológicos instalados en la azotea del Observatorio de París en 1870. Este observatorio fue a finales del siglo XIX y principios del XX uno de los grandes centros de actividad astronómica de todo el mundo, pero actualmente las luces de la capital francesa limitan su operatividad.

Círculo Meridiano del Observatorio de París. Este instrumento, basado en el mismo principio óptico que los refractores, fue ideado para medir posiciones celestes con exactitud. Su propio cometido circunscribe el campo de observaciones a una pequeña franja en el meridiano, lo que propició la denominación del instrumento.

Cuando a principios del presente siglo se comprobaron las limitaciones de los refractores, la astronomía apostó sin paliativos por los grandes reflectores. El hecho de que las lentes formen la imagen detrás de ellas supone un grave inconveniente porque los soportes deben ser laterales con el fin de no impedir el paso de la luz. En los reflectores, en cambio, los espejos forman las imágenes delante del objetivo, lo que permite sujetarlos detrás e impedir que a pesar de su gran diámetro puedan deformarse por el peso. De esta forma, el paso de las décadas y los conocimientos tecnológicos han hecho crecer de forma espectacular el tamaño de los espejos, y es curioso comprobar cómo esta progresión empezó a forjarse casi en el mismo instante en el que los refractores encontraron el final de su camino en las primeras décadas de este siglo.

Hasta 1917 ningún instrumento, fuera refractor o reflector, había superado los 2 metros de diámetro, pero ese año entró en servicio en el observatorio estadounidense de Monte Wilson, cerca de Los Ángeles, el telescopio Hooker. Su espejo principal, de 2,54 metros de abertura, propició los grandes descubrimientos astronómicos logrados entre la tercera y la quinta década de este siglo, entre ellos los de Edwin Powell Hubble en la galaxia de Andrómeda (M 31) que demostraron que el universo era mucho más grande de lo que se creía y no estaba limitado a la Vía Láctea, nuestra galaxia.

El papel desarrollado en aquella época por el observatorio de Monte Wilson se debió en gran parte al entusiasmo de otro gran astrónomo norteamericano llamado George Ellery Hale, que dedicó una gran parte de su vida a fomentar la construcción de grandes telescopios. Se le considera el fundador de Monte Wilson, para cuya creación se sirvió de la ayuda económica concedida por Andrew Carnegie, a su vez fundador del Instituto Carnegie de Washington, una de las entidades norteamericanas vinculadas a la investigación científica de mayor prestigio internacional.

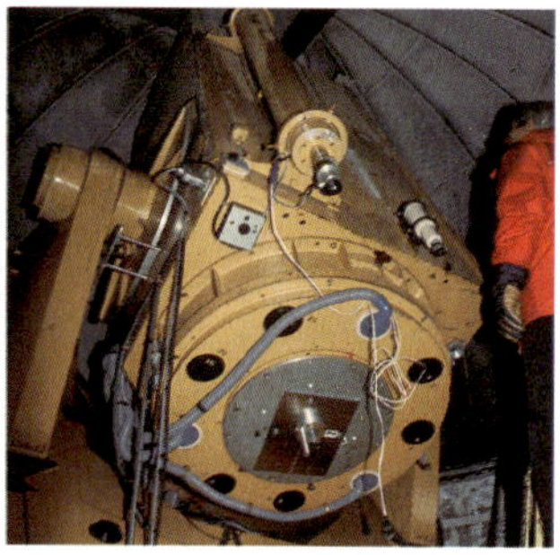

Telescopio reflector de un metro de abertura en elobservatorio francés de Pic du Midi, en los Pirineos centrales (Vicente Aupí).

Años después de que el reflector de 2,54 metros fuera inaugurado en Monte Wilson, Hale se empeñó en un proyecto encaminado a construir un telescopio con un espejo de 5 metros, es decir, el doble que el del Hooker. Consiguió para ello el apoyo económico de la Fundación Rockefeller y el plan se puso en marcha con el fin de instalar el observatorio en la cima de Monte Palomar, también en California. Hale no llegó a ver su sueño hecho realidad, puesto que falleció en 1938, un decenio antes de que el mayor telescopio del mundo en la época fuese puesto en servicio. En su honor, el aparato fue bautizado con su nombre, y es conocido como el gran reflector Hale. Se deben a este telescopio una gran parte de los avances logrados por la astronomía en la segunda mitad del siglo XX, puesto que su gigantesco espejo de 5 metros facilitó el estudio de objetos sumamente débiles y lejanos.

Los hallazgos realizados con ambos aparatos constituyen uno de los principales pilares del conocimiento actual sobre el Universo. Tanto Monte Wilson como Monte Palomar funcionan aún, pero es cierto que han cedido a otros observatorios internacionales el protagonismo que tuvieron en su día. Mauna Kea en Hawai y Roque de los

Telescopio reflector del observatorio astronómico de Marsella, según un grabado del siglo XIX. Está asentado sobre una montura en horquilla cuyos engranajes son perfectamente visibles, así como las ruedas de la base, que dan a entender que el instrumento carecía de emplazamiento fijo.

Muchachos en la isla española de La Palma son algunos de los recónditos lugares del planeta Tierra escogidos por las principales instituciones astronómicas internacionales como lugar de observación.

El observatorio de Mauna Kea se halla a 4 200 m de altitud y alberga los dos telescopios Keck, que con sus 10 metros de diámetro —cada uno— son los más grandes construidos hasta la fecha para la observación del cielo en el óptico. Su principal característica es que el espejo principal no es redondo como los de los reflectores clásicos, sino un hexágono subdividido a su vez en 36 hexágonos pequeños cuyas piezas conforman el colosal objetivo del instrumento. Su peculiar aspecto les ha hecho acreedores del sobrenombre de «panal de abejas». Uno de los Keck descubrió en mayo de 1998 la galaxia más lejana conocida, a una distancia de 12 300 millones de años luz de nuestro sistema solar, un récord que quizá no se mantenga durante mucho tiempo porque a ambos instrumentos les queda por estudiar una gran parte del Cosmos.

Tabla 1

LOS MAYORES TELESCOPIOS DEL MUNDO

ABERTURA (cm)	TIPO	OBSERVATORIO
1 000	Reflector Keck 1	Mauna Kea (Hawai)
1 000	Reflector Keck 2	Mauna Kea (Hawai)
1 000	Reflector Grantecan	Roque de los Muchachos (España)*
600	Reflector	Zelenkuskaya (Rusia)
508	Reflector	Monte Palomar (Estados Unidos)
420	Reflector William Herschel	Roque de los Muchachos (España)
102	Refractor	Yerkes (Estados Unidos)
91	Refractor	Lick (Estados Unidos)
83	Refractor	París, Meudon
80	Refractor	Potsdam (Alemania)

* En proyecto

Arriba: Construcción del Observatorio Fabra de Barcelona, en una imagen de principios de siglo. Su emplazamiento se halla a más de 400 m de altitud, de forma que en numerosas ocasiones se ha dado la circunstancia de que la nieve cubría sus instalaciones mientras en la ciudad que tiene a sus pies la precipitación era líquida.

Abajo: Vista actual del Observatorio Fabra de Barcelona tras la restauración acometida en sus instalaciones. El crecimiento de la ciudad condal ha mediatizado sus actividades por el aumento de la polución lumínica, pero continúa plenamente operativo en diversas parcelas astronómicas (Observatorio Fabra).

España, el cielo de Europa

Maqueta del Gran Telescopio de Canarias de la clase 10 m que se instalará en La Palma y cuya construcción se aprobó recientemente (IAC).

Los Keck de Mauna Kea tendrán un gigantesco compañero de 10 metros de diámetro en España. En 1997 se aprobó oficialmente el proyecto de construcción del Gran Telescopio de Canarias, que se instalará en el observatorio del Roque de los Muchachos, perteneciente al Instituto de Astrofísica de Canarias (IAC). Aunque inicialmente fue ideado para que tuviera un espejo monolítico de 8 metros, finalmente se ha apostado por un diseño hexagonal con un espejo primario segmentado para poder llegar a una abertura de 10 metros. Con ello, Canarias albergará uno de los tres telescopios más grandes que se hayan construido.

La elección de Canarias para el emplazamiento no es una casualidad. Está acreditado que los observatorios del Roque de los Muchachos del Teide poseen uno de los mejores cielos del mundo, con un gran porcentaje de noches aptas para la observación astronómica en excelentes condiciones atmosféricas. Además de su microclima, que a 2 400 m de altitud mantiene por debajo de los observatorios el mar de nubes, sus magníficas condiciones se deben también a la llamada Ley de Protección de la Calidad del Cielo, una de las escasas iniciativas legislativas emprendidas en cualquier parte del planeta para poner freno a la contaminación lumínica. En este caso, un organismo creado al efecto regula tanto las instalaciones de alumbrado de los núcleos de población canarios como el tráfico aéreo que pueda afectar al mantenimiento de la calidad del cielo.

El IAC, cuya sede se encuentra en La Laguna (Tenerife), es uno de los principales centros de investigación astronómica existentes en la actualidad y opera conjuntamente en el Roque de los Muchachos y en el Teide. En éste, que también reúne muy buenas condiciones de observación, hay 8 telescopios, el mayor de los cuales, el reflector Carlos Sánchez, tiene 1,55 metros de diámetro. En el Teide el IAC cuenta con uno de los mayores laboratorios de investigación solar existentes.

El IAC multiplicó su protagonismo internacional en 1985 merced al acuerdo suscrito entre España, Alemania, Dinamar-

Maqueta del Gran Telescopio de Canarias, que se instalará en el Observatorio del Roque de los Muchachos. Su espejo hexagonal de 10 m le convertirá, junto a los reflectores Keck de Mauna Kea, en el mayor del planeta (IAC).

ca, Finlandia, Francia, Bélgica, Irlanda, Italia, Noruega, Países Bajos, Gran Bretaña y Suecia para ubicar en el Roque de los Muchachos uno de los mayores observatorios del hemisferio norte. Actualmente trabajan aquí 10 telescopios, de los que el de mayor tamaño es el William Herschel, con un espejo principal de 4,20 metros, con el que observan conjuntamente España, Gran Bretaña y Holanda.

Los acuerdos suscritos entre todos los países que participan en las actividades del IAC, tanto en el Teide como en el Roque de los Muchachos, han servido para convertir Canarias en el cielo de Europa. Ninguno de los telescopios emplazados aquí habría alcanzado la misma operatividad y resultados en observatorios de la Europa continental, donde el desfavorable clima y la notable densidad de población se suman para perjudicar la observación del cielo.

Aunque Canarias destaca especialmente por sus favorables condiciones, lo cierto es que en conjunto se considera toda España como uno de los grandes santuarios de la astronomía existentes en el mundo occidental, y esta virtud es especialmente cono-

Vista panorámica del Observatorio del Teide, emplazado a casi 2 400 m de altitud en la isla de Tenerife y perteneciente al Instituto de Astrofísica de Canarias (IAC).

Telescopio de luz Cherenkov, parte del experimento hispano-alemán Hegra, instalado en el observatorio del Roque de los Muchachos. Al fondo, cúpula del telescopio nacional italiano Galileo (IAC).

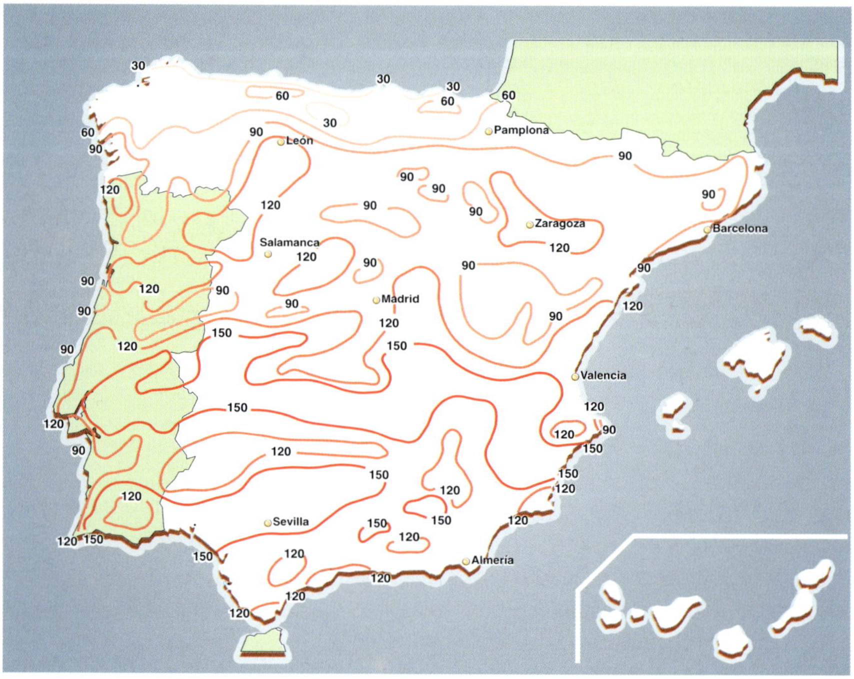

Isolíneas que unen diferentes puntos de la península Ibérica según el número anual de días despejados, de gran importancia para la observación del cielo. Como se ve, las zonas más favorables bajo este aspecto se hallan en la mitad sur, aunque en la meseta superior existen zonas que superan claramente los 100 días al año sin nubes. Según un estudio del meteorólogo Inocencio Font Tullot.

Panorámica del observatorio del Roque de los Muchachos. En primer plano, el instrumento del experimento hispano-alemán de altas energías Hegra. Al fondo, la cúpula del telescopio anglo-holandés William Herschel y la torre solar de la Academia de Ciencias de Suecia (IAC).

Cúpula del telescopio anglo-holandés William Herschel, en el Roque de los Muchachos. Su espejo principal, de 4,20 metros de diámetro, figura entre los mayores del mundo (IAC).

Edificio que alberga el telescopio IAC-80, instalado en el observatorio del Teide. Este telescopio reflector de 80 centímetros de diámetro fue enteramente construido en los talleres del Instituto de Astrofísica de Canarias en La Laguna (Tenerife) (IAC).

cida en el campo de los aficionados, cuya actividad no sólo ha aumentado en los últimos años ligada al crecimiento científico-cultural, sino también a la evidencia de que la Península ostenta el mejor cielo de la Europa continental. Antes de que países como Gran Bretaña y Francia decidieran llevarse algunos de sus mejores telescopios a los observatorios del IAC en Canarias, Alemania llegó a un acuerdo con España para instalar el observatorio hispano alemán de Calar Alto en la provincia de Almería, a 2 100 metros de altitud. Relativamente cerca de allí, en Sierra Nevada, el Instituto de Astrofísica de Andalucía (IAA) trabaja en excelentes condiciones, a pesar de la creciente amenaza de la polución lumínica, desde otro observatorio situado a 2 400 m de altitud. Incluso al nivel del mar funcionan todavía algunos de los observatorios con mayor historia en España, como el de San Fernando (Cádiz) y el Ebro, en Roquetas (Tarragona).

¿Reflector o refractor?, el dilema del aficionado

Pequeño telescopio refractor de 80 mm de abertura con óptica de fluorita, que corrige el cromatismo residual de los objetivos acromáticos de dos lentes. Por su pequeño tamaño y manejabilidad, los refractores de 80 o 90 mm, bien acromáticos o de fluorita, asentados sobre una montura ecuatorial estable y precisa son una excelente opción para el principiante.

La primera gran disyuntiva que se le presenta a quien desea iniciarse en la observación astronómica es qué tipo de telescopio debe escoger. Como ya se ha dicho antes, en los observatorios profesionales el predominio de los reflectores es casi absoluto, pero en el vasto campo del aficionado las cosas son muy diferentes, tanto que en la actualidad sigue en curso la histórica batalla entre reflectores y refractores. Cada uno tiene sus partidarios y detractores, pero lo que es evidente es que en el mercado se mantienen ambos, y eso indica que ninguno ha dejado de ser útil en el estudio del firmamento.

La pregunta, sin embargo, nunca se la hacen los observadores avanzados, por cuanto los años de actividad ya les han permitido encontrar la respuesta; se trata, pues, de un dilema para el principiante y, pese a que pueda parecer difícil hallar una solución acertada, en realidad no lo es tanto. Lo ideal para un principiante, en opinión del autor, es un telescopio refractor pequeño, con una abertura de 60 a 90 milímetros. He aquí sus ventajas: es totalmente transportable; si se trata con cuidado no requerirá ajustes ópticos durante su vida útil, que durará lo mismo que la del propietario; es notablemente menos sensible que los reflectores a las turbulencias atmosféricas que provocan alteraciones en la imagen telescópica y, sobre todo, permite observar bien los principales planetas, el Sol, la Luna y la mayor parte de los objetos celestes que entran en el campo de estudio de un aficionado medio.

Esto no supone una declaración genérica a favor del refractor. Antes al contrario, puesto que lo cierto es que la mayor parte de los astrónomos aficionados avanzados trabaja con reflectores, pero lo hacen porque casi todos ellos han adquirido un notable grado de especialización que les ha obligado a recurrir a instrumentos de mayor diámetro, que utilizan para tareas específicas. Así, por ejemplo, muchos observadores con años de experiencia utilizan reflectores, bien del tipo Newton o bien del Schmidt-Cassegrain, con aberturas de 200 a 300 milímetros de diámetro. Por

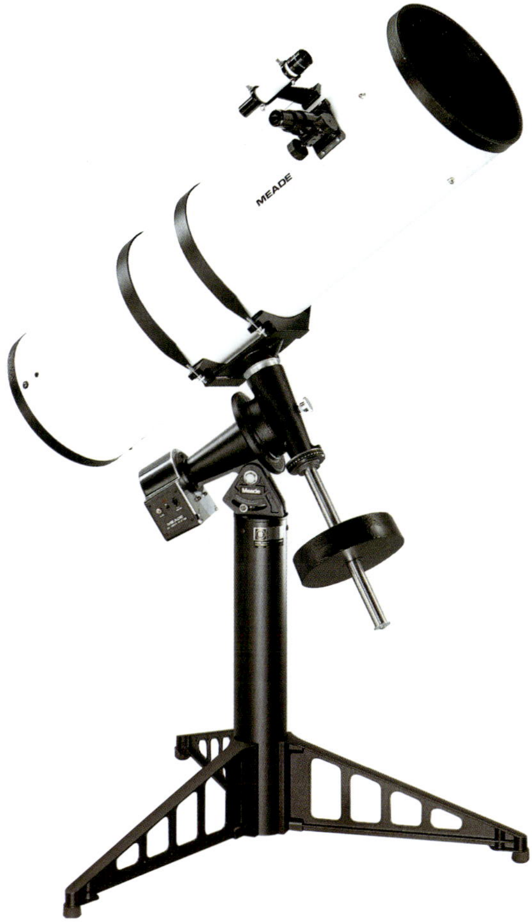

Telescopio de reflexión que utiliza el sistema newtoniano. Montura ecuatorial y pie de columna (Meade Instruments Corp.).

sus características, un refractor de ese diámetro es notablemente más voluminoso y caro, por lo que escapa claramente a la capacidad económica de un aficionado.

Por tanto, el neófito puede iniciarse en la práctica de su afición con un refractor pequeño y al cabo de un tiempo, cuando sus conocimientos le decanten hacia ello, incorporar a su instrumental un reflector de mayor tamaño, que le permitirá observar y fotografiar con un alto poder de resolución objetos más débiles. Cuando en su momento adquiera —o se fabrique— un telescopio más grande, el refractor que compró como debutante no sólo no le sobrará, sino que podrá utilizarlo para tareas complementarias o cuando únicamente le apetezca observar un rato la Luna. Hay que tener en cuenta que los telescopios grandes pesan bastante y su montaje y desmontaje suele ser farragoso, pero un instrumento sencillo permite disponer de él en cualquier momento y llevarlo a cualquier parte.

Ciertamente, el aficionado también tiene a su alcance reflectores de pequeño tamaño, con aberturas en torno a los 100 milímetros. No es que su elección no sea adecuada, sino que su uso es más delicado y requiere más atenciones por parte del propietario, a la par que, en el caso de instrumentos pequeños, el refractor aporta imágenes más nítidas y contrastadas. El criterio que debe plantearse es qué instrumento le permitirá observar durante más tiempo y con mayores ventajas, y bajo este planteamiento los refractores pequeños llevan la delantera a los reflectores.

El interés y las posibilidades del aficionado exceden claramente, en cualquier caso, la genérica división de los telescopios en reflectores y refractores, que tienen a su vez, como se verá más adelante, múltiples variantes. Existe un tercer tipo de instrumentos, denominados catadióptricos, en los que se combinan los espejos con las lentes, y que durante los últimos años han aumentado su popularidad en la observación astronómica, porque su principal virtud es la corrección de algunos de los defectos congénitos de los reflectores y refractores clásicos.

Los refractores al alcance del aficionado han evolucionado notablemente. En la oferta actual existen numerosos modelos con objetivos apocromáticos. (Meade Instruments Corp.).

Cualidades de un buen telescopio

Pequeño telescopio de sobremesa Maksutov-Cassegrain de 90 mm de abertura y 1 200 de distancia focal. En este tipo de instrumentos, la manejabilidad es prioritaria, pero sin que ello signifique renunciar a unas buenas prestaciones ópticas (Meade Instruments Corp.).

Los profanos que se colocan por primera vez ante un telescopio suelen preguntar cuántos aumentos tiene. Para el neófito ésta es, muchas veces, una de las preocupaciones erróneas en el momento de adquirir su primer instrumento para ver las estrellas y los planetas y, lo que es peor, el principal cebo que utilizan algunos comerciantes para vender aparatos que ni siquiera ellos mismos saben cómo funcionan. «Este telescopio tiene 700 aumentos» es una frase que se oye en ocasiones en boca de algún vendedor de grandes almacenes que no tiene ni remota idea de lo que significa observar con tal ampliación, porque a esos aumentos la pérdida de luz es tal que no veremos más que una mancha borrosa.

Tanto en un instrumento pequeño como en uno grande hay dos cualidades primordiales que deben tenerse en cuenta antes que cualquier otra: su capacidad de captación de luz y que sea estable. La primera está directamente relacionada con el diámetro o abertura del objetivo, sea éste el espejo de un reflector o la lente de un refractor. Un telescopio de 100 milímetros de abertura recoge más luz y, por tanto, detecta objetos más débiles que uno de 80, y uno de 200 supera al de 100. De la abertura no sólo depende la captación de luz, sino también la resolución, es decir, su capacidad para mostrar detalles mínimos visibles en cada objeto celeste, como en el estudio de las superficies planetarias y en la separación de estrellas dobles. Cuanto mayor sea el diámetro del objetivo, más resolución tendrá el telescopio y más rica en detalles será la imagen de lo que observemos.

Tomemos como ejemplo la comparación entre dos pequeños refractores, uno de 60 milímetros de abertura y el otro de 90. Si queremos recorrer el disco lunar a grandes aumentos para ver de cerca los principales accidentes de nuestro satélite natural, deberemos tener en cuenta que la mayor resolución y capacidad de recogida de luz del de 90 nos permitirá lograr mejores imágenes aunque trabajemos con menos aumentos que con el de 60. En éste, a partir de 120 aumentos —en buenas condiciones atmosféricas— superaremos el umbral de ampliación adecuado, mientras

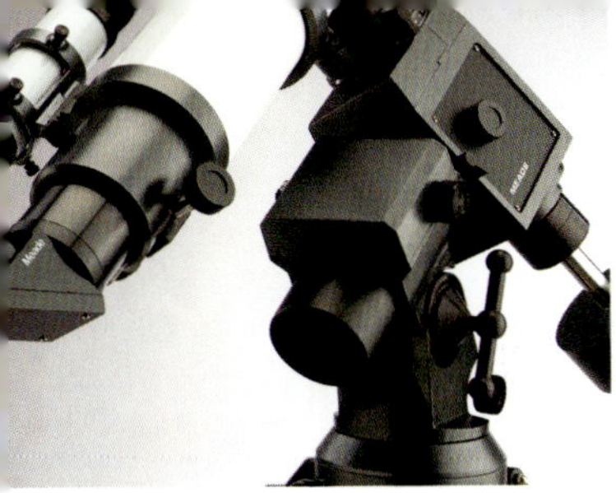

Una montura robusta es premisa indispensable para la buena observación, porque permite que las imágenes sean estables (Meade Instruments Corp).

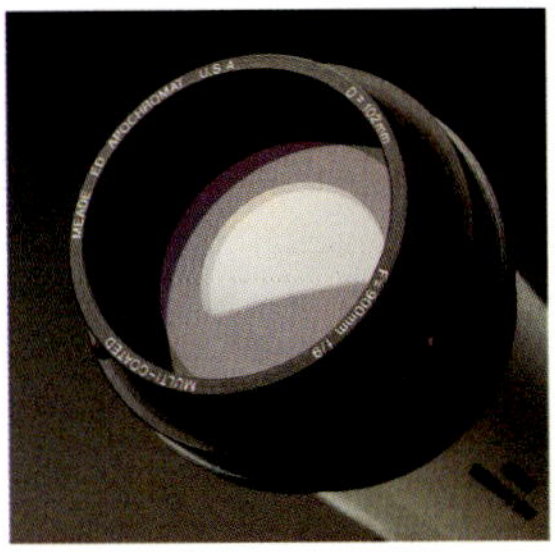

En la óptica de un telescopio la capacidad de recogida de luz es más importante que el número de aumentos. Por tanto, habrá que dar prioridad al diámetro del objetivo antes que a su distancia focal (Meade Instruments Corp.).

En los reflectores es particularmente importante que los espejos sean de buena calidad. En la imagen, un espejo primario o principal (Meade Instruments Corp.).

que con el de 90 esos mismos 120 aumentos se hallan dentro del margen idóneo. Más aún, la imagen de la Luna será de mayor calidad a sólo 80 aumentos con el refractor de 90 milímetros que a 120 con el de 60.

La estabilidad de un telescopio es tan importante como sus cualidades ópticas. A simple vista necesitamos varios minutos para percibir el movimiento del cielo asociado a la rotación terrestre, como por ejemplo cuando se ocultan por el horizonte el Sol o algún otro astro. Sin embargo, a través del campo de visión telescópico, la ampliación de la imagen multiplica la rapidez aparente de dicho desplazamiento, de suerte que las estrellas y los planetas se mueven ante nuestros ojos a mayor velocidad. En la práctica, durante la observación de un planeta a 100 aumentos, el astro desfila por el campo del ocular del telescopio con gran rapidez, y ello nos obliga a corregir constantemente la posición del instrumento para volver a colocarlo dentro del ángulo de visión. Si la montura o soporte del telescopio no son sumamente estables y sólidos, además del rápido movimiento aparente de los astros nos encontraremos con que las imágenes tiemblan a la menor vibración como consecuencia de las flexiones a las que se ve sometido el conjunto del aparato. A la hora de la verdad, una montura inestable es lo mismo que un telescopio inútil.

Sentada la necesidad de que un telescopio sea luminoso y estable, el factor de aumento también es una cuestión que debe considerarse, especialmente si nuestro principal campo de actividad va a ser el Sistema Solar, ya que la observación planetaria requiere importantes ampliaciones de la imagen. En cambio, si lo que más nos interesa son los campos estelares y los objetos difusos de cielo profundo, el factor de ampliación del telescopio será menos determinante, porque para lograr una visión extensa de una determinada región del cielo deberemos operar a baja potencia, es decir, con pocos aumentos. Aunque los objetivos —ya sean espejos o lentes— son fijos, los telescopios astronómicos suelen utilizar por regla general unas lentes complementarias intercambiables que se denominan oculares y en las que colocamos nuestro ojo para observar. Esa facultad para intercambiarlos obedece a que permiten obtener diferentes aumentos según el tipo de objeto celeste que pretendamos estudiar.

Para calcular el número de aumentos con el que se observa en cada caso debe dividirse la distancia focal del objetivo —la longitud desde éste al punto en el que forma la imagen del objeto— del telescopio por la distancia focal del ocular que utilicemos. Pongamos por ejemplo un telescopio de 1 200 mm de distancia focal (la abertura no interviene en la ampliación de imagen) al que colocamos un ocular de 40 milímetros. La división entre ambos nos da 30 aumentos, pero si quitamos el ocular antes citado e insertamos otro de 9 milímetros estaremos trabajando, en esta ocasión, a 133 aumentos.

Numerosos observadores experimentados coinciden en que una buena regla para calcular el límite de ampliación en los telescopios pequeños es usar, como máximo, 2 aumentos por cada milímetro de abertura. Así, el umbral para un diámetro de 100 milímetros sería de 200 aumentos. Las cosas no son iguales para los instrumentos grandes, porque su mayor sensibilidad a las condiciones atmosféricas influye en el cálculo, de manera que en estos casos se habla de un factor de 1 a 1,5 aumentos por milímetro de abertura. De esta forma, con un telescopio de 300 milímetros nos encontraremos habitualmente con un límite de 450 aumentos.

Existe otro concepto relativo a las características ópticas de los telescopios que debe tener en cuenta el usuario. Se trata de la relación focal, que resulta de la división entre la distancia focal y el diámetro o abertura del objetivo. Si tomamos como referencia un instrumento de 800 milímetros de distancia focal y 150 de abertura, la relación focal será 5,3, mientras que en uno de 1 500 mm de distancia focal y 100 de diámetro será de 15. La relación focal tiene especial importancia si además de la observación visual el aficionado pretende realizar fotografías con el instrumento, ya que cuanto más pequeña sea la relación focal, menor tiempo de exposición necesitará, algo fundamental para conseguir buenas imágenes de objetos débiles como galaxias y nebulosas. Por contra, las relaciones focales grandes (F/D = 10 o F/D = 15) son útiles para fotografiar objetos brillantes como el Sol, la Luna y los planetas.

Reflectores para el aficionado

Reflector Newton de la firma japonesa Vixen. Los telescopios de este tipo son particularmente útiles para la observación de cielo profundo por su corta relación focal, que a su vez permite realizar fotografías con exposiciones de corta duración.

El telescopio de espejos de mayor difusión para el aficionado a la astronomía es el reflector newtoniano, que debe su nombre al diseño realizado por Isaac Newton. Sus principales virtudes residen en la sencillez y bajo precio, hasta el punto de que a igualdad de diámetros, el coste de un reflector de este tipo suele oscilar entre la mitad y las dos terceras partes que el de un refractor, así como en la ausencia de las aberraciones cromáticas de las que adolecen las lentes. En el lado negativo figuran tanto la discutible calidad de algunos de los espejos que se comercializan como los desajustes que sufre el dispositivo óptico.

En síntesis, la configuración de un telescopio de Newton tiene como objetivo un espejo principal de superficie curva que refleja la luz hasta un espejo secundario que se halla en la parte anterior del tubo y que está inclinado 45 grados respecto al plano focal. Este segundo espejo desvía las imágenes hacia un lateral del tubo, en el que se coloca el ocular a través del cual observamos. Por su disposición, los newtonianos pequeños y medianos aportan una gran comodidad en la postura del usuario, un aspecto especialmente importante durante una larga jornada de observación. En dicha faceta, este tipo de reflectores aventaja claramente a los refractores, con los que el estudio de las regiones del cielo próximas al cenit es más incómodo para el observador.

En un reflector newtoniano el espejo principal —también denominado primario— puede ser esférico o parabólico. De ambos, los primeros son de menor calidad y adolecen de la llamada aberración de esfericidad, que se evidencia en que las estrellas no aparecen puntuales. Este defecto puede corregirse satisfactoriamente utilizando relaciones focales largas, por encima de F:10.

Los espejos parabólicos son mejores —y más caros— que los esféricos, pero tampoco están exentos de aberraciones, si bien en este caso el defecto de imagen se produce en forma de elipse, como si las estrellas tuvieran un pequeño apéndice.

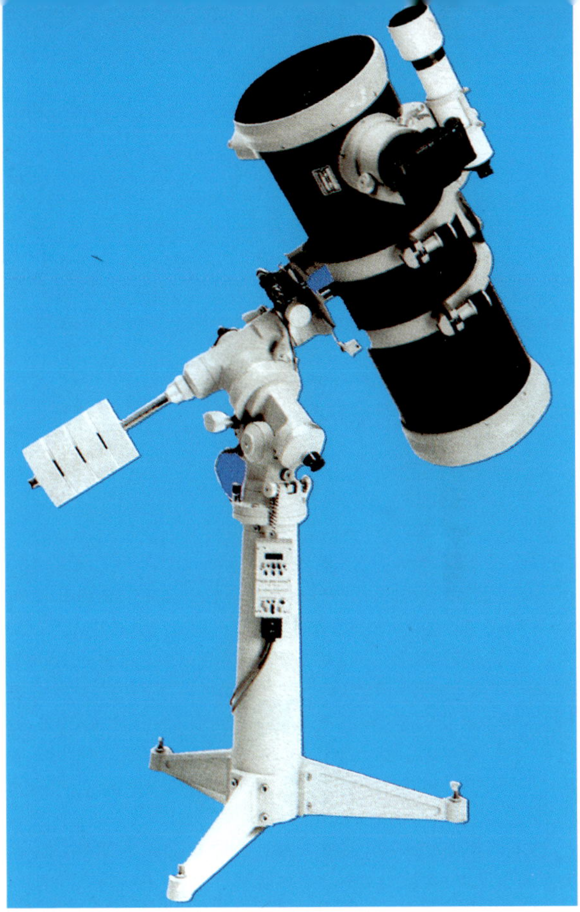

Reflector astrográfico de la firma Takahashi, con un elevado índice de corrección del campo y muy buenas prestaciones en astrofotografía.

A diferencia de los refractores y de los catadióptricos, los reflectores tienen el tubo óptico abierto —el aire entra dentro—, y por ello el telescopio newtoniano es especialmente sensible a las turbulencias que se forman en su interior y que perjudican a la estabilidad de la imagen.

Menos popular que el Newton pero también difundido ampliamente entre los aficionados a la astronomía encontramos al reflector Cassegrain. Como aquél, utiliza dos espejos, uno primario y otro secundario, pero el eje óptico no se dirige hacia un lateral del tubo óptico, sino al final del mismo, por lo que el portaoculares se halla, como en el caso de un refractor, en la parte posterior. Por esta razón, en un Cassegrain el espejo principal, que es del tipo parabólico, está perforado en el centro para permitir el paso de la luz hasta el ocular. Asimismo, el secundario —hiperbólico— no está inclinado 45 grados como en un newtoniano, sino que su disposición coincide con la del espejo principal. Una de las grandes ventajas de este sistema es que consigue grandes distancias focales a pesar de que la longitud del tubo óptico es menor y, por tanto, más manejable que la de los Newton. La relación focal (F/D) de un Cassegrain suele ser superior a 10, lo que los convierte en reflectores idóneos para la observación planetaria y de sistemas estelares múltiples.

El Newton y el Cassegrain no son los únicos tipos de reflector existentes, pero sí los de mayor utilización en el campo del aficionado. Los observatorios profesionales todavía usan otros sistemas, como el de foco Coudé, en el que el eje óptico se puede hacer coincidir con el eje polar del telescopio, lo que representa una gran versatilidad, ya que el punto en el que se forma la imagen se mantiene fijo e independiente del movimiento del tubo del instrumento. Para conseguir el foco acodado, se añade entre el primario y el secundario un tercer espejo inclinado 45 grados que desvía permanentemente el haz óptico hacia el eje polar sea cual sea la zona del firmamento que se esté enfocando. En los demás sistemas, el observador debe moverse cuando cambia de posición el telescopio, ya que el ocular por el que mira se halla en el tubo óptico. En cambio, el Coudé, al tener el foco paralelo al eje polar, que se mantiene fijo, evita tener que cambiar de posición aunque el tubo del instrumento lo haga. En algunos grandes telescopios, como el reflector Hale de Monte Palomar, se utilizan indistintamente los tres sistemas: Newton, Cassegrain y Coudé.

Telescopio de reflexión de la firma Kenko, que utiliza el sistema de Newton, con una abertura de 130 milímetros.

Refractores para el aficionado

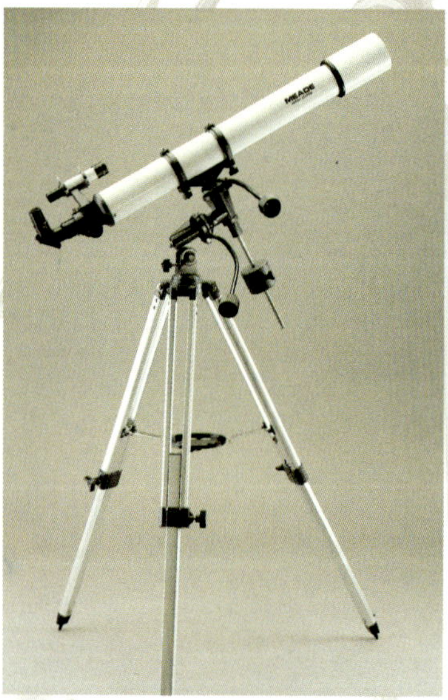

Telescopio refractor de 90 milímetros de abertura de la firma Meade. Por su tamaño entra todavía en el concepto de telescopio transportable (Meade Instruments Corp.).

Como su nombre indica, los telescopios refractores se caracterizan porque refractan la luz. Ya se ha apuntado anteriormente que su talón de Aquiles es la aberración cromática, pero este defecto, que lo inhabilita para algunos trabajos del ámbito profesional, prácticamente se ha solucionado en los dispositivos que el aficionado encuentra a su alcance en el mercado, y que lo mantienen no sólo como una alternativa válida, sino también como una de las más sólidas, al menos para el principiante.

El refractor es un telescopio comparativamente caro, sobre todo si se trata de un telescopio de aberturas superiores a 120 milímetros. Los tamaños inferiores —siempre dependiendo del equipamiento— tienen un coste asequible y, en algunos casos, la relación precio-calidad es más que competitiva respecto a la oferta de los reflectores.

Los anteojos antiguos se construían con una lente simple como objetivo, por lo que sus imágenes tenían una notable aberración cromática. En el siglo XVIII el óptico inglés John Dollond consiguió resolver satisfactoriamente el problema mediante la obtención de la lente acromática, que no es en realidad una, sino dos lentes juntas en un mismo objetivo. El primer elemento está formado por una lente convergente *(crown)* y el segundo, por una divergente *(flint),* de forma que las características ópticas de ambas se compensan y reducen la aberración cromática hasta índices residuales que permiten observar satisfactoriamente. En la actualidad, los objetivos estándar disponibles en el mercado para el aficionado son del tipo acromático con distancia de aire entre las lentes. Gracias a ello y a que habitualmente se utilizan relaciones focales largas (f:13 o f:15) el espectro secundario no desvirtúa las imágenes a pesar de que las estrellas aparecen ligeramente coloreadas.

Desde hace algunas décadas el aficionado tiene a su alcance lentes denominadas apocromáticas, compuestas por

Telescopio refractor de la popular marca Vixen. Modelos como éste, de 80 milímetros de abertura y pertenecientes a las primera serie, pueden encontrarse en el mercado de segunda mano por muy buen precio y con resultados excelentes para el neófito.

tres elementos, que mejoran la calidad de imagen, aunque se trata de instrumentos ópticos muy caros. En los últimos años, a un precio más asequible pero también alto, ha adquirido gran popularidad un nuevo tipo de telescopio refractor en el que el objetivo principal está fabricado con fluorita. Sus resultados son similares a los de un apocromático, por lo que su principal virtud es la gran fidelidad con la que muestra los colores de las estrellas. Merced a su alto grado de corrección, los refractores de fluorita permiten diseñar telescopios de relaciones focales cortas, en valores equivalentes a los de los reflectores newtonianos, por lo que esta faceta los hace perfectamente válidos para el estudio del cielo profundo.

Los refractores no están exentos tampoco de las aberraciones de coma y esfericidad, pero en conjunto aportan vistas del firmamento de gran contraste y nitidez, especialmente en el estudio del Sistema Solar. A grandes aumentos, la exactitud con la que está ajustado el eje óptico permite obtener mejores detalles en la observación planetaria que con un reflector del mismo diámetro. Asimismo, el tubo cerrado de un refractor impide que circule el aire en su interior —algo que sí afecta a los reflectores— y ello redunda favorablemente en la calidad de las imágenes.

Lo que menos satisface a los usuarios de los telescopios refractores es que suelen ser más pesados y de montaje y transporte más complicado que el de un reflector del mismo diámetro. Un reflector de 100 milímetros de abertura cabe, con su montura incluida, en una misma caja, pero un refractor del mismo diámetro es más voluminoso y se halla en el límite de lo razonable a la hora de transportar un telescopio. Los refractores de 80 o 90 milímetros son, no obstante, bastante más manejables y constituyen una excelente opción como primer telescopio.

Telescopio refractor fotografiado con luz lunar tras el eclipse total de Luna del 4 de mayo de 1995 (Vicente Aupí).

La posición del observador que utiliza un refractor es más incómoda que la de los reflectores cuando el instrumento apunta hacia el cenit, ya que el ocular se halla al final del tubo óptico y esto le obligará a agacharse o utilizar un asiento.

El Schmidt-Cassegrain y el Maksutov

Telescopio del tipo Schmidt-Cassegrain sobre montura ecuatorial en horquilla y con astrocomputadora para la localización automática de miles de estrellas y objetos celestes. En los telescopios Cassegrain se observa, como en los refractores, por la parte trasera del tubo óptico (Meade Instruments Corp.).

El Schmidt-Cassegrain es el telescopio cuya popularidad más ha aumentado en las dos últimas décadas. Estos instrumentos no son exclusivamente reflectores o refractores, sino ambas cosas, y por ello pertenecen al grupo de los telescopios catadióptricos, en los que se combinan la reflexión y la refracción de la luz.

Como en un Cassegrain abierto, el espejo principal está perforado en su centro para permitir el paso de la luz hacia el ocular, situado en la parte posterior del tubo óptico. El Schmidt-Cassegrain se diferencia de él en que en la entrada del tubo tiene una lámina correctora que se encarga de eliminar la aberración de esfericidad del espejo primario, que no es parabólico como en un Cassegrain abierto, sino del tipo esférico. El espejo secundario se halla justamente detrás de la lámina correctora, lo que permite aumentar la distancia focal del instrumento, que destaca por ofrecer un conjunto muy compacto y manejable. Gracias a la menor longitud del tubo, algunos telescopios del tipo Schmidt-Cassegrain con aberturas de 200 milímetros presentan la misma facilidad para ser transportados que un reflector newtoniano de 100 o 120 milímetros de diámetro o que un refractor clásico de 80.

Aunque parezca un contrasentido, uno de los más graves inconvenientes de los Schmidt-Cassegrain reside en la facilidad con la que se empaña la lámina correctora en una noche de observación. Por su posición exterior y su gran superficie, esta placa es especialmente sensible a la humedad propia de una jornada de observación en el campo o la montaña, pero la mayor parte de los fabricantes de este tipo de aparatos sólo incluyen los parasoles como artículo opcional y a un precio que, en algunos casos, es de varias decenas de miles de pesetas.

El aficionado a la astronomía tiene a su alcance también, aunque con una menor oferta, un tipo de telescopio

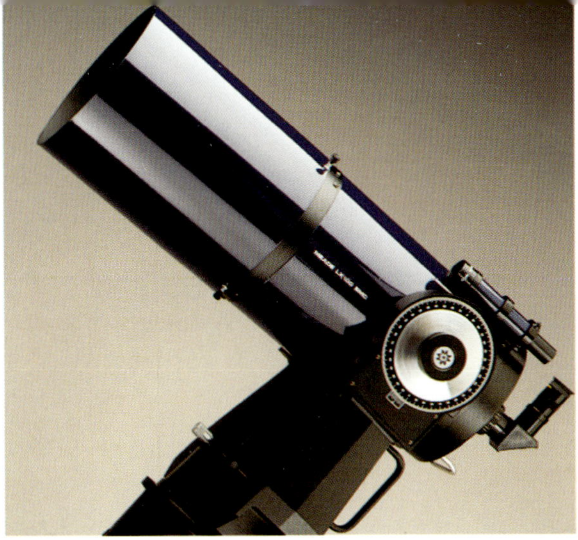

En los Cassegrain que incorporan los sistemas Schmidt o Maksutov es aconsejable el uso de parasoles para evitar que se empañe la lente correctora en las sesiones nocturnas de observación (Meade Instruments Corp.).

que incorpora uno de los sistemas ópticos más perfeccionados. Se trata del Maksutov-Cassegrain, cuya configuración es muy parecida a la del Schmidt-Cassegrain. La principal diferencia consiste en que se sustituye la lámina Schmidt por una placa correctora esférica que reduce todavía más las aberraciones ópticas y proporciona imágenes mejoradas. Estos atributos lo convierten en un instrumento especialmente atractivo no sólo por sus cualidades para la observación, sino también por que se pueden obtener excelentes fotografías con él. El principal defecto del Maksutov-Cassegrain no está relacionado con sus características técnicas, sino con su precio, ya que se trata de telescopios bastante caros.

Tabla 2

CAPACIDAD ÓPTICA DE LOS TELESCOPIOS

DIÁMETRO DEL OBJETIVO EN MM	RESOLUCIÓN EN SEG. ARCO	MAGNITUD LÍMITE	AUMENTO MÁXIMO ACONSEJABLE
50	2,32"	10,3	100
60	1,93"	10,7	120
80	1,45"	11,3	160
90	1,29"	11,5	180
100	1,20"	12,0	200
125	0,93"	12,3	250
150	0,77"	12,7	300
200	0,57"	14,0	400
350	0,33"	15,3	500

Telescopio del tipo Schmidt-Cassegrain con un ocular del tipo gran angular para observación de grandes campos estelares (Meade Instruments Corp.).

Monturas para telescopios

Motor con variador de frecuencia para el seguimiento del movimiento aparente del cielo con una montura ecuatorial. Este dispositivo es fundamental si la astrofotografía es una de las metas del aficionado, y se instala en el eje de ascensión recta. Existen otros motores para el eje de declinación que complementan la acción de aquél.

La parte mecánica de un telescopio que cumple la doble función de soportar y dirigir el tubo óptico hacia cualquier zona del firmamento recibe el nombre de montura. Este elemento, es de importancia capital en el conjunto de cualidades que deben valorarse en un instrumento, porque de él depende en gran medida el éxito de las observaciones.

El astrónomo aficionado se encontrará con dos opciones en el momento de escoger la montura de un telescopio: acimutal (también denominada altacimutal) y ecuatorial. Las primeras son más sencillas, baratas y fáciles de transportar, aunque no tienen las mismas prestaciones que las ecuatoriales. Con un telescopio asentado sobre una montura acimutal podremos observar fácilmente cualquier región del firmamento mediante movimientos en sendos ejes, vertical y horizontal. Dos mandos manuales, uno para cada eje de giro, nos permitirán corregir constantemente la posición del instrumento con el fin de contrarrestar la rotación de la Tierra y mantener dentro del campo visual el objeto que estemos observando.

El tipo clásico de soporte acimutal ocupa una posición intermedia entre el elemento óptico del telescopio y el pie del mismo, pero actualmente también se comercializa otra variante: la montura Dobson. Carece de trípode o columna de sustentación y reposa en su propia base, sobre la que gira un cajón que a su vez sostiene el tubo del telescopio. El alma de las monturas dobsonianas son unas ingeniosas piezas de teflón cuya misión es la de permitir el movimiento en los ejes horizontal y vertical, pero con un cierto índice de rozamiento que mantiene quieta la estructura cuando el instrumento ya está orientado. Por su bajo centro de gravedad, la principal virtud de las monturas Dobson es que son aptas para reflectores newtonianos de hasta 400 milímetros de abertura.

Las monturas acimutales pueden ser una buena alternativa cuando se adquiere o construye un telescopio por primera vez, pero deberán tenerse en cuenta sus limitaciones, ya que únicamente son útiles para la observación visual, pero no para estudios fotográficos del cielo o para actividades que exijan un buen seguimiento del

Al adquirir su primer telescopio el debutante puede optar por monturas del tipo azimutal, pero debe asegurarse de que sean lo suficientemente estables (Meade Instruments Corp.).

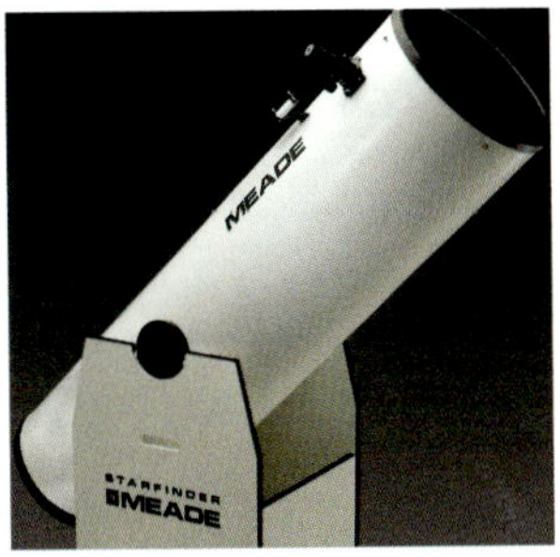

Reflector del tipo Newton sobre montura azimutal Dobson. El diseño de este telescopio, pese a no ofrecer las prestaciones de un ecuatorial, admite grandes aberturas –hasta 400 milímetros– por su gran estabilidad. Su precio es muy bajo en relación a la capacidad óptica del instrumento (Meade Instruments Corp.).

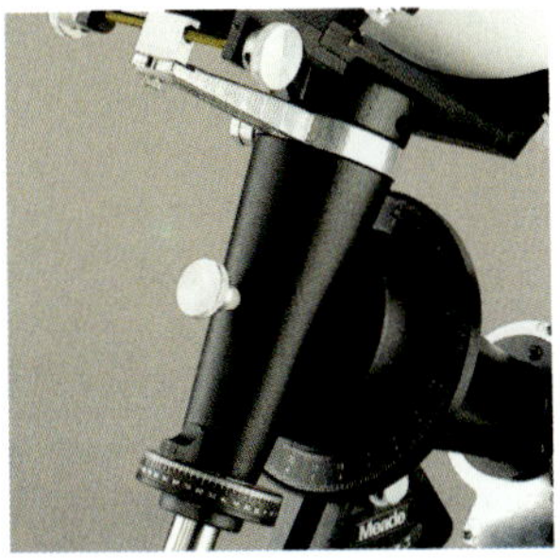

Eje de declinación en una montura ecuatorial de tipo alemán. Los movimientos en dicho eje sea realizan con un mando manual que desplaza suavemente el instrumento (Meade Instruments Corp.).

movimiento aparente de la bóveda celeste.

La montura ecuatorial permite, en cambio, ajustar y sincronizar el telescopio al movimiento aparente del cielo. Está basada en dos ejes diferentes a los de las monturas acimutales, el primero de ellos y más importante para el movimiento de ascensión recta (también denominado eje horario o polar) y el otro para el de declinación. El eje de ascensión recta es, precisamente, el que faculta a esta montura para ajustar el instrumento al polo celeste en función de la latitud del lugar desde el cual estamos observando. Una vez realizado dicho ajuste, el diseño de la propia montura nos permitirá con un solo movimiento —en la acimutal hacen falta dos— seguir la trayectoria de un objeto celeste y, lo que es mejor, incorporar un motor que automatice esta tarea evitando realizar constantes correcciones manuales.

Toda montura ecuatorial debe poseer círculos graduados, uno para el eje de declinación y otro para el de ascensión recta para localizar cualquier astro conociendo previamente sus coordenadas mediante cartas celestes como las de este libro. Si bien en las primeras etapas de un astrónomo aficionado no son imprescindibles, a la larga los círculos graduados son una excelente ayuda cuando se pretende localizar nebulosas, galaxias o cúmulos estelares de poco brillo.

Las monturas ecuatoriales no tiene un diseño único y existen tres clases fundamentales: la alemana, la de horquilla y la inglesa. Sólo las dos primeras están extendidas en el campo del aficionado, y aunque algunos entusiastas se han construido su propia montura inglesa en un emplazamiento fijo, la realidad es que éstas están reservadas a los grandes telescopios de los observatorios profesionales.

La montura ecuatorial de tipo alemán se utiliza genéricamente para los telescopios pequeños, tanto refractores como reflectores. La variedad de diseños es tal que podemos encontrar en el comercio desde las más inestables hasta las más robustas. Si el instrumento que pensamos adquirir lleva este tipo de soporte será necesario sopesar cuidadosamente su elección, ya que muchos telescopios baratos incorporan monturas inestables que terminan llevando a la exasperación a su propietario.

Los diseños de tipo alemán llevan un contrapeso en el eje de declinación, cuya misión es la de equilibrar el conjunto cuando el telescopio está inclinado, ya que de lo contrario el tubo óptico se caería. En esta montura es especialmente importante el tipo de pie sobre el que se sustenta, que puede ser de columna metálica o de trípode, ya sea éste de madera o metálico. Las columnas son más pesadas pero confieren mayor estabilidad al telescopio y no obstruyen los movimientos cuando el instrumento se orienta hacia el cenit, algo que sí ocurre con las patas de un trípode, que ocasionalmente hacen que el tubo óptico tropiece con ellas.

Las monturas de horquilla han alcanzado gran aceptación entre los usuarios de telescopios Schmidt-Cassegrain. Si bien hasta hace algunos años la estabilidad de los prototipos existentes en el mercado era objeto de ciertas críticas, la realidad es que los diseños más modernos han aportado mejoras. A diferencia de las monturas alemanas, en las que el telescopio se sujeta mediante abrazaderas o con una platina situada en la parte inferior, las de horquilla lo sostienen con fijaciones laterales en el punto de equilibrio adecuado para el reparto de masas del tubo óptico.

Algunos observadores avanzados que optan por construirse por su propia cuenta un reflector Newton de gran tamaño, con aberturas superiores a 200 milímetros, recurren a las monturas de horquillas como soporte. En estos casos, debido a la gran masa del instrumento, se prescinde del pie (columna o trípode) y la montura se instala en una plataforma a ras del suelo. Es recomendable, asimismo, que el disco del círculo horario de ascensión recta, sobre el que se asienta la horquilla, descanse en cojinetes para aumentar su estabilidad.

Las monturas inglesas están prácticamente ausentes en el campo del aficionado por su gran tamaño y alto precio, aunque a veces se instalan en observatorios fijos. Estas monturas son las más estables que existen, ya que no recurren a una columna única como pie, sino a dos, una al norte y otra al sur.

Los oculares

Oculares de diferentes distancias focales. El equipamiento aconsejable de un telescopio debe incluir, al menos, uno para la observación de cielo profundo con pocos aumentos, otro para el estudio de objetos celestes a media potencia y un tercero para detalles de los planetas y resolver estrellas dobles (Meade Instruments Corp.).

Todo telescopio está dotado de diversos accesorios que complementan sus elementos principales. Los más importantes son los oculares, que no son otra cosa que las lentes intercambiables por las que observamos directamente. Aunque en algunos telescopios terrestres el ocular es fijo, los astronómicos deben permitir su sustitución, ya que de esta manera podremos estudiar el firmamento con los aumentos necesarios para cada tipo de objeto celeste.

En los refractores así, como en los reflectores y catadióptricos que usan el sistema Cassegrain, existe una pieza grande situada al final del tubo óptico que se denomina portaoculares, y que está destinada tanto a la inserción de estas lentes como a enfocar la imagen. Su posición en los reflectores newtonianos se halla en un lateral del instrumento. En un buen telescopio, el portaoculares debe tener receptores de diferentes tamaños para poder utilizar la enorme variedad de oculares que hay actualmente. De hecho, los oculares constituyen uno de los principales elementos que se mejoran con el tiempo en un telescopio, ya que se puede ir completando su dotación paulatinamente.

Lo más habitual es que un instrumento adquirido en el comercio tenga, a lo sumo, dos o tres oculares, a veces de baja calidad. Para empezar, esto no es problema, pero el observador necesitará varios más a medida que amplíe sus estudios del cielo, y en numerosas ocasiones no sólo incrementará el número, sino también la calidad de los oculares, porque influyen decisivamente en la obtención de buenas imágenes. Un excelente telescopio deja de serlo si utilizamos un ocular mediocre.

Como se ha señalado antes, el observador puede calcular los aumentos dividiendo la distancia focal del telescopio por la del ocular. En unas cuantas veladas bajo las estrellas el neófito aprenderá por sí mismo a usar los oculares según lo que le interese observar en el firmamento, pero de forma orientativa se pueden distribuir los aumentos de esta forma: entre 20 y 50 (baja potencia) para campos estelares y objetos difusos de gran tamaño; de 80 a 120 (mediana

Oculares con un diámetro de pulgada y cuarto del tipo Plössl, formados por cuatro lentes (Meade Instruments Corp.).

potencia) para la Luna, los planetas, estrellas dobles y objetos pequeños de cielo profundo, y de 160 a 200 (alta potencia) para la Luna, los planetas y estrellas dobles en buenas condiciones atmosféricas.

El perfeccionamiento óptico de los oculares que se fabrican para telescopios de aficionado es un hecho. Existe tal cantidad de tamaños y precios que, en numerosas ocasiones, es más difícil su elección que la del propio telescopio, pero a pesar de ello una decisión errónea puede subsanarse porque siempre contaremos con otras alternativas y, al final, conseguiremos disponer de la gama más adecuada para nuestras necesidades personales. Nunca deben utilizarse oculares de plástico, que en algunos comercios se venden junto a telescopios de juguete; la observación astronómica exige un mínimo de calidad y, por tanto, las lentes deben ser de vidrio.

Maletín especial con diversas clases oculares, prismas, helioscopios, filtros, adaptador fotográfico y accesorios para la observación. Los telescopios no suelen ir equipados en origen con tanta profusión de instrumentos, pero es aconsejable que el astrónomo aficionado vaya aumentando paulatinamente su dotación, ya que gracias a ello podrá ampliar su campo de actividades.

El tipo de ocular más sencillo en cuanto a precio y construcción es el de Huygens (H). Supone el mínimo imprescindible para la observación astronómica y es muy habitual que cuando compremos un telescopio lo encontremos en el interior de su caja, porque los fabricantes suelen dotar su equipamiento con dos o tres oculares de diferentes calidades para hacer el precio final más asequible. Los oculares H nos servirán, pues, para determinadas observaciones, preferentemente cuando no sea necesario utilizar grandes aumentos, ya que en estos casos las aberraciones ópticas se hacen más patentes que cuando se utiliza baja o media potencia. Una versión perfeccionada del Huygens es el ocular Mittenzwey (HM), que tiene un mayor índice de corrección, si bien la gama de usos es muy similar.

Por su relación precio-calidad, los oculares Kellner (K) son una excelente alternativa y es muy probable que sean los que gozan de mayor popularidad. Son notablemente mejores que los oculares H y HM, pero su coste puede considerarse barato respecto a sus prestaciones y a la comparación con otras opciones en las que el aumento de calidad no está en concordancia con el dinero que hay que desembolsar. Cuando compremos un Kellner es preferible optar por distancias focales largas, entre 20 y 40 milímetros, porque son más adecuados para la observación de vistas generales del firmamento o de objetos difusos.

Presentes desde hace muchas décadas en la observación astronómica, los oculares ortoscópicos (OR) tienen un elevado índice de corrección, ya que están compuestos por cuatro lentes. Su precio suele ser casi el doble de un Kellner, pero es aconsejable en distancias focales cortas, entre 4 y 18 milímetros, que son las que utilizaremos para el estudio de planetas, el Sol y la Luna a grandes aumentos, o bien para separar los componentes de una estrella doble.

Con prestaciones similares a las del ortoscópico aunque con un diseño más moderno y un precio ligeramente más alto nos encontramos al ocular del tipo Plösl. Tiene cuatro lentes divididas en dos grupos acromáticos y una de sus virtudes es que corrige las aberraciones hasta el borde del campo óptico, lo que le convierte en un ocular adecuado para telescopios con relaciones focales cortas.

El Erfle (ER) es un ocular compuestro por cinco o seis lentes que suele utilizarse para observaciones de gran campo a pocos aumentos. El Erfle de 32 mm de focal (ER-32) es uno de los más habituales en el mercado, aunque pueden encontrarse con distancias focales todavía más largas. A pesar de que en los bordes de la imagen se producen ligeras distorsiones, su gran campo óptico ofrece una excelente visión de conjunto. Ideal para observaciones no detalladas de grandes extensiones de la Vía Láctea, nebulosas difusas y galaxias de gran tamaño, como la de Andrómeda (M 31).

Los accesorios del telescopio

Los filtros nebulares son un recurso útil para los observadores urbanos que estudian objetos débiles de cielo profundo. Además de oscurecer el fondo celeste y aportar un mayor contraste, este accesorio óptico filtra las molestas radiaciones que emiten las clásicas farolas de sodio de las ciudades, por lo que reducen en gran parte la contaminación lumínica (Meade Instruments Corp.).

Además de los oculares, la dotación de un telescopio incluye otros accesorios que habitualmente están incluidos en el precio, así como una amplia gama de instrumental complementario que podemos añadir después. Todos los telescopios, sean de la clase y modelo que sean, deben disponer de un buscador, que es un pequeño anteojo monocular con gran campo de visión instalado en paralelo al tubo óptico. Su cometido, como indica su nombre, es buscar el objeto que tratamos de observar. Una vez localizado, al estar perfectamente alineado su eje óptico con el del telescopio, a través de éste podremos observar el astro en cuestión con el detalle y aumentos deseados.

Para los telescopios refractores es imprescindible el prisma cenital, que colocaremos en el portaoculares como pieza intermedia entre éste y el ocular. Con él se desvía 90 grados el eje óptico, lo que añade comodidad a la observación, ya que de lo contrario cuando el telescopio apunta al cenit es imposible colocar el ojo ante el ocular.

Por regla general los fabricantes de telescopios incluyen dos filtros entre los accesorios, uno para el Sol y otro para la Luna. Como se subrayará de nuevo más adelante, el observador debe olvidarse para siempre de este tipo de filtro solar, porque está demostrado que no son seguros y han provocado numerosos disgustos entre la afición. El estudio del Sol tiene ciertos peligros y debemos garantizar la integridad de nuestra vista mediante otros dispositivos lo más seguro posible, como proyectar la imagen solar sobre una placa en lugar de mirar a través del telescopio. Hay en el mercado otros filtros más seguros que se colocan delante del objetivo y no en el ocular, pero casi nunca forman parte del instrumental básico de un telescopio por su alto precio.

El filtro lunar no plantea problemas de seguridad y puede usarse para conseguir una imagen contrastada de la Luna cuando está llena y su gran brillo nos deslumbra.

La lente Barlow es otro accesorio habitual de un telescopio. Sirve para duplicar la distancia focal del mismo y, por tanto, sus aumentos. Sin embargo, sólo debe usarse en excelentes condiciones atmosféricas, porque su diseño óptico resta nitidez a la imagen. Algunas firmas fabrican una lente alternativa a la Barlow, el ETL, que también duplica el número de aumentos con una mayor calidad de imagen al utilizar tres elementos.

Aunque no es imprecindible, en los telescopios con montura de tipo alemán es de gran utilidad el buscador polar, que se instala en la parte trasera de la misma, en el eje de ascensión recta. Gracias a él localizaremos más fácilmente la estrella Polaris en el caso del hemisferio norte y la estrella Sigma (σ) Octantis en el hemisferio austral. Ambas son las estrellas polares de cada hemisferio, y aunque no se hallan exactamente en el polo sí están lo suficientemente cerca para que nos permitan orientar adecuadamente un telescopio con montura ecuatorial. Al alinearlo mediante el buscador polar podremos, por tanto, poner el telescopio «en estación».

Uno de los accesorios que facilita la observación astronómica con un telescopio es el motor de seguimiento. Se trata de un mecanismo que se instala en el eje polar o de ascensión recta y que está programado para mover el telescopio en sentido contrario al de la rotación de la Tierra, pero a la misma velocidad que ésta. De esta manera, siempre que hayamos puesto previamente el instrumento en estación y el eje polar esté bien alineado, lograremos compensar el movimiento aparente del cielo.

Los prismas cenitales no se utilizan con los reflectores newtonianos, pero son indispensables en los refractores y los reflectores del tipo Cassegrain (Meade Instruments Corp.).

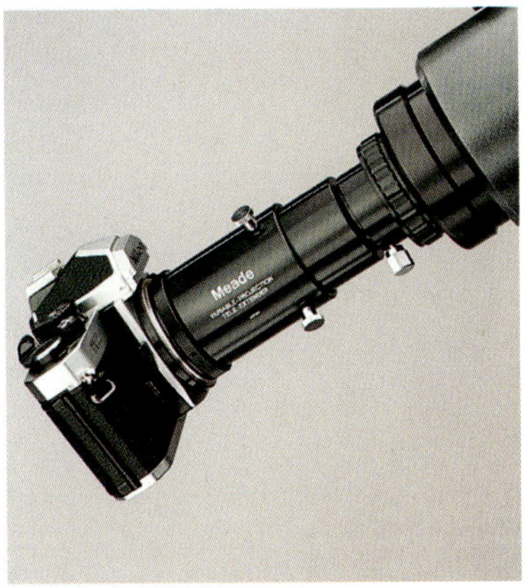

Los adaptadores de cámara fotográfica deben permitir la inserción de oculares para utilizar el sistema de proyección (Meade Instruments Corp.).

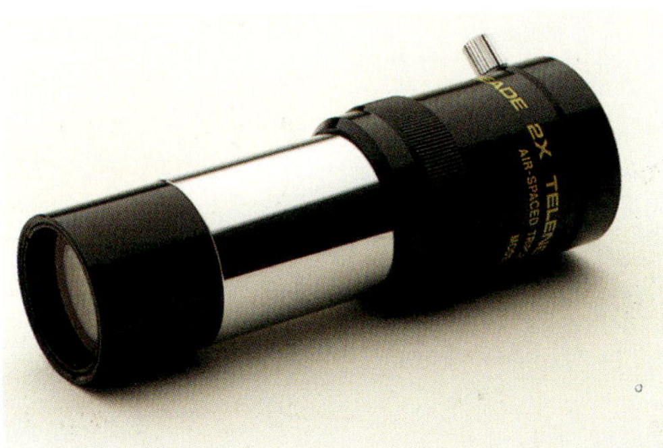

Lente del tipo Barlow, que duplica la distancia focal del telescopio y, por tanto, el número de aumentos con el que se observa (Meade Instruments Corp.).

Sin un dispositivo mecánico para el seguimiento deberemos recurrir constantemente al mando manual de ascensión recta para contrarrestar el desplazamiento que las estrellas sufren en el campo visual del ocular, pero con el motor los astros permanecen estables y la observación es más cómoda. Los motores de seguimiento deben llevar un mando que nos permita acelerar o detener el movimiento del telescopio en cualquier momento, como cuando deseemos centrar una estrella en el ocular.

También existen motores para el eje de declinación, cuyo uso no es necesario durante una observación normal, aunque si pretendemos usar el telescopio para hacer fotografías, es recomendable instalarlo. La utilidad de este motor, a diferencia del de ascensión recta, no es la de compensar la rotación terrestre, sino evitar, con oportunas correcciones, que el astro que observamos o fotografiamos se desplace de la posición deseada.

Los avances en la fabricación de accesorios han dado origen a una amplia variedad de alternativas para informatizar la observación del cielo, aunque quien pretenda hacerlo deberá tener en cuenta que esto cuesta casi tanto dinero como el propio telescopio. Los modelos más sofisticados de montura ecuatorial incorporan computadoras que tienen almacenada en su memoria la posición de miles de objetos celestes, desde estrellas dobles y variables hasta galaxias muy difíciles de encontrar. Estos dispositivos nos facilitarán la tarea de localizarlos, pero no influyen en su calidad óptica.

Prismáticos: el cielo en el bolsillo

Prismáticos gigantes de 11 × 80 de la firma Celestron. Este tipo de binoculares colocados sobre un trípode ofrece resultados espectaculares cuando se observan grandes campos estelares y no se requieren muchos aumentos.

Son los grandes olvidados de la observación astronómica, pero suponen un gran descubrimiento para quien casualmente apunta con ellos una noche hacia el cielo. Con unos prismáticos normales de 7 × 50 multiplicamos el número de estrellas que quedan a nuestro alcance desde las 3 000 visibles a simple vista hasta nada menos que 165 000. Nuestra pupila tiene en condiciones de oscuridad un diámetro de 7-8 milímetros; los prismáticos señalados, siete veces más, y por ello su capacidad de recogida de luz es mucho mayor. No tienen el poder de aumento de un telescopio, lo que limita su uso en el estudio del Sistema Solar, pero son una magnífica y barata alternativa para el cielo profundo, con unas prestaciones que sorprenderán al aficionado que se inicia en el estudio del firmamento.

Como en un telescopio, lo que más debe valorarse en unos prismáticos es su abertura o diámetro por encima de los aumentos. Los números que figuran habitualmente en la inscripción de unos binoculares revelan sus datos básicos: si son de 7 × 50 quiere decir que aumentan 7 veces y que su abertura es de 50 milímetros. De 11 × 80, 11 aumentos y 80 milímetros de diámetro, y así sucesivamente.

Sin duda, un telescopio nos aportará observaciones más detalladas del cielo, pero está claramente en desventaja respecto a los prismáticos cuando lo que queremos es estudiar amplias regiones de la bóveda celeste. El talón de Aquiles del telescopio, que no es otro que la falta de profundidad en el campo visual, es la principal virtud de unos buenos binoculares. Además, éstos tienen otras grandes ventajas: facilidad de manejo, imágenes no invertidas (en el telescopio suelen serlo), observación con ambos ojos y mejor precio.

El principal requisito para una adecuada observación astronómica con prismáticos es colocarlos sobre un trípode o una base estable, algo sumamente sencillo. Acostumbrados como estamos a utilizarlos a pulso para la observación terrestre, si los enfocamos a las estrellas el movimiento de éstas parece incon-

Región del cielo boreal en torno a la constelación de Cassiopeia. El aspecto de esta imagen es similar al que se vería con unos buenos prismáticos (Vicente Aupí).

trolable, pero asentados sobre un trípode tendremos una magnífica visión del firmamento. ¿Qué podemos ver, pues, con los prismáticos? Los principales cráteres y mares lunares, las fases de Venus, las cuatro lunas galileanas de Júpiter, la Vía Láctea, miles de nebulosas y cúmulos estelares, las galaxias más grandes e infinidad de estrellas múltiples que no percibimos a simple vista.

En 1996 y 1997, con ocasión del paso del Hyakutake y el Hale-Bopp, numerosas personas constataron lo que ya sabían muchos astrónomos: los prismáticos son el mejor instrumento para los cometas, porque gracias a su gran campo visual podremos observar una gran parte del astro errante, algo imposible con los telescopios, cuya limitada capacidad angular únicamente nos permite ver un fragmento, ya que el cometa se sale por los bordes del ocular. Por esta misma razón, los aficionados que dedican su actividad a la búsqueda y descubrimiento de cometas casi siempre utilizan unos prismáticos de gran calidad óptica y amplio campo visual, ya que con ellos pueden barrer rápidamente extensas zonas y detectar en ellas la aparición de un nuevo astro.

La creciente predilección por los prismáticos ha originado, además, que en la oferta actual también se disponga de aberturas dignas de un telescopio mediano. Algunos fabricantes han puesto en el mercado binoculares de 30 x 125, por citar algún ejemplo. Teniendo en cuenta que observaremos con ambos ojos y no con uno sólo, la calidad de imagen será excelente. Debe tenerse en cuenta también que las lentes de unos prismáticos gozan, por regla general, de una mayor corrección frente a las aberraciones ópticas.

El uso de los binoculares permite contrastar las sombras del paisaje sobre el fondo estrellado, obteniendo espectaculares campos visuales (Vicente Aupí).

El observatorio del aficionado

Pequeña cúpula del observatorio francés de Pic du Midi, que albergaba el telescopio reflector de 60 cm de diámetro cedido para su uso a los astrónomos aficionados. Fue demolida recientemente, víctima de la crisis que afecta al observatorio (Vicente Aupí).

El astrónomo aficionado que disponga de un buen cielo en su lugar de residencia tiene a su alcance la posibilidad de construir un observatorio fijo. Algunos lo han hecho incluso en el interior de las ciudades con resultados satisfactorios, pero es necesario previamente tener muy claro que la inversión a realizar nos dará como contrapartida una gran utilidad, porque en muchas ocasiones es aconsejable apostar por un instrumento que entre dentro del concepto «transportable» y desplazarse a algún lugar privilegiado en cada jornada de observación.

Quienes deseen un observatorio fijo deberán tener en cuenta que, además de la calidad del cielo, el horizonte debe estar libre de obstáculos en su mayor parte, porque de lo contrario no podremos observar determinadas zonas de la bóveda celeste. La principal ventaja de un emplazamiento fijo es que el telescopio no deberá montarse ni ajustarse cada vez que queramos observar, y ahorraremos muchas horas que antes empleábamos en su instalación. En estas condiciones, dispondremos además, junto al telescopio, de un lugar para trabajar y colocar todo el abanico de accesorios y útiles que acompañan la observación astronómica, como una mesa y estanterías para libros de consulta, mapas celestes, etc. Si el espacio es lo suficientemente grande podremos acotar en una habitación aparte un pequeño taller, puesto que a medida que nos especialicemos también aprenderemos algunas técnicas para el adecuado mantenimiento de todo el instrumental.

Aunque con numerosas variantes, existen dos grandes opciones para un observatorio fijo: las cúpulas giratorias y los techos móviles o corredizos. Las primeras, que utilizan la mayor parte de los observatorios —profesionales y de aficionado— son más sofisticadas y caras, y en general aportan más ventajas que inconvenientes. El diseño habitual en una cúpula es el que incorpora una compuerta que, al abrirse, nos muestra la región del firmamento que pretendemos estudiar. Aun-

Cúpula del astrógrafo doble del Centro Astronómico del Alto Turia (CAAT), a 1 300 m de altitud, en Aras de Alpuente (Valencia). Este observatorio es uno de los primeros de España que será explotado conjuntamente por astrónomos aficionados y profesionales, merced a un acuerdo entre la Asociación Valenciana de Astronomía y la Universidad de Valencia (Joan Manuel Bullón).

El observatorio de un aficionado puede incluir una estación meteorológica como la que se vislumbra en esta imagen bajo el cielo estrellado (Vicente Aupí).

que el resto del cielo permanece oculto, el mecanismo giratorio nos facultará para orientar la cúpula hacia donde queramos. Es conveniente que el sistema de movimiento esté automatizado, porque de lo contrario dedicaremos más tiempo a cambiar la orientación de la cúpula que a la observación.

Cuando se apuesta por un observatorio de este tipo es necesario abrir la cúpula varias horas antes del inicio de la observación, con el fin de que la temperatura interior se equilibre con la del exterior. Si la apertura se hace sólo unos momentos antes, el contraste térmico causará turbulencias del aire que entorpecerán la observación, ya que se producen justamente por la abertura, por la que saldrá al exterior el aire del interior. Aunque dentro del observatorio hará casi tanto frío como en el exterior, la cúpula nos protege eficazmente del viento, lo que contribuye a mantener una buena sensación térmica y evitar las pérdidas de calor que se producen al observar al raso. El diámetro de la cúpula deberá guardar proporción con el del telescopio, fundamentalmente respecto a la longitud del tubo óptico, de forma que no entorpezca sus movimientos.

Los techos móviles o corredizos son más sencillos. Su utilidad se concreta en proteger al observatorio fuera del horario de trabajo, pero cuando está operativo debe dejar al aire libre el telescopio. Para desplazarlo se utilizan habitualmente unos pequeños raíles que permiten mover el techo hacia un lado, pero el telescopio debe mantenerse siempre estable en su emplazamiento para evitar alteraciones en su alineación. Además de su precio más asequible, la ventaja más importante respecto a las cúpulas es que no tapa ninguna parte del cielo, por lo que en todo momento dispondremos de una visión de conjunto, algo que no deja de ser importante. Por contra, la protección en las horas de observación es nula, por lo que nuestra indumentaria deberá ser la adecuada.

Independientemente del tipo de techumbre, cuando se construye un observatorio fijo es aconsejable asentar la montura del telescopio sobre un pilar para aumentar su estabilidad. El suelo del observatorio no debe ser solidario al de dicho pilar; ambos deben estar separados para que cuando nos movamos no provoquemos vibraciones en el telescopio.

El estudio de fenómenos especiales, como la aparición de cometas, no siempre queda al alcance de los observatorios fijos. Por ello, es aconsejable trasladar el telescopio a un lugar de visibilidad idóneo (Vicente Aupí).

Bellísima cosa es y sobremanera agradable a la vista poder contemplar el cuerpo lunar, apartado de nosotros casi sesenta diámetros terrestres, tan próximo como si se hallase a tan sólo dos de tales medidas, de manera que su diámetro aparezca casi treinta veces mayor, la superficie casi novecientas y el volumen, por tanto, veintisiete mil veces mayor que cuando se observa sólo a simple vista.

Galileo Galilei

El cielo parece una gran bóveda azul en el cenit, que a medida que baja se torna verde y luego lila morada en los bordes. Sobre el campo de hielo se extienden sombras frías, violáceas, con tintes más claros, de un rojo pálido, y acá y acullá, una arista capta los últimos reflejos del día que se extingue. Arriba, en la cúspide de la bóveda, brillan las estrellas, pregoneras de la paz, función eterna de estas amigas invariables. Al sur luce una Luna grande, amarilla rojiza, circuida de un halo amarillo y de sutiles nubes doradas que flotan sobre fondo azul.

Fridtjof Nansen,
En la noche y entre los hielos

La indiferencia del cometa respecto de la Tierra continuó por tan largo tiempo, que volvió veintitrés veces a su perihelio sin pensar en dirigir una mirada de atención al pequeño globo terrestre.

Camille Flammarion,
Historia de un cometa

El sistema solar

CAPÍTULO 3

La familia de la Tierra

La Tierra y la Luna en una fotocomposición que muestra tal como se verían juntas desde el espacio. Sus tamaños comparativos permiten concebirlos como un sistema planetario doble (NASA/JPL).

El Sol, la Tierra y los demás planetas nacieron 10 000 millones de años después del *Big Bang*, la gran explosión que se cree que dio origen al Universo. El colapso de una nebulosa primordial de polvo y gas, ocurrido hace 4 500 o 5 000 millones de años, encendió el Sol en forma de estrella y originó a su alrededor un disco de materia rotante cuyos fragmentos se agregaron unos a otros por acreción. El azar y la gravedad hicieron que algunos de aquellos despojos se convirtieran en mundos y lunas en órbita alrededor de éstos; otros no llegaron a conseguirlo y han mantenido hasta el presente su naturaleza descarriada en forma de cometas y asteroides. Quizá el mayor encanto del cielo sea que nos muestra con igual belleza la armonía de los mundos simbolizada en Júpiter y Saturno que la basura de aquella nube primigenia que son el Halley, el Hyakutake y el Hale-Bopp, condenados a vagar eternamente entre la estrella que los aprisiona gravitatoriamente y los remotos confines del Sistema Solar.

Aunque Plutón, uno de los objetos más lejanos que el hombre puede observar sistemáticamente se halla a un promedio de 5 900 millones de kilómetros del Sol, se cree que el tamaño real del Sistema Solar es del orden de los 15 billones de kilómetros —casi dos años luz—, la distancia a la que se calcula que está el extremo de la nube de Oort, que contiene billones de cometas. La existencia de este colosal enjambre fue propuesta en los años cincuenta por el astrofísico holandés Jan Hendrik Oort, tras comprobarse que los cometas que caen hacia el Sol —algunos de ellos con órbitas que les cuesta recorrer millones de años— no proceden de ninguna región concreta del espacio, sino que llegan desde todas las direcciones, como si la nube cometaria envolviese esféricamente el Sistema Solar. Por tanto, las dimensiones de éste se aproximarían a la mitad de la distancia que nos separa de Alfa Centauri, la estrella más próxima, que se halla a 4,3 años luz.

Los cometas albergan la esencia del Sistema Solar y podrían estar relacionados con el origen de la vida sobre la Tierra. En la imagen, el Halley cerca de su perihelio de 1986 (Mark Kidger).

Al astrónomo alemán Johannes Kepler se deben las bases del conocimiento de los principales mecanismos celestes que rigen los movimientos de los planetas en torno al Sol. Los sintetizó en sus famosas leyes, en las que se establece, entre otras cosas, que las órbitas planetarias no son esféricas, sino elípticas, y que los planetas se mueven más deprisa cuando se hallan en el perihelio que cuando están en el afelio.

Las conjunciones de la Luna con los planetas —en este caso se trata de Venus— son fácilmente visibles y fotografiables desde las zonas urbanas (Joan Manuel Bullón).

El Sol, la estrella más cercana

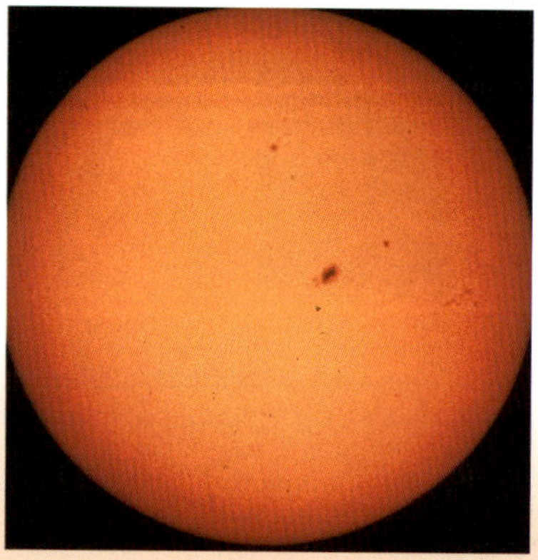

Imagen del disco solar. El Sol nunca debe observarse directamente por los telescopios, y es totalmente desaconsejable el uso de filtros que se colocan en el ocular. El método más seguro es el de proyección en una pantalla metálica o de cartón. Si se recurre a filtros, son más seguros los que se colocan delante del objetivo del telescopio (IAC).

El Sol es una más entre los 200 000 millones de estrellas de la Vía Láctea, pero para nosotros es diferente porque es la más cercana, ya que *sólo* se halla a una distancia media de 150 millones de kilómetros de la Tierra. El siguiente sol en cercanía es Alfa Centauri, del que nos hallamos a 4,3 años luz, o lo que es lo mismo, a casi 41 billones de kilómetros. La proximidad del Sol le convierte en el astro más brillante, con una magnitud visual de –26,8. En cambio, su resplandor sería notablemente menor si se hallase a la misma distancia que Alfa Centauri, y ambas brillarían prácticamente por igual.

Con un diámetro de 1 392 000 km —recuérdese que el de la Tierra es de 12 756 en el ecuador—, la estrella que nos da vida contiene el 99,8 % de toda la masa del Sistema Solar. La temperatura en la esfera visible, denominada fotosfera, es de alrededor de 5 000 °C, pero en el núcleo alcanza 15 millones de grados. Su edad es de, al menos, 4 500 a 5 000 millones de años, y atraviesa la etapa intermedia de su vida en la llamada Secuencia Principal, denominación que los astrónomos Ejnar Hertzsprung y Henry N. Russell dieron a la fase de la evolución estelar caracterizada por una situación estable gracias a las reacciones nucleares que ocurren en el interior de las estrellas y que sirven para transformar hidrógeno en helio. Se espera que el Sol continúe así otros 5 000 millones de años más.

La observación del Sol entraña un notable contraste con la habitual actividad nocturna de los astrónomos aficionados. En primer lugar, el hecho de que se realice durante el día reporta importantes ventajas porque es compatible con la vida cotidiana, faceta que no comparte la observación del firmamento durante la oscuridad. Es ésta una gran ventaja del estudio del Sol, que abre un gran campo en el que el aficionado encuentra una de sus mayores posibilidades para realizar constribuciones científicas a la astronomía.

Es necesario advertir que el Sol nunca debe observarse directamente a través del telescopio o cualquier otro sistema

Dos imágenes del eclipse anular de Sol observado en España el 3 de octubre de 2005. El Sol asoma en forma de anillo alrededor de la Luna, que en este tipo de eclipses no oculta totalmente el disco solar. Esta diferencia se debe a que el tamaño lunar aparente es menor porque se halla en el punto más lejano de su órbita alrededor de la Tierra (Vicente Aupí).

de ayuda óptica, y por supuesto, tampoco a simple vista; los daños en la retina pueden ser irreparables. Los filtros normales que se venden en el comercio para colocar en el ocular no ofrecen seguridad y no es recomendable utilizarlos, porque se han dado numerosos casos de rotura, con las consiguientes consecuencias.

Aunque existen filtros más seguros, de los que se hablará más adelante, el sistema que ofrece mayor protección es proyectar las imágenes del telescopio —como si utilizáramos un proyector de diapositivas— sobre algún tipo de pantalla, bien metálica o de cartón. Según el aumento con el que deseemos estudiar la imagen solar, colocaremos un ocular en el telescopio, pero sin mirar a través de él y con la pantalla colocada detrás; para encuadrarlo en el campo óptico habrá que barrer la zona hasta que consigamos ver que el disco solar aparece sobre la pantalla, tras lo cual procederemos a enfocarlo. Aunque las primeras veces es complicada la localización mediante este sistema, al cabo de unas cuantas observaciones adquiriremos la práctica necesaria para que nos resulte más sencillo.

Es recomendable separar el telescopio de alguna manera del lugar en el que nos hallamos, siempre con el fin de oscurecer el recinto de observación. Si no lo hacemos, la propia luz solar directa del ambiente difuminará la imagen proyectada por el telescopio. Un buen recurso para ello es utilizar una cortina alrededor del tubo del telescopio o bien dirigir éste hacia el cielo a través del hueco de una persiana, ya que para poder trabajar en buenas condiciones es conveniente que lo hagamos, si no en sombra, sí en penumbra. Mediante este sistema es posible observar el principal fenómeno que el astrónomo aficionado tiene a su alcance: las manchas solares. Miles de observadores de todo el planeta estudian diariamente el Sol de esta manera con resultados excelentes, que plasman en dibujos en los que puede apreciarse, a lo largo del año, la actividad solar.

La mayoría de los astrónomos aficionados observa el Sol con telescopios refractores, cuyas características —focales más largas— se adaptan mejor a este tipo de estudios, especialmente cuando se hacen mediante el sistema de proyección. Los refractores con aberturas de 60 a 100 milímetros son excelentes para ello.

Las manchas solares son zonas que contrastan por su oscuridad con el resto de la fotosfera solar. Tienen una temperatura inferior a la de su entorno, y dentro de ellas se distinguen zonas de sombra y de penumbra. Uno de los hechos más llamativos, constatados desde hace siglos, es que la actividad solar relativa a las manchas solares se concreta en periodos característicos de 11 años, en los que primero se alcanza un máximo con un gran número de manchas y posteriormente baja paulatinamente su presencia hasta alcanzar un mínimo, en el cual no se observa prácticamente ninguna de ellas. Las manchas solares están asociadas con campos magnéticos y se cree que sus ciclos influyen en el clima de la Tierra.

La actividad del Sol que da origen a las manchas solares se estudia mediante la determinación del llamado Número de Wolf, un parámetro con el que se mide la intensidad tanto dia-

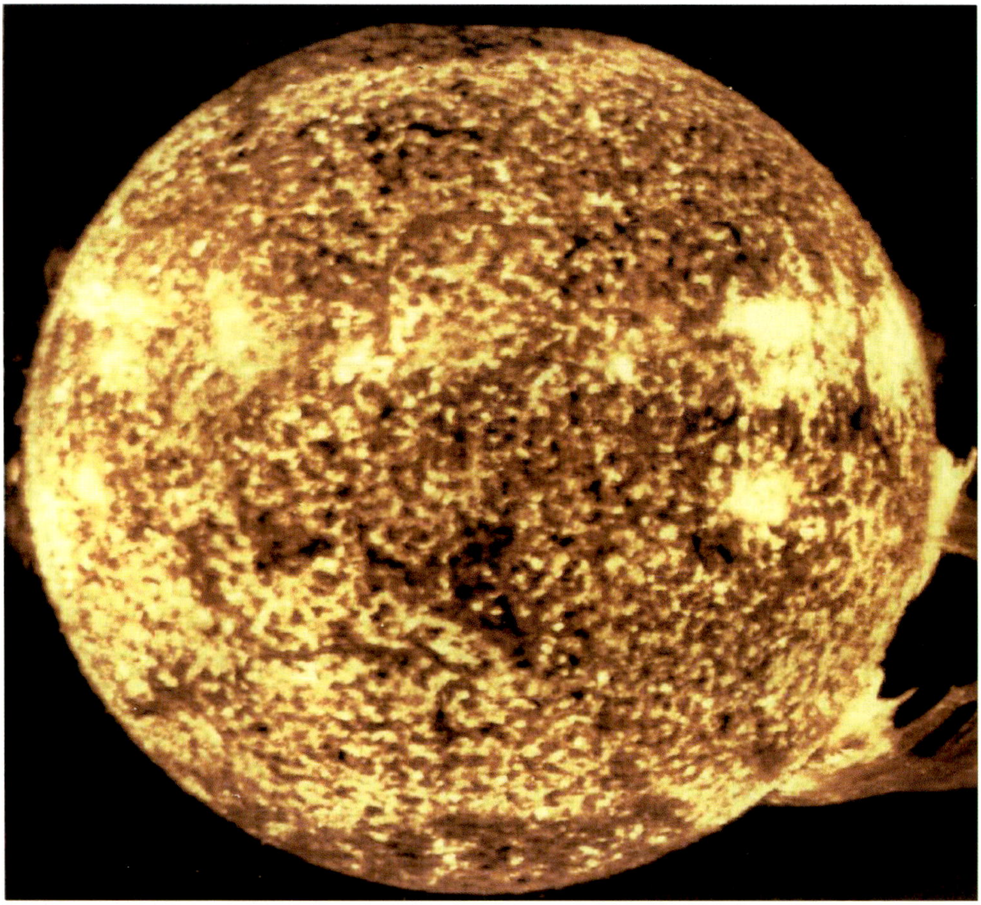

Espectacular imagen del Sol, fotografiado desde la desaparecida estación espacial Skylab. La gran protuberancia que puede observarse tiene una longitud de 588 000 km, es decir, 200 000 más que la distancia que separa a la Tierra de la Luna (NASA).

ria como mensual y anual. En él no sólo se tienen en cuenta las manchas de forma individual, sino también la formación de grupos. Las observaciones internacionales sobre la actividad solar son coordinadas por un centro que tiene su sede en Bruselas, y al que envían sus datos tanto los observatorios profesionales como decenas de aficionados españoles y miles de personas de todo el mundo, que cada día dibujan o fotografían el disco solar para detectar los cambios que se han producido en las manchas solares.

Los estudios clásicos sobre el Sol también son extensivos a las fáculas,

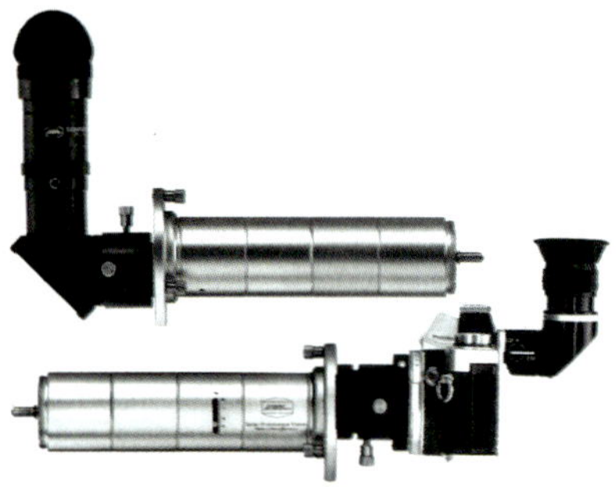

Coronógrafo de Baader Planetarium para la observación de prominencias solares. Este instrumento se adapta a los telescopios y su función consiste en producir artificialmente un eclipse de Sol mediante unos conos de ocultación que hay en su interior.

que son zonas de mayor luminosidad que aparecen en tonos de luz más brillantes en torno a las manchas. Si la observación de la fotosfera —manchas y fáculas— pretende hacerse a través del telescopio y no por proyección, deben utilizarse filtros de los que se instalan delante del objetivo y no en el ocular. Los filtros de capa metálica, que se colocan delante de la lente, reducen en un factor de 1 000 la intensidad de la luz y, lo que es mejor, lo hacen antes de que los rayos solares penetren en el objetivo, con lo que el riesgo de calentamiento —y de rotura— en el ocular por el que observamos es infinitamen-

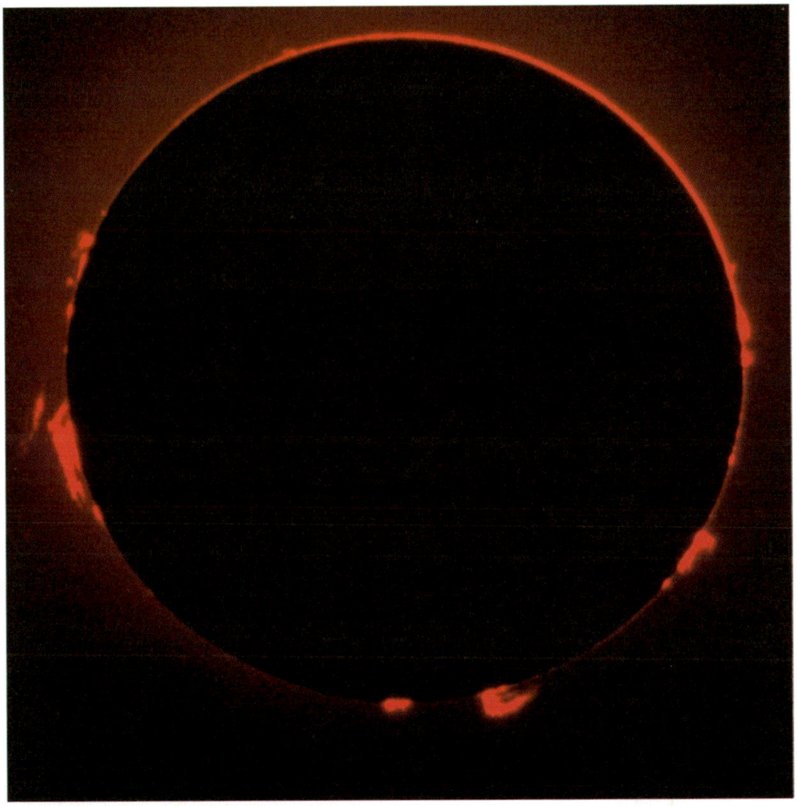

Imagen de la cromosfera solar lograda con un coronógrafo íntegramente construido por el autor de la foto. Refractor de 102 mm de abertura a f:16. Exposición de 1/4 de seg sobre Ektachrome 200 (Joan Genebriera).

te menor. Otra de las ventajas del filtro de capa metálica es que nos permite ver el Sol en su color original, de un amarillo intenso, mientras que el filtro estándar que suele incluirse en la dotación de origen de un telescopio nos lo muestra en una tonalidad verde.

Al utilizar filtros es aconsejable incorporar un helioscopio, que tiene un diseño similar al de un prisma cenital, pero en su parte posterior tiene un agujero por el que deja escapar la mayor parte de la luz solar que entra en él. Un espejo especial refleja hacia el ocular sólo una pequeña parte de los rayos solares que inciden en el eje óptico del telescopio.

Desde los años ochenta ha crecido de manera espectacular el abanico de observaciones solares por parte de los astrónomos aficionados. El uso de otro tipo de filtros, los H alfa (Hα), ha abierto la puerta al estudio de los espectaculares fenómenos eruptivos que se producen en el Sol, como las protuberancias y fulguraciones. El dispositivo Hα deja pasar únicamente una pequeña banda del espectro solar en la línea del hidrógeno, justamente la que emite el Sol desde estas zonas, que se hacen visibles para el observador. Los filtros Hα con una anchura de paso de 1,0 angstrom son suficientes para detectar las protuberancias, pero son necesarios los de 0,6 si además se quieren estudiar los filamentos que serpentean por el disco solar.

El aficionado que desee incorporar un filtro Hα a su equipo debe asegurarse muy bien del tipo y calidad del mismo, así como de que puede adaptarlo a su telescopio. El principal inconveniente es que se trata de un elemento muy caro, cuya longevidad depende directamente de unas buenas condiciones de uso, ya que las capas internas que filtran la luz tienden a perder densidad. Por ello, deben usarse siempre relaciones focales largas.

Existe un instrumento especial para la observación del Sol que se denomina coronógrafo, nombre que atiende a su utilidad para ver la corona solar. El dispositivo permite reproducir, de forma artificial, un eclipse solar total, para lo cual se emplea una serie de discos que ocultan en el eje óptico del telescopio la esfera solar. Fue inventado por el astrónomo francés Bernard Lyot y su utilización se limita, casi siempre, a los observatorios profesionales, aunque hay aficionados avanzados que se han diseñado uno ellos mismos.

Tabla 3

CARACTERÍSTICAS DEL SOL

Diámetro	1 392 000 kilómetros
Tipo espectral	G 2 V
Temperatura fotosférica	5 780 grados Kelvin
Magnitud visual	–26,8
Magnitud absoluta	4,8
Velocidad de escape	618 km/segundo

La Luna

Aspecto general de la Luna fotografiada por la sonda espacial Clementine. *El área de la fotografía es aproximadamente la misma que corresponde al hemisferio visible desde la Tierra. La resolución de la imagen es muy superior a la lograda mediante los telescopios* (NASA/JPL).

El diámetro de la Luna es de 3 476 km y su distancia media a la Tierra de 384 000 km aunque en el apogeo, el punto más distante de su órbita, se aleja hasta los 405 000 km, y en el perigeo se aproxima hasta los 363 000. Es, por tanto, el astro más cercano a nosotros y, después del Sol, el más brillante, con una magnitud de –12,5. El influjo de la Luna en el hombre está fuera de toda duda, como revela la multitud de leyendas y personajes que han nacido en torno a ella. Físicamente, la influencia más evidente sobre la Tierra es la de las mareas, provocada por la atracción gravitatoria que ejerce un ligero abultamiento en la gran masa de agua de los océanos. Sin embargo, y pese a las creencias populares, la ciencia ha desechado algunos mitos como el de la «Luna chamuscadora» a la que las supersticiones culpan de producir heladas en el campo, cuando se sabe que, en realidad, nuestro satélite tiene una influencia nula en los cambios meteorológicos. Es muy fácil constatar, en cambio, la coincidencia de que la Luna sólo es visible cuando el cielo está despejado, circunstancia que a su vez es determinante en la aparición de heladas, porque el calor del suelo se irradia hacia el espacio. El cielo nublado oculta la Luna y, además, protege el campo del frío, porque las nubes actúan como la tapa de un puchero.

Si tuviera luz propia la veríamos todos los días, pero —como todos los planetas y satélites— únicamente refleja los rayos solares que llegan hasta su superficie. Por esta razón, cuando en su órbita en torno a la Tierra está delante del Sol no podemos verla: es Luna nueva. Una semana después se separa lo suficiente del Sol como para mostrarnos iluminada la mitad de su hemisferio visible, momento en el que se produce el cuarto creciente. Cuando se coloca tras la Tierra otra semana más tarde la Luna entra en fase llena, y a la tercera semana de la Luna nueva se produce el cuarto menguante, para completarse una lunación al cabo de un mes, o más exactamente 29 días, 12 horas y 44 minutos.

La atracción gravitatoria ejercida por la Tierra sobre la Luna

La Luna llena es la fase menos apreciada por todos los astrónomos. En ella no sólo no es fácil observarla, sino que además su gran resplandor hace desaparecer miles de estrellas que están presentes en el cielo durante la oscuridad de las noches sin Luna. En cambio, el claro de Luna produce efectos espectaculares en el paisaje nocturno, que ilumina como si fuera un pequeño sol (Vicente Aupí).

ha hecho que ésta siempre nos muestre —independientemente del factor de iluminación de cada fase— la misma cara, ya que su órbita es sincrónica. Dicho de otro modo, la rotación de la Luna sobre su eje y su período de revolución alrededor de la Tierra duran lo mismo, mientras que ésta rota sobre su propio eje en 24 horas y tarda un año en completar su traslación en torno al Sol. Pese a esta inmovilidad de la Luna, existe un pequeño vaivén que periódicamente nos muestra una pequeña fracción más de la superficie lunar, en un fenómeno conocido como libración, que se produce tanto en latitud como en longitud a causa del balanceo del satélite terrestre.

La visión de la Luna llena por un telescopio es impresionante, pero el exceso de luz nos oculta los detalles superficiales. Para apreciar adecuadamente los principales accidentes es mejor observar en el cuarto creciente o en el cuarto menguante, cuando el terminador —la línea que separa la zona en sombra de la iluminada— nos aporta el suficiente contraste. En estas condiciones, además de los cráteres y los mares, que son las áreas que más destacan, quedarán al alcance de nuestros ojos las cordilleras y fisuras que rompen el paisaje lunar.

La identificación de los mares y cráteres principales es tarea fácil incluso con unos prismáticos potentes asentados sobre un trípode. En este caso, además, la imagen será real. Cuando usemos un telescopio deberemos tener en cuenta que la imagen es invertida si se trata de un reflector, ya que en el ocular lo que vemos a simple vista arriba aparece abajo, y la izquierda está en la derecha. Si se trata de un refractor sin prisma cenital ocurre lo

Antiguo grabado perteneciente al libro Astronomie des dames, *obra del célebre astrónomo y divulgador francés Camille Flammarion, uno de los autores más prolijos en la materia, que tuvo una frecuente relación con astrónomos españoles a principios de siglo.*

mismo, pero si utilizamos dicho prisma la inversión sólo se produce lateralmente. Todo ello debe ser tenido en cuenta por el observador, ya que las primeras veces que se intenta cotejar un mapa con la imagen telescópica de la Luna, la inversión de imagen conduce a la confusión.

Los mares ocupan casi la séptima parte de la superficie total de la Luna. En el hemisferio visible los podemos distinguir claramente por su aspecto de llanuras grisáceas, que contrasta con el de las zonas más irregulares. Uno de los más espectaculares, por su tamaño y formas, es el Mare Imbrium, que está rodeado de cadenas montañosas como los Alpes y los Apeninos. Comunicados entre sí por una gran abertura se hallan el Mare Serenitatis y el Mare Tranquilitatis, en el que alunizó el 20 de julio de 1969 el *Apolo XI*, primer vuelo tripulado a la Luna. Las profundas huellas dejadas por los astronautas en el suelo lunar vinieron a confirmar la existencia del regolito, un gran manto polvoriento que envuelve la Luna como si fuera una alfombra de varios

La llegada de naves espaciales a la Luna permitió lograr imágenes de mayor nitidez sobre los accidentes del hemisferio visible que ya se habían fotografiado desde hacía décadas con los telescopios más potentes desde la Tierra (NASA/JPL).

metros de espesor y que hace que su superficie sea mucho menos compacta que la de la Tierra.

Hasta 1959 no se supo nada de la cara oculta de la Luna. Ese año, la sonda rusa *Luna III* consiguió las primeras imágenes de las zonas lunares invisibles para los observatorios terrestres —recuérdese que siempre vemos la misma cara—, y se puede comprobar que son mucho más abruptas y accidentadas que las del hemisferio visible. Lógicamente, una parte del bombardeo meteorítico que en teoría debía haber sufrido la Luna ha sido detenido, durante millones de años, por la Tierra, que se halla delante de ella, precisamente en la trayectoria del hemisferio visible. En cambio, la cara oculta de la Luna carece de esa defensa natural, porque nunca tiene delante a nuestro planeta, y recibe un mayor castigo como producto de la caída de meteoritos.

En la cara visible el bombardeo es menos intenso, pero también palpable, porque la Luna tiene una atmósfera imperceptible que no contribuye a borrar la huella de los choques, algo que sí ocurre en la Tierra, donde el aire, el agua y la vegetación difuminan los vestigios de estas catástrofes cósmicas. De hecho, la mayor parte de los cráteres lunares que podemos ver son producto de impactos meteoríticos. El de mayor tamaño es Bailly, cuyo diámetro es de 295 km, si bien al hallar-

Vista global de la cara oculta de la Luna, que no pudo observarse hasta que en 1959 la nave rusa Luna III *consiguió pasar por detrás del satélite de la Tierra y enviar las primeras imágenes, que revelaron una superficie más abrupta que la del hemisferio visible* (NASA/JPL).

La Luna en cuarto creciente. Para distinguir esta fase del cuarto menguante la regla es muy fácil: el creciente sólo es visible al atardecer o durante la primera mitad de la noche y el menguante corresponde a los días en los que la Luna se ve al final de la madrugada o por la mañana, ya de día (Vicente Aupí).

se en un extremo del hemisferio visible no se puede observar bien. En cambio, Clavius, de 232 km, es perfectamente visible, al igual que Copernicus (97 km) y Tycho (84 km). Aunque Tycho no figura entre los cráteres de mayor tamaño, sus extensas radiaciones lo hacen destacar de manera notable en la imagen habitual de la Luna que aportan los telescopios para aficionado.

La Luna es el astro más fácil de observar. Con telescopios refractores de sólo 50 o 60 milímetros podremos estudiarla a 80 o 100 aumentos con muy buenos resultados. Un reflector de 100 permitirá aumentar la potencia —siempre en buenas condiciones atmosféricas— hasta 150-200 aumentos, de forma que los mandos para mover el instrumento en ascensión recta y declinación nos servirán para recorrer la superficie lunar y detenernos en cada accidente que llame nuestra atención. En determinadas ocasiones, con situaciones meteorológicas de estabilidad sumamente favorables, los telescopios de mediana potencia pueden utilizarse con un factor de aumento de 300 a 400, que a pesar de producir imágenes menos nítidas revela detalles de la Luna que son invisibles cuando se trabaja con menor ampliación.

El estudio del satélite de la Tierra es una tarea que realizan muy pocos observatorios profesionales, y por ello numerosos aficionados han asumido la responsabilidad de vigilarlo. Así sucede con los fenómenos transitorios lunares, que internacionalmente se conocen con la abreviatura TLP, de la denominación Transient Lunar Phenomena. Se trata de resplandores repentinos que *encienden* alguna zona de la superficie lunar y que han sido observados en diversas ocasiones por los astrónomos. Parecen tener su origen en los terremotos lunares, habitualmente menos intensos que los de la Tierra, pero lo suficientemente fuertes para producir perturbaciones en la tranquila cara de la Luna que siempre mira hacia nosotros.

William Herschel, el ilustre astrónomo que descubrió Urano, aseguró en 1783 que había visto una llamarada en una zona de la Luna que permanecía a oscuras al no estar en fase llena. Quizá fuera un TLP, pero también es posible que se tratara del choque de algún meteorito, como el que se atribuye al fenómeno que contemplaron en 1178 unos monjes de Canterbury, que decían haber visto cómo la Luna «echaba chispas». Más recientemente, en la madrugada del 2 al 3 de noviembre de 1958, el astrónomo ruso Nikolai Kozyrev observó con el reflector de 120 centímetros del observatorio de Pulkovo, cerca de San Petersburgo, un resplandor rojizo en el cráter Alphonsus, lo que demostraba cierta actividad interior de la Luna. Algunos astrónomos aficionados que centran su interés en los estudios lunares también han sido testigos de algún TLP, pero no son fáciles de detectar y quizás el observador que lo intente nunca lo consiga. En cualquier caso, el cráter Aristarchus, situado en la zona oeste del hemisferio visible, es el que más acontecimientos de este tipo ha protagonizado, por lo que el aficionado que tenga interés en los TLP no haría mal en vigilarlo.

La danza de los eclipses

La corona solar durante la totalidad de un eclipse fotografiado desde la India en 1995. Esta imagen, de gran resolución, es en realidad un mosaico de varias fotografías combinadas para aumentar la definición y observar más detalles (Vladimir Yershov/Observatorio de Pulkovo).

Los caprichos de la mecánica celeste han dado lugar a una coincidencia que es el origen de los más bellos espectáculos astronómicos. La alineación del Sol, la Tierra y la Luna les hace bailar en el espacio una danza que incluye majestuosas ocultaciones entre unos y otros, a las que podemos asistir como privilegiados observadores: los eclipses.

Un eclipse de Sol se produce cuando la Luna se coloca entre él y la Tierra e intercepta los rayos de luz que llegan hasta nuestro planeta. Para un observador terrestre, el disco lunar se interpone ante el del Sol, que desaparece de su vista en todo o en parte, ya que no siempre la ocultación es total. Los eclipses solares pueden ser totales, parciales o anulares.

La primera de estas tres clases figura entre los fenómenos más hermosos a los que puede asistir no un astrónomo, sino cualquier persona. Por otra casualidad celeste, el diámetro aparente del Sol y de la Luna es equivalente a pesar de la diferencia de sus tamaños reales. Ello se debe a que el diámetro solar es casi 400 veces mayor que el lunar, y el Sol se halla justamente 400 veces más lejos de la Tierra que la Luna. El resultado de esta ecuación cósmica es que vemos igual de grandes a ambos en el cielo.

Los eclipses totales de Sol ocurren, de esta forma, cuando la Luna oculta entero al Sol. En una etapa preliminar del fenómeno, el disco lunar —que no vemos porque la Luna se encuentra en fase nueva— se va aproximando al solar y establece un primer contacto con él; de alguna forma es el primer bocado que la Luna se come del Sol. Paulatinamente la colosal esfera estelar se va reduciendo hasta que llega la totalidad, momento en el que en la Tierra se hace de noche aunque las manecillas del reloj marquen que es mediodía. Para las personas es momento de asombro y admiración, pero los animales lo interpretan de diferente manera y se comportan con desconcierto ante la llegada anticipada de la oscuridad.

La fase de totalidad de un eclipse solar transcurre en sólo

Los eclipses de Sol y Luna se producen por la alineación periódica de ambos astros con la Tierra. Casualmente, el tamaño aparente de la esfera lunar en el cielo es prácticamente igual al del Sol, por lo que puede ocultarlo por completo, momento en el que se produce un eclipse solar total. Sin embargo, la franja terrestre en la que se observa la totalidad es muy estrecha, por lo que la distribución geográfica de las áreas de visibilidad es sumamente caprichosa. En cambio, en un eclipse total de Luna la zona de visibilidad es mucho más grande porque la sombra terrestre cubre por completo la esfera lunar.

unos minutos. La máxima duración posible es de 7 minutos y medio, pero lo habitual es que sean más cortos, como el que se producirá el 11 de agosto de 1999. El eclipse íntegro durará varias horas, pero la ocultación total del Sol se limitará a 2 minutos y 23 segundos. Ésta será en cualquier caso la más cercana e inminente oportunidad de los observadores españoles para ver un eclipse solar total cerca de la Península, ya que la franja de visibilidad cruza el centro de Europa y pasa al norte de París. En España, lamentablemente, habrá que esperar varias décadas para que ocurra algo tan bello. En los eclipses totales de Sol la franja desde la que es visible la totalidad tiene miles de kilómetros de longitud, pero su anchura es muy pequeña y a ambos lados de la misma el fenómeno sólo es parcial.

Entre los eclipses más largos de este siglo hay que recordar el que fue visible en diversas partes de América el 11 de julio de 1991, cuya fase de totalidad duró casi 7 minutos. Esta circunstancia y las altas probabilidades de que la atmósfera no impidiera ver el fenómeno sirvieron para congregar en México y Hawai a miles de personas que cruzaron el planeta con el fin de no perderse un acontecimiento astronómico difícil de repetir.

En cambio, si la Luna está cerca de su apogeo —el punto más distante de su órbita alrededor de la Tierra— su tamaño aparente disminuye ligeramente, lo bastante para que no sea tan grande como el del Sol. Cuando esto ocurre, el eclipse de Sol que en teoría debía ser total se convierte en anular, ya que la Luna queda dentro del disco solar, pero no lo eclipsa en su totalidad. Alrededor de la esfera lunar puede verse un anillo de luz que sobresale circularmente. Si el anillo luminoso es muy fino pueden verse los llamados Gránulos de Baily, unos pequeños resplandores solares que aparecen junto al borde de la Luna.

Otras veces la alineación entre el Sol, la Luna y la Tierra no es exacta y esto hace que la ocultación sea solamente parcial, con lo que un sector del disco solar permanece siempre visible. Nos encontramos entonces ante un eclipse parcial.

La principal diferencia entre un eclipse parcial de Sol y uno total es que en éste, cuando la Luna oculta a la estrella, puede verse la corona solar, que se extiende a millones de kilómetros por encima de la cromosfera pero es invisible en condiciones normales por el gran resplandor. Durante un eclipse parcial no es posible ver la corona, ya que la luz no se atenúa lo suficiente para ello.

La observación de eclipses solares exige las mismas medidas de seguridad que si se mirara directamente al Sol. Es necesario el uso de filtros especiales incluso a simple vista, y sólo en determinados momentos de la totalidad es factible mirarlo directamente. En uno anular, ni siquiera entonces.

Eclipse total de Luna del 4 de abril de 1996. Imagen de un momento de la totalidad con la superficie lunar envuelta en color rojo. Obtenida a foco directo con un telescopio Schmidt-Cassegrain de 203 mm de abertura a f:10. Exposición: 10 segundos sobre película Ektachrome 400 (Francisco Catalá).

Sea cual sea su tipo, un eclipse de Sol siempre se produce en Luna nueva. Por el mismo motivo, los eclipses lunares acontecen en Luna llena. Su espectacularidad no es comparable a la de un eclipse solar total, pero son de gran belleza y cuentan con el factor favorable de que su observación no es geográficamente tan compleja, ya que la franja de visibilidad es mucho más grande y abarca una gran parte de un hemisferio. Se debe esto a que en los eclipses lunares es la Tierra la que oculta al Sol y proyecta su sombra sobre la Luna. Como nuestro planeta es mucho más grande que su satélite, la sombra también lo es y envuelve por completo a la esfera de la Luna. Hasta la totalidad, el proceso es muy similar al de un eclipse de Sol, ya que puede verse cómo la sombra terrestre contacta con el disco lunar y lo va barriendo progresivamente hasta que lo oculta.

El inicio de la totalidad cambia el aspecto de la Luna como por arte de magia. La esfera blanca que teníamos ante nosotros y que ha ido menguando por el avance de la sombra terrestre se torna roja, unas veces en tonos suaves, otras más intenso. Antiguamente este fenómeno parecía algo inexplicable, porque se pensaba que la Luna debía permanecer a oscuras durante la totalidad, pero en lugar de ello resplandece levemente en un cielo lleno de estrellas. Los astrónomos supieron más tarde que la superficie lunar se vuelve roja porque una pequeña parte de los rayos solares sigue llegando hasta ella como consecuencia de la refracción de la atmósfera terrestre, que actúa como si fuera un gigantesco telescopio refractor y proyecta sobre la Luna una fracción de luz, que no es blanca por la presencia de partículas en suspensión en el aire. Realmente, la intensidad del rojo lunar de un eclipse está en función de lo limpia que esté la atmósfera y de otros factores como el ciclo de las manchas solares. Si el aire que rodea la Tierra es diáfano, el rojo es más brillante, pero si el eclipse se produce poco después de alguna gran erupción volcánica, la tonalidad se vuelve más oscura. En casos extremos, como el eclipse de diciembre de 1992, la Luna prácticamente desaparece de la vista en la fase de totalidad.

Algunos eclipses de Luna únicamente son parciales, por lo que la sombra de la

Observadores de la expedición británica a Elche con motivo del eclipse total de Sol del 28 de mayo de 1900. La franja de totalidad pasó al sur de Madrid y abarcó desde la costa mediterránea hasta la provincia de Cáceres. Además de Elche, el fenómeno fue visto desde localidades como Talavera, Plasencia y Manzanares (British Astronomical Association).

Tierra oculta nada más una parte de la superficie lunar, que no llega a adquirir el color rojizo típico de un eclipse total. También pueden darse eclipses penumbrales, de escasa espectacularidad, en los que ni siquiera hay contacto con la sombra.

A diferencia de lo que ocurre con los de Sol, los eclipses lunares carecen de riesgo para la vista. Su observación con un telescopio o unos buenos prismáticos resulta fascinante, porque podemos ver en detalle cómo la sombra de la Tierra avanza tenazmente sobre los principales accidentes de la superficie y los va ocultando paulatinamente. Lo ideal es un factor de aumento que nos permita una visión global del disco lunar, y no sólo una parte.

Tanto los eclipses de Luna como los de Sol se rigen por el denominado ciclo de Saros, que corresponde a 223 lunaciones (18 años y 11 días) y que comprende 29 eclipses lunares y 41 solares. En cada ciclo la sucesión de eclipses transcurre de forma casi exacta al anterior.

Tabla 4

ECLIPSES DE SOL (1999-2010)*

FECHA	TIPO	LATITUD	LONGITUD	DURACIÓN DE LA TOTALIDAD
16-2-1999	Anular	39, 8° S	93,9° E	40 segundos
11-8-1999	Total	45,1° N	24,3° E	2 minutos y 23 segundos
14-12-2001	Anular	0,6° N	130,7° W	3 minutos y 53 segundos
10-6-2002	Anular	34,6° N	178,6° W	23 segundos
4-12-2002	Total	39,5° S	59,6° E	2 minutos y 4 segundos
31-5-2003	Anular	66,5° N	24,7° W	3 minutos y 37 segundos
23-11-2003	Total	72,7° S	88,4° E	1 minuto y 57 segundos
8-4-2005	Anular/Total	10,6° S	119,0° W	42 segundos
3-10-2005	Anular	12,9° N	28,8° E	4 minutos y 32 segundos
29-3-2006	Total	23,2° N	16,8° E	4 minutos y 7 segundos
22-9-2006	Anular	20,7° S	9,0° W	7 minutos y 9 segundos
7-2-2008	Anular	67,6° S	150,5° W	2 minutos y 12 segundos
1-8-2008	Total	65,6° N	72,3° E	2 minutos y 27 segundos
26-1-2009	Anular	34,1° S	70,3° E	7 minutos y 54 segundos
22-7-2009	Total	24,2° N	144,1° E	6 minutos y 39 segundos
15-1-2010	Anular	1,6° N	69,3° E	11 minutos y 8 segundos
11-7-2010	Total	19,8° S	121,8° W	5 minutos y 20 segundos

* La lista no incluye los eclipses parciales. Tanto la latitud como la longitud están referidas al momento máximo de cada eclipse. En los eclipses anulares, la totalidad se refiere a la duración de la fase de anularidad.

* Fuente: Fred Espenak.

Mercurio, un planeta lunar

Vista parcial de Mercurio en la región de Tolstói, en una imagen tomada por la sonda espacial Mariner X *en 1974. La fotografía es el resultado de un fotomosaico realizado por ordenador. En el borde superior izquierdo aparece la planicie Caloris* (NASA/JPL).

Ningún otro astro del Sistema Solar, sea planeta, satélite o asteroide, recuerda tanto a la Luna como Mercurio. Con un diámetro de 4 880 km, es el mundo más próximo al Sol, del que no se separa más de 70 millones en el afelio, es decir, el punto de su órbita más lejano. Sus características dinámicas hacen que el día mercuriano sea el equivalente a 59 días terrestres, pero este tiempo es dos terceras partes del que necesita para recorrer su pequeña órbita en torno al Sol, que suma 88 días.

Con una débil atmósfera, Mercurio está plagado de cráteres, lo que le asemeja en este aspecto a la Luna. Un profano podría, incluso, confundir a ambos astros al ver fotografías como las que envió la nave *Mariner X* en 1975. Hasta entonces, las dificultades para observar Mercurio habían impedido saber cómo era realmente su superficie, pero la sonda espacial reveló un intenso castigo meteórico de millones de años que ha dejado huellas como la de Planitia Caloris, con una longitud de 1 300 km. La temperatura del planeta es acorde con el contraste entre la noche y el día, ya que en las zonas del planeta bañadas por la radiación solar alcanza los 200 °C, pero en el hemisferio que permanece a salvo durante varias semanas ronda los 170 °C bajo cero.

Los telescopios —pequeños o grandes— apenas nos muestran detalles de Mercurio salvo las fases, por lo que algunos observadores prefieren verlo a simple vista sobre el horizonte cuando brilla como una estrella de primera magnitud, y algunas veces con mayor brillo que la estrella Sirius, ya que puede alcanzar la magnitud –2,0. En este punto, los países próximos al ecuador tienen mayores ventajas, puesto que el planeta, siempre próximo al Sol, aparece con mayor ángulo sobre el horizonte que en las latitudes medias de los hemisferios austral y boreal. Si logramos localizarlo con el telescopio durante sus elongaciones occidental y oriental apreciaremos, respectivamente, el cuarto creciente y el cuarto menguante de Mercurio.

En los próximos años Mercurio será protagonista de dos tránsitos por el disco solar, el primero de los cuales ocurrirá el 15 de noviembre de 1999 y el segundo el 17 de mayo del 2003.

Su descubrimiento data de tiempos inmemoriales, por lo que no se atribuye a nadie en concreto. Platón ya habla de él en su obra *La República* y existen innumerables referencias sobre él en la antigüedad. En el siglo XVIII William Herschel lo enfocó con su telescopio y fue uno de los primeros en darse cuenta de que prácticamente no se apreciaban detalles de él. A pesar de esto, algunos astrónomos posteriores como Giovanni Virgilio Schiaparelli y Eugene Michael Antoniadi se atrevieron a trazar mapas de su superficie. No se le conoce ningún satélite.

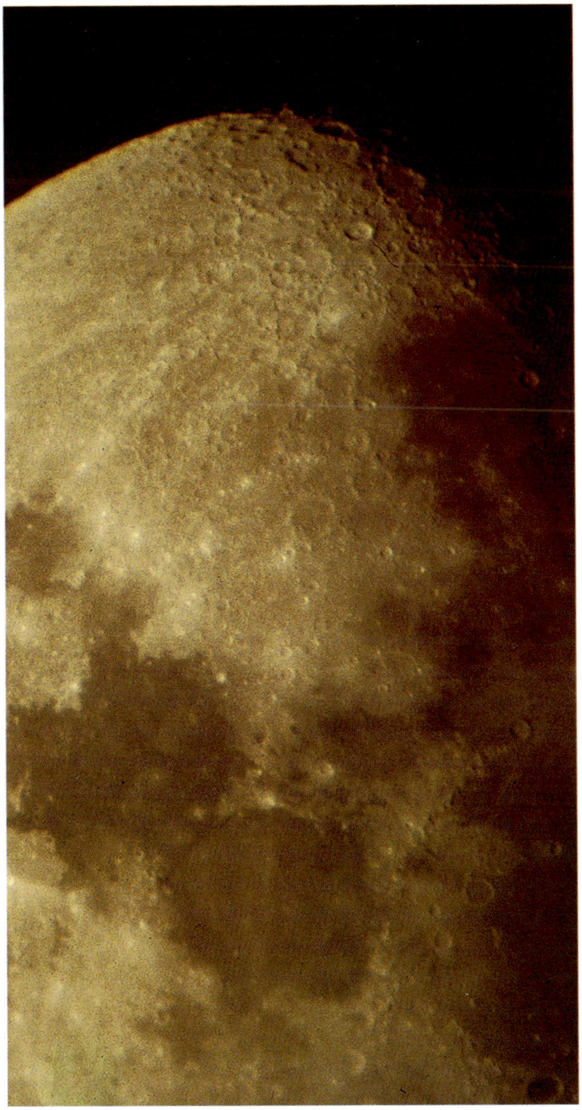

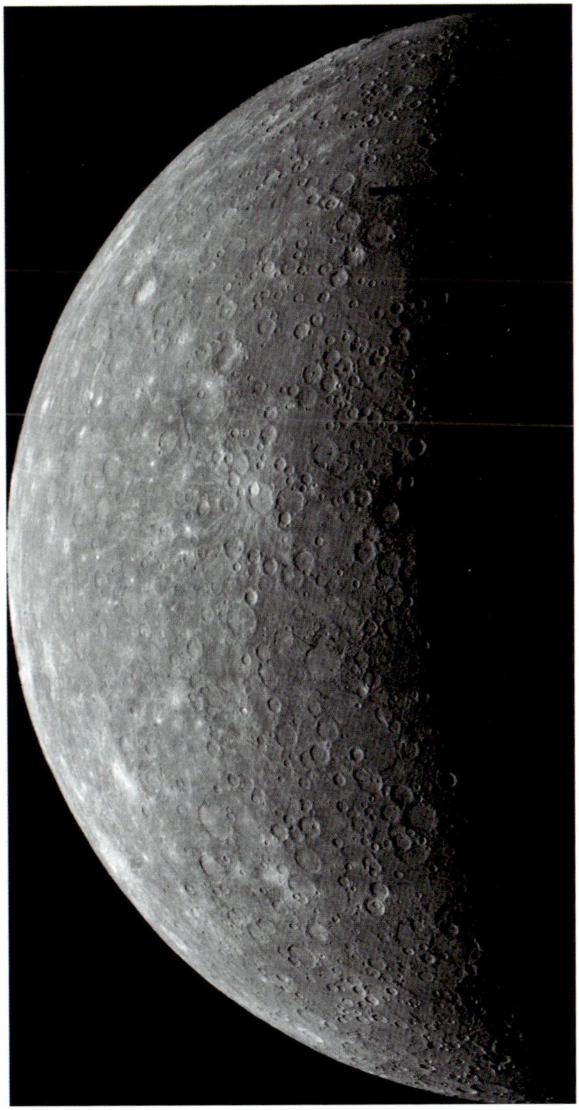

La Luna (izquierda) y Mercurio (derecha) muestran cierta similitud superficial. Ambos astros están sometidos a un notable bombardeo meteórico, cuyas huellas son fácilmente visibles por la ausencia de atmósferas densas como la de la Tierra. La Luna, con casi 3 500 kilómetros de diámetro, y Mercurio, con 4 800, también tienen tamaños semejantes (Vicente Aupí-NASA/JPL).

El invernadero de Venus

Los montes Sif y Gula en Venus. Ésta es una imagen hecha a partir de los datos del radar de la sonda Magallanes *del 1 de mayo de 1991. El volcán es el monte Gula, de 3 000 metros de altitud. Sif, a la izquierda, tiene 300 km de diámetro y 2 de altitud* (NASA/JPL).

El «Lucero del alba» es el astro más brillante después del Sol y la Luna, con una magnitud de hasta —4,4. Tiene 12 104 km de diámetro y el 82 % de la masa de la Tierra, por lo que en estos aspectos se parece como ningún otro planeta al nuestro. En todo lo demás, ambos son dos mundos completamente diferentes, y las sondas espaciales han desvelado que Venus es el planeta más hostil del Sistema Solar, con temperaturas superficiales que se aproximan a los 500 °C.

Una de las explicaciones del extraño e inhóspito clima de Venus podemos encontrarla a través del telescopio. A diferencia de Mercurio, nuestro vecino más próximo sí que se eleva lo necesario sobre el horizonte para una buena observación, pero desde la Tierra jamás ha podido verse su superficie; sólo el espeso manto blanco azulado de espesas nubes que envuelven el planeta, cuya atmósfera es particularmente rica en dióxido de carbono. Es muy probable que en la Tierra, por más que quisiéramos contaminar el aire, nunca llegaríamos a desencadenar el espectacular efecto invernadero que hay en Venus, donde el calor solar que alcanza el suelo es retenido por la atmósfera demasiado eficazmente.

De la dura realidad de Venus sólo existían sospechas hasta décadas recientes, pero se confirmó con creces cuando llegaron allí las sondas *Venera* enviadas por Rusia. Las primeras *Venera* que entraron en la atmósfera del «Lucero del alba» ni siquiera llegaron enteras a la superficie; fue como si se hubieran ido al infierno, y su señal se apagó antes de que sus restos se estrellaran contra la superficie. Sin embargo, en las misiones posteriores se adoptaron las cautelas necesarias para que, al menos, la nave pudiera funcionar durante algún rato antes de sucumbir al verano más tórrido que hay en el Sistema Solar.

Gracias a las *Venera* rusas y a la sonda *Pioneer* de Estados Unidos disponemos hoy de una gran parte de la información existente acerca de Venus. Dado el espesor de la atmósfera, las imágenes de objetos lejanos en su superficie ni siquiera se

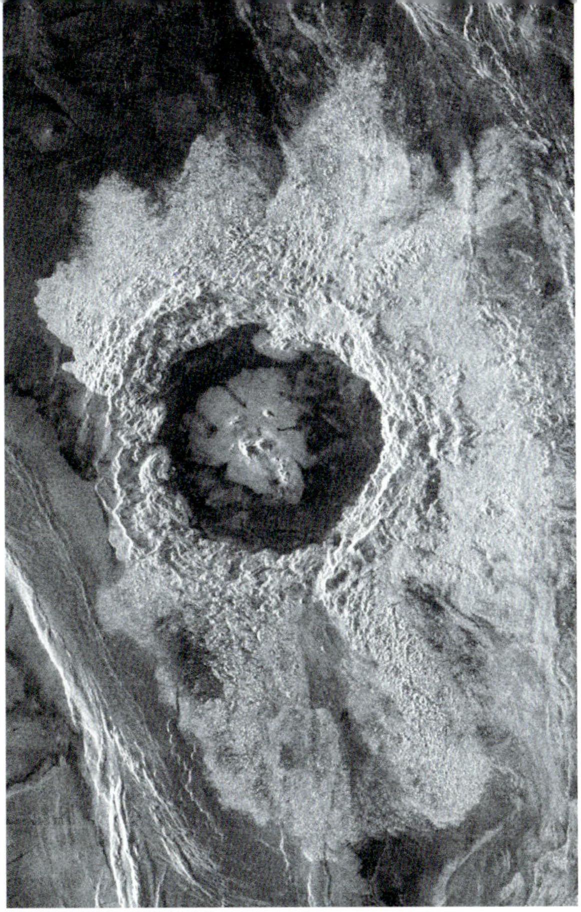

Esta imagen de Venus muestra el cráter Dikinson, de 69 km, que se halla en el noroeste de la región Atalanta. La fotografía también se tuvo que elaborar mediante el radar de la sonda Magallanes *en febrero de 1992. El sector visible en el encuadre tiene 185 km de ancho* (NASA/JPL).

han podido obtener en el espectro visible, de forma que se han tenido que reconstruir por ordenador a partir de los datos del radar. A pesar de ello, hoy ya se conocen las principales señas de identidad del planeta, sobre cuyo estudio la astronomía llevaba un retraso de siglos a causa de la imposibilidad de observar su superficie. Desde que Galileo miró por primera vez por su anteojo, los telescopios no han dejado de apuntar a Marte, Júpiter y Saturno para desmenuzar su naturaleza, pero en Venus hubo que conformarse durante siglos con saber si estaba creciente o menguante.

El seguimiento de las fases de Venus está al alcance de cualquier aficionado con un pequeño telescopio. Aparte de ello, y ocasionalmente, el uso de filtros nos permite obtener imágenes telescópicas con ciertos contrastes en la capa nubosa, pero poco más. Con mayor razón que en el caso de Mercurio, el espectáculo de Venus a simple vista en el conjunto de la bóveda celeste supera al de su visión por los telescopios. El observador debe estar atento a sus cambios de posición en el firmamento y tiene a su alcance experimentos como comprobar que, junto al Sol y la Luna, Venus es el único astro que provoca sombras.

Otra actividad muy interesante con este planeta es localizarlo a plena luz del día. Debe intentarse en un día de gran claridad en el que previamente nos habremos informado de sus coordenadas aproximadas. Tapando el Sol con una mano para amortiguar su resplandor es posible encontrarlo. Para hacerlo con el telescopio, lo mejor es colocar éste en estación la noche anterior de manera que esté perfectamente alineado con el polo. Sabiendo la posición del planeta, los círculos horarios del telescopio nos llevarán a él. En este caso, además, es aconsejable utilizar un ocular de pocos aumentos, ya que de esta forma conseguiremos un gran campo y Venus aparecerá dentro del eje óptico aunque nos hayamos desviado un poco de la posición real. ¡Cuidado con el Sol! No es recomendable hacer barridos indiscriminados con el telescopio a plena luz del día, porque el Sol puede entrar en el campo del ocular y dañar irreparablemente nuestra vista.

Venus tampoco tiene lunas conocidas.

Mosaico de imágenes de Venus construido a partir de las fotografías enviadas por la nave espacial Mariner X *el 5 de febrero de 1974. Pese a su cercanía a la Tierra, Venus es un planeta poco accesible a las exploraciones espaciales a causa de su hostil medio ambiente* (Calvin J. Hamilton/NASA).

Marte: la leyenda pervive

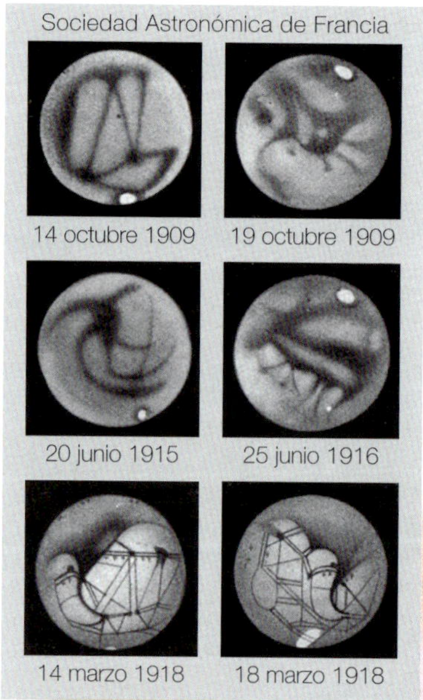

Seis dibujos diferentes de Marte correspondientes a observaciones realizadas por la Sociedad Astronómica de Francia entre octubre de 1909 y marzo de 1918. En algunas de ellos se observa nítidamente cómo el autor trazó aspectos del planeta que evocan a los famosos canales marcianos.

En el umbral del nuevo milenio Marte no ha perdido un ápice de su popularidad. Es muy probable que este planeta sea el astro sobre el que más se ha escrito en la historia, porque su protagonismo ha sido tal que en la bibliografía disponible el número de tratados astronómicos sobre él está en desventaja respecto a la cantidad de obras literarias cultivadas a la luz de su hechizo, que brilla roja como el fuego. Y después de tantos ríos de tinta la ciencia aún no ha resuelto sus principales enigmas, porque las generaciones de sondas espaciales que el hombre ha enviado hasta allí nos han aportado información de primera mano acerca de su naturaleza, pero no la suficiente para saber si Marte es o no un mundo muerto.

Previsiblemente en el siglo XXI tendremos respuesta a la mayor parte de las preguntas que continúan en el aire. ¿Puede haber vida bajo la superficie marciana o en los casquetes polares o sus inmediaciones? Si no la hay, ¿existió en un pasado remoto? Ninguna de estas dos cuestiones ha sido zanjada por las naves *Mariner* y *Viking*, ni por las más recientes *Mars Pathfinder* y *Mars Global Surveyor*. Los experimentos de las *Viking* y la *Pathfinder*, que descendieron al suelo marciano, sirvieron para comprobar que en sus respectivas zonas de aterrizaje no había rastros aparentes de vida, pero ambas misiones rastrearon el planeta rojo en una franja territorial muy próxima, ya que de hecho la *Viking I* y la *Mars Pathfinder* se hallan sólo a 840 km una de otra. Después de todas estas misiones, sin embargo, está fuera de duda el papel desempeñado por el agua, un elemento indispensable para la vida, en la historia de Marte. El territorio marciano está repleto de accidentes que revelan que el líquido elemento fluyó por allí, y ello le convierte en el único planeta del Sistema Solar que comparte tal atributo con la Tierra.

Si bien en torno a todos estos aspectos queda mucho por investigar, lo cierto es que para la ciencia el año 1965 marcó un antes y un después en lo referente a Marte. Hasta el mes de julio de ese año ninguna nave espacial se había aproximado lo

Marte visto por la sonda Mars Global Surveyor *el día 13 de marzo de 1998. El sector fotografiado corresponde a las prominencias de la superficie existentes en las proximidades del polo sur marciano y tiene una extensión aproximada de 20 por 14 km* (NASA/JPL).

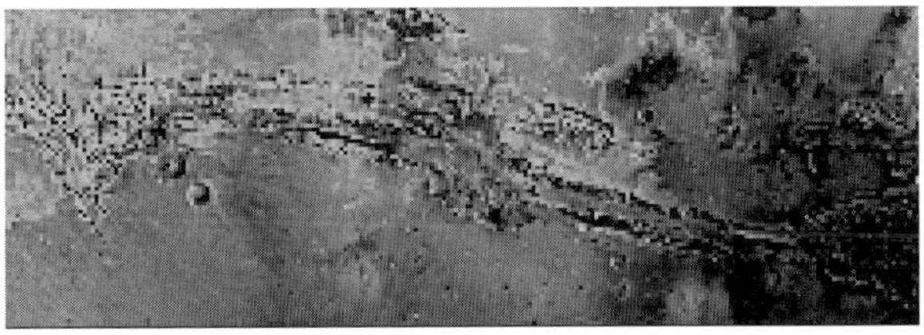

Región de Valles Marineris, en Marte, en una toma obtenida por los Viking Orbiter*. El sector de la imagen tiene una extensión de 3 000 km de longitud, y la profundidad del valle es, en promedio, de 8 km* (NASA/JPL/USGS).

Los Picos Gemelos de Marte, fotografiados por la Mars Pathfinder *el día 3 de noviembre de 1997. Se trata de dos colinas bastante pequeñas que sólo sobresalen unos 30 o 35 m sobre su entorno* (NASA/JPL).

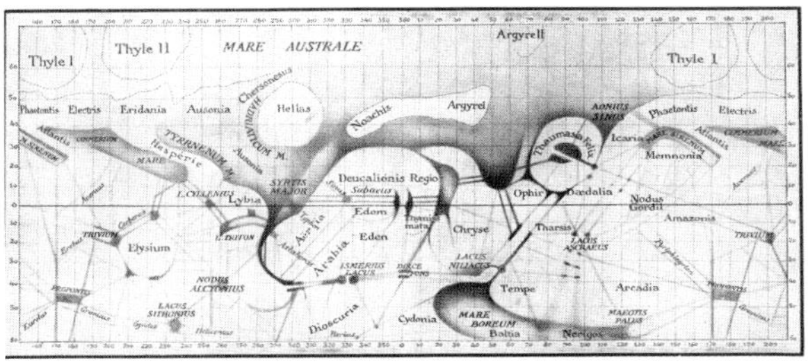

Antiguo planisferio de Marte que representa algunas de las principales regiones del planeta observadas telescópicamente por miembros de la Sociedad Astronómica de Francia. A la izquierda del centro aparece Syrtis Major. Nótese, nuevamente, la tendencia de los observadores a trazar líneas rectas –«canales»– en sus dibujos.

suficiente al planeta para obtener detalles de él, pero el día 14 de dicho mes el *Mariner IV* dejó atónita a la humanidad al mostrar un mundo de aspecto desértico que enseñaba su desnudez en forma de cráteres, la huella evidente de que se trataba de un lugar muy diferente de la Tierra. Los famosos canales que vio —o creyó ver— por primera vez, en 1877, Giovanni Virgilio Schiaparelli, no aparecieron por ninguna parte, y si Percival Lowell, el más acérrimo defensor de la existencia de vida inteligente en Marte que ha tenido la astronomía, hubiese estado vivo para ver las imágenes del *Mariner* no habría podido resistirlo.

Tanto a Schiaparelli como a Lowell se los considera universalmente como los precursores de la falsa creencia en los canales marcianos, pero lo cierto es que, en determinados aspectos, se ha sido muy injusto con ambos. En primer lugar, el astrónomo italiano utilizó tal denominación por su forma, pero no porque creyera que se trataba de obras de ingeniería de una supuesta civilización marciana para transportar caudales de agua, algo de lo que sí estaba convencido Lowell, cuya obsesión por Marte le indujo a construir un observatorio en Flagstaff (Arizona) para estudiar a fondo el planeta durante las oposiciones. Sin embargo, la dedicación de Lowell a la astronomía excedió con creces sus quimeras, y al observatorio que él fundó se deben numerosas contribuciones a la ciencia, entre ellas el descubrimiento de Plutón en 1930, logro que se debe a Clyde Tombaugh.

El principal descargo que puede hacerse en favor de Schiaparelli y Lowell es, en cualquier caso, la evidencia de que no fueron los dos únicos astrónomos que vieron canales en Marte. Éstos también aparecen reflejados en los trabajos observacionales de otras autoridades históricas de la investigación marciana, como Eugene Michael Antoniadi y William Henry Pickering, lo que da a entender claramente que no se trataba de una invención, sino con toda probabilidad de una ilusión óptica, que en el caso particular de Lowell estaba alimentada por sus convicciones.

El más crítico con la idea de los canales fue Edward Emerson Barnard, que en numerosos artículos dejó claro que en ninguna de sus observaciones lograba ver estas formaciones. En cambio, hay referencias que atestiguan que en 1892 sí que observó otro accidente de la superficie marciana totalmente distinto: los cráteres, cuya existencia confirmaría 73 años después la nave *Mariner IV*. Barnard, no obstante, en una época en la que la fiebre de los canales estaba presente en las primeras páginas de la prensa diaria, tuvo miedo al ridículo y no se atrevió a hacer públicos sus certeros resultados, para los que utilizó el gran telescopio refractor de 91 centímetros del observatorio de Lick, en Estados Unidos.

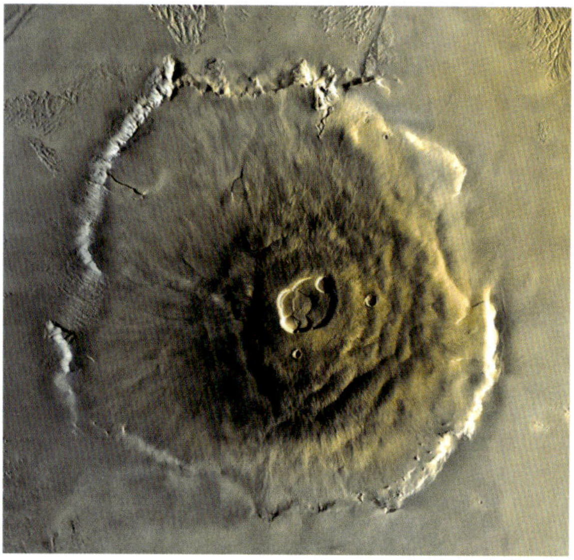

El Olympus Mons o Monte Olympo de Marte es el volcán más gigantesco de todo el Sistema Solar. Tiene 24 km de alto y 550 de diámetro en su base, tal como reveló la sonda Viking, *que tomo esta fotografía hace ya dos décadas, poco antes de convertirse en la primera nave espacial que se posaba sobre el planeta rojo* (NASA/JPL).

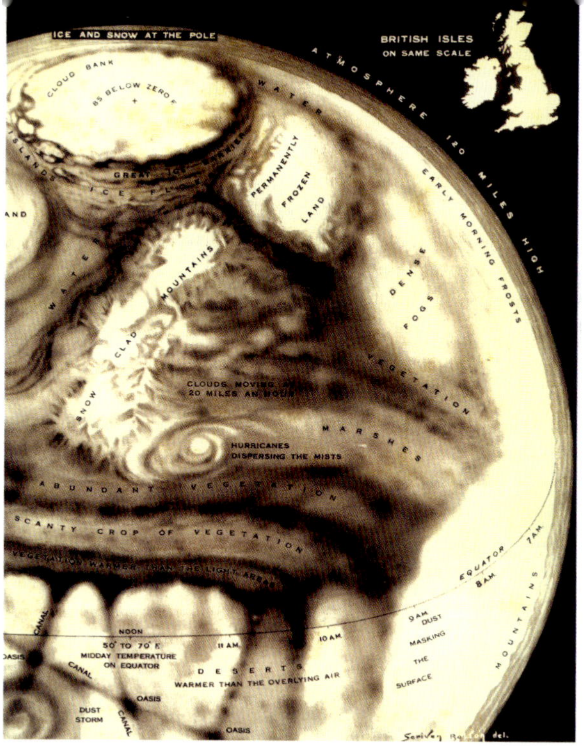

Interpretación de la superficie de Marte hecha por el astrónomo Scriven Bolton tras la oposición de 1924, que estudió desde los observatorios Lowell y Monte Wilson. En el dibujo se describen, incluso, un huracán y áreas de vegetación cuya existencia le sugería al autor la observación por el telescopio.

Dunas, un gran cráter y los Picos Gemelos integran el paisaje marciano fotografiado en esta imagen del 13 de octubre de 1997 por el Mars Pathfinder Rover, *el pequeño vehículo con el que la NASA exploró la zona de aterrizaje de la última sonda que se ha posado sobre el planeta rojo* (NASA/JPL).

Más de un siglo después de aquello, Marte sigue mostrando a los astrónomos su notable personalidad al entrar en oposición cada 26 meses, aproximadamente. Durante ese lapso su brillo en el cielo puede variar desde la segunda magnitud al necesario para superar a la estrella Sirius, y en determinadas ocasiones iguala a Júpiter. Para ver los rasgos principales, como los casquetes polares y las grandes zonas oscuras, entre ellas Syrtis Major, la más famosa de todas, basta con un telescopio pequeño, que también nos puede servir como instrumento si se produce, como ya ha ocurrido algunos años, alguna gigantesca tormenta de polvo. Se trata de un fenómeno típico marciano, que se aprecia porque las áreas oscuras que habitualmente contrastan con el tono ocre-rojizo general del planeta tienden a difuminarse e, incluso, a desaparecer. En las oposiciones más favorables, telescopios con aberturas a partir de 280 nos pueden permitir estudiar la aparición de nubes en la tenue atmósfera marciana. Desde la Tierra, en cambio, no es posible ver otros grandes accidentes como el monte Olympus, el volcán más grande del Sistema Solar, cuyo cráter tiene 25 km de anchura y 24 de altura en la cima, que corona una base de 550 km de diámetro.

La distancia de Marte al Sol oscila entre 206 y 250 millones de kilómetros, pero su posición respecto a la Tierra es la que determina las condiciones de visibilidad. En función de ellas, el diámetro aparente de Marte puede variar desde sólo 3 segundos de arco hasta 26. En la oposición prevista para la primavera de 1999, Marte tendrá un tamaño aparente de 16 segundos de arco.

El planeta rojo, de 6 800 km de diámetro, tiene dos diminutas lunas, que se llaman Fobos y Deimos, ambas descubiertas en 1877 por el astrónomo norteamericano Asaph Hall. Su existencia ya había sido sospechada anteriormente por otros científicos, como William Herschel, que las buscó denodadamente pero sin suerte. El extraño comportamiento orbital, su forma irregular —no son esféricos— y sus pequeñas dimensiones hicieron que el astrónomo ruso Iosef Shmuelovich Shklovskii postulara en la década de los cincuenta la hipótesis de que Fobos y Deimos fueran, en realidad, dos satélites artificiales

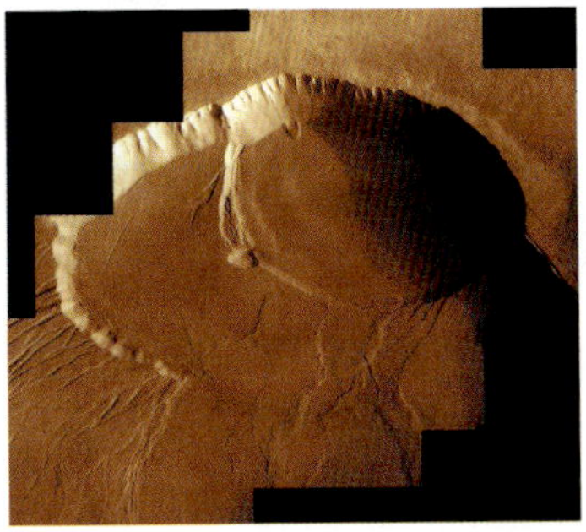

Vista en detalle de las colosales paredes que forman la caldera del Olympus Mons, el mayor volcán de nuestro sistema solar. La altura de dichas paredes, según permitió calcular esta imagen de la nave Viking, *oscila entre los 2,4 y los 2,8 km.*

huecos, presumiblemente construidos por una civilización avanzada. En 1976, la sonda *Viking* echó por tierra esta hipótesis y reveló el carácter natural de ambos, que por sus características podrían ser asteroides capturados por la atracción gravitatoria del planeta. Fobos tiene 27 km de diámetro mayor y orbita a sólo 9 400 km de Marte, mientras que Deimos, que no sobrepasa los 15 km de longitud, gira en torno al planeta a más de 23 000 km.

El año de Marte equivale a casi dos de la Tierra, pero los días son muy parecidos, ya que el marciano dura 24 horas y media. También existe cierta similitud en las estaciones, aunque las condiciones climáticas de Marte son mucho más duras, ya que en un mismo día, incluso en verano, la temperatura baja varias decenas de grados por debajo del punto de congelación del agua. Las sondas espaciales han detectado máximas por encima de los 20 grados centígrados y mínimas inferiores a –100.

Primavera en Marte. Éste es el aspecto que muestran el planeta rojo y sus casquetes polares, según lo ve el telescopio espacial Hubble. *Fotografía realizada el 25 de febrero de 1995, cuando Marte se hallaba a 103 millones de km de la Tierra* (Philip James, University of Toledo/Stevel Lee, University of Colorado/NASA).

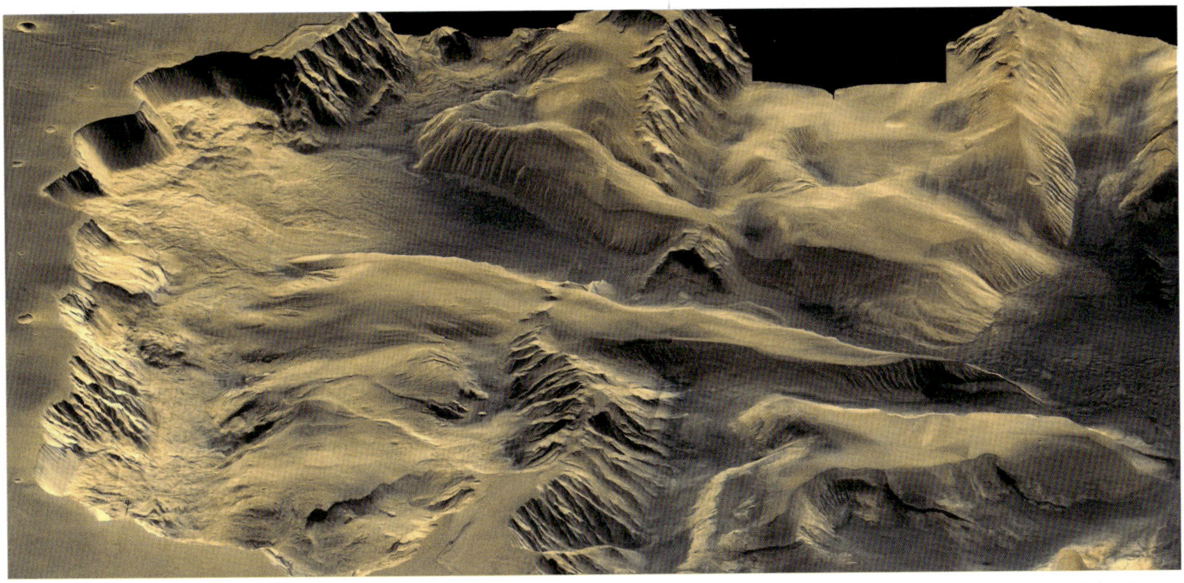

La Sima Candor Central, en los Valles Marineris de Marte. Ésta y otras fotografías enviadas por la nave Viking *recogen detalles de algunos de los rincones más salvajes y espectaculares de la naturaleza marciana, acerca de la cual los científicos están cada día más convencidos de que tuvo al agua como protagonista en un pasado remoto* (USGS/NASA).

Júpiter, la estrella que no nació

Júpiter fotografiado con el Hubble *a través de un filtro centrado en 439 nm. La resolución de imagen del telescopio espacial, al estar libre del filtro atmosférico, es muy superior a la de los observatorios terrestres* (NASA).

Fotocomposición con las cuatro principales lunas de Júpiter. La sección de imagen de Calisto fue realizada por la sonda Voyager *durante su periplo de 1979 y las de Ío, Europa y Ganímedes por la nave* Galileo, *que se acercó al planeta y sus satélites en 1996* (NASA/JPL).

Marte no es el único lugar donde la ciencia busca otras formas de vida en el Sistema Solar. Además del planeta rojo, Europa y Titán, dos satélites de Júpiter y Saturno, respectivamente, son candidatos a este privilegio y han despertado un notable interés entre los astrónomos. Precisamente el reciente periplo de la nave *Galileo* al universo en miniatura que representa el sistema de Júpiter y sus lunas le ha permitido a Europa rivalizar en protagonismo con el mismísimo Marte. Las imágenes que muestran la superficie de Europa con fragmentos de hielo, de una notable semejanza a la de los icebergs terrestres, flotando sobre lo que parece un océano, suponen un panorama insólito en la historia de las investigaciones espaciales.

A finales de la década de los sesenta, la llegada de las sondas *Voyager* hasta Júpiter ya sirvieron para aportar una preciosa información de este planeta y sus lunas que los telescopios habían sido incapaces de obtener desde la Tierra. De entrada se comprobó que el gigante del Sistema Solar, cuyo diámetro ecuatorial es de 142 500 km, tiene un diminuto anillo a su alrededor que es invisible desde nuestro planeta. Europa ya capturó en aquel momento la atención de los científicos, para los que no pasó desapercibida la enorme costra helada llena de surcos y grietas que rodea a esta luna joviana. Algunos, como el desaparecido Carl Sagan, plantearon la hipótesis de que bajo esa costra existiera un océano apto para la vida, y si algo hay que destacar de la misión *Galileo* es que no sólo no ha desmentido esta creencia, sino que le ha dado un apoyo enorme, porque las imágenes enviadas que reflejan la naturaleza de Europa son de un gran impacto.

A Júpiter se le puede considerar una estrella a medias, o bien un sol que no llegó a nacer por raquitismo. Pese a que no brilla, su gran masa, 318 veces mayor que la de la Tierra, le hace emitir energía infrarroja desde su interior a causa de la enorme gravedad. El planeta más grande del Sistema Solar es también

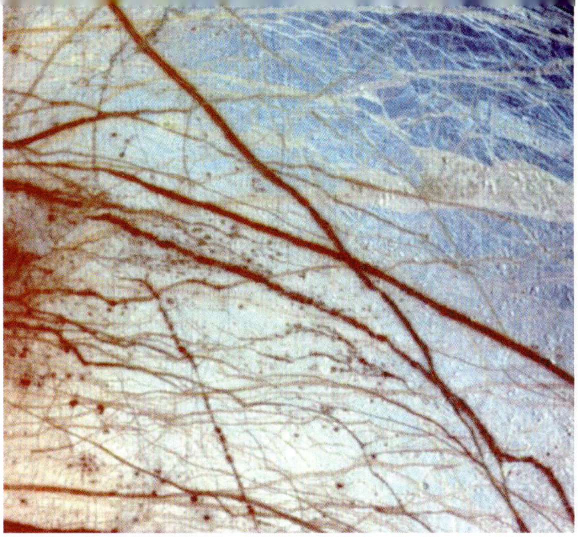

Región de Minos Linea en Europa, la luna de Júpiter que hace albergar esperanzas de existencia de vida a numerosos científicos. La imagen visible de esta zona de surcos tiene una anchura de 1 260 kilómetros y fue obtenida por la nave Galileo *el 28 de junio de 1996* (NASA/JPL).

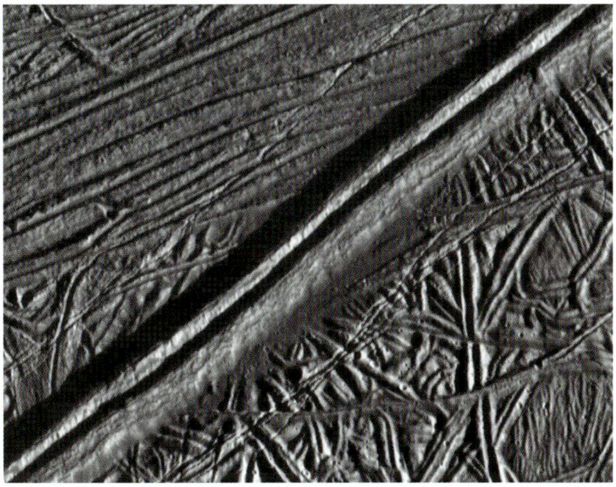

Detalle de las prominencias y cráteres visibles en la superficie congelada de Europa, en una imagen de la sonda Galileo *del 20 de febrero de 1997. El sector tiene 14 por 17 km, y dentro de él destaca un surco principal que tiene 3,6 km de anchura y 300 m de altura* (NASA/JPL).

el que establece las diferencias entre las dos clases de mundos que hay en la familia del Sol: por un lado están los denominados planetas terrestres, que además del nuestro son Mercurio, Venus y Marte. Por otro, los planetas de tipo joviano, que son el propio Júpiter, Saturno, Urano y Neptuno. Aquéllos se caracterizan por su estructura sólida; éstos por su naturaleza fundamentalmente gaseosa, con capas de decenas de miles de kilómetros que los envuelven y esconden un núcleo sólido mucho más pequeño. Lo que vemos de Júpiter por el telescopio no es una superficie sólida como la de Marte, sino esas capas gaseosas, que albergan entre otras cosas la más gigantesca tormenta del Sistema Solar. Se la conoce como la Gran Mancha Roja, tiene una longitud de más de 40 000 km —más de tres veces el diámetro de la Tierra— y existe al menos desde 1831. La tesis de que la Gran Mancha Roja de Júpiter es una tormenta fue propuesta por el astrónomo Gerard Peter Kuiper.

Los astrónomos aficionados pueden localizar fácilmente la Gran Mancha Roja a través de un pequeño telescopio, si bien con una tonalidad oscura algo diferente a la del color rojo. Además de este rasgo, lo más destacable de Júpiter son sus franjas paralelas al ecuador, que no son sino formaciones nubosas. Este planeta, que se halla a una distancia media del Sol de 780 millones de km, es —por su gigantesco tamaño— el más agradecido para la observación telescópica, ya que 50 aumentos nos bastarán para apreciar sus aspectos más destacados. Con unos simples prismáticos fijados a un trípode ya podremos apreciar su forma esférica y ver a sus lados a los cuatro satélites principales, que descubrió *Galileo*: Ío, Europa, Ganímedes y Calisto.

Espectacular imagen de Europa en la que se aprecian bloques de hielo flotando en la superficie de esta luna joviana. Cuando la Galileo *envió esta fotografía el 20 de febrero de 1997, algunos científicos no se resistieron a compararla con los icebergs de la Tierra. La imagen cubre una zona de 70 por 30 km* (NASA/JPL).

El estudio de las cuatro lunas galileanas de Júpiter es muy interesante, ya que el observador podrá ver cómo el planeta las eclipsa al pasar tras él o cómo proyectan su sombra sobre las nubes jovianas al cruzar por delante del disco del planeta. Ganímedes, con casi 5 300 km de diámetro, es la mayor luna no de Júpiter, sino de todo el Sistema Solar. El satélite Ío es, a su vez, uno de los más calientes debido a la gran actividad volcánica que lo caracteriza, y Calisto presenta grandes huellas de impacto, que alcanzan hasta 600 km de diámetro.

Existen al menos otras 12 lunas más, entre ellas Amaltea, descubierta en 1892 por Edward Emerson Barnard. La mayor parte de los demás satélites, de tamaño muy pequeño, ha sido hallada en las últimas décadas por las sondas espaciales y su escaso brillo las deja fuera del alcance de los telescopios. Sus sugestivos nombres son Himalia, Elara, Pasiphae, Tebe, Leda, Adrastea, Ananke, Sinope, Metis, Lisitea y Carmen.

Júpiter es visible en buenas condiciones durante varios meses todos los años y su magnitud alcanza —2,8, por lo que habitualmente es, después de Venus, el planeta más brillante.

La aparente tranquilidad que muestra Júpiter cuando se le observa por el telescopio es interrumpida ocasionalmente por fenómenos como esta aurora detectada por el telescopio espacial Hubble (ESA/NASA).

Júpiter, fotografiado con el Nordic Optical Telescope *de 2,5 m de abertura en el Roque de los Muchachos por personal del Departamento de Sistema Solar del Instituto de Astrofísica de Andalucía (IAA). La imagen muestra en detalle el planeta y la neblina auroral* (IAA).

Desde una distancia de 600 000 kilómetros, la Galileo *hizo esta foto del satélite Io el 4 de abril de 1997. Se trata de una de las lunas del Sistema Solar con mayor actividad eruptiva, de la que uno de los mejores ejemplos es el volcán Loki Patera, visible en la imagen* (NASA/JPL).

Vista general de Ganímedes, el mayor satélite del Sistema Solar, cuyo diámetro se aproxima a los 5 300 kilómetros. La imagen fue captada por la sonda Galileo *el 26 de junio de 1996, el primer día de su encuentro con esta luna de Júpiter, que ya había sido fotografiada muy de cerca por la* Voyager *en 1979* (NASA/JPL).

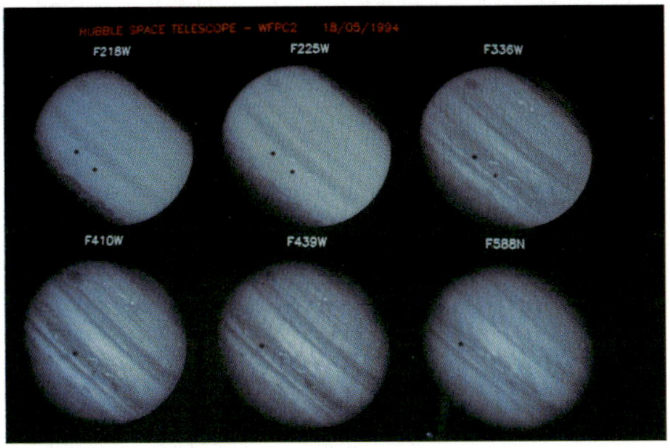

Imágenes de Júpiter obtenidas con la ***Wide Field and Planetary Camera 2*** *del telescopio espacial* Hubble *a través de diferentes filtros. El aspecto del planeta es muy diferente en el ultravioleta (UV) que en el espectro visible. En el UV cercano, el contraste entre los cinturones y zonas es menos evidente que en el visible, lo que se debe a una capa de partículas (aerosoles) en regiones altas de la atmósfera. En las imágenes se aprecia también el tránsito del satélite Io y su sombra sobre el planeta* (NASA).

Júpiter y la Gran Mancha Roja, el accidente joviano más destacado y visible tanto para los telescopios terrestres como para las sondas espaciales que se han aproximado al planeta. Se trata de una gigantesca tormenta de 40 000 km de diámetro que fue observada por primera vez en 1831 (NASA/JPL).

Cuando un observador lo estudia de forma continua se da cuenta de que Júpiter tiene un período de rotación mucho más rápido que la Tierra, ya que da una vuelta sobre su propio eje en menos de 10 horas. Dada su distancia media al Sol, el período orbital es mucho más largo y dura casi 12 años.

Saturno y sus anillos

Saturno, en una de las imágenes más hermosas del planeta anillado que fueron logradas por la sonda espacial Voyager, *cuya llegada sirvió tanto para descubrir nuevos aspectos del planeta como para aumentar el número de sus lunas conocidas* (NASA/JPL).

Salvo que ocurra un estrepitoso fracaso, el año 2004 descifraremos uno de los grandes misterios del Sistema Solar. La nave *Cassini*, bautizada con ese nombre en honor del científico Jean Dominique Cassini, llegará el 1 de julio de ese año al planeta Saturno tras haberse aproximado previamente a Venus y Júpiter. La *Cassini* es, en realidad, una sonda nodriza en cuyo interior la NASA y la Agencia Espacial Europea (ESA) han colocado el módulo especial *Huygens*, al que se ha encomendado la misión más trascendental de la carrera espacial en la búsqueda de vida extraterrestre.

Aunque el proyecto *Cassini* aportará infinidad de nuevos datos sobre todo el sistema de Saturno y su corte de satélites, la *Huygens* se precipitará hacia la luna Titán, la segunda más grande del Sistema Solar después de Ganímedes, y junto a Europa, una de las candidatas a albergar formas de vida. Ya en 1980 la sonda *Voyager I* descubrió trazas de carbono en la densa atmósfera de color anaranjado que tiene Titán y que, como ocurre en Venus, impide ver la superficie del mayor satélite de Saturno. Los nombres dados por la NASA y la ESA a la nave nodriza y su módulo especial no son casuales. Christian Huygens, nacido en Holanda y considerado como uno de los grandes astrónomos posteriores a Galileo y Kepler, fue el descubridor de Titán y el que demostró con datos científicos la existencia del anillo de Saturno. Por su parte, el francés Jean Dominique Cassini fue quien halló en 1675 la división principal del anillo, que se bautizó en su honor.

La presencia de carbono abrió inmediatamente la esperanza de que esta luna albergue las moléculas indispensables para la formación de vida. Si la misión *Cassini/Huygens* fructifica, en el 2004 conoceremos los secretos que guarda celosamente Titán bajo su atmósfera, pero también obtendremos una vasta información sobre Saturno y la naturaleza de sus anillos, en torno a los cuales orbitará durante cuatro años.

Saturno supera a Júpiter en número de satélites, ya que en torno a él orbitan cuando menos 17 lunas además de Titán. Entre

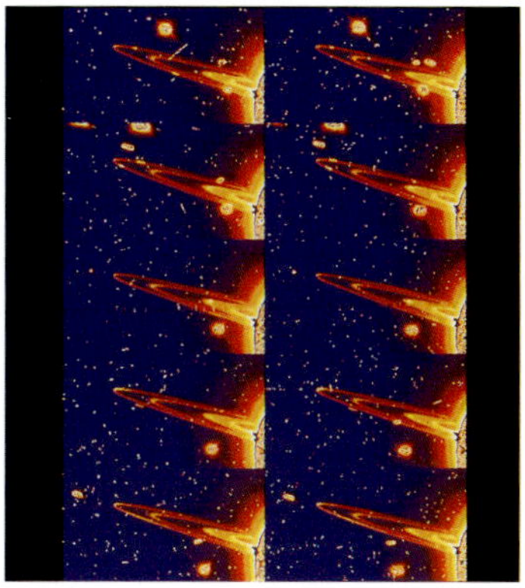

Satélites de Saturno detectados por el telescopio espacial Hubble *en las proximidades de los anillos. Tanto en este planeta como en Júpiter, el número de lunas conocidas ha ido aumentando paulatinamente en las últimas décadas, gracias en parte a los datos de las sondas espaciales enviadas allí* (ESA/NASA).

Rhea es una de las cuatro lunas de Saturno descubiertas por Giovanni Domenico Cassini en el siglo XVII. *Tiene 1 530 km de diámetro y puede ser observada junto al planeta, como si fuera una débil estrella, mediante telescopios medianos. Esta imagen data de 1980 y fue obtenida por lanve* Voyager I (Calvin J. Hamilton/JPL/NASA).

Tormenta fotografiada en Saturno por el telescopio espacial Hubble. *El tamaño que cubre el vórtice coincide aproximadamente con el diámetro de la Tierra, es decir, casi 13 000 km* (Hubble Space Telescope).

Saturno es popularmente conocido como «el planeta de los anillos», aunque ahora se sabe que Júpiter, Urano y Neptuno también los tienen, si bien más débiles. Aunque esta imagen tiene una gran resolución, observarlos también es muy sencillo con un telescopio para aficionados a partir de 50 o 60 mm de abertura (ESA/NASA).

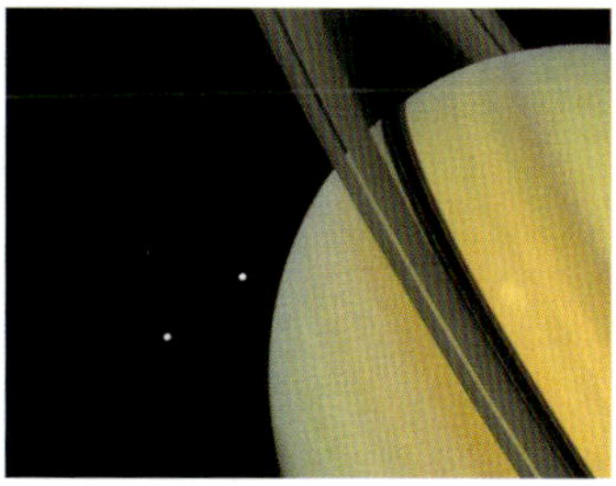

Saturno es el segundo planeta más grande del Sistema Solar después de Júpiter, aunque supera a éste en número de satélites. Tiene un diámetro de 120 000 km y su rotación es de 10 horas y media, aproximadamente (NASA(JPL).

Saturno en julio de 1991. Estas imágenes se obtuvieron utilizando una cámara CCD colocada en el foco Cassegrain del telescopio español de 1,52 m de diámetro en el Observatorio de Calar Alto (Almería). Se utilizaron filtros interferenciales en diferentes longitudes de onda para observar diferentes aspectos del planeta (IAA).

1671 y 1684, el propio Jean Dominique Cassini descubrió con el telescopio Japeto, Rhea, Tetis y Dione, y un siglo más tarde William Herschel encontró a Mimas y Encélado. Las demás lunas con nombre propio son Jano, Febe, Hiperión, Prometeo, Epimeteo, Pandora, Atlas, Helena, Calipso y Telesto. En mayo de 1995, el telescopio espacial *Hubble* localizó otras dos lunas más con un diminuto diámetro de 70 km. A través de un telescopio de 100 milímetros de diámetro, y en buenas condiciones, el aficionado puede ver cerca de Saturno tanto a Titán como a Rhea, Dione y Tetis, que aparecen como estrellas de brillo débil.

Al igual que Júpiter, Saturno es visible todos los años cuando entra en oposición. Se distingue en el cielo por su color amarillento y porque, comparativamente, y a pesar de que su brillo se aproxima a la magnitud 0 centellea menos que las estrellas que están a su alrededor. Su imagen telescópica no alcanza el mismo tamaño que la de Júpiter, pero sí que es lo suficientemente grande para que además de los anillos podamos apreciar también en él las bandas nubosas de su gaseosa superficie. En 1995 y 1996, el balanceo aparente del planeta —a causa de la diferencia de su plano orbital con el de la Tierra— hizo que los anillos se colocaran de canto y sólo aparecieran como finos trazos a ambos lados del disco visible de Saturno, que adquiere esta posición cada 15 años aproximadamente. En la actualidad, los anillos tienden a inclinarse nuevamente y en el 2002 alcanzarán el máximo ángulo posible.

Saturno tiene un diámetro ecuatorial de 120 000 km y orbita en torno al Sol cada 29 años a una distancia media de más de 1 400 millones de kilómetros. Como Júpiter, su hermano mayor, tiene una rotación muy rápida, del orden de las 10 horas y media.

Las fronteras de Urano

Seudoimagen de los anillos de Urano a partir de las fotos enviadas por la nave Voyager II *en 1986. En realidad, esta sonda no descubrió la existencia de los anillos —mucho más débiles y finos que los de Saturno—, sino que la confirmó tras las sospechas abiertas años antes cuando una estrella perdió brillo al pasar junto al planeta* (A. Tayfun Oner/NASA).

Composición fotográfica que muestra una vista general de Urano y su corte de satélites. Fue tomada por la nave Voyager II *en enero de 1986. La primera luna que aparece en la imagen es Ariel, que tiene un diámetro de 1 120 kilómetros y fue descubierta en 1851 por William Lassell* (NASA/JPL).

El hombre dio un nuevo paso en su camino hacia la comprensión de las escalas cósmicas cuando William Herschel descubrió, el 13 de marzo de 1781, un nuevo mundo. Hasta entonces los límites conocidos del Sistema Solar terminaban en Saturno, por lo que el hallazgo causó un gran impacto en la ciencia, que tardó casi un siglo en ponerse de acuerdo sobre el nombre del planeta, al que se llamó Urano. Con él se abrió una nueva frontera, porque su distancia al Sol duplica la de Saturno, ya que en promedio es de 2 871 millones de kilómetros. Cuando lo vio por primera vez, Herschel experimentó la misma sensación que en la actualidad cualquier astrónomo aficionado. Por el telescopio se ve más grande que una estrella, pero su diminuto disco verdoso tampoco le hace parecer un planeta, ya que no se aprecian detalles. Desde que él lo descubrió transcurrieron más de dos siglos hasta que la humanidad logró ver su primera imagen de cerca, gracias a la sonda *Voyager II*, que confirmó que había un sistema de finos anillos en torno al planeta. La nave espacial confirmó también que Urano está inclinado 98 grados sobre el plano de su órbita y que sus anillos están perpendiculares respecto a ésta.

Antes de la llegada de la *Voyager II* se conocían cinco lunas de Urano: Miranda, Ariel, Umbriel, Titania y Oberon, estas dos últimas descubiertas por el propio Herschel. En la actualidad, el número total de satélites conocidos es de 15, ya que a la lista inicial la nave de la NASA añadió en 1986 a Cordelia, Punk, Porcia, Julieta, Rosalinda, Belinda, Desdémona, Crésida, Bianca y Ofelia.

Urano es bastante más pequeño que Júpiter y Saturno, ya que su diámetro en el ecuador es de 26 100 km, pero junto a ellos y a Neptuno es uno de los cuatro grandes planetas gaseosos del Sistema Solar.

Neptuno, el último gigante del Sistema Solar

Tritón es la luna más grande de Neptuno, e incluso hace algunas décadas, antes de que se conociera con exactitud su tamaño, se pensaba que podía ser el satélite más grande del Sistema Solar, privilegio que ostenta ahora Ganímedes. Esta imagen pertenece a la aproximación de la sonda Voyager II (A. Tayfun Oner/NASA).

Periódicamente, Neptuno le quita a Plutón el sitio como último planeta del Sistema Solar, como entre 1979 y 1999. Con 24 300 km de diámetro, Neptuno es muy parecido en tamaño a Urano, pero no guarda la insólita inclinación de éste respecto a la órbita y su distancia al Sol es casi el doble, puesto que se aproxima a los 4 500 millones de kilómetros.

Su magitud es de 7,7, razón por la cual comparte con Plutón la faceta de ser un planeta invisible a simple vista. Hacen falta al menos unos prismáticos para poder identificarlo entre las estrellas. Los telescopios también nos lo muestran, pero sólo con el aspecto de una bola azul insignificante. De hecho, su escaso tamaño aparente hizo que siglos atrás fuera observado antes de su descubrimiento oficial por Galileo y otros astrónomos, que pensaron que era una estrella y no repararon en su naturaleza planetaria. El hallazgo se produjo a finales de 1846, cuando el astrónomo alemán Johan Galle lo localizó a partir de los datos calculados por el francés Urbain Jean Joseph Le Verrier. Otro científico, el inglés John Couch Adams, hizo los mismos pronósticos que Le Verrier, por lo que a pesar de que tradicionalmente se atribuye a éste el principal mérito del descubrimiento de Neptuno, la ciencia ha reconocido que se debió a ambos.

Neptuno tiene ocho satélites conocidos, seis de ellos detectados por la nave *Voyager II* en 1989. Tritón y Nereida, las dos lunas mayores, ya habían sido descubiertas antes, la primera por William Lassell en 1846, tan sólo un mes después de que se conociera la existencia de Neptuno. Nereida la encontró el norteamericano Gerard Peter Kuiper en 1949 y la *Voyager II* completó la familia al detectar Proteo, Larisa, Galatea, Despina, Thalassa y Nayade.

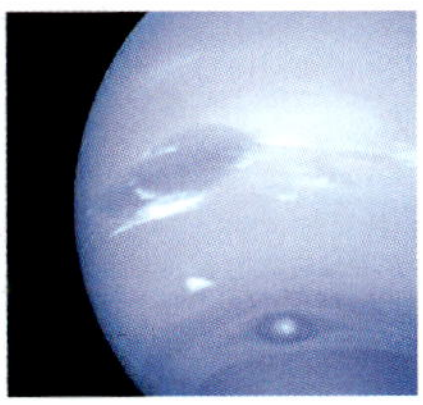

Neptuno, en una de las mejores imágenes disponibles en la actualidad sobre el segundo planeta más lejano al Sol. Tomada por la nave espacial Voyager II *en 1989, en la superficie gaseosa destaca la gran mancha oscura, que hace recordar a la Gran Mancha Roja de Júpiter* (NASA/JPL).

Plutón y el Cinturón de Kuiper

Plutón y Caronte, fotografiados por el telescopio espacial Hubble *el día 21 de febrero de 1994, cuando se hallaban a una distancia de 4.400 millones de kilómetros de la Tierra. Ambos llegaron a ser considerados un sistema planetario doble por la escasa diferencia de tamaños, pero este concepto ha perdido su sentido desde que la IAU decidió suprimir Plutón de la lista de planetas del Sistema Solar* (NASA/ESA/ESO).

El astrónomo norteamericano Percival Lowell fundó en 1894 el observatorio que lleva su nombre en Flagstaff (Arizona). Para él, los objetivos fundamentales eran dos: el estudio de Marte y la búsqueda de un mundo más allá de Neptuno, al que denominó «Planeta X». Lowell falleció en 1916 con la convicción de que Marte era un mundo habitado, pero se fue a la tumba sin resolver el otro enigma, alimentado en la época porque algunos astrónomos veían anomalías órbitales en Neptuno y Urano, lo que sugería la existencia de un campo gravitatorio más allá de ambos y la presencia de otro planeta.

Años después, Vesto Slipher, que asumió la dirección del observatorio Lowell tras la muerte de su fundador, recibió una solicitud de trabajo por parte de un tal Clyde Tombaugh, experto en dibujos planetarios. Tras aceptarlo, Slipher lo animó a seguir la búsqueda emprendida por Lowell y, el 18 de febrero de 1930, Tombaugh notó algo extraño al comparar dos placas fotográficas con un instrumento que detecta el movimiento de cualquier astro. Había un punto de luz que se había desplazado de la posición que tenía la noche anterior, por lo que no era una estrella. Tras descartarse la posibilidad de que fuera un asteroide, el hallazgo de Tombaugh supuso el descubrimiento de lo que entonces se consideró el noveno planeta del Sistema solar, al que se llamó Plutón.

La búsqueda parecía haber terminado, pero en realidad habían comenzado los misterios. Pronto se comprobó que Plutón no podía ser el Planeta X, porque se trataba de un astro pequeño e incapaz de causar alteraciones gravitatorias en Urano y Neptuno. Las mediciones realizadas con el telescopio espacial *Hubble* le otorgan un ridículo diámetro de 2.320 kilómetros, es decir, inferior al de la Luna.

En 1978, el astrónomo James Christy hizo una fotografía de la zona del cielo en la que se hallaba Plutón y se dio cuenta de que su imagen no era puntual, sino que aparecía extrañamente alargado. Los estudios inmediatamente posteriores demostra-

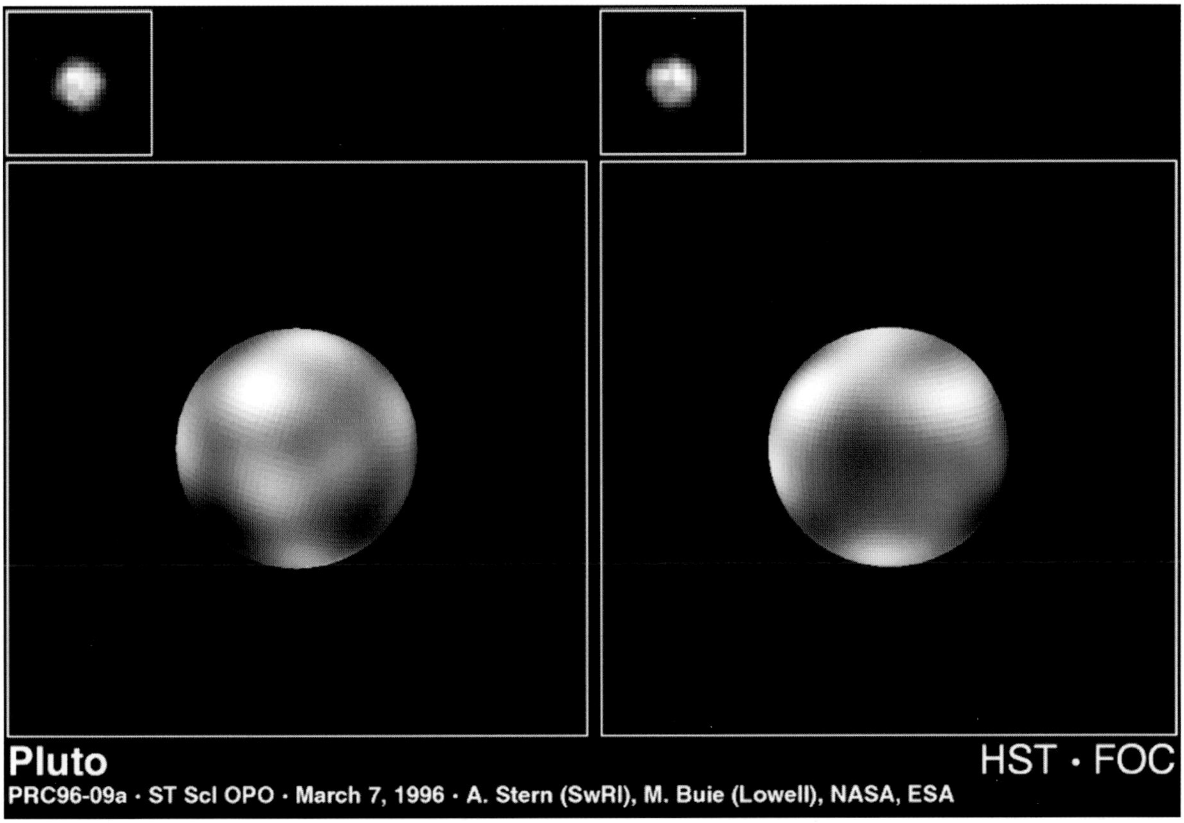

Vista general de la superficie de Plutón, fotografiada por el telescopio espacial Hubble. *Las imágenes logradas por este instrumento desde el espacio son mucho mejores que las de los telescopios terrestres, pero en muchos aspectos Plutón sigue siendo uno de los grandes enigmas del Sistema Solar* (NASA/ESA/ESO).

ron que tenía un satélite, al que se llamó Caronte, que tiene un diámetro de 1.300 kilómetros.

Desde que se descubrió en 1930, Plutón ha estado envuelto en un permanente debate científico, que sigue sin concluir. Así, el 24 de agosto de 2006 la Unión Astronómica Internacional (IAU) decidió eliminarlo de la lista de planetas del Sistema Solar. Para la IAU, Plutón es un planeta enano, un concepto diferente al de planeta. La decisión se basó en el tamaño de Plutón, en la existencia de objetos más grandes que él y situados más lejos del Sol, como el denominado 2003 UB 313, así como en la evidencia de que no cumple algunos requisitos para otorgarle la categoría de planeta, como el hecho de que no es el objeto dominante en su zona, ya que su órbita lo lleva periódicamente a aproximarse al Sol más que Neptuno. Numerosos científicos creen que tanto Plutón como 2003 UB 313 son, en realidad, dos objetos destacados de un halo de cuerpos celestes menores, situado en los confines del Sistema Solar y denominado Cinturón de Kuiper, en honor al científico Gerard Peter Kuiper, que propuso su existencia. No obstante, pese a todo lo anterior, y especialmente en el ámbito de los observadores del cielo y de los aficionados a la astronomía, millones de personas no comparten estos criterios, por lo que popularmente siguen considerando Plutón como un planeta por razones históricas y culturales. Por eso, las efemérides y datos sobre él siguen apareciendo en la mayoría de publicaciones periódicas internacionales.

Los asteroides

El asteroide Ida y su satélite Dactyl fotografiados por la sonda espacial Galileo. *Ida tiene 56 x 24 x 21 km y Dactyl tan sólo 1,2 x 1,4 x 1,6 km. En realidad, ambos deambulan juntos por el vacío espacial porque formaban parte del mismo cuerpo celeste, un asteroide que se destruyó por algún motivo* (NASA/JPL).

Más que al concepto de planeta, las características físicas de Plutón y de su luna Caronte los asemejan a otro grupo de astros existentes en el Sistema Solar: los asteroides, también conocidos como planetas menores. Están formados del mismo material del que nacieron la Tierra, Marte y los demás planetas hace miles de millones de años, pero a diferencia de éstos, son, precisamente, el residuo sobrante de aquella nube primordial que engendró al Sol y su familia.

Los asteroides tienen formas rocosas y su tamaño oscila entre menos de 1 km y 1 000 km. Su existencia fue descubierta a principios del siglo XIX, cuando los astrónomos buscaban nuevos planetas y se encontraron con algo que, como mucho, merecía la denominación de planetoide. En 1801 se localizó a Ceres, el asteroide más grande que se conoce, cuyo diámetro apenas llega a los 1 000 km. Le siguieron Pallas, Juno y Vesta, más pequeños que aquél, pero con órbitas que también los sitúan en una gran franja comprendida entre Marte y Júpiter. En esta banda se han hallado desde entonces miles de planetas menores, por lo que se considera que en esta zona se encuentra el principal cinturón de asteroides del Sistema Solar.

El pequeño tamaño de Plutón y Caronte despertó algunas teorías en favor de la existencia de otro cinturón más alejado, del cual ambos formarían parte y fueron capturados en un lapso de millones de años merced a la atracción gravitatoria de los demás planetas.

La presencia del cinturón principal entre Marte y Júpiter y la hipótesis de otro más allá de Plutón explican, sin embargo, sólo una parte del papel de los asteroides dentro del Sistema Solar. A lo largo de este siglo, y especialmente en su segunda mitad, se comprobó que estos astros no sólo no tenían delimitada ninguna frontera, sino que pululaban a su antojo por doquier. Durante la década de los ochenta, varios miembros de la familia de asteroides Apolo, conocida por su carácter errático, dieron varios sustos a los astrónomos al aproximarse a menos de un millón de

El asteroide Gaspra, un pedrusco celeste que tiene 20 km de longitud en su eje mayor y sólo 11 en la parte más estrecha de su irregular cuerpo. Junto a los cometas, los asteroides son restos de la nube primordial de la que se formaron los planetas y el Sol hace 4 500 millones de años (USGS/NASA/JPL).

tre y que, por tanto, en algún momento pueden entrar en colisión con nuestro planeta.

La tesis, amparada en evidencias científicas, de que la caída de un asteroide fue la que desencadenó hace 65 millones de años una extinción masiva —incluida la de los dinosaurios— sobre la Tierra, habla bien a las claras de su potencial destructivo. En un suceso más reciente, conocido como el «Fenómeno Tunguska», los investigadores no terminan de estar de acuerdo acerca de si fue un asteroide o un trozo de cometa el que el 30 de junio de 1908 explotó después de penetrar en la atmósfera sobre una remota región de Siberia central. Fuera lo que fuese, su tamaño apenas superaba el de un estadio de fútbol, pero la energía desprendida por el choque desintegró la taiga a una distancia de decenas de kilómetros, y las agujas de los sismógrafos y barógrafos de todo el planeta dibujaron el trazo de la última catástrofe cósmica sufrida por la Tierra.

Existen ejemplares únicos de asteroide, como Toutatis, que tiene la costumbre de arrimarse periódicamente a sólo unos cuantos millones de kilómetros de la Tierra. La próxima vez lo hará en el año 2004, cuando se espera que se acerque a tan sólo 1,5 millones de kilómetros. Ícaro, un pedrusco de apenas 1,4 km que fue descubierto por Walter Baade en 1949, tiene una órbita que en su perihelio le lleva a aproximarse más al Sol que el propio Mercurio.

Para el astrónomo aficionado, sólo una veintena de asteroides del cinturón principal queda a su alcance. Vesta, el más brillante, tiene una magnitud de 5,1 y, por tanto, es visible a ojo desnudo en condiciones favorables. Los demás cuyo estudio es factible tienen todos magnitudes superiores a la 6, por lo que rebasan el límite de brillo que nuestra vista es capaz de percibir.

Tabla 5

PRINCIPALES ASTEROIDES

NOMBRE	DIÁMETRO (km)	MAGNITUD VISUAL
Ceres	1 000	6,7
Palas	610	6,4
Vesta	537	5,1
Juno	230	7,5
Iris	210	6,7
Eunomia	270	7,9
Bamberga	255	8,0
Hebe	195	7,5
Melpomene	150	7,5
Eros	24	6,8

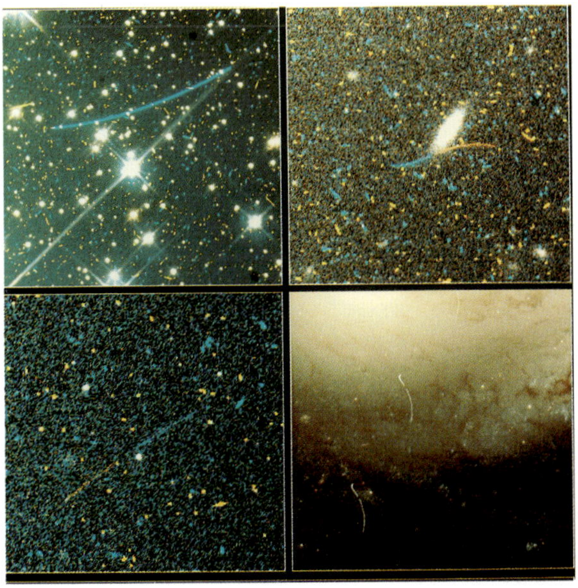

Desde que fue ajustado ópticamente tras su miopía inicial, el telescopio espacial Hubble *no se ha orientado únicamente hacia los lugares más remotos del Universo. Con él también se han detectado nuevos miembros de la numerosa familia de asteroides existente en el Sistema Solar* (R. Evans/K. Stapelfeldt/NASA).

kilómetros de la Tierra. Hasta el momento, se han cifrado en varios centenares los asteroides que interceptan la órbita terres-

Los cometas

Una estampa inédita del cometa Hale-Bopp en 1997. Fotografiado con un objetivo fotográfico estándar, el gran campo de la imagen permitió retratarlo con dos compañeros de excepción: la galaxia de Andrómeda (M 31), que aparece en el sector inferior de la fotografía, y el doble cúmulo estelar de Perseo (NGC 869 y NGC 884), perfectamente visible en el borde superior (Vicente Aupí).

Al astrónomo británico Fred Hoyle se deben algunas de las expresiones más célebres relacionadas con el estudio del universo. Precursor del modelo cosmológico que defiende el estado estacionario, en una ocasión se le ocurrió usar en tono burlesco el término *Big Bang* (la Gran Explosión) para referirse al estallido que en opinión de sus opositores, los partidarios de un modelo de universo en expansión, dio origen al espacio conocido. Él inventó un apodo para reírse de la teoría que no comparte, pero a la larga, lo que dijo en broma acabó convirtiéndose en la denominación genérica del modelo cosmológico en el que cree la mayor parte de los astrónomos. Involuntariamente Hoyle acuñó el nombre oficial de la teoría que más duramente ha atacado.

En lo relativo a los cometas, en cambio, la mejor definición la hizo Fred L. Whipple. Como dijo una vez, un cometa es una «bola de nieve sucia», y también en este caso su frase pasó a la posteridad, de forma que cada vez que aparece algún astro errante con cola, alguien se encarga de repetir la frase del ilustre astrónomo norteamericano para explicar que los cometas, a pesar del colosal aspecto que presentan en el firmamento, son en realidad objetos menores con un núcleo helado de sólo unos pocos kilómetros, que al aproximarse al Sol se volatiliza. La cabellera, que envuelve al núcleo, y la cola, que puede alcanzar centenares de millones de kilómetros de longitud, son las dos partes cometarias más llamativas.

De ningún otro cuerpo celeste puede esperarse un comportamiento más anárquico. Las estrellas y los planetas han fascinado a la humanidad permanentemente, pero los cometas, además de compartir el tributo de esta fascinación, han atemorizado a todas las civilizaciones con sus repentinas llegadas. Los antiguos veían con miedo a un astro que era capaz de romper la armonía de los cielos y ocupar con su larga cola más de la mitad de la bóveda celeste, aunque unos lo interpretaban como una señal divina y otros como un maleficio. Ni

El cometa Halley desde la cumbre del pico Javalambre, en la provincia de Teruel, a 2 020 m de altitud. La imagen fue obtenida poco antes del amanecer del día 20 de marzo de 1986, cuando el famoso astro ya había cruzado el perihelio e iniciaba su camino de vuelta hacia los confines del Sistema Solar. El resplandor que aparece a la derecha son las luces de Valencia (Vicente Aupí).

El tapiz de Bayeux, reliquia artística e histórica que evoca a la perfección el influjo del cometa Halley en la humanidad. Los normandos atribuyeron a una misteriosa estrella con cola su victoria sobre el rey Harold de Inglaterra en el año 1066, siete siglos antes que Edmund Halley descubriera que el protagonista de ésa y otras muchas apariciones había sido el cometa, del que predijo acertadamente que regresaría en 1758.

siquiera a Marte le cabe el privilegio de haber decantado una guerra del lado de uno de los dos contendientes; eso es obra, como bien sabe la historia, del cometa Halley y algunos de sus anónimos hermanos, como el que apareció sobre Europa en 1812, cuando Napoleón libraba su batalla en la campaña de Rusia, de la que saldría perdedor a pesar de que él creyó ver en el firmamento el signo de la victoria.

El mismo Halley es el protagonista del famoso tapiz de Bayeux en el que puede verse al rey Harold de Inglaterra tras su derrota ante los normandos y su rey, Guillermo el Conquistador, en el año 1066. El artista Giotto lo retrató en su obra *La adoración de los Reyes Magos*, en la que se escenifica el Portal de Belén, y las crónicas históricas de

El cometa Hale-Bopp, fotografiado junto a la nebulosa Norteamérica. En 1997, todos los astrónomos del mundo tuvieron la suerte de observar en excelentes condiciones a uno de los cometas más brillantes y bellos del siglo XX. Además de ello, la trayectoria llevó a este astro a atravesar zonas del cielo en las que era posible fotografiarlo cerca de otros objetos de gran interés, como esta nebulosa, próxima a la estrella Deneb, en la constelación del Cisne (Vicente Aupí).

numerosos lugares de la Tierra guardan testimonios de la atención popular prestada al más famoso de los cometas, que lleva el nombre del científico que logró demostrar que su órbita periódica le acerca hasta el Sol cada 76 años aproximadamente. Edmund Halley, tras estudiar numerosos documentos sobre apariciones cometarias que se sucedían con ese intervalo, cayó en la cuenta de que en realidad era el mismo cometa, que regresaba debido a su trayectoria orbital. De esta forma, vaticinó que volvería en 1758, y aunque él murió 16 años antes, el cumplimiento de su pronóstico selló para siempre la fama del Halley, del que existen referencias que datan su primera aparición conocida en el año 240 antes de Cristo.

Su último acercamiento de 1986 fue, sin embargo, uno de los más decepcionantes por las malas condiciones de visibilidad, en las que influyeron la desfavorable posición del cometa y el imparable avance de la polución lumínica en las ciudades. La borrosa mancha que vio la mayor parte de la gente contrastó con la espectacular imagen que el Halley trazó sobre el firmamento en su anterior visita de 1910, año en el que su proximidad fue tal que la Tierra atravesó la cola del cometa. Esta coincidencia fue la que provocó un pánico generalizado en numerosos países, donde la prensa sensacionalista habló de un posible envenenamiento a causa de la presencia de gas cianógeno en el cometa. En cambio, los científicos trataron de tranquilizar a la sociedad al advertir que la densidad de la cola cometaria era nula y, por tanto, el

En los días de mayor extensión, durante el mes de marzo de 1996, el cometa Hyakutake abarcó con su cola una longitud de más de 70° en la bóveda celeste. Fue menos brillante que el Hale-Bopp, pero más largo y con una trayectoria insólita para un cometa, ya que se llegó a colocar junto a la estrella Polar (Joan Manuel Bullón).

Grabado de finales del siglo XIX sobre el hermoso cometa Donati, que fue visto en toda Europa en 1858. La escena le muestra aquí en París coronando la iglesia de Notre Dame con sus dos grandes colas, que le hicieron merecedor del apelativo «La espiga de oro». Se le considera uno de los cometas más bellos de la historia.

riesgo también. Aunque el miedo desembocó en suicidios, el Halley no envenenó a nadie, pero la trascendencia del encuentro de 1910 con la Tierra preparó el terreno durante décadas para que en 1986 se le aguardara con la mayor expectación de su historia, a la que lamentablemente él no respondió como se esperaba. Volverá en el año 2062 en condiciones mucho más favorables que en 1986.

A pesar de todo ello, el siglo XX se despedirá tras un gran episodio protagonizado casi a la vez por dos cometas: Hyakutake y Hale-Bopp. El primero convirtió el cielo en un espectáculo en la primavera de 1996, aunque sólo participaron de él quienes lo avistaron desde la naturaleza y pudieron comprobar que la extensión de su cola ocupaba más de 70 grados de la bóveda celeste. Hyakutake, descubierto por el aficionado japonés del mismo nombre, apareció cuando todos los astrónomos hablaban del Hale-Bopp, detectado un año antes en los confines del Sistema Solar. Ambos han sido observados por millones de personas en todo el mundo, entre 1996 y 1997, año en el que el Hale-Bopp mostró su máximo brillo y extensión, y respondió a las excelentes expectativas pronosticadas por los astrónomos.

Lo más llamativo del Hale-Bopp, que debe su nombre a Alex Hale y a Thomas Bopp, fueron sus dos colas, que evocaron la histórica aparición del cometa Donati en 1861, considerada como una de las más hermosas de la historia. Como el Donati un siglo antes, el Hale-Bopp mostró con su doble cola, azul y blanca, un aspecto inédito en un cometa, y alcanzó el mismo brillo que la estrella Sirius, la más brillante del firmamento nocturno.

El escenario en el que se desenvuelven los cometas constituye una referencia fundamental en el capítulo de las contri-

Cuando los astrónomos prestaban atención al recién descubierto Hale-Bopp apareció inesperadamente en el cielo el cometa Hyakutake, localizado por el astrónomo japonés del que recibe su nombre. Esta aparición cerró en 1996 una época muy parca en la aparición de cometas brillantes (Vicente Aupí).

buciones científicas que puede aportar un astrónomo aficionado. Personas como David H. Levy, Yuji Hyakutake y William Bradfield son incansables buscadores de cometas que comparten su tarea con la de decenas de entusiastas de todo el mundo que todas las noches rastrean el cielo para intentar encontrar a algún nuevo vagabundo del espacio. Cada uno tiene su propio estilo, de suerte que en ocasiones el instrumento óptico utilizado es un telescopio de gran campo, pero la mayor parte prefiere unos prismáticos potentes, por su versatilidad y rapidez de movimientos, fundamental para recorrer amplias zonas del cielo en pocos minutos. Otros, como el matrimonio formado por Carolyn Shoema-

El cometa Hyakutake fue el más brillante de cuantos se observaron entre 1976 y 1997. El primero de estos dos años el cometa West fue visible con un brillo superior, aunque en peores condiciones por su mayor proximidad al Sol, y en 1997 el Hale-Bopp no sólo le superó, sino que se convirtió en uno de los más brillantes que se han acercado a la Tierra durante el siglo XX (Vicente Aupí).

Imágenes de la colisión del cometa Shoemaker-Levy 9 contra Júpiter. Obtenidas con la cámara infrarroja del telescopio de 3,5 m de diámetro del Observatorio de Calar Alto (Almería), en el momento del choque del fragmento A del cometa contra el planeta (IAA).

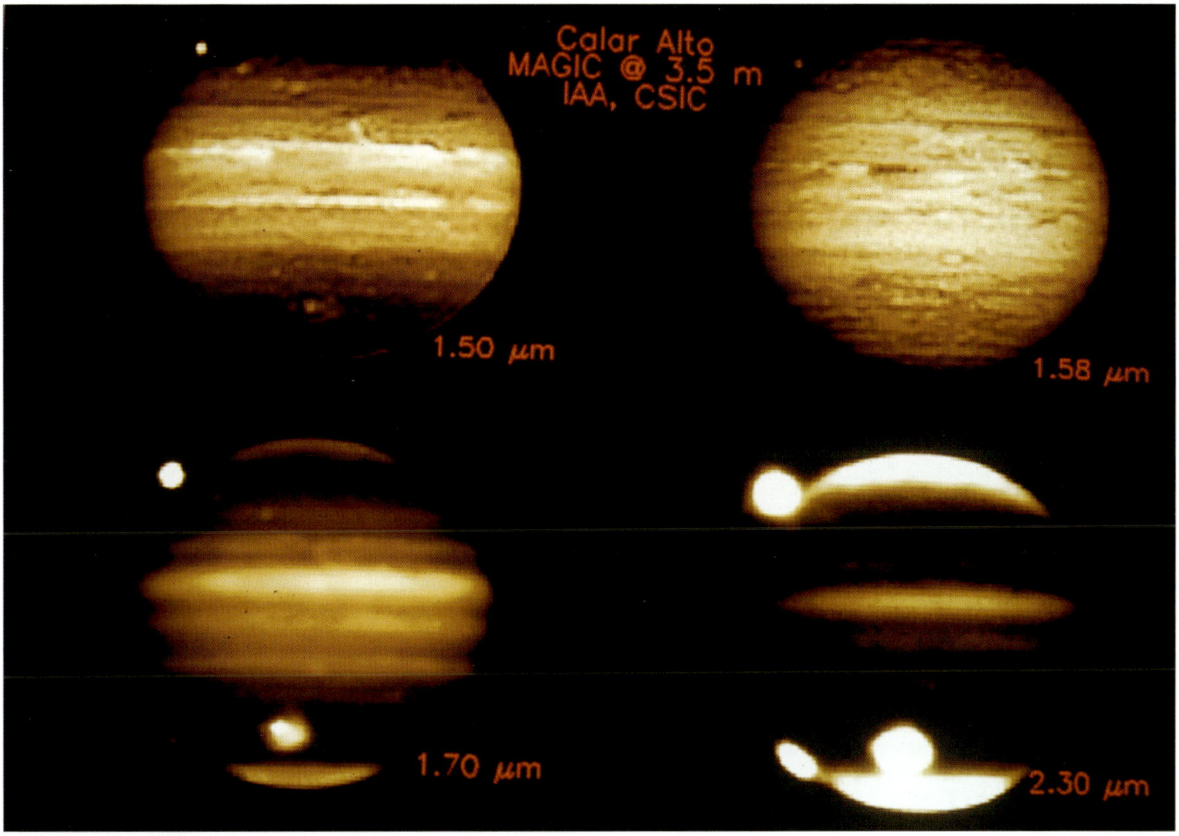

Colisión del fragmento G del cometa Shoemaker-Levy 9 contra Júpiter. Para obtener estas imágenes se utilizaron filtros en la cámara infrarroja del telescopio de 3,5 m de Calar Alto, con el fin de lograr más detalles de los efectos generados por el choque (IAA).

Perturbaciones producidas en Júpiter por los impactos de diferentes fragmentos del cometa Shoemaker-Levy 9. Las imágenes fueron obtenidas con el telescopio William Herschel de 4,20 m de abertura en el Observatorio del Roque de los Muchachos por personal del Instituto de Astrofísica de Andalucía (IAA/IAC).

ker y su marido Eugene, recientemente fallecido, han destacado por su actividad en tándem desde el observatorio de Monte Palomar. El cometa que comparte su nombre y el de David H. Levy, es decir, el Shoemaker-Levy, tuvo en vilo a todos los astrónomos del mundo cuando en julio de 1994 se precipitó hacia el gigante Júpiter y chocó con su colosal atmósfera, en un cataclismo de gran espectacularidad, que fue fotografiado desde numerosos observatorios. Las primeras imágenes de la colisión, sin embargo, se deben a astrónomos de los observatorios españoles del Teide, Calar Alto y Roque de los Muchachos.

Quizá el suceso del Shoeamaker-Levy en 1994 y el paso del Hyakutake y el Hale-Bopp en 1996 y 1997, respectivamente, sean el principio de una época pródiga en apariciones de cometas a la espera de que el Halley vuelva hacia el Sol en el año 2062.

Lluvias de estrellas fugaces

Espectacular explosión de un bólido ocurrida y observada el 27 de diciembre de 1857. La aparición de fenómenos como éste es menos rara de lo que pueda pensarse, y gran parte de los astrónomos aficionados que observan por la noche de forma periódica han asistido a espectáculos meteóricos de gran belleza.

La gran cola formada por los cometas en sus aproximaciones al Sol fue objeto de atención, en el siglo XIX, para el astrónomo italiano Giovanni Virgilio Schiaparelli, famoso por sus mapas de los canales de Marte. El científico pensó que astros como el Halley debían dejar tras de sí una estela de corpúsculos al avanzar en su órbita, y consiguió demostrar que esos enjambres de partículas eran el origen de algunas de las lluvias de estrellas fugaces que pueden verse por la noche en la Tierra, ya que nuestro planeta, durante su revolución alrededor del Sol, cruza periódicamente las zonas donde se encuentran los rastros cometarios. Cuando esto ocurre, partículas con un tamaño que oscila entre el de un grano de arena y una canica entran en la atmósfera y se vuelven incandescentes por efecto del roce con el aire, dando lugar a lo que popularmente se conoce como un meteoro o estrella fugaz, cuya naturaleza, como se ve, no tiene nada que ver con las estrellas reales, como el Sol, Sirius o Betelgeuse.

Normalmente, los meteoros son tan pequeños que la energía calorífica del choque con la atmósfera los desintegra, pero si la partícula es lo suficientemente grande, acaba cayendo al suelo y da lugar a un meteorito. Su mayor tamaño determina también que, durante su paso por las capas atmosféricas, la estela alcance un brillo muy espectacular, en ocasiones tan intenso que su resplandor ilumina la superficie terrestre. Este fenómeno se conoce como bólido.

Museos de diversas partes del mundo guardan ejemplares de meteoritos de notable envergadura, con masas de varias toneladas. La corteza terrestre alberga, asimismo, numerosos cuerpos celestes caídos durante miles de millones de años, como el que se encuentra bajo el Meteor Crater de Arizona, uno de los más famosos, cuyo agujero tiene 1,2 km de diámetro. Estos objetos, junto a las rocas lunares traídas a la Tierra por las misiones *Apolo*, son los únicos objetos de origen extraterrestre al alcance de la ciencia, por lo que son de un enorme interés.

Antigua ilustración relativa a la sobrecogedora lluvia de estrellas fugaces que se produjo en la noche del 27 de noviembre de 1872 como consecuencia de la disgregación de los últimos fragmentos del cometa Biela. Es probable que haya sido la mayor lluvia meteórica de los últimos siglos.

A lo largo del año se producen numerosas lluvias de estrellas fugaces, la más popular de las cuales es la que cae en torno al 11 y el 12 de agosto. Se las llama las Perseidas porque su radiante, el punto del cual parecen provenir, se halla en la constelación de Perseo. Están asociadas al cometa Swift-Tuttle y algunos veranos la frecuencia de meteoros supera las 50 cada hora, o sea, casi una por minuto. Otra lluvia, la de las Oriónidas, que se produce en octubre, tiene su origen en los restos del cometa Halley, al igual que las Eta Acuáridas, que se dan en los primeros días del mes de mayo.

Algunas veces, la Tierra recibe descomunales lluvias de estrellas fugaces. Probablemente la más célebre de todas sea la del 27 de noviembre de 1872, en la que millones de meteoros encendieron continuamente la atmósfera durante varias horas seguidas, en un espectáculo irrepetible. El fenómeno se produjo después de que en 1845 el cometa Biela se partiera en dos pedazos y en los años siguientes continuara su fragmentación hasta desaparecer de la vista de los astrónomos, que habían seguido atónitos sus periódicas apariciones a intervalos de 6 años. Cuando ya se le daba por perdido, la noche del 27 de noviembre de 1872 apareció, en lugar del cometa, la más grandiosa lluvia de estrellas fugaces que se había visto.

Algo parecido ocurrió el 9 de octubre de 1933, varios meses después del paso del cometa Giacobini-Zinner, en una de las lluvias más intensas del siglo XX.

La observación de meteoros debe prescindir de cualquier ayuda óptica, ya que nuestros ojos son el mejor dispositivo para un fenómeno en el que necesitamos cubrir con la vista la mayor porción de cielo posible. Por ello, los observadores que se dedican a esta especialidad se colocan tumbados sobre el suelo en una zona de horizontes despejados y anotan sobre mapas celestes el trazo dejado por cada estrella fugaz, el brillo, el color y la duración del meteoro, así como la hora exacta en la que se ha producido.

Tabla 6

PRINCIPALES LLUVIAS DE METEOROS

NOMBRE	FECHA	FRECUENCIA	COMETA ASOCIADO
Cuadrántidas	1-6 enero	40	
Líridas	19-24 abril	15	1861 I Thatcher
Eta Acuáridas	1-8 mayo	20	Halley
Delta Acuáridas	15 jul.-15 ago.	20	
Perseidas	25 jul.-18 ago.	50	1862 III Swift-Tuttle
Oriónidas	16-26 octubre	25	Halley
Táuridas	20 oct.-30 nov.	15	Encke
Leónidas	15-19 noviembre	15	Temple-Tuttle
Gemínidas	7-15 diciembre	50	
Úrsidas	17-24 diciembre	15	Tuttle

Podemos extraer una conclusión muy importante de la disolución gradual de la Vía Láctea: el estado en el que la acción incesante de la fuerza de aglomeración la ha traído al presente es un cronómetro que puede usarse para medir el tiempo de su pasado y el de su existencia futura, y aunque no sabemos a qué velocidad marcha ese misterioso cronómetro, no es menos cierto que si el desmembramiento de las partes de la Vía Láctea es prueba de que no puede durar para siempre, también atestigua que no puede admitirse infinita su antigüedad en el pasado.

William Herschel,
La construcción de los cielos

La noche es la sombra que arroja la Tierra. Dado que el Sol es mayor que la Tierra, dicha sombra tiene forma de cono. La Tierra lleva puesta constantemente la noche como si fuera el gorro de un mago.

Frank Bois,
El enano astrónomo,
de Chet Raymo

La Vía Láctea

CAPÍTULO 4

La ciudad estelar

La Vía Láctea alcanza en Sagitario una gran densidad de estrellas. Las fotografías de esta región celeste revelan su gran riqueza en todo tipo de objetos, entre los que destacan las nebulosas. El gran punto brillante es Júpiter, que añade un factor más de contraste a una imagen en la que junto a él anda perdido, como un punto borroso, el cometa Hale-Bopp cuando aún no había alcanzado el brillo suficiente para destacar a simple vista. Captada en agosto de 1996 con un objetivo estándar de 50 mm a f:2 con 3,5 min de exposición en película Kodak Panther procesada a 800 ISO (Francisco Catalá).

La astronomía no es ajena al vaivén de las teorías científicas. En menos de un siglo, Marte ha sido unas veces un mundo habitado por seres inteligentes y otras un planeta muerto; Andrómeda (M 31) fue creída nebulosa antes que galaxia y las distancias de las estrellas cambian con frecuencia en los catálogos estelares cada vez que se hace una nueva medición. Para ellas, además, ya no sirven las escalas en millones de kilómetros usadas para cifrar las distancias planetarias, porque los números que exige el espacio interestelar tendrían demasiados ceros. Los astrónomos recurrieron por ello a una nueva medida, el año luz, es decir la longitud que recorren las ondas luminosas durante un año de tiempo a su velocidad de propagación, próxima a los 300 000 km por segundo. Traducido a kilómetros, un año luz equivale, pues, a casi 9,5 billones.

Recientemente se introdujo una nueva unidad de medida de las distancias astronómicas, denominada parsec, que equivale a 3,26 años luz. El parsec tiene su origen en los estudios sobre paralaje estelar, que se usa para calcular las distancias de estrellas cercanas mediante la determinación de su desplazamiento angular. Para ello se observa su posición cuando la Tierra está en un extremo de su órbita en torno al Sol y se vuelve a observar en el momento en que nuestro planeta alcanza el otro extremo. De esta forma se aprecia que la estrella ha cambiado de posición respecto a otras estrellas más lejanas y el ángulo de ese desplazamiento aparente permite determinar la distancia a la que se encuentra. El desplazamiento de 1 segundo de arco que abarca el semidiámetro de la órbita terrestre equivale a un parsec, o lo que es lo mismo, a 3,26 años luz.

Según los datos más actualizados, el sistema de Alpha Centauri, compuesto por tres soles en un sistema estelar múltiple, está a 4,3 años luz de nosotros; Sirius a 8,8; Vega a 26; Betelgeuse a 310; Rigel a 910 y Deneb a 1 800. Todas

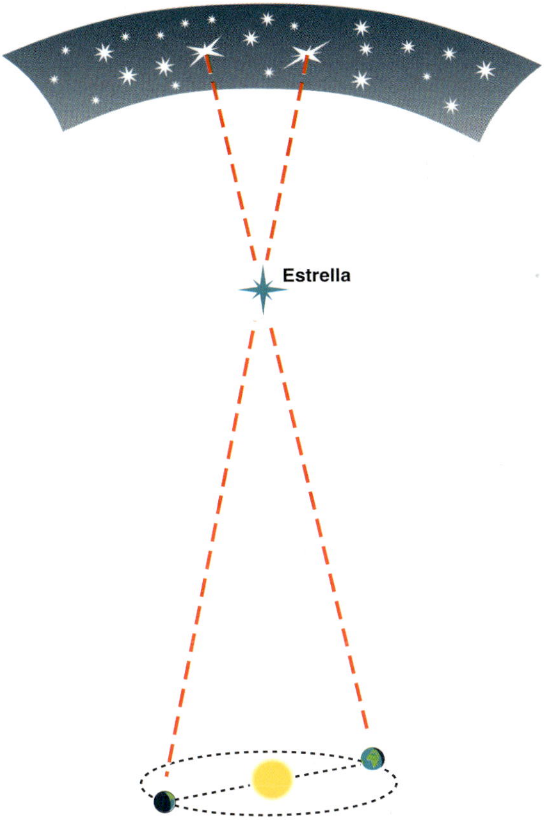

El método del paralaje permite calcular la distancia de estrellas cercanas gracias al movimiento de la Tierra durante su revolución alrededor del Sol. La estrella estudiada cambia de posición aparente, respecto al fondo del cielo, cuando nuestro planeta pasa de un extremo a otro de su órbita, y ese desplazamiento angular, que se conoce como paralaje, permite determinar su distancia.

ellas, no obstante, pertenecen a la misma ciudad estelar que el Sol, que no es otra que la Vía Láctea, una galaxia del tipo espiral con un diámetro aproximado de 100 000 años luz y que acoge en su interior un número de estrellas comprendido entre 150 000 y 200 000 millones. Unas, como las que nos alumbran, se hallan aisladas en el espacio, pero otras están alojadas en sistemas estelares múltiples que pueden tener dos o más componentes. Son sistemas binarios conocidos los de Sirius, Rigel y Polaris, pero a donde quiera que dirijamos los telescopios el ocular mostrará a nuestros ojos un campo óptico lleno de estrellas múltiples. Otras, como Mira y Betelgeuse, son estrellas variables, es decir, que su brillo cambia en un determinado período, que puede ser de horas, días o de varios años.

El Sol no es más que una estrella ordinaria, una enana amarilla, que en absoluto destaca entre las que llenan la Vía Láctea. Dentro de ella el Sistema Solar se halla en una zona intermedia entre los brazos exteriores y el centro galáctico, aproximadamente a unos 30 000 años luz de distancia de éste. Toda la familia del Sol, desde la Tierra hasta los cometas más lejanos de la nube de Oort, se mueve arrastrada gravitatoriamente a 250 km por segundo alrededor del centro de la Vía Láctea, y necesita que transcurran 225 millones de años para describir una rotación completa. Por efecto de ese propio movimiento, el Sol y su corte de astros se dirigen en su viaje espacial hacia la región en la que se encuentra la estrella Vega, la más brillante del hemisferio norte celeste. Ese punto del espacio hacia el que nos dirigimos se denomina ápex solar.

William Herschel, descubridor de Urano, junto a su hermana Caroline. Ella no sólo fue fundamental en su apoyo a la labor del primero, sino que gestó su propia obra como observadora astronómica, hasta el punto de que descubrió más de 2 500 nebulosas.

La nebulosa NGC 281, estudiada con el telescopio Isaac Newton perteneciente al Observatorio Internacional del Roque de los Muchachos (IAC/RGO/David Malin *et al.*).

Nebulosa IC 426. Este objeto pertenece al tipo de las llamadas nebulosas de reflexión (IAC).

Excluidas las demás galaxias y los cúmulos de galaxias, casi todos los objetos que vemos una noche en el cielo forman parte de la Vía Láctea. Es el caso de los cúmulos estelares, que pueden ser abiertos o globulares, y de las nebulosas difusas o planetarias. Una pequeña parte de todos estos objetos fue aglutinada, como se ha indicado al principio de la obra, por Charles Messier en su famoso catálogo, que incluye más de 100 cuerpos celestes y que él decidió clasificar para evitar confundirlos con los cometas, cuya búsqueda fue una de sus grandes pasiones. Sin embargo, el catálogo Messier se queda corto para la riqueza del firmamento, y aunque es útil para el principiante, para el conjunto de los aficionados a la astronomía el de uso más habitual es el Nuevo Catálogo General o *New General Catalogue*, elaborado por John Dreyer a finales del siglo XIX, y que incluye, bajo la abreviatura NGC, más de 15 000 objetos entre diferentes tipos de cúmulos estelares, galaxias y nebulosas. Una parte de ellos son los 5 000 que ya clasificaron previamente William Herschel y su hermana Caroline un siglo antes. Aunque William está considerado como uno de los más grandes observadores astronómicos de la historia, su hermana Caroline no sólo contribuyó a ello colaborando con él de forma permanente, sino que además también observaba por su cuenta y es autora del descubrimiento y clasificación de 2 500 nebulosas y cúmulos estelares. El hijo de William, John Herschel, continuó durante una parte de su vida la obra de su padre, cuyo catálogo amplió con nuevos objetos pertenecientes al hemisferio sur.

Durante julio y agosto la Vía Láctea nos enseña sus grandes contrastes en el firmamento. Desde algún punto con horizontes despejados en las latitudes medias del hemisferio norte podremos ver por encima de nosotros el gran trazo blanquecino que forman las nubes de estrellas de nuestra galaxia, pero a medida que se extiende hacia el sur no sólo se vuelve más densa sino que, además, aparecen junto a ella zonas oscuras que contrastan por su espectacularidad. La Vía Láctea se pierde en las constelaciones de Scorpio y Sagitario, que si ya destacan vistas desde algún lugar de Europa, para los observadores del hemisferio sur forman una de las mejores imágenes que pueden encontrarse en el firmamento, ya que en esta porción de la bóveda celeste se aglutina tal infinidad de cúmulos de estrellas y nebulosas que nuestros ojos no dan abasto.

Nebulosa CED 214. Ésta es una región del cielo en la que se están formando estrellas brillantes rodeadas de polvo. Fotografía del telescopio Isaac Newton, del Roque de los Muchachos (IAC/RGO/David Malin *et al.*).

Gigantes y enanas de colores

Tamaños comparativos de cuatro estrellas. El Sol es una enana de color amarillo, similar a Alfa Centauri y Tau Ceti y abrumadoramente pequeña en comparación con Polaris, Rigel y Betelgeuse. Estas dos últimas pertenecen al grupo de las supergigantes, si bien Rigel es una estrella supercaliente y azul y Betelgeuse es fría y roja. Si Betelgeuse estuviera en el sitio del Sol, la Tierra quedaría dentro de ella.

Un simple vistazo al cielo con el telescopio nos mostrará la extensa variedad de estrellas que existe. Aunque a causa de su extraordinaria lejanía siempre las observaremos como puntos de luz, sin apreciar su tamaño, nos llamará la atención la diversidad de colores de la población estelar de la Vía Láctea, que a su vez es extensiva a otras galaxias.

El color de las estrellas dio lugar a una división en función de los tipos espectrales, desde las más calientes y azules hasta las más frías y rojas. A las principales categorías espectrales se les asignó una de las siguientes letras: O, B, A, F, G, K y M. El Sol pertenece al tipo G al igual que Alfa Centauri; Sirius y Altair son del A, y Rigel del B. Las estrellas del tipo O, las más calientes, con temperaturas fotosféricas de hasta 35 000 °C, son bastante raras. En el polo opuesto, el tipo M incluye desde enanas minúsculas como la estrella de Barnard hasta la gigante Antares, las dos de color rojo. Cada tipo espectral está dividido en 10 subtipos, del 0 al 9.

El estudio espectral de las estrellas también comprende otros cuatro tipos clasificados con las letras W, R, N y S, pero el número de estrellas que agrupan es muy pequeño. Las del tipo W son más calientes que las del O, y las de los R, N y S más frías que las del M.

La clasificación de las estrellas según su tipo espectral fue una pionera labor de la astrónoma estadounidense Annie Jump Cannon, que ideó el sistema basado en el color estelar, que refleja su temperatura superficial. En total, esta astrónoma clasificó más de 250 000 soles.

Las diferencias entre las estrellas se agudizan cuando además del tipo espectral se compara su luminosidad, que es la cantidad total de energía que irradian. En ella intervienen tanto la temperatura como el tamaño, ya que, por ejemplo, aunque el Sol es una estrella amarilla más caliente que Betelgeuse, de color rojo, al ser ésta una estrella supergigante su energía total es claramente superior y, por tanto, es más luminosa aunque sea más fría. En la clasificación espectral de las estrellas, el tipo se acom-

Los colores de las estrellas son fácilmente distinguibles a ojo desnudo. En esta imagen el azul de las siete estrellas principales del cúmulo de las Pléyades contrasta con el naranja de la hermosa estrella Aldebarán, en las Híades (Vicente Aupí).

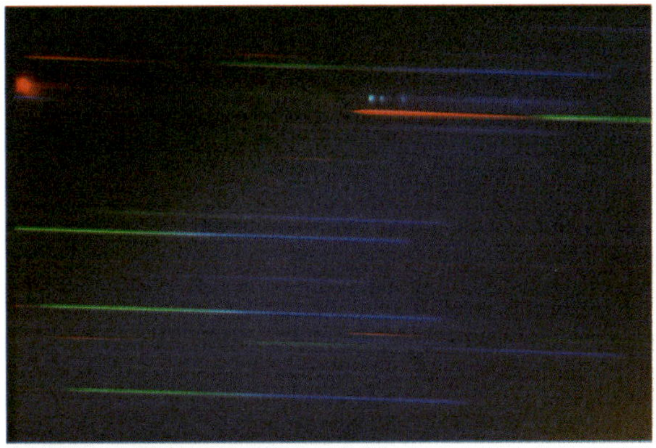

Imagen espectroscópica en la que se observan los trazos multicolores de las tres estrellas del cinturón de Orión (espectro continuo), el trazo de la nebulosa M 42 y cuatro de las principales rayas que emite. Red de difracción de 600 líneas/mm (Universidad de Alicante), delante de un teleobjetivo 2,8/180. Diez minutos de exposición sobre película Kodak Panther 1 600 (Joan Genebriera).

paña a la derecha por la subdivisión relativa a la luminosidad especificada en números romanos. El I indica estrellas supergigantes (Betelgeuse, Rigel); el II, gigantes luminosas (Mintaka, Albireo); el III, gigantes (Alcyone, Aldebarán); el IV, subgigantes (Procyon, Altair); y el V, enanas (Sol, Alfa Centauri).

En el famoso diagrama de Hertzprung-Russell, basado en los trabajos independientes de los astrónomos Ejnar Hertzprung y Henry Norris Russell, se representan y ordenan los diferentes tipos de estrellas en función de su temperatura y de su magnitud absoluta, entendida ésta como el brillo que tendría a una distancia de 32,6 años luz (10 parsecs). A esa distancia, el Sol, que tiene una magnitud aparente de –26,8, perdería tanto brillo que lo veríamos con una magnitud de 4,8, es decir, como una estrella muy débil. En cambio, Rigel, que está a 910 años luz del Sistema Solar, si lo viéramos a una distancia de sólo 32,6 años luz tendría una magnitud de –7,1, es decir, un brillo intermedio entre el de Venus (–4,4) y la Luna (–12,5).

Lo más característico del diagrama de Hertzprung-Russell es que, al comparar la temperatura con la magnitud absoluta, una gran parte de las estrellas, entre las cuales se encuentra el Sol, ocupa una gran franja diagonal que va desde la parte superior izquierda del diagrama a la inferior derecha. Esta banda recibe el nombre de Secuencia Principal, y representa una fase evolutiva de aparente estabilidad. En la parte superior, ya fuera de la Secuencia Principal, las estrellas supergigantes y calientes como Rigel aparecen a la izquierda, y las supergigantes frías, como Antares y Betelgeuse, a la derecha. El sector inferior del diagrama lo ocupan, en la zona izquierda las enanas blancas, como Sirius B, y en la derecha las enanas rojas, como la estrella de Barnard, pero éstas dentro de la Secuencia Principal.

A simple vista o con el telescopio encontraremos una notable variedad de estrellas, aunque sólo podremos diferenciar los colores, puesto que el tamaño no es apreciable a causa de su lejanía. La estrella más brillante de esta imagen es la supergigante Deneb (Vicente Aupí).

Nacimiento y muerte de las estrellas

Primera fotografía lograda de un planeta no perteneciente al Sistema Solar. Hasta ahora se habían obtenido evidencias de su presencia en torno a otras estrellas diferentes al Sol, pero esta imagen, lograda en la constelación de Taurus, es la primera que se consigue. El planeta que brilla débilmente parece tener de dos a tres masas solares (NASA).

El objeto clasificado por Charles Messier como M 42 (NGC 1976) es uno de los más interesantes de todo el cielo. Su nombre más popular es el de la gran nebulosa de Orión y se halla justamente debajo de las estrellas conocidas como «las tres Marías», en un área del firmamento cuya visión constituye un deleite para cualquier aficionado. La propia nebulosa se ve con unos prismáticos como un velo mágico de color azulado, pero a través de un telescopio podremos ver hermosos contrastes entre las zonas oscuras y brillantes. En su interior aparece una estrella múltiple formada por cuatro componentes cuya energía es la que excita la brillante nebulosa que las rodea. Esta estrella es Theta (θ) Orionis, a la que también se conoce como estrella del Trapecio.

Este lugar de la Vía Láctea, que se halla a unos 1 500 años luz de nosotros, es en toda regla un criadero en el que las estrellas nacen continuamente. Lo mismo le sucede al famoso Saco de Carbón, que oscurece la Vía Láctea en las proximidades del polo sur celeste, y a otras nebulosas, como la de Cabeza de Caballo en Orión, que son invisibles para el ojo humano salvo que utilicemos filtros especiales o recurramos a la película fotográfica para captar las ondas espectrales que nuestra vista no capta.

Todas ellas son ejemplos de millones de hogares galácticos en los que empieza la vida de las estrellas. Ocurre allí algo parecido a lo que sucedió hace 4 500 o 5 000 millones de años cuando aquí nació el Sol. Quizá también allí se estén formando planetas en torno a las nuevas estrellas, aunque su observación es extremadamente ardua. De hecho, la reciente imagen captada por el telescopio espacial *Hubble* que muestra un planeta dos o tres veces mayor que Júpiter en torno a una estrella de la constelación de Tauro es la primera que se logra de un mundo extrasolar. Hasta ahora, las observaciones en el infrarrojo y mediante otros sistemas habían aportado pruebas de la existencia de planetas en torno a otras estrellas, pero ésta es la primera vez que un telescopio logra fotografiar un mundo que no pertenece al Sistema Solar.

Tabla 7

PRINCIPALES TIPOS ESPECTRALES DE LAS ESTRELLAS

TIPO	COLOR	TEMPERATURA (°K)	EJEMPLOS DE ESTRELLAS
O	Azul	20 000 - 35 000	Mintaka, Alnitak
B	Blancoazulado	15 000 - 25 000	Rigel, Spica
A	Blanco	9 000 - 11 000	Sirius, Phecda
F	Blancoamarillento	6 000 - 7 500	Polaris, Procyon
G	Amarillo	5. 000 - 6 000	Sol, Tau Ceti, Alfa Centauri,
K	Naranja	3 000 - 5 000	Arcturus, Aldebarán
M	Rojo	3 000	Estrella de Barnard, Betelgeuse

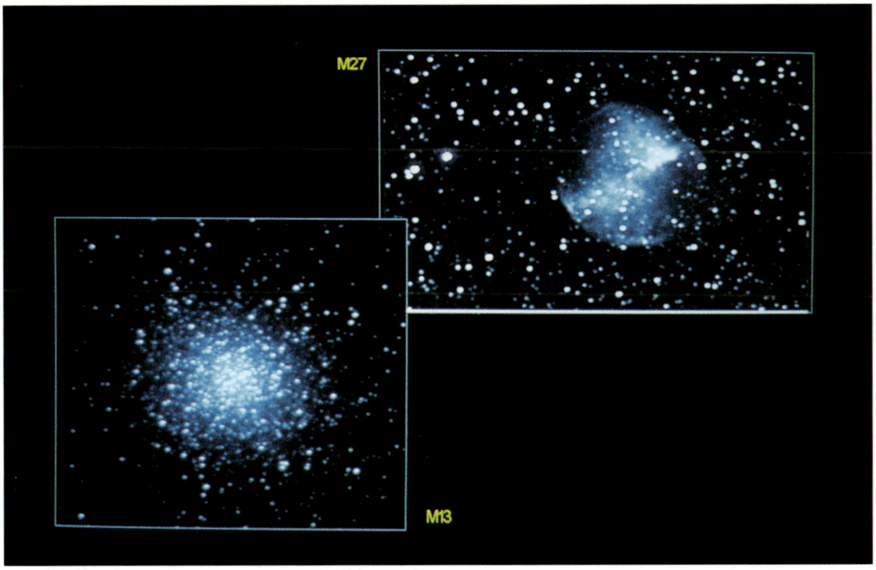

Los cúmulos globulares, como M 13, albergan estrellas viejas, y las nebulosas planetarias como M 27 —nebulosa de Dumbell— muestran los restos de una estrella en fase de extinción (Ramón Barber/Francisco Rodríguez).

Se sabe hoy que los púlsares son la estación intermedia en el mortal camino de una enana blanca hacia su transformación en agujero negro, un objeto que delata su presencia por su increíble atracción gravitatoria sobre los demás cuerpos que se hallan en sus inmediaciones y que se caracteriza porque esa misma gravedad ni siquiera deja escapar la luz. Los agujeros negros son el colapso final de las estrellas masivas, a las que la gravedad conduce inexorablemente hacia otro estadio del espacio y el tiempo.

Tanto los púlsares como los agujeros negros son de reciente descubrimiento, pero en los años treinta ya hubo un astrónomo que habló de ese proceso irreversible sin saber de la existencia de ambos. Fue Subrahmanyan Chandrasekhar, de origen indio, quien postuló que una enana blanca cuya masa fuera 1,4 veces superior a la del Sol entraría en un colapso. Ese frío baremo, que ahora sabemos que marca la frontera entre una estrella estable y el camino hacia el agujero negro, se denomina Límite de Chandrasekhar. El astrónomo tuvo que aguardar medio siglo hasta que la ciencia le hiciera justicia cuando se le concedió el premio Nobel en 1983, pero en las décadas previas tuvo que aguantar burlas por parte de algunas de las mayores eminencias de la astronomía, como el británico Arthur Eddington, que le ridiculizó en sucesivas ocasiones. El tiempo dio la razón a Chandrasekhar, quien falleció en 1995.

Si el Trapecio de Orión es ejemplo de un nacimiento estelar, y el Sol, de la etapa de madurez de una estrella, en el corazón de la nebulosa del Cangrejo (M 1) encontramos los restos mortales de otra estrella. Lo que ahora vemos como una pequeña mancha en forma de neblina brilló en el año 1054 durante casi un mes a plena luz del día cuando entró en explosión la estrella y se convirtió en supernova. La nebulosa es el residuo deshilachado de aquel cataclismo, pero de aquel sol queda todavía un cuerpo que puede clasificarse entre los más vertiginosos del Universo, porque da unas 30 vueltas sobre sí mismo cada segundo. El cadáver de aquella estrella es un púlsar, denominación que los astrónomos dieron en la década de los sesenta cuando se descubrió la existencia de estrellas de neutrones que rotaban sobre sí mismas a espectaculares velocidades.

Estrellas binarias

Las estrellas binarias son sistemas estelares en los que hay dos soles. Para imaginarlo sirve esta fotografía trucada del Sol, tomada durante el eclipse del 30 de mayo de 1984, en la que se ve en dos imágenes superpuestas (Vicente Aupí).

Cualquier astrónomo aficionado con un sencillo telescopio de 80 o 100 milímetros de abertura disfrutará durante horas cada noche si opta por el estudio de las estrellas binarias, sistemas solares en los que hay dos componentes. Aparentemente, cuando miramos el cielo a simple vista vemos cada estrella como un punto de luz único, pero si observáramos con unos prismáticos potentes o un telescopio nos llevaríamos una grata sorpresa, puesto que muchas de ellas se desdoblarían en dos y otras, a su vez, se multiplicarían hasta cuatro y seis componentes.

El neófito puede escoger, para empezar, una estrella conocida como Mizar, en la constelación de la Osa Mayor. Ya a simple vista nos daremos cuenta de que Mizar tiene muy cerca a otra estrella de la misma constelación, cuyo nombre es Alcor. Aunque ésta no está unida físicamente al sistema de Mizar, parece que estén juntas y ya a simple vista llamarán nuestra atención.

Si dejamos Alcor y centramos nuestra atención directamente en Mizar apuntando hacia ella un telescopio observaremos cómo la estrella que veíamos con nuestros ojos se ha transformado en dos. Se trata de una de las primeras estrellas binarias que fue descubierta, pero además en la actualidad se sabe que en realidad cada una de las dos componentes del sistema es, a su vez, otra estrella binaria. Sin embargo, Mizar A y Mizar B son binarias espectroscópicas, es decir que sus compañeras no son visibles.

Un ejemplo de los más hermosos del firmamento es Albireo, en la constelación del Cisne. Con unos simples prismáticos podremos separar las dos sorprendentes estrellas, que se revelan ante nuestros ojos con un bonito contraste de colores azul y naranja.

Cástor en Gemini, Rigel en Orión y Polaris son estrellas binarias. En el caso de Rigel, la resolución de ambas estrellas nos servirá como prueba para conocer la capacidad de un telescopio. Es aconsejable usar unos 80 aumentos.

La nebulosa de Orion (M 42) envuelve el Trapecio, una de las estrellas múltiples más famosas y fáciles de observar de todo el cielo. Los telescopios del aficionado resuelven sus cuatro componentes, aunque en esta imagen no se aprecian porque la exposición muestra la nebulosa por encima de ella (Vicente Aupí).

Muchos ejemplos de estrellas binarias están separadas entre sí únicamente varios segundos de arco y en ocasiones será necesario utilizar grandes aumentos para resolver bien el par. No obstante, está demostrado que las binarias cuya separación es inferior a 1 segundo de arco son difíciles de resolver aunque la capacidad óptica del telescopio lo permita en teoría, ya que muchas veces la inestabilidad atmosférica enturbia la imagen. Un telescopio de 100 milímetros de abertura ya es de por sí apto para estudiar estrellas con una separación de 1,2 segundos de arco, por lo que una gran parte de los sistemas binarios queda a su alcance.

El número de estrellas visibles a ojo desnudo es de unas 3 000 (Vicente Aupí).

Las variables: eclipses estelares y soles pulsátiles

Orión tal como se ve a simple vista. Los observadores de variables usan sus propios ojos —con la ayuda de prismáticos o telescopio— para calcular la magnitud por comparación con las estrellas de su entorno. Betelgeuse, la estrella roja que destaca en la parte superior de la constelación, es una variable irregular de largo período (Vicente Aupí).

Aproximadamente a 100 años luz del Sol se encuentra una estrella a la que el astrónomo Johan Bayer, autor del método de clasificación con letras griegas, llamó en el siglo XVII Beta Persei, al tratarse de la segunda en brillo de la constelación de Perseo. Mucho antes de ello, los astrónomos árabes que durante la Edad Media se dedicaron a estudiar el cielo le dieron otro nombre más enigmático: Algol, cuya traducción significa «Estrella del Demonio».

Cualquiera que observe detenidamente a Algol entenderá por qué los árabes la llamaron así. Habitualmente tiene una magnitud de 2,2 —un poco menos brillante que Polaris—, pero cada tres días aproximadamente pierde brillo repentinamente y baja hasta la magnitud 3,5 durante unas cuatro horas, para volver luego a la normalidad. Sus desconcertantes cambios de brillo indujeron a los árabes a entender el comportamiento de la estrella como algo demoníaco.

La realidad es que Algol es un prototipo de estrella binaria eclipsante, o estrella variable de eclipse. Sus cambios de brillo se producen porque Algol tiene una compañera invisible que pasa por delante de ella periódicamente y nos la oculta parcialmente, de la misma manera que cuando la Luna esconde el Sol en un eclipse. Asistir a los eclipses periódicos de Algol es sumamente interesante para el observador, incluso a simple vista.

Aunque Algol, como prototipo de binaria eclipsante, representa a un extenso número de estrellas variables, en realidad sus cambios de luz no se deben a ella misma, sino a las ocultaciones descritas. En cambio, el otro gran prototipo de variables existentes es el de las estrellas pulsantes o pulsátiles, cuyo brillo oscila cuando el astro se hincha y se deshincha, como si fuera un globo. Lógicamente, al expandirse o contraerse las capas externas de la estrella, su luminosidad varía, aunque puede hacerlo con períodos muy dispares, desde sólo unos días hasta varios años.

Betelgeuse (Alfa Orionis) es variable pulsante además de una de las mayores supergigantes rojas que se conocen. Se

La constelación del Cisne muestra una de las mayores riquezas estelares del hemisferio norte celeste, al hallarse en un área densa de la vía Láctea. Entre las variables que alberga figura R Cygni, del tipo Mira y con un período de 426 días (Vicente Aupí).

trata de una estrella fría, pero su diámetro habitual equivale al de la órbita de Marte en torno al Sol, sólo que a veces se hincha hasta expandirse de forma que su esfera es tan grande como la órbita de Júpiter. Su período de variabilidad es de 5,7 años, aproximadamente.

También es variable pulsátil Mira (Omicron Ceti), la «Estrella Maravillosa», tal como la bautizó en el siglo XVII Johannes Hevelius en su popular libro titulado *Historia de la estrella maravillosa*. En él hablaba de los fascinantes cambios de brillo de este sol perteneciente a la constelación de Cetus (La Ballena), que ya habían sido percibidos por algunos astrónomos de épocas anteriores. Mira tiene un ciclo de 332 días, en el que pasa de ser una estrella invisible —a simple vista— de novena magnitud a alcanzar la segunda magnitud y repetir, posteriormente, el proceso a la inversa hasta desaparecer del cielo.

La importancia de Mira es tal que bajo ese nombre no sólo se conoce a la estrella, sino que también se engloba a toda una clase de estrellas variables, a las que se denomina del tipo Mira Ceti.

Dentro del gran grupo de estrellas pulsantes se encuentra una de las clases más representativas de estrellas variables: las cefeidas. Deben su denominación a que la estrella prototipo es Delta Cephei y se caracterizan porque sus cambios de brillo suelen ser regulares, aunque en unos casos pueden ser de unas horas y en otros de varios meses. La principal contribución histórica al conocimiento de las variables cefeidas se debe a la astrónoma estadounidense Henrietta Swan Leavitt, que centró su atención a finales del siglo XIX en el estudio de la Pequeña Nube de Magallanes, la diminuta galaxia satélite de la Vía Láctea, de la que está separada unos 190 000 años luz. En ella analizó numerosas cefeidas y logró establecer la relación entre su período y su luminosidad, lo que a la postre sirvió también para calcular distancias estelares mediante la comparación entre su brillo aparente y su brillo real.

Henrietta Swan Leavitt descubrió más de 2 000 estrellas variables y fue una de las pioneras en una rama de la astronomía en la que los aficionados pueden desempeñar en la actualidad un papel complementario al que han tenido profesionales como ella. Al igual que en los estudios sobre el Sol, existe una red internacional para la observación de variables, a la que pertenecen miles de astrónomos aficionados de todo el planeta, que observan y anotan con su telescopio o prismáticos las oscilaciones de brillo de numerosas estrellas. Además de su contribución científica, los observadores de variables figuran entre los mejores autodidactas de la astronomía, porque además de conocer muy bien el cielo y las constelaciones aprenden rápidamente a medir el brillo de las estrellas. La mayor parte de ellos sabe distinguir la magnitud de cada estrella con sus propios ojos, al compararlas con las de su entorno.

Novas y supernovas

La constelación de Orión «amanece» al caer la noche invernal sobre un pueblo de Aragón (Vicente Aupí).

La noche del 11 de noviembre de 1572, el célebre astrónomo Tycho Brahe salió como era su costumbre a mirar el cielo desde el patio del observatorio astronómico de Knudstrop (Dinamarca). Para su sorpresa, había en la constelación de Casiopeia una estrella muy brillante que no había visto nunca. El brillo de aquella chispa celestial era tan intenso que resplandeció a pleno día, hasta que un año y medio más tarde, en marzo de 1574, se apagó como si no hubiera estado nunca allí y no volvió a saberse nada de ella, aunque en la actualidad los jirones del estallido aún son perceptibles con telescopios muy grandes.

Tycho Brahe vivió el fenómeno con tanta emoción que se vio impulsado a escribir un libro, que tituló *De nova stella*. Su experiencia, pese a lo que él creía, no era única, puesto que la historia de la astronomía alberga otros casos de «estrellas nuevas», como la observada en el año 389 junto a Altair, en la constelación del Águila, cuyo brillo era equiparable al de Venus, o la ya citada anteriormente del año 1054 que dio origen a la nebulosa del Cangrejo (M 1). Después de Brahe, Johannes Kepler también fue testigo en 1604 de la aparición de una nova que superaba en brillo a Júpiter.

Ninguno de ambos llegaría a saber, empero, el origen de aquellos repentinos fulgores celestes. De hecho, se considera en la actualidad que lo que Kepler vio en 1604 fue la última supernova observada en la Vía Láctea, ya que las que se han detectado desde entonces hasta la actualidad se han producido en otras galaxias. Éste es el caso de 1987 A, aparecida en la Gran Nube de Magallanes, y de 1993 J, que lo hizo en M 81, una galaxia que se halla en la constelación de la Osa Mayor.

Tanto las novas como las supernovas son estrellas en explosión. Las primeras son más débiles y se caracterizan por un aumento del orden de 10 magnitudes en el brillo de la estrella originaria, pero las segundas liberan una energía un millón de veces superior, por lo que su luminosidad es notablemente mayor, tanto que puede superar en brillo a la

La aparición de un nuevo astro en el cielo provocaba el asombro de las gentes, como ocurrió cuando Tycho Brahe descubrió en 1572 una estrella de gran brillo, no conocida hasta entonces, en la constelación de Cassiopeia. A aquel astro, del que se sabe actualmente que fue una estrella que explotó, se le conoce como la Supernova de Tycho.

galaxia a la que pertenece durante varios días. Como se ha podido establecer recientemente, una supernova es la muerte violenta de una estrella, que después de estallar puede convertirse en púlsar y, más tarde, en agujero negro.

Aunque las supernovas son un fenómeno raro, ocurren varias veces cada siglo en algunas galaxias, si bien, en el caso de la Vía Láctea, como ya se ha señalado, la última se observó en 1604. Por ello, los astrónomos actuales esperan con ansiedad que vuelva a ocurrir en cualquier momento un cataclismo de este tipo en nuestra galaxia, ya que su estudio aportaría grandes contribuciones al conocimiento de la evolución estelar.

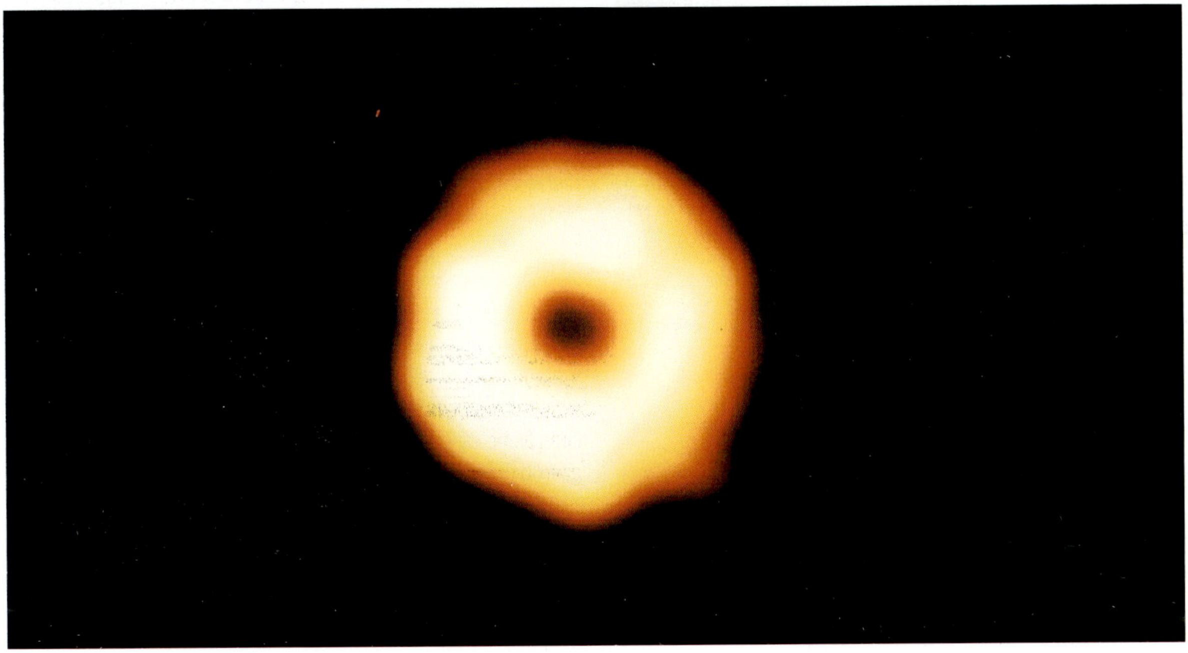

La supernova SN 1993 en una imagen en la que se aprecia el anillo de materia expulsada tras la violenta explosión de la estrella (Jon Marcaide).

Enjambres de estrellas

Las Híades son uno de los cúmulos estelares abiertos más hermosos del cielo. Su gran extensión hace preferible su observación a simple vista o con prismáticos, puesto que el campo del telescopio es mucho más restringido y con él sólo veremos una parte de sus estrellas. La más brillante del cúmulo es Aldebarán, una estrella gigante cuyo color naranja revela que es más fría que el Sol. Se halla a 68 años luz del Sistema solar (Vicente Aupí).

Las Pléyades (M 45), en la constelación de Tauro, distan 410 años luz del Sol. Son el cúmulo estelar abierto más bello de todo el firmamento, sobre el que destaca en las noches estrelladas como si fuera el hermano pequeño del Gran Carro, a cuya forma se asemeja notablemente. A simple vista, las personas con gran agudeza visual pueden ver 7 u 8 estrellas, pero con un refractor de 80 mm o un reflector de 100 a pocos aumentos ampliaremos el número a más de 100. Se calcula que que en un radio de 25 años luz hay medio millar de estrellas, de las que las más brillantes y conocidas son Alción, Electra, Atlas, Merope, Maya, Taigete, Celeno, Pleyone y Astérope. Las Pléyades son estrellas muy jóvenes que todavía están asociadas a las nebulosas de las que han nacido, y que reflejan su luz con una extraordinaria tonalidad azul visible en las fotografías de larga exposición.

Probablemente, el siguiente cúmulo abierto más famoso es el de Perseo, que en realidad no es uno, sino dos: NGC 869 y NGC 884. Deben observarse, como las Pléyades, con prismáticos o un telescopio a baja potencia, ya que de lo contrario no tendremos una visión de conjunto. Cada uno de los dos componentes tiene un diámetro aproximado de 70 años luz y son perfectamente visibles a simple vista, aunque difícilmente desde las ciudades.

Las Híades en Tauro y el Pesebre en Cáncer son otros dos excelentes cúmulos del hemisferio celeste boreal. Son tan extensos que se ven mejor con prismáticos que con telescopio. En las Híades, la estrella más destacada es la naranja Aldebarán, una de las más brillantes del cielo.

Todos los telescopios de aficionado tienen a su alcance una larga sucesión de cúmulos abiertos que deben observarse: M 35 en Gemini, M 41 en el Can Mayor, muy cerca de Sirius; M 6 y M 7 en Scorpio, y M 37 y M 38 en Auriga son algunos de los ejemplos más bellos, aunque hay contabilizados miles. La mayor parte de ellos están compuestos, como las Pléyades y el doble de Perseo, por estrellas jóvenes, y suelen encontrarse en

M 13 (NGC 6205), en la constelación de Hércules. Este objeto es el cúmulo globular más brillante y espectacular del hemisferio norte, y es fácilmente localizable porque puede verse a simple vista. Obtenida mediante una cámara CCD del tipo SBIG ST-7 en modo bining 2×2 a través de un telescopio Schmidt-Cassegrain de 203 mm de abertura (Ramón Barber/Francisco Rodríguez).

el disco galáctico de la Vía Láctea, razón por la cual también se los denomina en ocasiones cúmulos galácticos (no de galaxias). Pueden aglutinar desde sólo unas decenas hasta centenares de estrellas.

Fuera del disco de la Vía Láctea se congregan los cúmulos globulares. A diferencia de los cúmulos abiertos, menos densos, estos objetos celestes son verdaderas nubes de estrellas, que se apiñan unas junto a otras en concentraciones de miles o millones. En sólo un año luz puede haber decenas de estrellas. Forman un halo que rodea el plano galáctico y están compuestas por estrellas viejas en lugar de las jóvenes de los cúmulos abiertos.

Para el aficionado, su estudio presenta también un notable interés. Omega Centauri tiene un diámetro de 23 minutos, es decir, casi el mismo que la Luna, y es de magnitud 3. Es, por tanto, visible a simple vista, pero su declinación es próxima a los –47 grados, por lo que el horizonte lo tapa a los observadores de las latitudes medias del hemisferio norte. En España es visible desde Canarias.

Otros cúmulos globulares muy interesantes son 47 Tucanae (NGC 104), que se halla junto a la Pequeña Nube de Magallanes y sólo es visible desde el hemisferio sur, y M 13 y M 92, en la constelación de Hércules. Estos dos últimos se hallan en el hemisferio norte y su estudio debe realizarse con un telescopio, ya que a simple vista apenas se perciben, especialmente en el caso de M 92, que tiene la sexta magnitud y está en el límite para el ojo humano.

La observación de los cúmulos globulares puede realizarse con aumentos crecientes. Cuando observemos M 13 a 50 aumentos nos dará la sensación de una bola compacta y brillante, pero si duplicamos la potencia podremos percibir que está formado por numerosas estrellas. Una buena estrategia para resolver las estrellas de los cúmulos estelares es desviar ligeramente el objeto de nuestro campo de visión, mirando a un lado del mismo en lugar de al centro de la imagen. De esta forma conseguimos estimular las partes más sensibles de nuestra retina, que nos aportarán una mayor información visual del objeto.

Las nebulosas

Diferentes tipos de nebulosas planetarias fotografiadas con el telescopio espacial Hubble. *A pesar de que en esencia todas responden a un mismo proceso, la extinción violenta de una estrella, las nebulosas planetarias presentan formas muy diversas, que ha dado origen a nombres peculiares: Anular de la Lyra, la Lechuza* (H. Bond/B. Balick/J. Trauger y R. Sahai).

El Nuevo Catálogo General (NGC) es rico en objetos difusos como las nebulosas galácticas. Antiguamente, el término nebulosa se aplicaba de manera genérica para clasificar numerosos objetos de aspecto no estelar, como M 42 en Orión, M 31 en Andrómeda y M 33 en la constelación del Triángulo. Ahora se sabe, en cambio, que estas dos son galaxias que están fuera de la Vía Láctea, por lo que ya no se las denomina nebulosas y este concepto sólo se utiliza para objetos difusos compuestos por gases y polvo.

Las nebulosas más pequeñas son las planetarias, que reciben esta denominación por su aspecto en forma de planeta aunque en realidad no tengan esa naturaleza. Se trata de halos gaseosos alrededor de estrellas en fase de extinción que se desprenden de su envoltorio. El aficionado tiene a su alcance ejemplos de relativo brillo como M 27, conocida como la nebulosa de Dumbell, en la constelación de Vulpecula, pero la mayor parte son esquivas y exigen una atenta búsqueda para localizarlas. Así ocurre con la Nebulosa Anular de la Lyra (M 57), de la novena magnitud, que tiene la forma de un pequeño anillo. El brillo de la estrella central de esta nebulosa es sumamente débil, ya que tiene una magnitud de 14,7, por lo que para verla es necesario un telescopio con abertura superior a los 300 milímetros.

Un nebulosa planetaria curiosa es el de la Lechuza (M97/NGC 3587), de magnitud 12, que se ve como un pequeño borrón a través del ocular del telescopio. Las fotografías de gran exposición muestran su verdadero aspecto, que guarda cierta similitud con el de la cabeza de una lechuza.

La nebulosa M 42, en Orión, que ya se ha citado en varias ocasiones, suele recibir los mayores elogios por parte de los observadores. No nos encontramos esta vez ante una nebulosa planetaria que nos muestra el fin de una estrella, sino todo lo contrario, ya que se trata de una nebulosa galáctica que es un auténtico nido de estrellas. Tanto M 42 como las demás nebulosas galácticas suelen estar asociadas a estrellas cercanas muy calientes, de las que habitualmente reflejan su intensa luz azul,

Nebulosa planetaria de Dumbell, clasificada por Charles Messier como M 27 en su catálogo de objetos difusos. Esta imagen nos muestra los momentos finales de la evolución de una estrella similar al Sol (IAC/RGO/David Malin *et al.*).

Nebulosa del Velo, también llamada Lazo del Cisne (NGC 6995 o IC 1340). Es el remanente de la explosión de una antigua supernova. Observatorio del Roque de los Muchachos (IAC/RGO/David Malin *et al.*).

Detalle de la nebulosa NGC 281, considerada un vivero de nuevas estrellas. Imagen en color real del telescopio Isaac Newton captada desde el Roque de los Muchachos (IAC/RGO/David Malin *et al.*).

Nebulosa de la Laguna (M8/NGC 6253) y nebulosa Trífida (M 20/NGC 6514). Ambas se encuentran en la constelación de Sagitario y forman uno de los tándems más bellos de la larga lista de objetos difusos que pueden observarse en el firmamento. El pasillo oscuro de la nebulosa de la Laguna es visible con telescopios, pero sólo las imágenes fotográficas muestran al observador su riqueza de colorido, al igual que ocurre en la nebulosa Trífida. Esta fotografía tiene 30 min de exposición y fue obtenida con un teleobjetivo de 200 mm de focal a f:5,6, en paralelo, y sobre película Kodak Panther procesada a 1 600 ISO (Francisco Catalá).

como en el caso de las que rodean a las estrellas del cúmulo de las Pléyades. Otras veces, en cambio, el propio gas de la nebulosa se excita por las radiaciones de las estrellas próximas y emite su propia luz.

Localizar M 42 en Orión es sumamente fácil, puesto que se ve sin ayuda óptica, y si la encuadramos en el campo de unos prismáticos obtendremos una magnífica visión: la nebulosa en el sector inferior y «las tres Marías» en la parte superior. Salvo en las latitudes más septentrionales de la Tierra, M 42 es visible para todos los observadores del mundo a excepción de la primera parte del verano.

Más al sur de la nebulosa de Orión se hallan la nebulosa de la Laguna (M 8) y la nebulosa Trífida (M 20), en una de las zonas de

Nebulosa de la Burbuja (NGC 7635). El viento de una estrella muy caliente ha formado esta burbuja de gas. Imagen en color real captada por el telescopio Isaac Newton de 2,5 m, perteneciente al Observatorio del Roque de los Muchachos, en la isla canaria de La Palma (IAC/RGO/David Malin *et al.*).

NGC 6914, una nebulosa formada por la reflexión de la luz estelar con distintos colores. La fotografía, captada en color real, se hizo desde el Roque de los Muchachos con el telescopio Isaac Newton, de 2,5 m (IAC/RGO/David Malin *et al.*).

mayor densidad estelar de la Vía Láctea. Propiamente ya llaman por sí mismas la atención del observador, especialmente en aspectos como el pasillo oscuro de M 8, pero lo mejor de ambas es el lugar en el que se hallan, que en su conjunto es de los más ricos de todo el firmamento por la diversidad de objetos que hay junto a ellas, desde estrellas múltiples hasta cúmulos estelares, como M 21, muy próximo a la nebulosa Trífida.

La observación de las densas nubes de estrellas de la Vía Láctea nos hará darnos cuenta de la existencia de zonas oscuras que contrastan con la gran mancha blanca de nuestra galaxia que atraviesa el firmamento. Dos de las más espectaculares áreas oscuras de este tipo que salpican la Vía Láctea han recibido el original nombre de Saco de Carbón en honor a su aspecto y color. Se trata de sendas nebulosas de polvo que oscurecen el cielo de manera espectacular, como si hubiera un agujero entre las estrellas.

El Saco de Carbón del hemisferio norte se halla en la constelación del Cisne, relativamente cerca de Deneb, la estrella más brillante del sector. Puede apreciarse como un gran manchón negro a simple vista, aunque con unos prismáticos mejoraremos el contraste respecto al fondo estrellado que la rodea.

Más espectacular todavía es el Saco de Carbón austral, que se halla en plena constelación de la Cruz del Sur. Se ha estimado su extensión en unos 70 años luz, que vista en el cielo ocupa 7 grados. A –65 grados de declinación, esta nube oscura de polvo no es visible para los observadores del hemisferio norte.

El Saco de Carbón del Sur figura entre las nebulosas oscuras más espectaculares de todo el cielo. La nube de polvo que forma rompe una de las áreas más densas de la Vía Láctea en las proximidades del polo celeste austral. Este objeto tiene una réplica de menor tamaño en el hemisferio boreal: el Saco de Carbón del Norte, que puede observarse en la constelación del Cisne (Joan Manuel Bullón).

Guía fotográfica de la Vía Láctea: una visión inédita de la galaxia

Estrellas, cúmulos y nebulosas en la obra de Edward Emerson Barnard

Las 25 excelentes imágenes que el lector podrá ver en las siguientes páginas constituyen una pequeña guía fotográfica de la Vía Láctea, nuestra galaxia, *la Galaxia*, de la que reproducen las regiones del firmamento de mayor interés para el observador. Todas las fotografías pertenecen al magnífico trabajo realizado a principios de siglo por el ilustre astrónomo norteamericano Edward Emerson Barnard, una de las autoridades de la época. En él, bajo el título *Atlas of Selected Regions of the Milky Way*, Barnard gestó una de las mejores colecciones fotográficas que se hayan hecho nunca sobre la Vía Láctea, hasta el punto de que en la actualidad, casi un siglo después, las imágenes se mantienen como uno de los más valiosos tesoros de la historia de la astrofotografía.

La inclusión de 25 fotografías de Barnard en esta obra se debe, en primer lugar, a la gentileza del Instituto Carnegie de Washington, editor del atlas en 1927 —cuatro años después de la muerte del astrónomo—, que ha autorizado amablemente su publicación en España por el interés de su difusión. Igualmente, al Observatorio Astronómico de la Universidad de Valencia se debe la procedencia de las imágenes originales que se reproducen aquí, y que permanecían celosamente conservadas en su biblioteca desde finales de los años veinte, cuando el Instituto Carnegie, fundado por Andrew Carnegie, distribuyó diversos ejemplares del atlas fotográfico por algunos observatorios astronómicos del mundo.

A diferencia del Atlas de las Estrellas, que reproduce con 54 mapas toda la bóveda celeste en esta misma obra, las próximas páginas no pretenden dar una orientación estricta de cada una de las partes de la Vía Láctea, sino simplemente poner al alcance del lector la visión de zonas de especial interés por su riqueza astronómica y la calidad de las imágenes. Cada una de las fotografías está acompañada de la oportuna descripción de los principales objetos de interés, al tiempo que se informa de la carta celeste del Atlas del Firmamento que se corresponde con la región que aparece en la imagen, con el fin de que el obsevador pueda estudiarla directamente.

Una consideración final: es posible que a algunos lectores sorprenda el hecho de que las 25 imágenes sean en blanco y negro. Sin duda, las fotografías en color tienen un gran atractivo por su riqueza cromática, pero difícilmente pueden lograrse con ellas los mismos matices de utilidad científica que con la película en blanco y negro, como bien saben los astrofotógrafos avanzados. Los contrastes de la Vía Láctea que llenan las fotos de Barnard y, en especial, el sinfín de nebulosas oscuras que pueden verse en ellas, no hubieran aparecido con la misma resolución en color que en blanco y negro, y este dato debe ser tenido en cuenta en la actualidad por quienes deseen introducirse en la astrofotografía. Lógicamente, el hecho de que las imágenes sean en blanco y negro también se debe a la época en que fueran realizadas, pero el uso de este tipo de películas en astrofotografía sigue plenamente vigente en la actualidad.

Las fotos fueron hechas por Barnard con el telescopio fotográfico Bruce. Algunas de ellas se tomaron desde el observatorio de Yerkes, de la Universidad de Chicago, pero la mayor parte corresponden el observatorio de Monte Wilson, en California, al que se transportó dicho telescopio con el fin de fotografiar desde allí los sectores más australes de la Vía Láctea, ya que su latitud sólo es ligeramente superior a 34° norte.

CÚMULOS ESTELARES EN PERSEUS Y CASSIOPEIA.
La frontera que divide las constelaciones de Cassiopeia y Perseus (Carta 03) es rica en cúmulos estelares abiertos que no destacan a simple vista y constituyen una excelente referencia para orientar hacia ellos un telescopio. Los dos cúmulos del cuadrante superior derecho son NGC 1027 y NGC 1805, que está envuelto por una nebulosa galáctica difusa. En la zona central destaca el contraste entre las brillantes agrupaciones de estrellas y las áreas oscuras que la rodean en una de las visiones clásicas a las que el observador puede asistir si recorre la Vía Láctea con unos prismáticos o un telescopio con pocos aumentos. El cúmulo estelar abierto que se ve en este sector, también envuelto en una nebulosidad, es NGC 1848. La imagen, con una exposición de 5 h y 15 min, fue tomada en diciembre de 1907 con el telescopio fotográfico Bruce del Observatorio Astronómico de Yerkes (Edward Emerson Barnard/Carnegie Institution of Washington).

NEBULOSAS OSCURAS EN PERSEUS Y TAURUS.
Al norte del famoso cúmulo de las Pléyades, el firmamento alberga excelentes ejemplos de nebulosas oscuras en torno a la estrella doble Omicron (o) Persei (Carta 12), que es la segunda más brillante de la fotografía. La pequeña mancha difuminada que destaca en la parte superior de la fotografía es NGC 1333, una nebulosa de novena magnitud y aproximadamente 7 minutos de diámetro angular. A la derecha de la misma, en todo el sector que bordea la imagen puede apreciarse un fino velo, que es el resplandor de las nebulosidades que rodean al cúmulo de las Pléyades, que a pesar de que no aparece en el encuadre extiende hasta su interior sus grandes ramificaciones. Fotografiada con 6 h y 41 min de exposición en el observatorio Yerkes en noviembre de 1914.(Edward Emerson Barnard/Carnegie Institution of Washington).

REGIÓN DE LAS PLÉYADES

Tomada desde el observatorio de Monte Wilson, esta fotografía muestra a las Pléyades (carta 12 y carta especial A01), el más famoso cúmulo estelar abierto del cielo, con sus estrellas principales recubiertas por las nebulosas primigenias. Todas las estrellas del grupo son jóvenes y calientes, en su mayor parte de color azul, y se hallan a 410-415 años luz del Sol. Los componentes más brillantes del enjambre son Pleione (arriba) y Atlas **(abajo)**, *Alcyone, Merope, Asterope, Maia, Taygete, Electra y Celeno. El cúmulo (M 45) se halla en la constelación de Taurus, y para observarlo es aconsejable utilizar sólo de 20 a 25 aumentos o unos prismáticos potentes. Las fotografías de larga exposición revelan la nebulosidad, que ya a simple vista se intuye. Exposición de 3 h y 48 min efectuada en septiembre de 1905* (Edward Emerson Barnard/Carnegie Institution of Washington).

PASILLOS OSCUROS EN TAURUS.
El sector de la fotografía abarca los espectaculares pasillos oscuros de la Vía Láctea en la constelación de Taurus, al este de las Pléyades y al norte de las Híades (carta 12). Justo arriba del centro aparece la pequeña nebulosa I 359, que brilla sobre el fondo negro del principal núcleo de oscuridad de la imagen, del cual parte una ramificación hacia abajo a la derecha, similar a las que pueden verse en el extremo lateral derecho. Arriba a la izquierda de I 359 está NGC 1514, una débil nebulosa planetaria de aspecto puntual. El propio Barnard destacó esta fotografía como una de las más importantes de su colección sobre la Vía Láctea, por las evidencias que aportaba acerca de la existencia de materia oscura en el espacio. Obtenida en enero de 1907 desde el observatorio de Yerkes con una exposición de 5 h y 29 min (Edward Emerson Barnard/Carnegie Institution of Washington).

LA VÍA LÁCTEA EN ORIÓN.

La estrella más brillante que aparece, abajo a la derecha, en esta fotografía es Bellatrix, Gamma (γ) Orionis. La imagen abarca el sector noroeste de la constelación de Orión (carta 25), del que destacan en el centro las estrellas Lambda (λ) Orionis —la segunda en brillo de la fotografía— y debajo de ella la binaria Phi (ϕ) Orionis. La principal nebulosa oscura se halla en la parte superior, aunque el constraste respecto a las estrellas de su alrededor no es perceptible a simple vista y únicamente lo desvelan las imágenes fotográficas. A la izquierda de Phi (ϕ) Orionis está, aunque sólo se ve como una diminuta estrella, la nebulosa planetaria NGC 2022. Esta imagen fue captada en enero de 1906 desde el Observatorio Yerkes con 2 h y 6 min de exposición (Edward Emerson Barnard/Carnegie Institution of Washington).

CÚMULOS ABIERTOS EN AURIGA.

La constelación de Auriga alberga varios espectaculares cúmulos abiertos, entre ellos M 37 (NGC 2099), que aparece en el centro de la imagen. El sector de la fotografía, que se corresponde con la carta 13 del Atlas del Firmamento, fue objeto de especial atención para poner de manifiesto las sutiles líneas oscuras que interrumpen los campos estelares en el entorno de M 37. Precisamente, uno de los grandes méritos de este retrato de la Vía Láctea en Auriga conseguido por Barnard estriba en el equilibrio de la exposición, que ha permitido destacar una gran parte de las estrellas del sector sin sobreexponer por exceso de luz el cúmulo M 37 en el centro de la misma. Arriba a la derecha puede verse M 36, otro de los hermosos cúmulos abiertos de Auriga. Exposición de 1 h y 30 min realizada desde el observatorio de Monte Wilson en marzo de 1905 (Edward Emerson Barnard/Carnegie Institution of Washington).

M 35 EN GEMINI.

Sin duda, uno de los cúmulos estelares abiertos más hermosos y fáciles de observar del hemisferio boreal es M 35 (NGC 2168) —carta 13— en la constelacion de Gemini. Con un tamaño angular de 40 min, se han contabilizado en él más de 120 estrellas, ya que se trata de un objeto celeste asequible para todo tipo de telescopios. Si se observa con atención el sector podrá apreciarse justo abajo a la derecha de M 35 otro cúmulo estelar abierto, y a la derecha de éste otro todavía más diminuto. Ambos son, respectivamente, NGC 2158 e I 2157. En el margen izquierdo, un poco abajo del centro, se halla la nebulosa galáctica difusa I 443. El sector de la fotografía se corresponde con la parte de Gemini opuesta a la que ocupan Cástor y Pólux, las dos estrellas más brillantes y conocidas de la constelación. Con 50 minutos de exposición, esta fotografía fue obtenida desde Monte Wilson en marzo de 1905 (Edward Emerson Barnard/Carnegie Institution of Washington).

NEBULOSAS DE GEMINI.
Justo al sur de M 35, en el sector inferior derecho de la fotografía, se encuentra la espectacular nebulosa galáctica NGC 2174/2175, que ocupa una extensión angular de casi 30 min y un brillo de séptima magnitud. Esta imagen, que abarca la región del cielo plasmada en la carta 13 del Atlas, también recoge arriba a la izquierda del centro la nebulosa I 443. El encuadre, sin embargo, tiene dos invitados de excepción, el más importante de los cuales aparece como un trazo difuminado en la parte izquierda, aproximadamente a la mitad de la fotografía: se trata del cometa Giacobini (1905 III), descubierto por el astrónomo del que lleva su nombre. A 8 mm a la izquierda del trazo cometario y a 114 del margen superior de la fotografía se ve como un punto al segundo invitado: el planeta Neptuno. Tomada en abril de 1905 desde Monte Wilson. Exposición de 2 h (Edward Emerson Barnard/Carnegie Institution of Washington).

NUBES GALÁCTICAS EN SCORPIUS Y LIBRA.
Las dos estrellas que brillan con espectacularidad en esta imagen son Delta (δ) Scorpii ***(arriba)*** *y Pi (π) Scorpii* ***(abajo)****. El sector está representado en la carta 42 del Atlas y se halla al oeste de la brillante estrella Antares, que no aparece en la fotografía. Para recoger el fino velo nebuloso que impregna la placa fotográfica y que une tortuosamente las dos estrellas referidas fueron necesarias casi nueve horas de exposición repartidas en dos noches diferentes. El sector derecho de la imagen corresponde a la constelación de Libra, donde la Vía Láctea pierde densidad respecto a las espectaculares regiones vecinas de Scorpius. La fotografía fue tomada desde el Observatorio de Monte Wilson en abril de 1905, con 8 h y 40 min de duración. Se trata de la placa fotográfica de la Vía Láctea que más tiempo de exposición exigió* (Edward Emerson Barnard/Carnegie Institution of Washington).

REGIÓN DE NU SCORPII.
La región del cielo en la que destaca la estrella Nu (ν) Scorpii es la que representa a la cabeza del Escorpión, en la constelación del mismo nombre (carta 42). La estrella está inmersa en una magnífica nebulosa galáctica brillante (I 4592) extendida por gran parte del sector, y forma parte de una de las regiones de la Vía Láctea más atractivas del cielo austral, aunque visible desde las latitudes medias del hemisferio norte. La propia Nu (ν) Scorpii es una estrella sumamente interesante porque se trata de una binaria espectroscópica, es decir, que su compañera no es visible ópticamente y se conoce su existencia gracias al estudio de su espectro. La estrella más brillante de la derecha es Graffias o Beta (β) Scorpii, una binaria cuyos componentes tienen una separación angular de más de 13". A la izquierda, la pequeña nebulosa que rodea a dos estrellas es I 4601. Fotografía hecha en el observatorio de Monte Wilson en abril de 1905 con una exposición de 4 h y 55 min (Edward Emerson Barnard/Carnegie Institution of Washington).

GRAN NEBULOSA DE RHO OPHIUCHI.

El sector de esta fotografía (carta 42) muestra una de las regiones más extraordinarias del firmamento. El objeto que aparece en el centro es la estrella Rho (ρ) Ophiuchi, rodeada de una excepcional nebulosa brillante (I 4604) compuesta por gas y polvo. La belleza de esta zona del cielo se debe a la riqueza y contraste entre los diferentes objetos y estrellas que guarda, como el increíble sendero oscuro que en el lado izquierdo de la imagen ha dejado la Vía Láctea vacía de estrellas. A su derecha está I 4605, otra nebulosa brillante que rodea a una estrella múltiple, y bajo ella está la supergigante Antares. Formando con ésta un triángulo escaleno podemos ver dos cúmulos globulares: NGC 6144 y M 4 (NGC 6121). A la derecha de Rho (ρ) Ophiuchi, ligeramente arriba del centro, está M 80 (NGC 6093), otro cúmulo globular. La fotografía, una de las que mejor sintetiza la diversidad de la Vía Láctea, se obtuvo en abril de 1905 desde Monte Wilson con una exposición de 4 h y 30 min (Edward Emerson Barnard/Carnegie Institution of Washington).

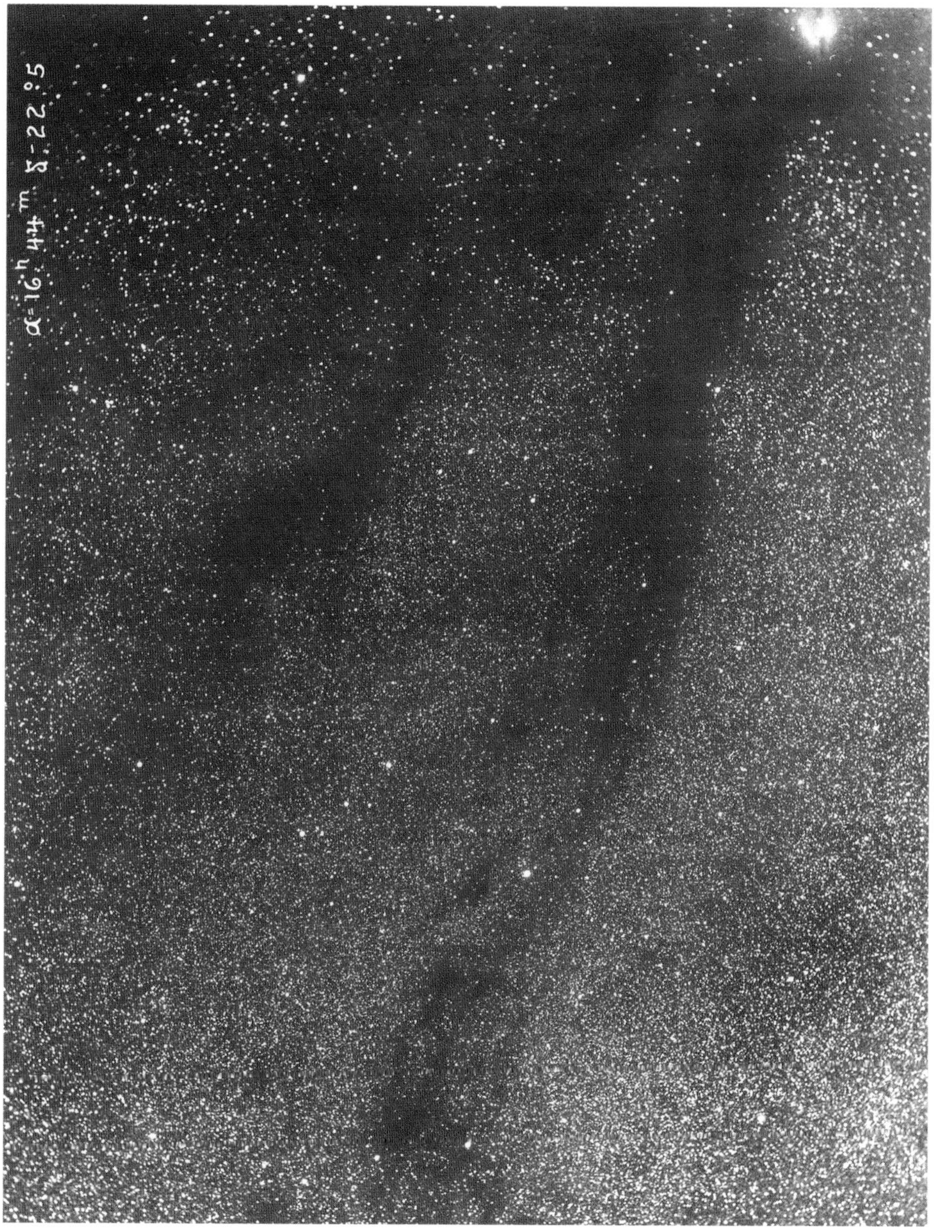

SENDEROS DE POLVO EN OPHIUCHUS.
Esta fotografía, que se corresponde con las cartas 42 y 43 del Atlas del firmamento, centra su atención en los enormes senderos de polvo que oscurecen la Vía Láctea en las inmediaciones de Rho (ρ) Ophiuchi. Desde la nebulosa I 4605 que aparece arriba a la derecha hasta que esta región del cielo se disgrega abajo nuevamente en estrellas, el gran pasillo oscuro abarca más de seis grados. Justamente en el punto en que el sendero vuelve a estar poblado de estrellas se observa, abajo del centro, el cúmulo globular NGC 6235. También abajo a la derecha del mismo, la placa fotográfica recoge, aunque apenas se perciben, otros dos cúmulos globulares: NGC 6287 y NGC 6284. Obtenida en junio de 1905, desde el observatorio de Monte Wilson, mediante una exposición de 3 h (Edward Emerson Barnard/Carnegie Institution of Washington).

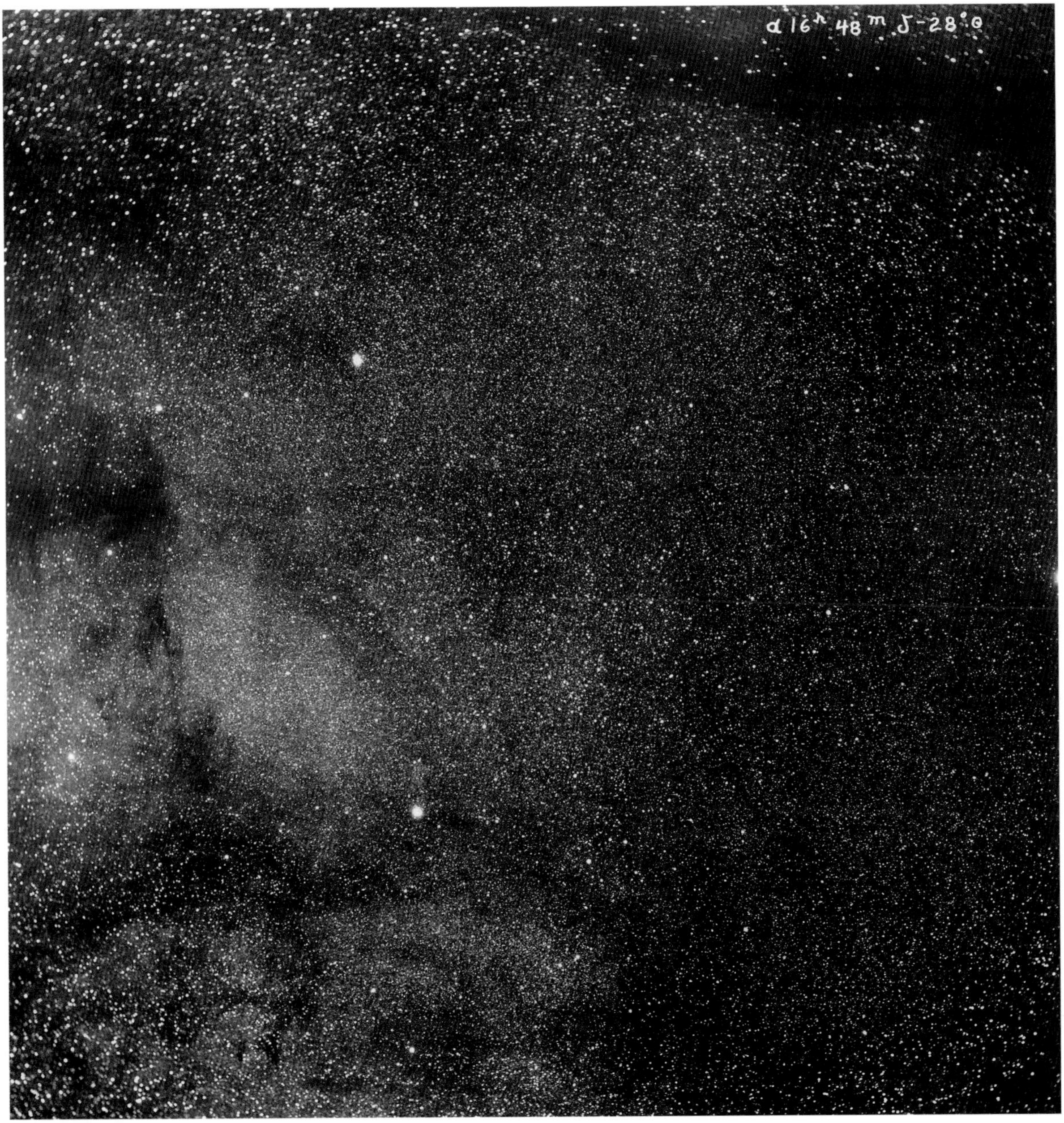

CÚMULOS GLOBULARES EN OPHIUCHUS.
La región que abarca la fotografía tiene como centro la divisoria entre las constelaciones de Ophiuchus, a la izquierda, y Scorpius, que está a la derecha. En esta zona (carta 42) no destaca ninguna estrella en particular, y lo más llamativo son las uniformes miríadas estelares que la llenan y la congregación de cinco cúmulos globulares que se da en el sector de Ophiuchus. Los más destacados son M 19 (NGC 6273), que aparece arriba a la izquierda del centro de la imagen, y M 62 (NGC 6266), que está abajo y se ve con un aspecto muy similar al del primero. Más difusamente, casi oculto por la densa nube de estrellas del plano galáctico, asoma NGC 6304, y encima de él, unidos por una línea recta imaginaria que va hacia arriba y ligeramente a la derecha, NGC 6293 y NGC 6284 completan el grupo de cúmulos globulares. Fotografía hecha en el observatorio de Monte Wilson en mayo de 1905, con una exposición de 3 h y 42 min (Edward Emerson Barnard/Carnegie Institution of Washington).

CONDENSACIONES ESTELARES EN OPHIUCHUS.
A excepción de NGC 6304, los cúmulos globulares que han sido descritos en la fotografía anterior aparecen en ésta abarcando su conjunto una gran parte de la zona central de la imagen, que se corresponde con la carta 43 del Atlas. NGC 6235 (arriba a la izquierda), NGC 6284 (arriba derecha), M 19NGC 6273 (abajo derecha) y NGC 6293 (debajo del centro) forman un raro trapecio desde cuyo interior arranca un gran pasillo oscuro que rompe abruptamente la Vía Láctea en Ophiuchus y se dirige a la vecina constelación de Sagittarius. Toda la zona inferior destaca por la presencia de minúsculas condensaciones de estrellas de la Vía Láctea, anotadas por Barnard por su similitud con cúmulos estelares a pesar de que no están catalogados como tales. Con 4 h y 33 min de exposición, esta fotografía fue tomada desde el observatorio de Monte Wilson en junio de 1905 (Edward Emerson Barnard/Carnegie Institution of Washington).

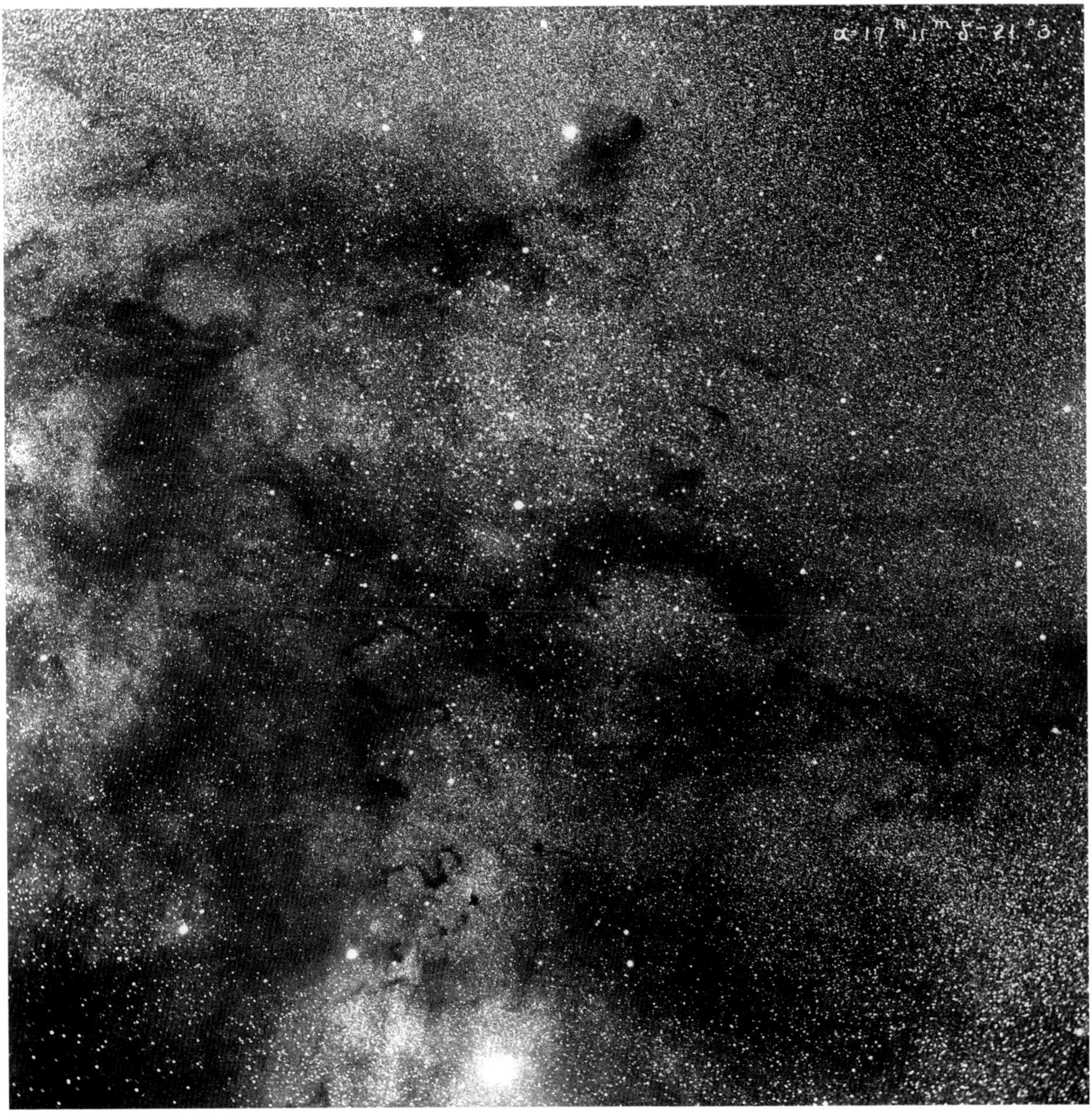

REGIÓN NORTE DE THETA OPHIUCHI.
La estrella Theta (θ) Ophiuchi (carta 43) aparece en el centro del margen inferior de la fotografía, cuyo objetivo fue captar las irregulares y caprichosas formas de las numerosas nebulosas oscuras existentes en todo el sector situado al norte de la citada estrella. Toda la parte central de la imagen está llena de este tipo de nebulosidades, pero la más curiosa es la que se observa en el área superior, ya que se encuentra justo al lado del cúmulo globular M 9 (NGC 6333). El encuadre de la imagen se hizo de tal forma que en ella confluyeran parcialmente determinados sectores de interés que ya aparecen en algunas de las fotografías anteriores, como las ramificaciones del área de Nu (ν) Scorpii y las de Rho (ρ) Ophiuchi. La placa original data de mayo de 1905, tiene 3 h y 30 min de exposición y se hizo en el observatorio de Monte Wilson (Edward Emerson Barnard/Carnegie Institution of Washington).

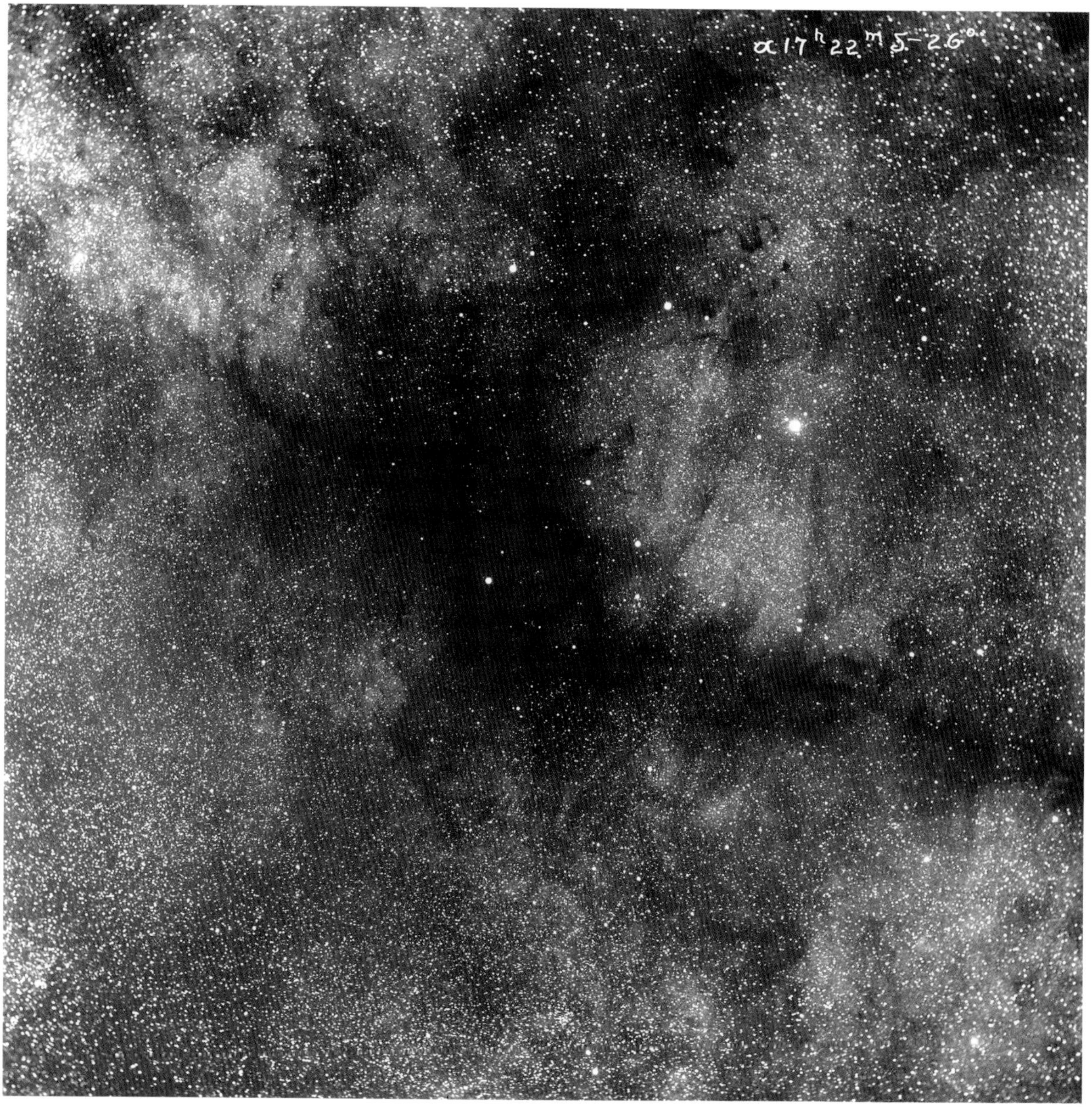

FORMAS LUMINOSAS EN EL PASILLO OSCURO DE OPHIUCHUS.
La zona fotografiada aquí coincide por el este con la de la imagen anterior, por lo que también se corresponde con la carta 43 del Atlas del firmamento. Barnard hizo esta exposición con una mayor duración con el fin de que la placa permitiera reconocer algunas de las formas luminosas que flanquean todo el pasillo oscuro del centro, que se encuentra situado al este de la estrella Theta (θ) Ophiuchi, que es el punto más brillante de todo el encuadre. Dos estrellas muy similares en brillo destacan en la ramificación superior del sendero de oscuridad, y formando un triángulo escaleno con ellas, prácticamente en mitad del pasillo, hay un pequeño puntito. Este objeto celeste es la nebulosa planetaria NGC 6369, uno de los miles de objetos que dentro del Nuevo Catálogo General suelen pasar desapercibidos para el astrónomo aficionado. Fotografía de 4 h y 45 min de duración. Monte Wilson, junio de 1905 (Edward Emerson Barnard/Carnegie Institution of Washington).

SERPENS Y SAGITTARIUS.
Esta preciosa fotografía está centrada en el extremo de la constelación de Sagittarius que linda con la de Serpens Cauda (Ser$_2$), que se corresponde con la carta 43 del Atlas. El objeto celeste más interesante es el cúmulo estelar abierto M 23 (NGC 6494), que está debajo del centro y es fácil de observar con unos prismáticos por el brillo de sus estrellas y gran tamaño. Arriba a la izquierda de él hay otro cúmulo abierto, en este caso mucho más pequeño, pero al alcance de un pequeño telescopio. Se trata del objeto clasificado como NGC 6507, a cuya derecha y formando un triángulo con M 23 encontramos una espectacular nebulosa oscura que tiene una débil estrella de la novena magnitud en el centro. Fotografiada desde el observatorio de Monte Wilson en julio de 1905. Exposición: 4 h y 10 min (Edward Emerson Barnard/Carnegie Institution of Washington).

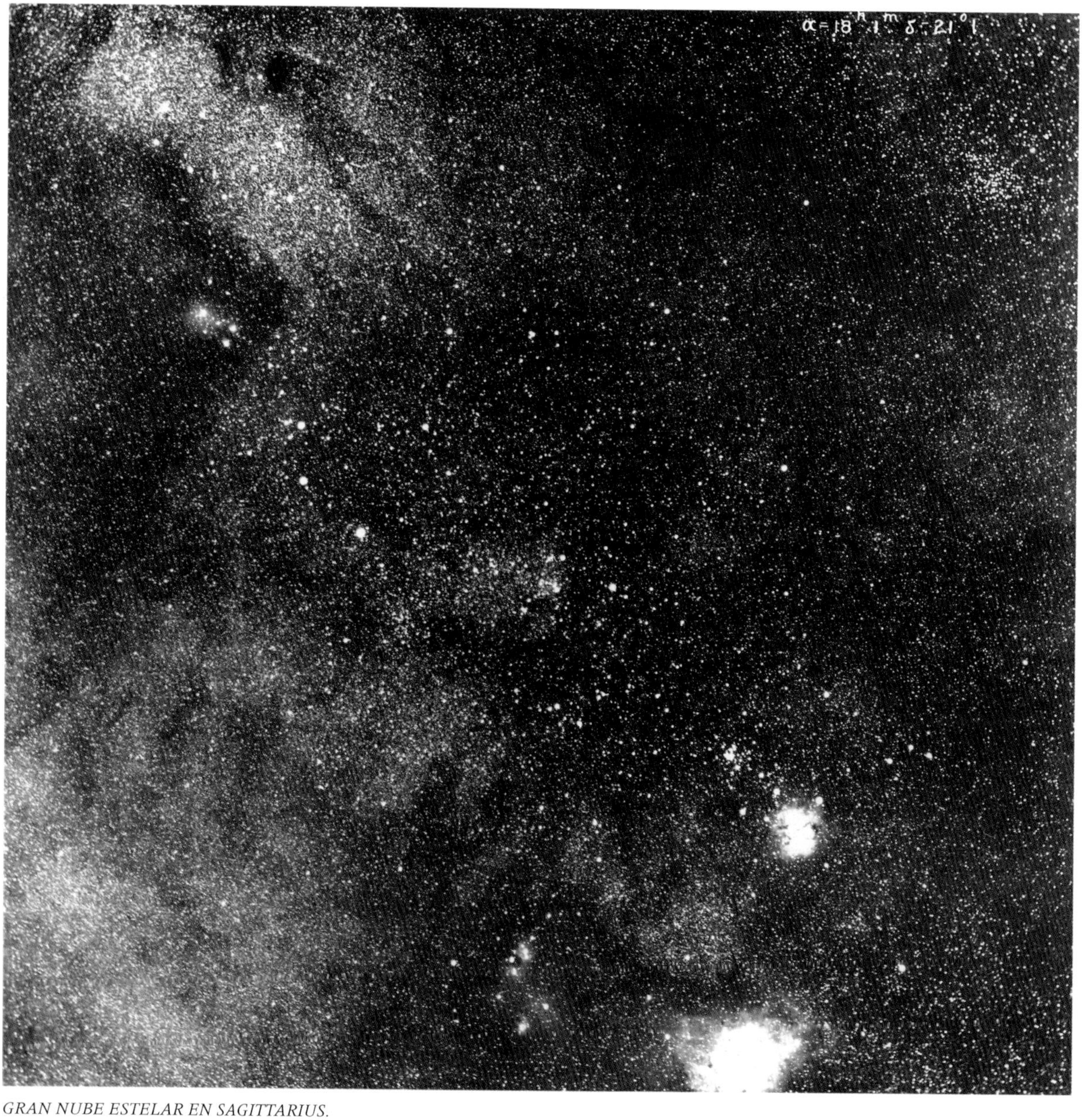

GRAN NUBE ESTELAR EN SAGITTARIUS.
En una de las zonas más espectaculares de toda la Vía Láctea (carta 43), esta imagen reúne numerosos objetos celestes de gran interés, reunidos en la constelación de Sagittarius. En la parte superior izquierda se observa una de las mayores nubes estelares que podemos ver de nuestra galaxia, cuya forma adquiere matices sobrenaturales al estar jalonada por sendas nebulosas oscuras. Como si fuera un río, el caudal de estrellas se precipita serpenteando hacia el sector central de la fotografía, en el que se comunica con los cúmulos abiertos NGC 6583 y NGC 6568. El río estelar va a parar después, abajo a la derecha, al sector que ocupan dos de las nebulosas australes más famosas, que lo son porque su declinación permite observarlas desde las latitudes medias del hemisferio boreal. M 20 (NGC 6514) es la pequeña, a la que se conoce como nebulosa Trífida, y M 8 (NGC 6523) es la grande de abajo, popularmente llamada nebulosa de la Laguna. Desde Monte Wilson, la imagen se logró en julio de 1905 con 4 h de exposición. Ambas se observan en detalle en la siguiente fotografía (Edward Emerson Barnard/Carnegie Institution of Washington).

NEBULOSA TRÍFIDA Y NEBULOSA DE LA LAGUNA.
En esta imagen se aprecia la clásica visión del firmamento cuando dirigimos nuestra mirada hacia la constelación de Sagittarius (carta 43), que para los observadores del hemisferio norte siempre descansa a escasa altura por encima del horizonte sur, por el que se pierden las densas nubes de estrellas de la Vía Láctea, como la que llena la mitad inferior de la fotografía. Arriba del todo está la nebulosa Trífida (M 20/NGC 6514) y debajo de ella la nebulosa de la Laguna (M 8/NGC 6523). En ésta, los telescopios pequeños ya permiten observar el gran pasillo oscuro que la atraviesa, pero no se aprecia en esta imagen por efecto de la sobreexposición. Abajo a la izquierda de M 8 está el cúmulo globular NGC 6544, también accesible para los telescopios del aficionado, y en el margen inferior derecho, dentro de la nube estelar principal sobresale el pequeño cúmulo abierto NGC 6520, y junto a él una diminuta nebulosidad oscura. Se tomó en julio de 1905 en Monte Wilson con 4 h y 5 min de exposición (Edward Emerson Barnard/Carnegie Institution of Washington).

CÚMULO GLOBULAR M 22.

Aproximadamente a –23,5° de declinación, en la constelación austral de Sagittarius (carta 43), está el espectacular cúmulo globular M 22 (NGC 6656), el tercero más brillante del firmamento y, probablemente, el de más fácil observación por la comodidad con la que se resuelven sus estrellas mediante un telescopio pequeño, ya que es de quinta magnitud y tiene un diámetro angular de 25 minutos. Este objeto, que sobresale de forma notable en la fotografía, encierra más de medio millón de estrellas. A la derecha del centro de la fotografía tenemos otro objeto Messier: M 28 (NGC 6626), un cúmulo globular más pequeño que M 22 y con estrellas más difíciles de separar pero que llama la atención por su forma compacta. La fotografía fue hecha en el Observatorio de Monte Wilson en junio de 1905 con 3 h y 18 min de exposición (Edward Emerson Barnard/Carnegie Institution of Washington).

NEBULOSA OMEGA Y NEBULOSA DEL ÁGUILA.
Los objetos celestes reunidos en esta imagen están repartidos entre las constelaciones de Scutum, Aquila, Sagittarius y Serpens Cauda (cartas 31 y 43). En la parte superior se hallan muy juntos el cúmulo abierto NGC 6649 (arriba del todo) y la nebulosa galáctica brillante I 1287. Debajo de ambos se extiende el gran manchón blanco de la Vía Láctea que comparten Scutum, Sagittarius y Serpens Cauda, y a su derecha, los dos objetos más interesantes de la imagen. El de abajo es la nebulosa Omega (M 17/NGC 6618), accesible a los telescopios del aficionado, al igual que el objeto que se halla arriba de la misma, M 16 (NGC 6611) o nebulosa del Águila, que rodea a un cúmulo estelar abierto. Debajo del centro de la imagen aparece el cúmulo estelar abierto NGC 6645. Foto obtenida en Monte Wilson en julio de 1905 con una exposición de 3 h y 52 min (Edward Emerson Barnard/Carnegie Institution of Washington).

CÚMULOS ABIERTOS EN SCUTUM.
Tres bellos cúmulos estelares abiertos son protagonistas de esta imagen de la constelación de Scutum (carta 31), una de las menos conocidas de todo el cielo. Centrado en el sector superior del encuadre está NGC 6624, justo a la izquierda de la estrella Alfa (α) Scuti, y abajo a la izquierda de él se halla M 26 (NGC 6694), más compacto y de magnitud 9,3. Con ambos forma un triángulo —arriba a la derecha del centro— un tercer cúmulo abierto: NGC 6649, junto al cual puede observarse la nebulosa I 1287. Aunque no entra en el sector, en la parte superior izquierda de la fotografía se ven las ramificaciones de la nube estelar en la que se halla el cúmulo M 11 (NGC 6705). Obtenida en Monte Wilson con 5 h de exposición en agosto de 1905 (Edward Emerson Barnard/Carnegie Institution of Washington).

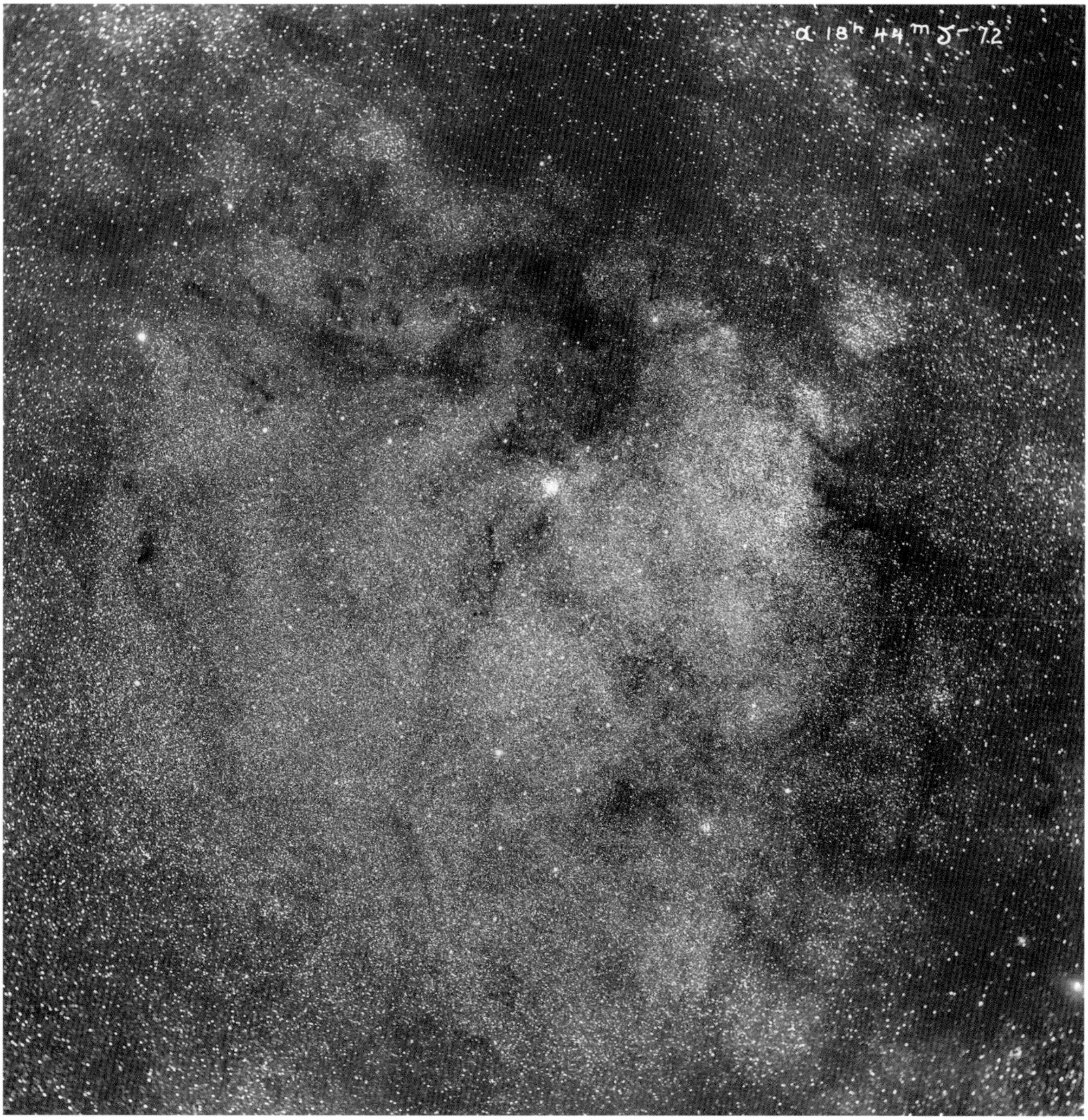

GRAN NUBE ESTELAR EN SCUTUM.
Ocupando casi las tres cuartas partes de la fotografía se extiende la gran nube de estrellas de la Vía Láctea que recorre la constelación de Scutum (carta 31). Si las nebulosas de polvo no estuvieran presentes, la densidad de la nube abarcaría toda la imagen, en cuyo centro aparece el cúmulo estelar abierto M 11 (NGC 6705). Este pequeño enjambre de estrellas tiene la magnitud 6,3, por lo que puede vislumbrarse a simple vista en el cielo en noches con excelentes condiciones atmosféricas. Debajo de M 11, la placa fotográfica revela sumergido en el océano de estrellas otro cúmulo, en este caso globular: NGC 6712. A la derecha de él está M 26 (NGC 6694), cúmulo ya citado en la descripción de la fotografía anterior. Exposición de 5 h y 30 min realizada en julio de 1905 desde Monte Wilson (Edward Emerson Barnard/Carnegie Institution of Washington).

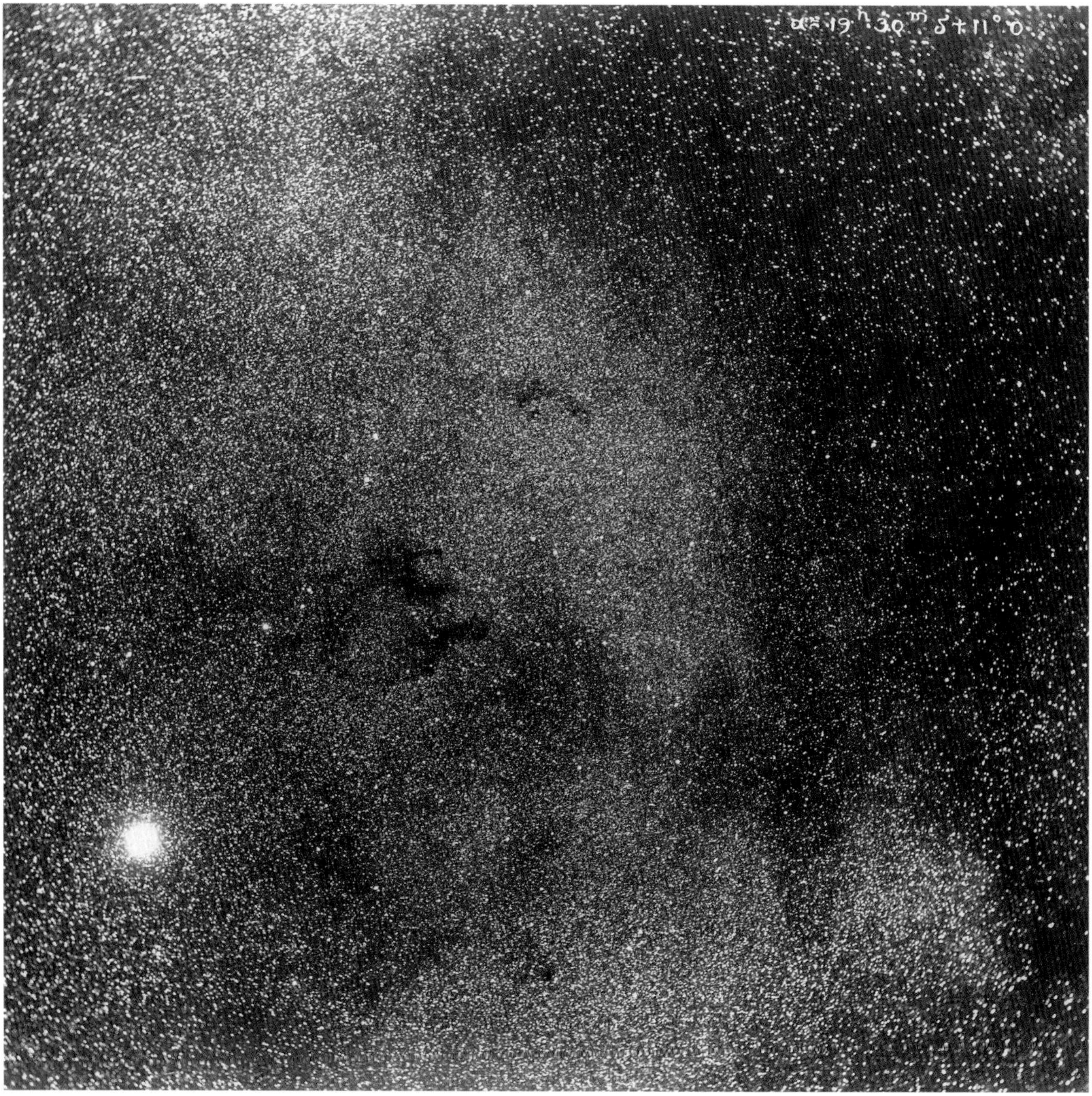

REGIÓN DE ALTAIR.
Con una magnitud de 0,9, Altair es la duodécima estrella más brillante del cielo. Además de su hermoso nombre propio, se la conoce también como Alfa (α) Aquilae. Su intenso resplandor destaca abajo a la izquierda de la fotografía, que muestra la Vía Láctea en la constelación de Aquila, donde la notable densidad de estrellas no llega a alcanzar la riqueza de Sagittarius. Arriba a la derecha de Altair, las nebulosas oscuras forman estratos de un raro aspecto y junto a ellas está la estrella Tarazed, de magnitud 2,7. En la zona central, a la derecha de Altair y Tarazed, las grandes nubes estelares de nuestra galaxia ocultan a la vista las nebulosas planetarias NGC 6803 y NGC 6804. Imagen de agosto de 1905 tomada en Monte Wilson mediante una exposición de 4 h y 5 min (Edward Emerson Barnard/Carnegie Institution of Washington).

REGIÓN DE CEPHEUS.
El sector central de esta fotografía, que se corresponde con la carta 09 del Atlas del firmamento, está ocupado por la extraordinaria nebulosa galáctica I 1396 y el cúmulo estelar que alberga en su interior. El conjunto que forman ambos está rodeado de extensas bandas de polvo que ocultan la Vía Láctea en uno de los mejores contrastes celestes que pueden observarse en las constelaciones próximas al polo norte, como es el caso de Cepheus. A la derecha de I 1396 llama poderosamente la atención el sinuoso pasillo oscuro que recorre el sector central en forma de zigzag. La espectacularidad de estos contrastes compensa aquí la menor densidad de estrellas que la Vía Láctea muestra en las constelaciones más septentrionales. Fotografía realizada en el Observatorio de Monte Wilson en septiembre de 1905 con una exposición de 4 h y 47 min (Edward Emerson Barnard/Carnegie Institution of Washington).

Preguntarse qué ocurrió antes del *Big Bang* es como preguntarse por un punto situado un kilómetro al norte del polo norte. La magnitud que medimos como tiempo tuvo un principio, pero eso no significa que el espacio-tiempo tenga un límite, lo mismo que la Tierra no tiene un límite en el polo norte. Al menos eso es lo que me han dicho; personalmente, yo no he estado nunca allí.

Stephen Hawking

El universo extragaláctico

CAPÍTULO 5

El «Big Bang» y el origen del Universo

Esquema del módulo orbital Columbus proyectado por la Agencia Espacial Europea (ESA).

El doble acontecimiento científico, casi simultáneo en el tiempo, protagonizado por el descubrimiento de la existencia de otras galaxias más allá de la Vía Láctea y la formulación de la teoría de la Relatividad modificó por completo la idea del hombre sobre el universo. Hasta los años viente se pensaba que los límites del espacio eran inmutables y los marcaba la Vía Láctea, pero la Relatividad de Einstein y el descubrimiento de la naturaleza extragaláctica de Andrómeda (M 31) por parte de Edwin Powell Hubble obligaron a revisar los modelos cosmológicos de la época, basados en un universo estático. Los resultados de Einstein enarbolaban una idea del tiempo y el espacio mucho más compleja que la que nos permite tener la vida cotidiana, y los cálculos de Hubble multiplicaron las distancias cósmicas, que dejaron de medirse en miles de años luz y tuvieron que cifrarse en miles de millones de años luz.

Además de ello, la propia observación de las ciudades estelares que, como la nuestra, se hallan repartidas por el espacio sirvió también para comprobar que tienden a alejarse unas de otras, como si el Universo estuviera inflándose igual que un globo. Durante las décadas siguientes a ambos hallazgos, el curso de los estudios cosmológicos derivó en el nacimiento de una nueva teoría, postulada entre otros por Georges Lemaître y George Gamow, en la que se establecía que el Universo está en constante expansión desde que hace unos 15 000 millones de años tuvo su origen en una gran explosión. A aquel suceso se le ha denominado el *Big Bang* (la Gran Explosión), nombre que se ha utilizado también para el modelo cosmológico en el que se sustenta la teoría, cuyos defensores son mayoría aplastante entre la comunidad científica.

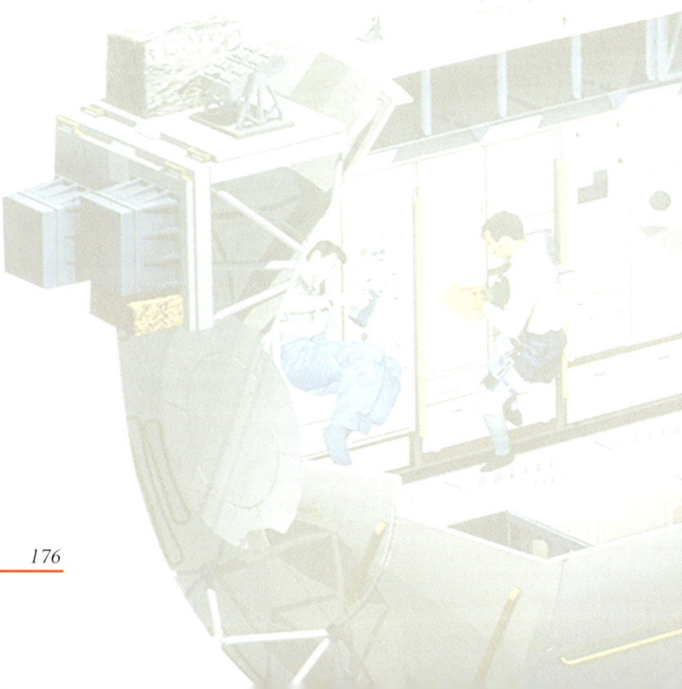

Paradójicamente, como ya se ha subrayado antes, el autor involuntario del nombre del modelo fue su principal detractor, Fred Hoyle. Él, Hermann Bondi y Thomas Gold formularon en la década de los cincuenta otra hipótesis sobre el origen del Universo, a la que se denominó teoría del Estado Estacionario, que a diferencia del modelo del *Big Bang* defiende un cosmos sin principio ni fin en el que la materia se crea de manera continua.

Instrumentos para el estudio del fondo cósmico de microondas, en el Observatorio del Teide, en la isla de Tenerife (IAC).

Aunque nada definitivo ha permitido quitar la razón a Hoyle, es cierto que casi de forma continua la teoría del *Big Bang* obtiene pruebas a su favor. La más reciente ha sido la corroboración de la existencia de la radiación cósmica de fondo, algo así como el eco de la formidable explosión ocurrida hace 15 000 millones de años, que se ha detectado en forma de una reverberación en el espacio.

Aunque las investigaciones cosmológicas han ido estrechando el cerco en contra de la teoría del Estado Estacionario, paralelamente se han abierto nuevos interrogantes acerca de la naturaleza del Universo. Uno de los más importantes es el relativo a la materia oscura, ya que las ecuaciones cósmicas dan a entender que el espacio conocido únicamente concuerda con un 20% de la masa real del Universo, es decir, que únicamente vemos de él alrededor de una quinta parte. El resto lo forman cosas que quedan ocultas a nuestros ojos, pero no porque estén fuera del alcance de los telescopios por su lejanía, sino porque no son visibles.

La galaxia NGC 891. Se trata de una galaxia espiral como la Vía Láctea, pero su aspecto obedece a que se halla de canto desde nuestra perspectiva visual. Imagen del telescopio Isaac Newton desde el Roque de los Muchachos (IAC/RGO/David Malin *et al.*).

Clases de galaxias

Galaxia M 81 (NGC 3031), en la constelación de la Osa Mayor, una de las espirales más hermosas que existen. Imagen en color real obtenida con el telescopio Isaac Newton, de 2,5 m de diámetro, en el Roque de los Muchachos (IAC).

En la Tierra y en el cielo las formas de la naturaleza tienen entre sus principales protagonistas a la espiral. Las nubes que se arremolinan arrastradas por una borrasca muestran un asombroso parecido con millones de galaxias visibles en cualquier región del firmamento. Si algún ser de un mundo situado a millones de años luz de nosotros mirara la Vía Láctea, nuestra galaxia, la vería como una gran espiral, pero al igual que nosotros también podrá contemplar otros ejemplos: M 51 en Canes Venatici, M 100 en la Cabellera de Berenice, M 81 y M 101 en la Osa Mayor, y la propia M 31 en Andrómeda. Todas son espirales, una de las tres principales clases de galaxias que existen y que, a su vez, tiene subgrupos como el de las espirales barradas, en las que las estrellas se concentran en dos brazos principales, como en el caso de NGC 1300 en la constelación de Eridano y NGC 7741 en Pegaso.

La posición de una espiral puede hacer que visualmente parezcan otro tipo de galaxias. La misma M 31 no está de frente hacia nosotros, sino que aparece ladeada, y por ello no la vemos en su totalidad. En la constelación de Virgo está M 104, popularmente llamada la Galaxia del Sombrero por su peculiar aspecto, que se debe a que la vemos prácticamente de canto, es decir, en la dirección del plano galáctico. Esta circunstancia se da en muchos casos, de forma que una galaxia espiral no lo parece, como en el caso de NGC 891, que, como M 31, se halla en la constelación de Andrómeda.

Las elípticas conforman otra clase de galaxias muy numerosa. En NGC 205 y NGC 221 (M 32) encontramos dos ejemplos de este grupo. Se trata de sendas galaxias satélites de M 31, que pueden verse como simples manchas de luz a ambos lados de ésta cuando la observamos con telescopios de mediano tamaño. Su aspecto no es tan espectacular como el de las espirales, ya que aparecen mucho más compactas y con los instrumentos del aficionado únicamente se aprecian, por regla general, pequeños discos difuminados de brillo débil.

La galaxia NGC 1300, una espectacular espiral barrada, fotografiada por el Telescopio Espacial Hubble (NASA/ESA/STScе/AURA).

Un tercer tipo de galaxias carece de forma específica y por ello se las denomina irregulares. Los ejemplos más cercanos que tenemos son las Nubes de Magallanes, satélites de la Vía Láctea que están unidas a ella por una gran corriente de hidrógeno. Muchos casos de galaxias irregulares deben la carencia de simetría en sus formas al influjo o interacción con otras galaxias, o bien a su propia actividad energética interior.

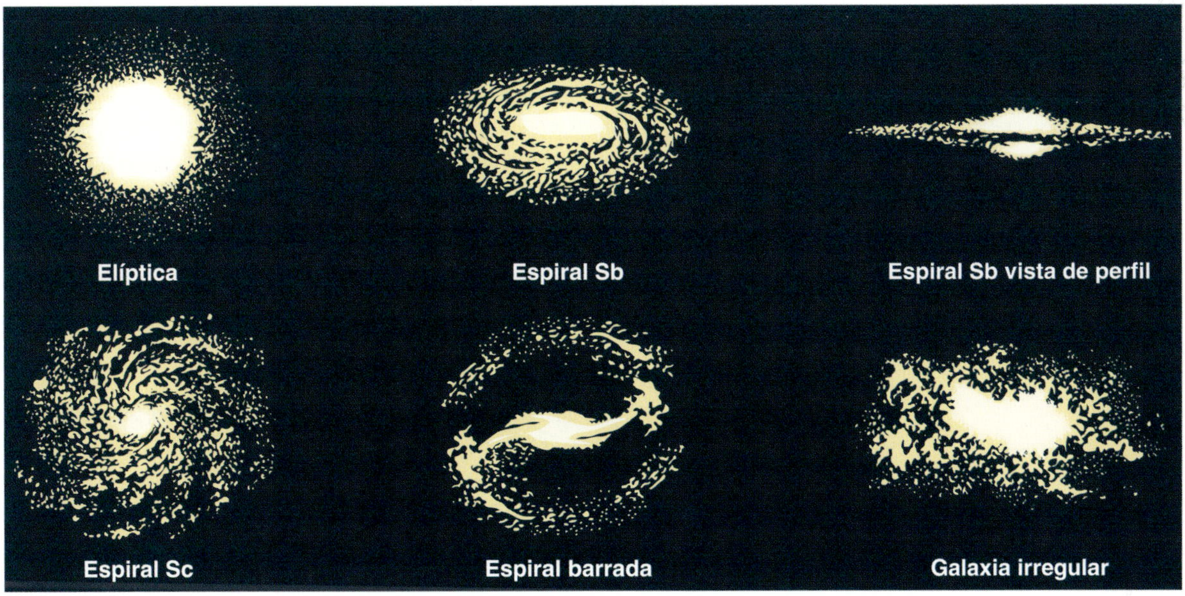

Las formas de las galaxias son muy variadas, aunque existen tres grupos muy representativos: espirales, elípticas e irregulares. Al primero pertenecen la Vía Láctea, M 31 y M 81; al segundo, M 32, y al tercero las Nubes de Magallanes. En las espirales, las letras indican el índice de achatamiento.

El Grupo Local y otros cúmulos de galaxias

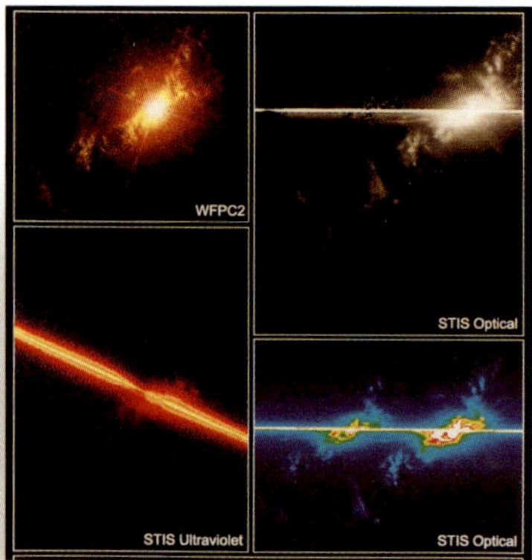

Secuencia de cuatro imágenes de los chorros de gas que emite la espectacular galaxia NGC 4151. Como en el resto de objetos celestes, los telescopios encuentran repartidas por el cielo galaxias notablemente distintas, desde las espirales más hermosas a las irregulares más caóticas (B. Woodgate/ J. Hutchings/NASA).

La gravedad mantiene a las galaxias agrupadas entre sí en cúmulos y supercúmulos que reúnen a miles de millones de ellas. Su descubrimiento fue, a mediados del presente siglo, una de las mayores sorpresas para los astrónomos, que en sólo unas décadas pasaron de la convicción de que todo quedaba dentro de la Vía Láctea a saber que ésta tenía millones de hermanas, y que algunas de las hermosas espirales que observaban por el telescopio eran la imagen de una época remota del pasado, porque su luz había tardado millones de años en recorrer el camino hasta la Tierra.

Tanto la Vía Láctea como sus dos galaxias satélites, las Nubes de Magallanes, pertenecen a un cúmulo denominado el Grupo Local, del que también forman parte Andrómeda (M 31) y la galaxia del Triángulo (M 33) y que, en total, integra a unas 40 componentes, la mayor parte de ellas de pequeño tamaño. La más grande de todas es M 31 y las más lejana, Maffei 1, que se halla a 3 260 000 años luz de la Vía Láctea. En realidad, el Grupo Local no ha dejado de crecer desde que se estableció su existencia como tal, puesto que paulatinamente se descubren nuevas galaxias que se suman a la familia.

El Grupo Local forma parte a su vez del supercúmulo de Virgo, una enorme pléyade de galaxias compuesta por más de 2 500 miembros. La mayor parte de ellos son observables en la constelación de Virgo, cuyo nombre se ha dado al cúmulo. No obstante, esta gigantesca asociación galáctica también incluye objetos que son visibles en las constelaciones de Hércules y la Cabellera de Berenice. El de Virgo es el cúmulo de galaxias más grande que se conoce y el más cercano a la Vía Láctea.

Si orientamos un telescopio hacia el cúmulo de Virgo, en primera instancia nos parecerá que no hay nada especial en el campo del ocular, pero si nos fijamos bien observaremos decenas de pequeñas manchas que salpican este sector del cielo: son las galaxias que lo componen. Con un instrumento mediano, de 150 a 260 milímetros de abertura podremos ver algo mejor el

Telescopio Jacobus Kapteyn, de 1 m de abertura, perteneciente al Instituto de Astrofísica de Canarias (IAC).

Galaxia M 83 (NGC 5236). Fotografía del telescopio Isaac Newton, de 2,5 m, desde el Observatorio del Roque de los Muchachos (IAC/RGO/David Malin *et al.*).

Pequeña Nube de Magallanes. Como la Gran Nube, pertenece al firmamento austral, aunque se halla en la constelación de Tucana, mientras que su hermana mayor está en Dorado. Ninguna de las dos es visible desde las latitudes medias del hemisferio boreal (Joan Manuel Bullón).

Galaxia NGC 4038. Por su peculiar forma se la denomina popularmente la galaxia de la Antena (IAC).

cúmulo, de suerte que en las noches más favorables pueden contarse más de 100 miembros.

Entre otros, componen el cúmulo de Virgo las galaxias incluidas en el catálogo Messier M 49, M 58, M 59, M 60, M 61, M 84, M 86, M 87, M 89, M 90 y M 104. Físicamente asociadas a este supercúmulo pero visualmente ubicadas dentro de la constelación de la Cabellera de Berenice encontramos a las galaxias M 85, M 88, M 98, M 99 y M 100.

Otros cúmulos de galaxias conocidos se encuentran en Pegaso, Cáncer, Perseo, Corona Boreal y la Osa Mayor, pero son mucho más pequeños que el de Virgo, ya que mientras éste abarca en el firmamento una extensión superior a los 12 grados, los demás tienen 1 o 2.

La observación de las galaxias

Galaxia NGC 7331, fotografiada con el telescopio Isaac Newton de 2,5 m de diámetro desde la isla de La Palma (IAC).

Sin duda, el aficionado tiene en las galaxias el objeto celeste menos agradecido con la observación astronómica, pero no por ello debe dejar a un lado su estudio. Además de las Nubes de Magallanes, que destacan sobre el cielo austral para los observadores del hemisferio sur, sólo otras dos galaxias pueden verse sin ayuda óptica: M 31 en Andrómeda y M 33 en el Triángulo, visibles la mayor parte del año desde todo el hemisferio norte.

M 31 y M 33 se hallan muy cercanas en el cielo. Para la primera, dado que Andrómeda es una constelación difícil de reconocer, el observador debe buscarla entre la W característica de la constelación de Cassiopeia y el gran cuadrado de la constelación de Pegaso. Desde cualquier zona con buen cielo rápidamente la detectaremos como una nube minúscula suspendida en la bóveda celeste, y en determinadas noches de excepcional transparencia en áreas de gran altitud —a partir de 1 000 m— incluso adivinaremos su forma espiral.

La visión de M 31 con unos prismáticos de gran potencia, como unos 11×80, es magnífica, ya que apreciaremos numerosos detalles y al disponer de un gran campo veremos junto a ella a sus dos galaxias satélites elípticas: NGC 205 y NGC 224 (M 32). Con un telescopio la visión en detalle será mejor, pero no podremos ver a las tres galaxias juntas salvo que utilicemos muy pocos aumentos, ya que el campo óptico es mucho más restringido. Debe tenerse en cuenta, además, que M 31 es tan grande que abarca en el cielo más de 2,5 grados.

M 33 es mucho menos favorable para la observación. Con un brillo próximo a la sexta magnitud, la galaxia del Triángulo se halla en el límite de visibilidad para el ojo humano y sólo en las noches diáfanas se percibe difusamente. Utilizando un telescopio pequeño la veremos como un manchón todavía difuso, cuyos detalles quedan reservados a instrumentos de gran diámetro que nos mostrarán su peculiar forma espiral.

M 81 y M 82 son todo un reto para el observador. Se hallan en un área del firmamento bastante vacía de estrellas en la

Galaxia M33 (NGC 598) en la constelación del Triángulo, de la que recibe su nombre. Es una espiral cuya magnitud se halla en el límite de visibilidad a simple vista y es uno de los miembros del Grupo Local, al que pertenecen la Vía Láctea y Andrómeda (M 31), con mayor actividad en la formación de estrellas (IAC/RGO/David Malin *et al.*).

constelación de la Osa Mayor, muy cerca del polo norte celeste. Además de ser esquivas, muchas veces la búsqueda se ve entorpecida al utilizar telescopios ecuatoriales por la dificultad para orientar bien el instrumento, pero una vez localizadas ofrecen uno de los paisajes extragalácticos más insólitos. M 81 y M 82 aparecen perfectamente visibles y juntas en el ocular, dando lugar a una de las imágenes más contrastadas que puede observarse, ya que la primera es una espiral y la segunda tiene un aspecto alargado que se debe a que pertenece al tipo de galaxias irregulares.

Vistas con un refractor de 80 milímetros, M 81 aparece redondeada y M 82 como un pequeño trazo alargado. El uso de instrumentos mayores nos permitirá apreciar que ésta tiene un pasillo oscuro que la divide en dos. Pese a que no son brillantes, su observación se ve favorecida porque están en un área del firmamento que no es muy rica en estrellas, y si el lugar de observación es el adecuado, ello se traduce en una buena imagen de ambas sobre un fondo de cielo muy oscuro y, por tanto, con un excelente contraste.

M 101 es una hermosa galaxia espiral que también se halla en la constelación de la Osa Mayor. Es un objeto relativamente grande, de 22 minutos de diámetro angular, aunque para verla bien hacen falta instrumentos de mediana potencia. Lo mismo le ocurre a la galaxia del Torbellino, en la constelación de Canes Venatici (Perros de Caza). Fue catalogada por Charles Messier como el objeto M 51 de su catálogo y tiene el número 5194 del NGC. Aunque por su mayor lejanía la vemos más pequeña, se trata de una espiral de tamaño real similar al de M 31, y su aspecto más llamativo es que está unida por un gran brazo exterior a otra galaxia satélite mucho más pequeña. Los telescopios pequeños ya nos muestran a ambas.

Entre las galaxias más peculiares figura M 104, a la que se ha llamado la galaxia del Sombrero. Se ve prácticamente de canto en Virgo y los telescopios la muestran como una mancha ovalada, aunque las fotografías reflejan un gran sendero de polvo que la rodea en forma de anillo y es el que le da la forma característica que le ha hecho merecer tal nombre.

M 87 también está en Virgo y su forma elíptica aparece con una pequeña protuberancia a causa de la existencia de un chorro de gas que sobresale de ella. Los telescopios pequeños, no obstante, apenas revelan detalles, ya que se trata de un objeto de escaso tamaño angular.

En la Cabellera de Berenice se halla la galaxia Ojo Negro (M 64), una espiral que aparece ladeada y que a pesar de que es relativamente brillante se ve como un objeto muy pequeño. Debe su nombre al pasillo oscuro que la recorre y que le da un curioso aspecto ocular.

Tabla 8

PRINCIPALES GALAXIAS DEL GRUPO LOCAL

DENOMINACIÓN	TIPO	DIÁMETRO (Kpc*)	DISTANCIA (Kpc)
Gran Nube de Magallanes	Irregular	7	52
Pequeña Nube de Magallanes	Irregular	3	63
Galaxia de Andrómeda (M 31)	Espiral	16	670
NGC 221	Elíptica	1	660
NGC 205	Elíptica	2	640
Galaxia del Triángulo (M 33)	Espiral	6	730
Sculptor	Elíptica	1	85
Fornax	Elíptica	2	170
Leo I	Elíptica	1	230

* Kpc: Kiloparsec.

Los cuásares

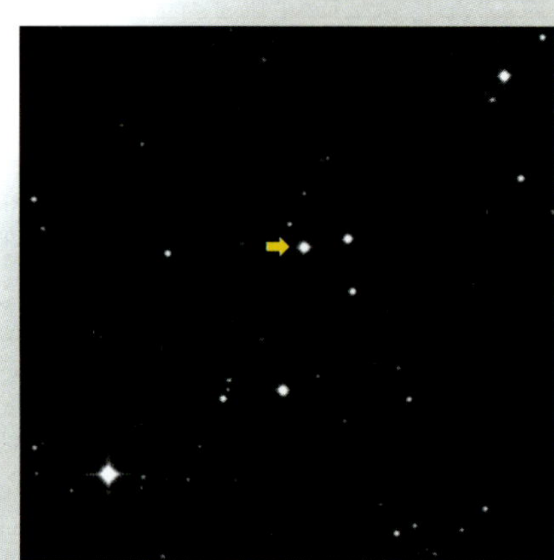

El cuásar 3C 273 es el único al alcance de los telescopios del aficionado. Está en la constelación de Virgo y sólo se ve como un punto luminoso (NASA).

En la década de los sesenta, el auge de la radioastronomía permitió detectar en el Universo importantes fuentes de emisión de radio. Entre ellas estaban los primeros cuásares descubiertos, un tipo de enigmáticos astros que fueron denominados así porque eran objetos de forma cuasi estelar. Se observó en ellos un intenso desplazamiento hacia el rojo en su luz, señal de que se alejaban a una velocidad inusitada, y este hecho dejó asombrados a los astrónomos, que constataron que se hallaban ante los astros más lejanos que se conocen, situados en algunos casos a más de 10 000 millones de años luz. Aunque su naturaleza exacta aún está rodeada de muchos enigmas, algunos científicos creen que los cuásares son agujeros negros supermasivos, a los que vemos porque los delata la radiación energética que se desprende en el gigantesco proceso de deglución gravitatoria de su entorno.

Uno de los cuásares más famosos es el de la Cruz de Einstein. Se trata de la imagen cuádruple de un cuásar muy lejano, que fue detectada por el telescopio espacial *Hubble*. La imagen se debe a que entre dicho objeto y la Vía Láctea hay una galaxia que actúa como lente gravitatoria y curva la luz que llega a nosotros desde el cuásar, al que vemos irrealmente como un cuádruple objeto. El cuásar se bautizó en honor a Albert Einstein porque predijo que la intensidad gravitatoria puede ejercer un efecto de lente al desviar los rayos de luz.

Solamente un cuásar tiene el brillo suficiente para ser observado con telescopios de aficionado. El objeto en cuestión es 3C 273 (el número 273 del Tercer Catálogo de Cambridge) y se halla en la constelación de Virgo, cerca del cúmulo de galaxias. Tiene una magnitud próxima a la 13 y, por tanto, para verlo —como un simple punto de luz— hace falta un telescopio de 150 mm de abertura mínima. Al observar este extraño objeto, aunque no podamos darnos cuenta de ello, debe pensarse que se aleja de nosotros a la sexta parte de la velocidad de la luz, es decir, a unos 50 000 km por segundo.

Atlas de las Estrellas

El cielo en 54 cartas estelares y 6 mapas especiales

A lo largo de 54 cartas este atlas comprende todo el firmamento visible desde la Tierra; incluyen más de 47 000 estrellas hasta la magnitud visual 8.0 y unos 2 800 objetos no estelares. Organizadas a la manera de un atlas estelar clásico, la secuencia de cartas comienza por la región polar norte y se organiza en bandas sucesivas centradas en una declinación constante hasta alcanzar el polo sur celeste. En total existen ocho bandas de declinación distribuidas según se expresa en la tabla A.

Para la utilización práctica de las cartas debemos localizar primero el objeto o la zona que queremos observar por sus coordenadas ecuatoriales: ascensión recta en horas y minutos y declinación en grados y minutos de arco. La graduación de ambas coordenadas se incluye en cada carta, alrededor del rectángulo que limita la misma, y se facilita su lectura mediante líneas de ascensión recta constante separadas de hora en hora y de declinación constante cada diez grados. Una vez localizado el objeto de interés podemos servirnos de las estrellas que lo rodean definiendo un camino que localizaremos mediante el buscador del telescopio o con unos prismáticos.

Cada carta tiene una amplitud en declinación de 16 grados, es decir, cubre en total 32 grados de declinación, de manera que existe un solapamiento mínimo de un grado entre bandas adyacentes. En ascensión recta hemos optado por un solapamiento mucho mayor entre cartas sucesivas, lo cual, según nuestra experiencia, mejora el uso del atlas con fines observacionales al facilitar la localización de objetos celestes. El atlas se completa con seis cartas ampliadas que cubren en detalle zonas de especial interés. Enumeramos estas cartas ampliadas en la tabla B.

Este atlas incluye tanto estrellas como cúmulos estelares abiertos y globulares, nebulosas brillantes de emisión o reflexión, nebulosas planetarias y galaxias. Los símbolos utilizados para cada tipo de objeto están recogidos en la leyenda que se acompaña. Las estrellas han sido representadas mediante círculos de diámetro proporcional a su magnitud. Los símbolos para objetos no estelares con diámetro angular mayor que veinte minutos de arco, aproximadamente, se han dibujado con su tamaño a escala.

Las diferentes denominaciones que pueden corresponder a un mismo objeto, estelar o no, están separadas por un punto pequeño. Para las estrellas el orden de colocación de los nombres, si existen, es el siguiente: número de Flamsteed, letra latina minúscula, nombre de estrella variable (letras latinas mayúsculas) y letra griega minúscula. Para unas pocas estrellas de la primera y segunda magnitud hemos incluido también su nombre propio. Para los objetos no estelares el orden es, primero, el número NGC (New General Catalogue) o IC (Index Catalogue), en este caso precedido por la letra I mayúscula y un punto (I.). Si un objeto pertenece también al catálogo de Messier, su número en éste aparece en segundo lugar precedido de la letra M mayúscula. Así, por ejemplo, 1976•M42 es la denominación de la Gran Nebulosa de Orión (NGC 1976 = Messier 42) en la

Tabla A
DISTRIBUCIÓN DE CARTAS EN BANDAS DE DECLINACIÓN

CARTA N.°	DECLINACIÓN DEL CENTRO DE LA CARTA
1	+90°
2 a 9	+60°
10 a 21	+30°
22 a 33	0°
34 a 45	–30°
46 a 53	–60°
54	–90°

Tabla B
CARTAS ESPECIALES AMPLIADAS

CARTA AMPLIADA N.°	OBJETO
A1	Pleiades (Messier 45)
A2	Praesepe (Messier 44)
A3	Gran Nebulosa de Orión (Messier 42)
A4	Galaxias en Virgo y Coma Berenices
A5	Pequeña Nube de Magallanes
A6	Gran Nube de Magallanes

Tabla C

ABREVIATURAS DE LOS NOMBRES DE LAS CONSTELACIONES

And	Andromeda	Col	Columba	LMi	Leo Minor	Pyx	Pyxis
Ant	Antlia	Com	Coma Berenices	Lep	Lepus	Ret	Reticulum
Aps	Apus	CrA	Corona Australis	Lib	Libra	Sge	Sagitta
Aqr	Aquarius	CrB	Corona Borealis	Lup	Lupus	Sgr	Sagittarius
Aql	Aquila	Crv	Corvus	Lyn	Lynx	Sco	Scorpius
Ara	Ara	Crt	Crater	Lyr	Lyra	Scl	Sculptor
Ari	Aries	Cru	Crux	Men	Mensa	Sct	Scutum
Aur	Auriga	Cyg	Cygnus	Mic	Microscopium	Ser_1	Serpens Caput
Boo	Bötes	Del	Delphinus	Mon	Monoceros	Ser_2	Serpens Cauda
Cae	Caelum	Dor	Dorado	Mus	Musca	Sex	Sextans
Cam	Camelopardis	Dra	Draco	Nor	Norma	Tau	Taurus
Cnc	Cancer	Equ	Equuleus	Oct	Octans	Tel	Telescopium
Cvn	Canes Venatici	Eri	Eridanus	Oph	Ophiuchus	Tri	Triangulum
CMa	Canis Major	For	Fornax	Ori	Orion	TrA	Triangulum Australe
CMi	Canis Minor	Gem	Gemini	Pav	Pavo	Tuc	Tucana
Cap	Capricornus	Gru	Grus	Peg	Pegasus	UMa	Ursa Major
Car	Carina	Her	Hercules	Per	Perseus	UMi	Ursa Minor
Cas	Cassiopeia	Hor	Horologium	Phe	Phoenix	Vel	Vela
Cen	Centaurus	Hya	Hydra	Pic	Pictor	Vir	Virgo
Cep	Cepheus	Hyi	Hydrus	Psc	Pisces	Vol	Volans
Cet	Cetus	Ind	Indus	PsA	Pisces Austrinus	Vul	Vulpecula
Cha	Chamaeleon	Lac	Lacerta	Pup	Puppis		
Cir	Circinus	Leo	Leo				

carta 25. En numerosas ocasiones los símbolos correspondientes a varios objetos no estelares muy cercanos entre sí, especialmente grupos de galaxias, quedan parcialmente superpuestos debido a la escala utilizada en las cartas. Esto plantea un problema difícil si queremos mantener toda la información expresada con el máximo de claridad. En estos casos hemos optado por incluir todos los nombres, separados por una barra (/), en el mismo orden indicado por la superposición de los símbolos correspondientes. Para evitar la aparición de secuencias de caracteres confusamente largas hemos abreviado estas denominaciones compuestas siempre que ha sido posible. Por ejemplo, 3271/69/8/7 se refiere a los objetos NGC 3271, NGC 3269, NGC 3268 y NGC 3267, cuatro galaxias que podemos encontrar apiñadas en la constelación de Antlia, en la carta 39. Encontramos un caso bastante ilustrativo en la carta 6, donde la bien conocida Galaxia del Torbellino, Messier 51, lleva la denominación 5195/4•M51, indicando que está compuesta por dos objetos: la galaxia principal (NGC 5194) y su satélite (NGC 5195), apreciables como dos rombos casi coincidentes.

Para la construcción de este atlas hemos utilizado los sistemas de proyección cónica y cilíndrica, implementados mediante *software* que hemos desarrollado especialmente para este trabajo. De esta forma, la distorsión, inherente al proceso de representación de una superficie esférica sobre un plano para cada carta es mínima.

Todas las cartas están referidas a la época estándar J2000.0 (mediodía del 1 de enero del año 2000). Por época estándar se entiende un instante determinado para el cual las posiciones de las referencias fundamentales sobre la esfera celeste —el ecuador celeste y el equinoccio vernal— han sido determinadas y adoptadas de manera convencional para que sirvan de referencia al expresar las posiciones de todos los objetos celestes. Esto es necesario porque la Tierra no se encuentra fija en un punto del espacio. Simplificando mucho el problema, debido al fenómeno de la precesión todas las referencias sobre la esfera celeste están cambiando constantemente de posición. Una época estándar es útil, por tanto, para congelar en el tiempo estas referencias y poder así determinar una posición de forma estable.

La fuente de posiciones y magnitudes visuales de las estrellas la constituyen exclusivamente los catálogos Hipparcos y Tycho, producidos por la Agencia Espacial Europea (ESA) como resultado de la misión observacional llevada a cabo por el satélite *Hipparcos*. En conjunto, estos catálogos recogen datos astrométricos y fotométricos de más de un millón de estrellas y, por su precisión sin precedentes, son y serán durante muchos años el estándar de hecho para la referencia de datos estelares. La utilización de los datos de ambos catálogos ha sido autorizada expresamente para esta obra por la ESA.

Los datos de objetos no estelares han sido extraídos básicamente del Revised New General Catalog (RNGC) y del Index Catalog (IC), y contrastados para su compilación definitiva con varios catálogos adicionales proporcionados por el Astronomical Data Center del Centro Espacial Goddard, de la NASA.

El contorno de la Vía Láctea dibujado en las cartas corresponde a las isofotas (líneas de igual brillo) de la misma, previa digitalización y procesamiento mediante *software* realizado expresamente para este cometido. Los datos originales se basan en el trabajo que el astrónomo holandés Antonie Pannekoek realizó en los años veinte.

Las isofotas de varios objetos no estelares que aparecen en las cartas ampliadas, como la nebulosidad que rodea a las Pleiades (carta A1), la Gran Nebulosa de Orión, (carta A3) y las Nubes de Magallanes (cartas A5 y A6), han sido obtenidas a partir de la digitalización de fotografías de estos objetos.

Los límites de las constelaciones son los que determinó Eugene Delporte en su trabajo *Délimitation Scientifique des Constellations*, publicado en 1930 y adoptado oficialmente por la Unión Astronómica Internacional (IAU). Las líneas de división originales de Delporte, a modo de fronteras entre constelaciones, están definidas por posiciones en ascensión recta y declinación referidas al equinoccio de 1875. Nosotros hemos transformado las coordenadas originales aplicándoles la transformación por precesión al equinoccio J2000. Es interesante constatar cómo la precesión acumulada durante 125 años se traduce en una rotación del conjunto de los límites de las constelaciones. El efecto es particularmente notable cuando una constelación tiene alguna de sus fronteras cercana a una línea de ascensión recta o declinación constante. Para la identificación de las diferentes constelaciones hemos utilizado las abreviaturas oficiales adoptadas por la IAU, que recogemos en la tabla C. Estas abreviaturas han sido colocadas cercanas al centro de cada constelación, en una zona relativamente libre de estrellas.

LEYENDAS

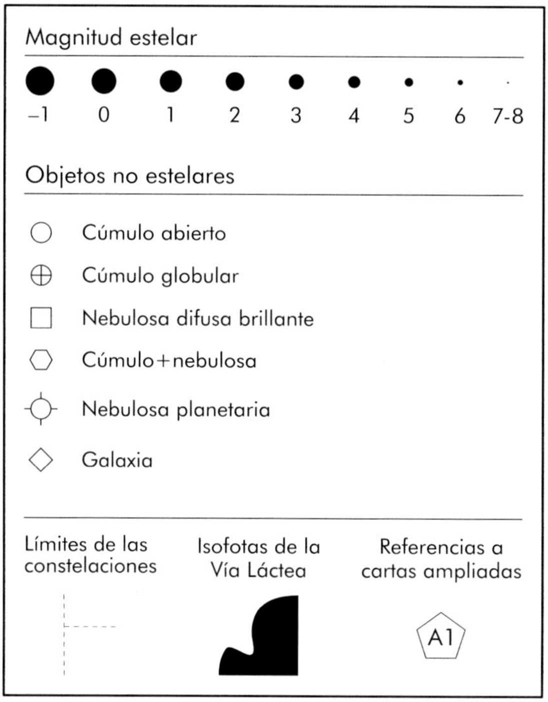

ALFABETO GRIEGO

Mayúsculas	Minúsculas	Nombre
Α	α	alfa
Β	β	beta
Γ	γ	gamma
Δ	δ	delta
Ε	ε	épsilon
Ζ	ζ	zeta
Η	η	eta
Θ	θ	theta
Ι	ι	iota
Κ	κ	kappa
Λ	λ	lambda
Μ	μ	mu
Ν	ν	nu
Ξ	ξ	xi
Ο	ο	ómicron
Π	π	pi
Ρ	ρ	rho
Σ	σ	sigma
Τ	τ	tau
Υ	υ	úpsilon
Φ	φ	fi
Χ	χ	chi
Ψ	ψ	psi
Ω	ω	omega

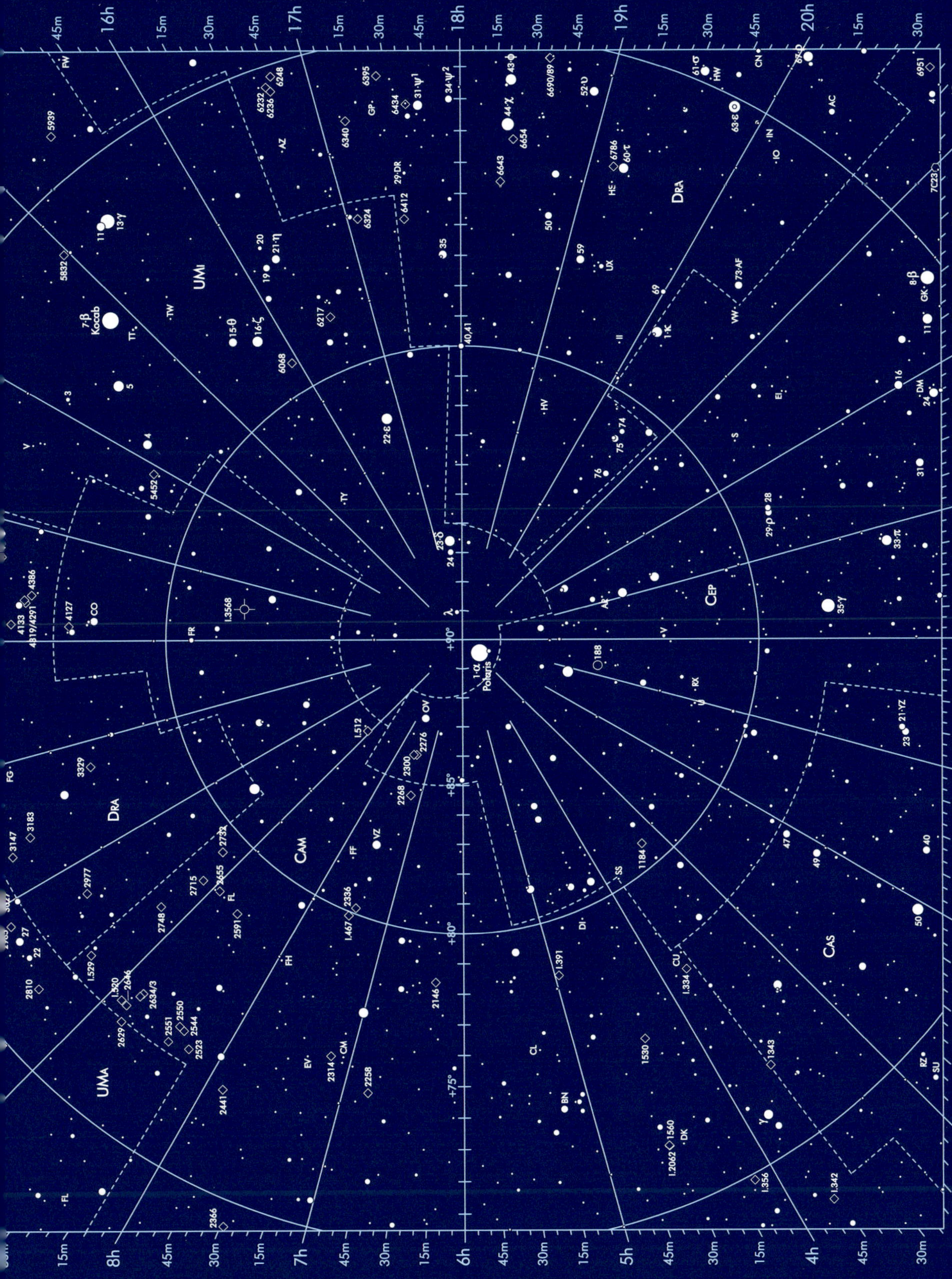
UMI
DRA
CAM
CEP
CAS
UMA
Polaris
Kocab

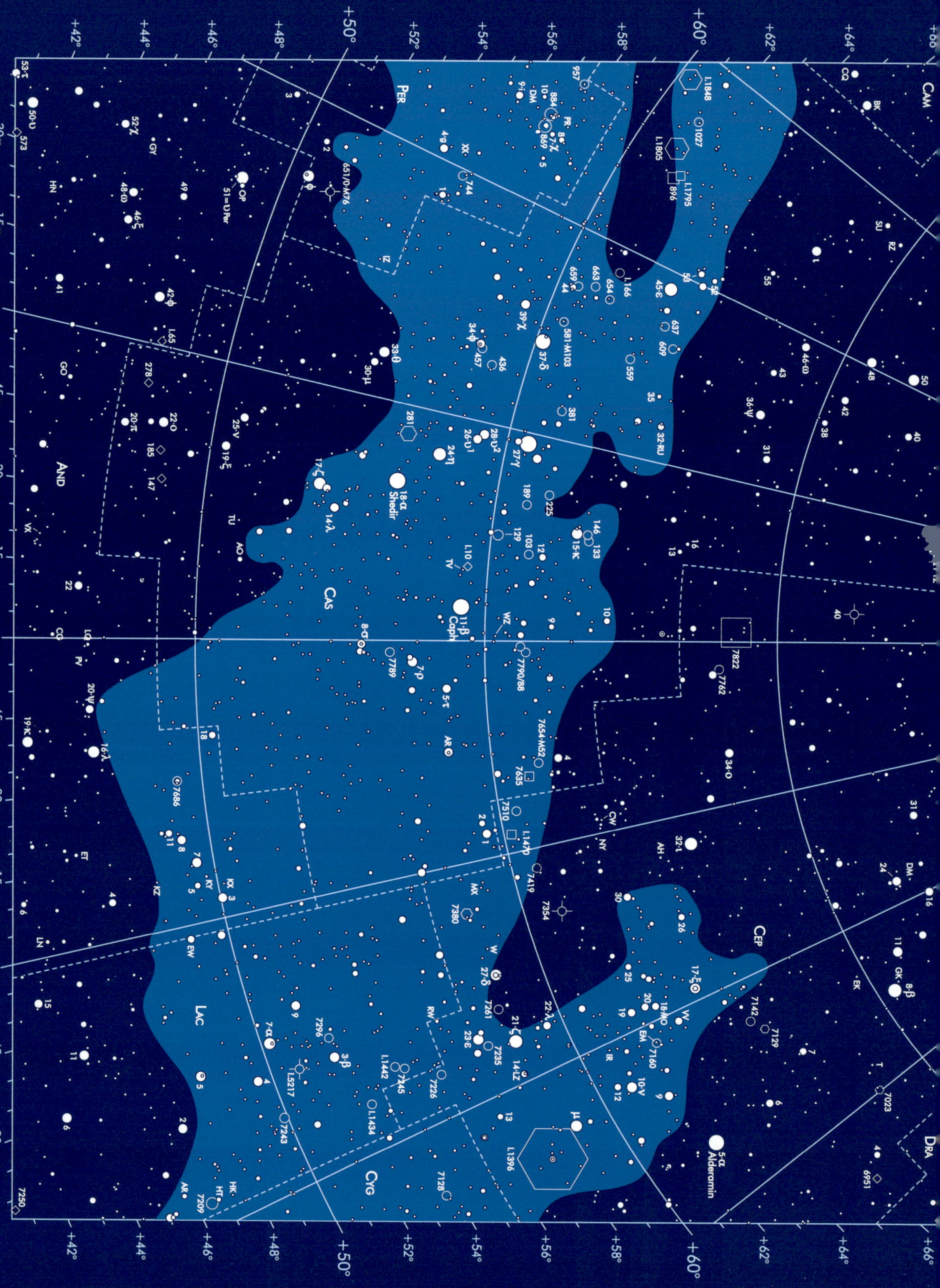
PER
CAM
AND
CAS
LAC
CYG
CEP
DRA
18·α Shedir
11·β Caph
5·α Alderamin

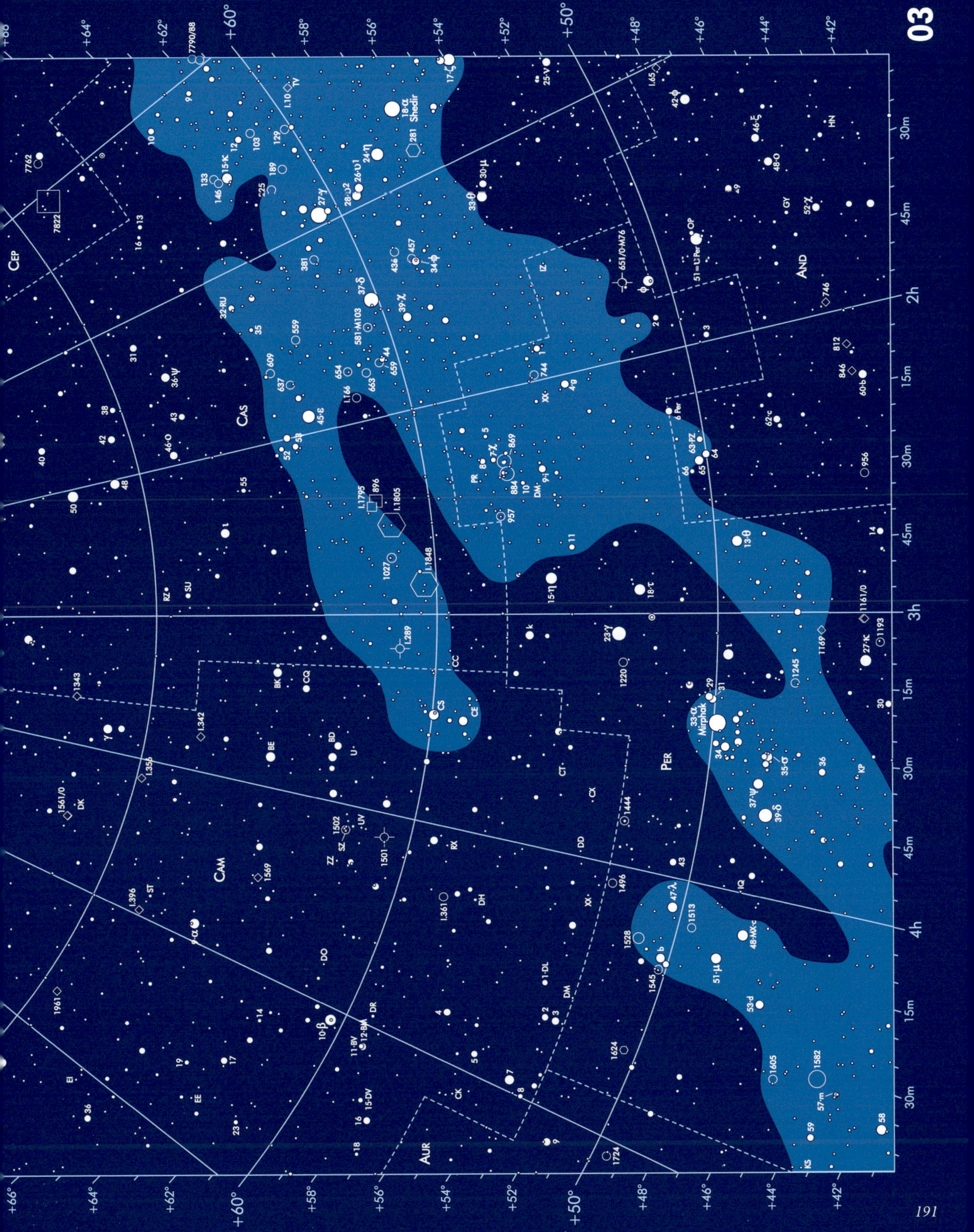
CEP
CAS
CAM
PER
AND
AUR
18·α Shedir
33·α Mirphak
2h
3h
4h

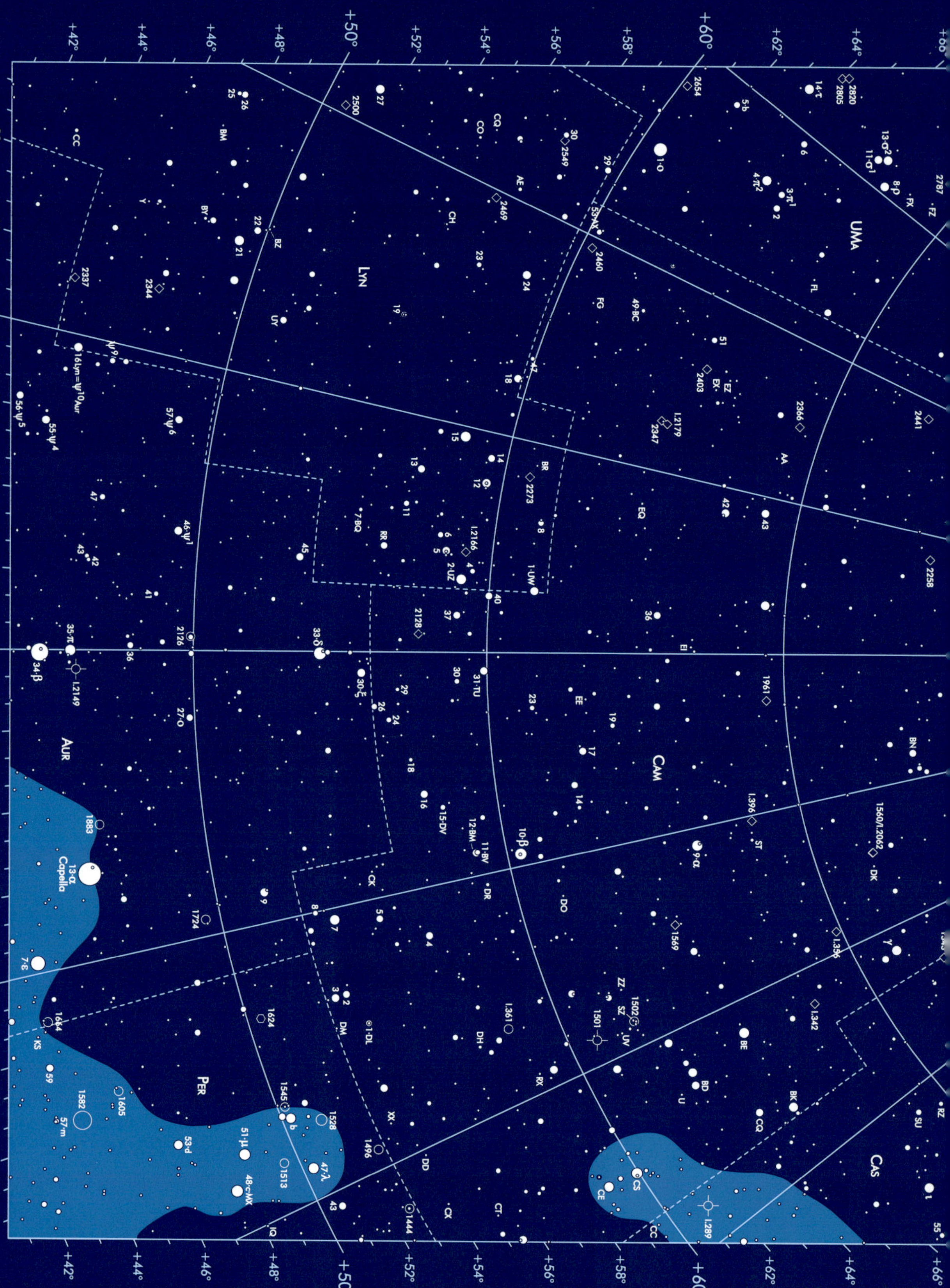
UMA
LYN
CAM
AUR
PER
CAS
13-α Capella

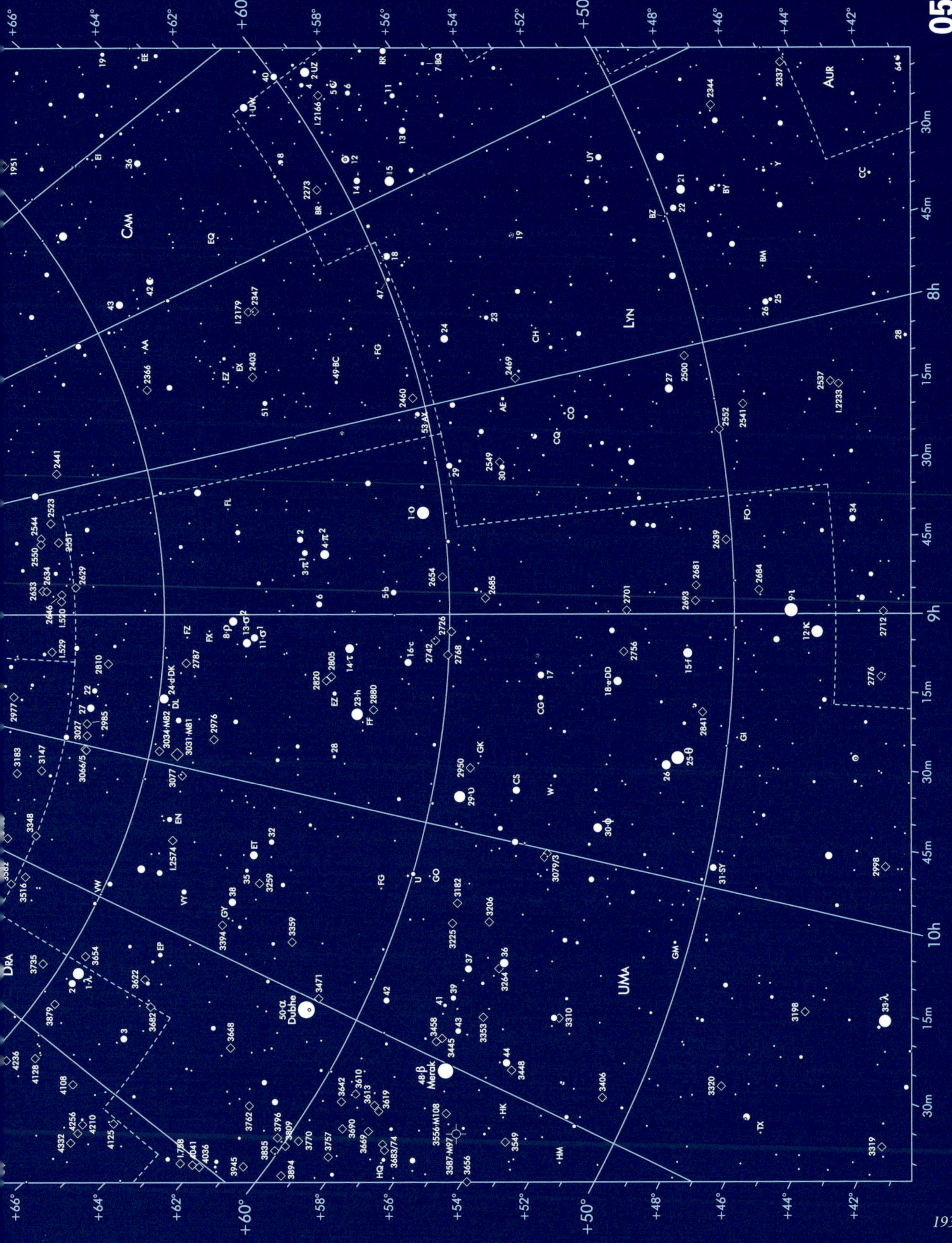
CAM
LYN
UMA
DRA
AUR
50·α Dubhe
48·β Merak
8h
9h
10h
+60°
+50°

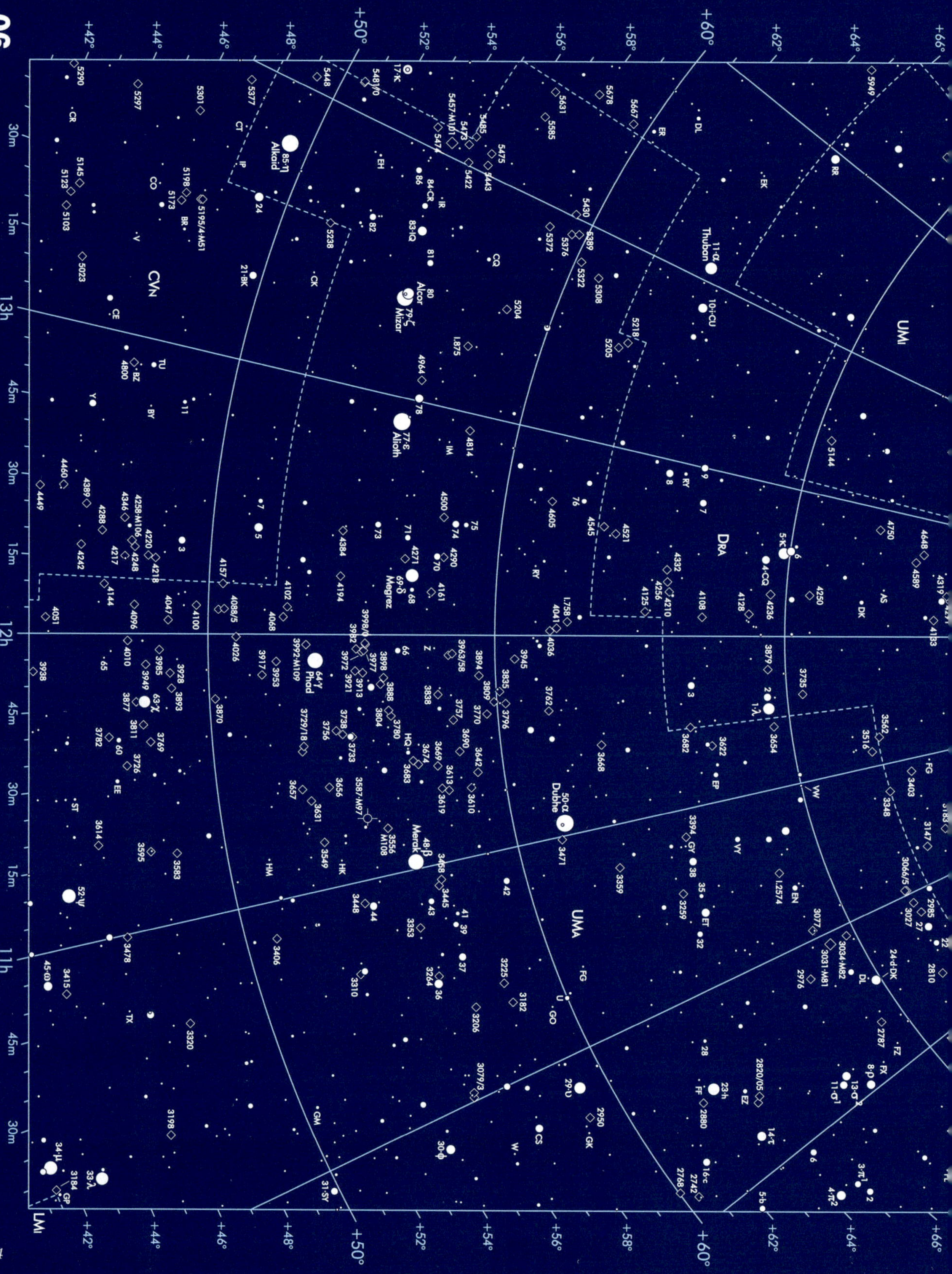
CVn
UMa
UMi
Dra
LMi
85-η Alkaid
79-ζ Mizar
80 Alcor
77-ε Alioth
69-δ Megrez
64-γ Phad
48-β Merak
50-α Dubhe
11-α Thuban
+42°
+44°
+46°
+48°
+50°
+52°
+54°
+56°
+58°
+60°
+62°
+64°
+66°
13h
12h
11h
30m
15m
45m

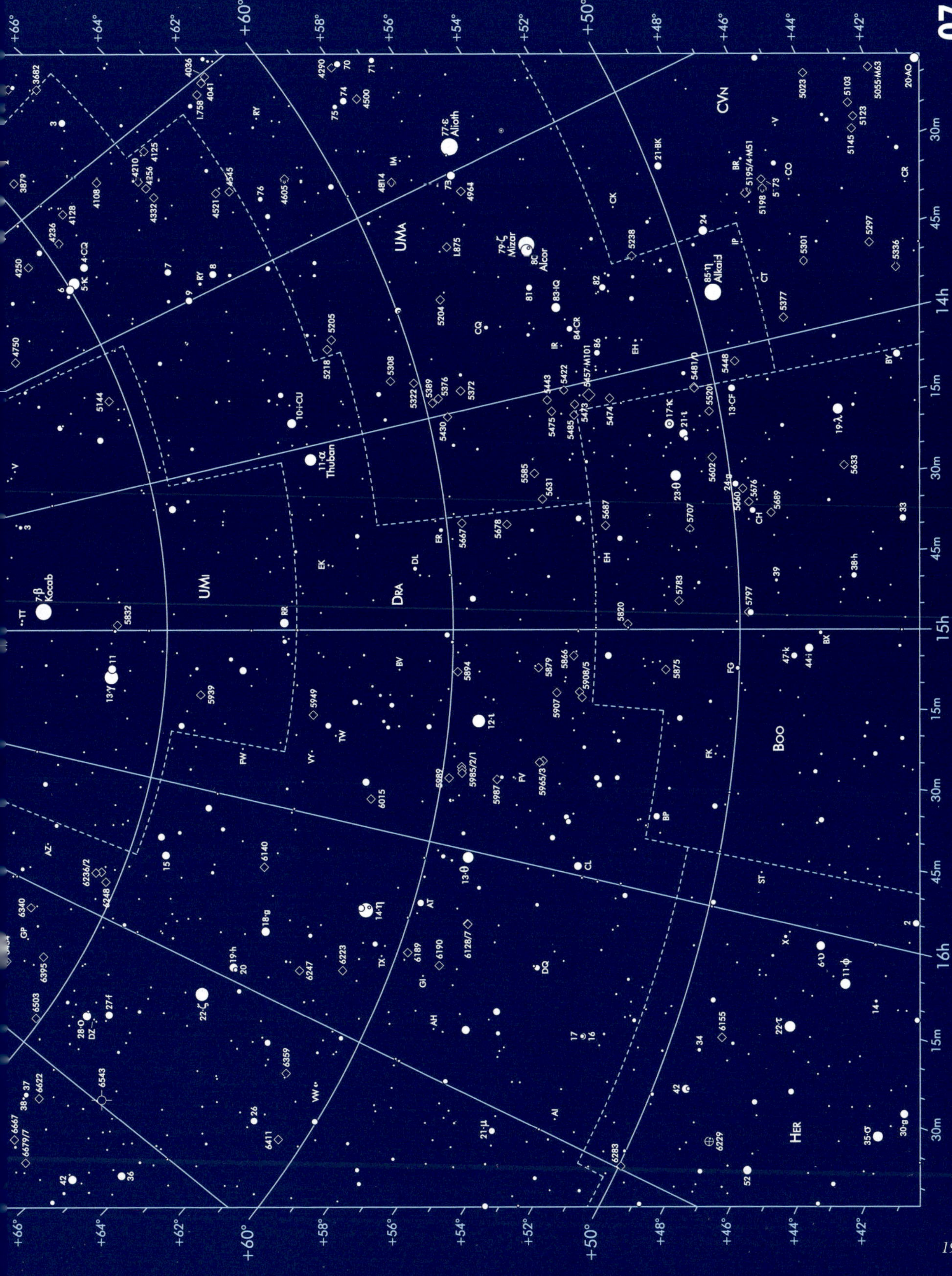

+66°
+64°
+62°
+60°
+58°
+56°
+54°
+52°
+50°
+48°
+46°
+44°
+42°
14h
15h
16h
UMa
UMi
Dra
Boo
Her
CVn
7·β Kocab
11·α Thuban
77·ε Alioth
79·ζ Mizar
80 Alcor
85·η Alkaid

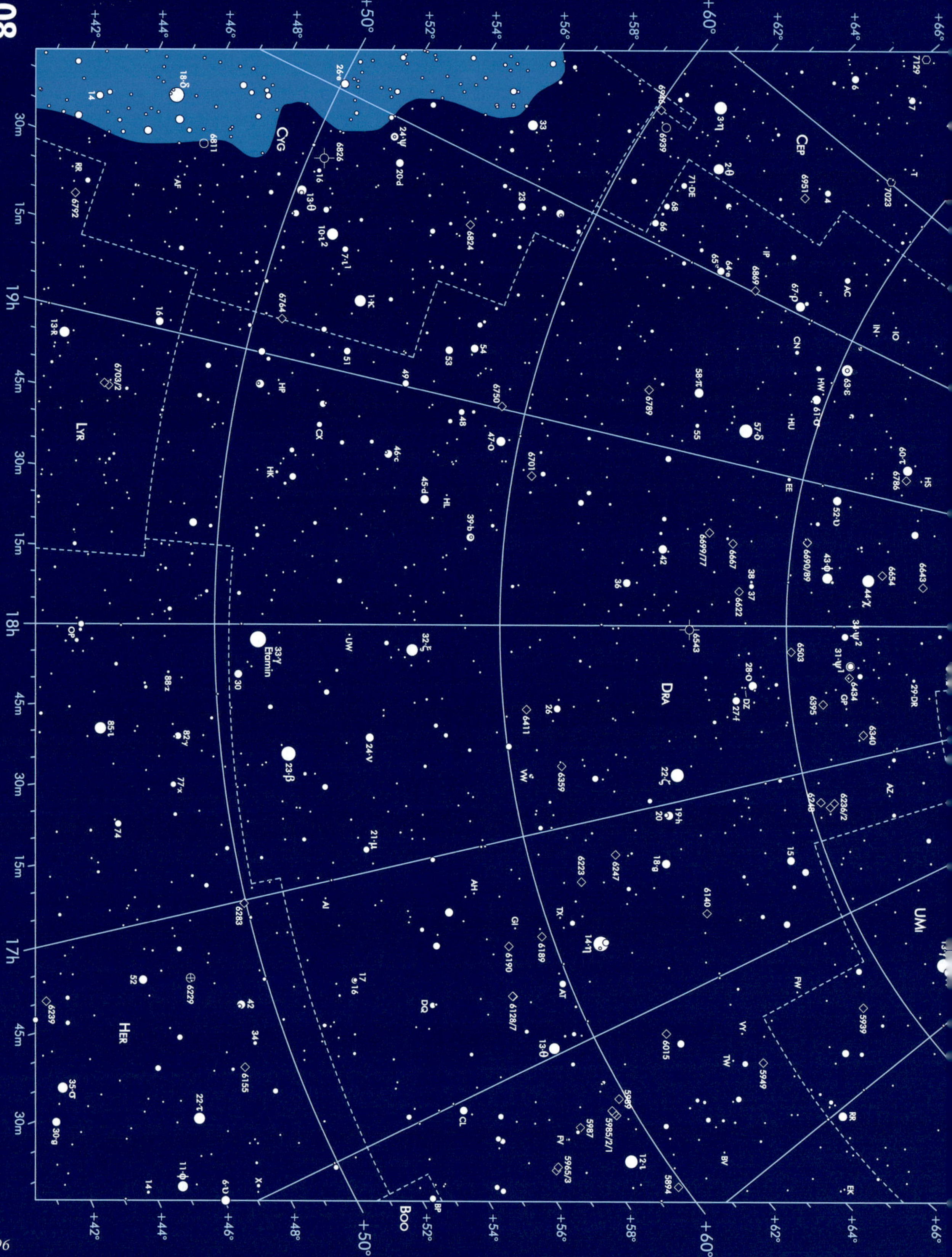

Cyg
Lyr
Dra
Her
Cep
UMi
Boo
33·γ Eltamin
18·δ
23·β
32·ξ
22·ζ
57·δ
14·η
13·θ
19h
18h
17h
30m
15m
45m
+42°
+44°
+46°
+48°
+50°
+52°
+54°
+56°
+58°
+60°
+62°
+64°
+66°

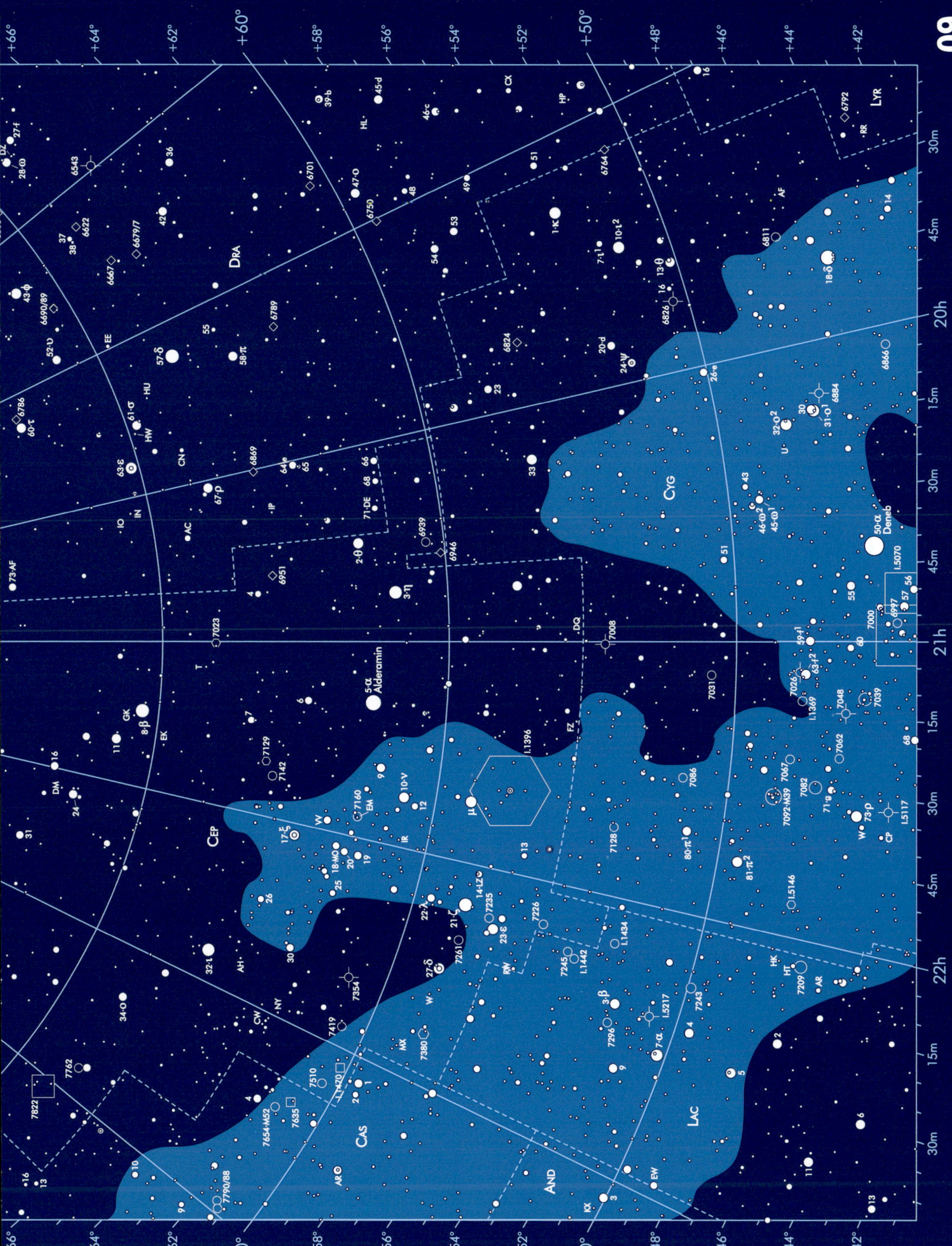
Dra
Cep
Cyg
Cas
Lac
And
Lyr
5-α Alderamin
50-α Deneb
20h
21h
22h
+60°
+50°

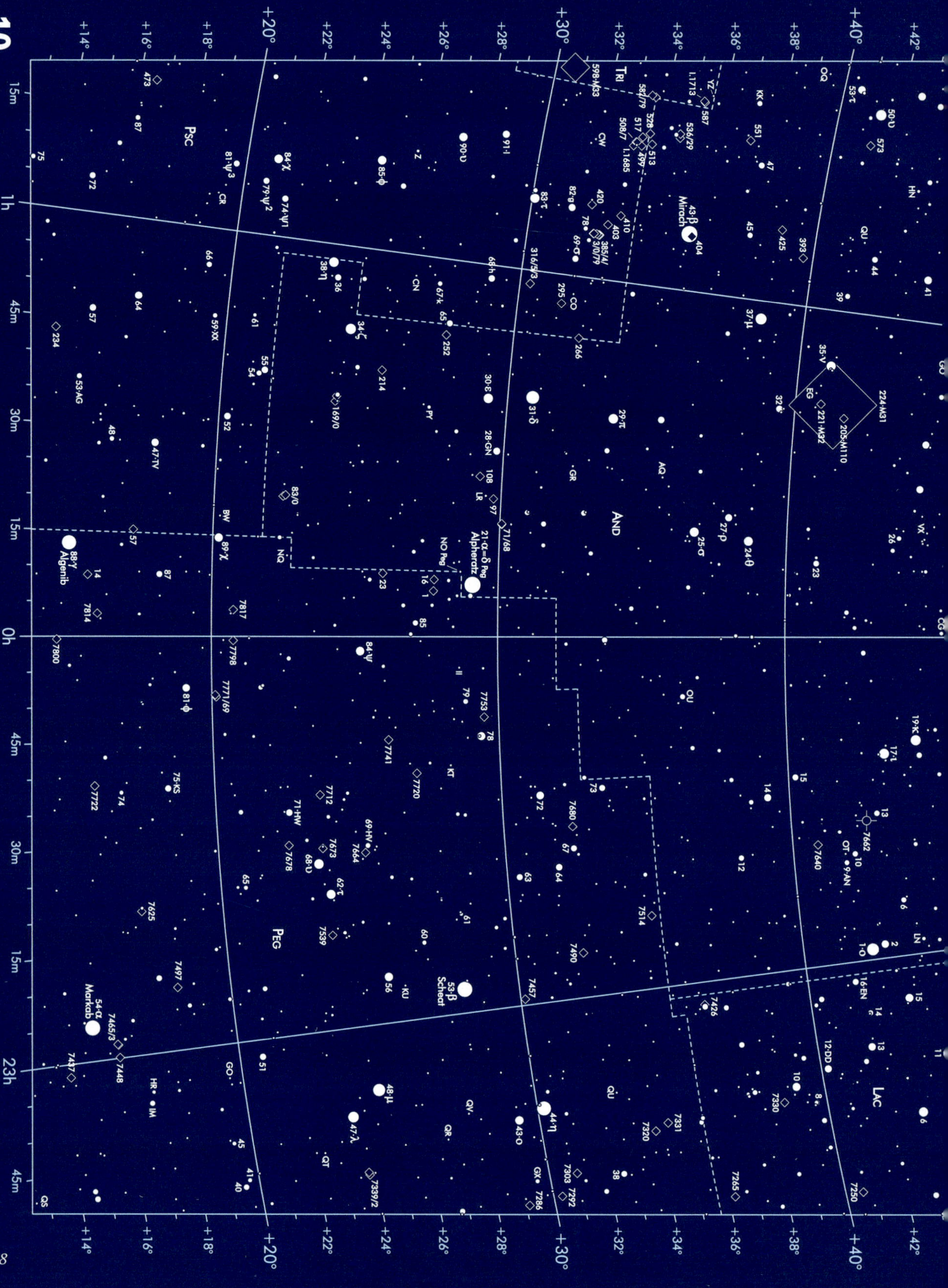
+14°
+16°
+18°
+20°
+22°
+24°
+26°
+28°
+30°
+32°
+34°
+36°
+38°
+40°
+42°
15m
1h
45m
30m
15m
0h
45m
30m
15m
23h
45m
PSC
TRI
AND
PEG
LAC
43·β Mirach
21·α=δ Peg Alpheratz
88·γ Algenib
53·β Scheat
54·α Markab
598·M33
224·M31
221·M32
205·M110

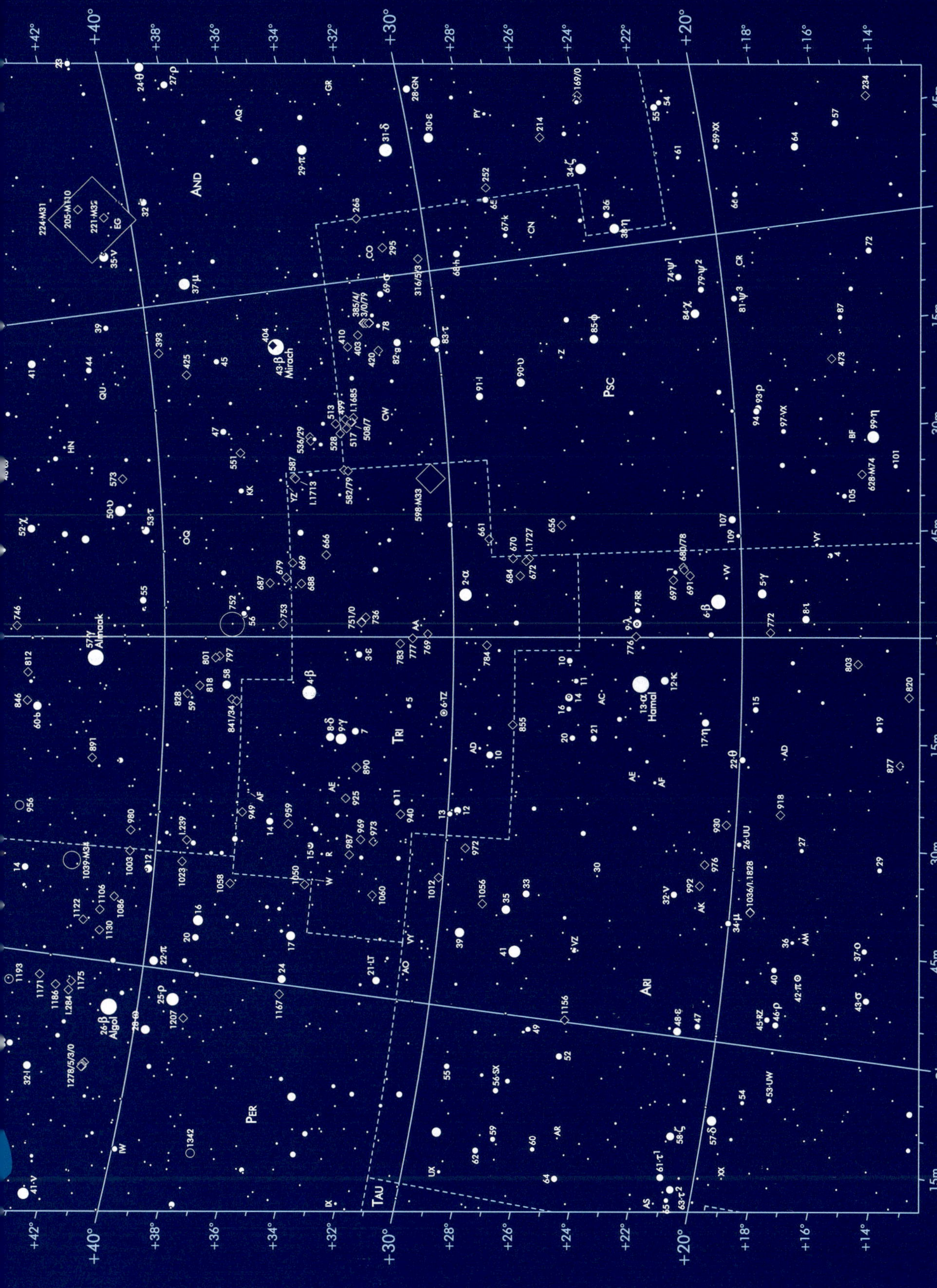

AND
TRI
PSC
ARI
PER
TAU
43·β Mirach
57·γ Almaak
13·α Hamal
26·β Algol
224·M31
598·M33
628·M74
1039·M34
1h
2h
3h
+40°
+30°
+20°

Ori
Tau
Aur
Per
Ari
Tri
And
Aldebaran
Hiades
M45
Pleiades
Algol
Alnath
5h
4h
3h
+20°
+30°
+40°

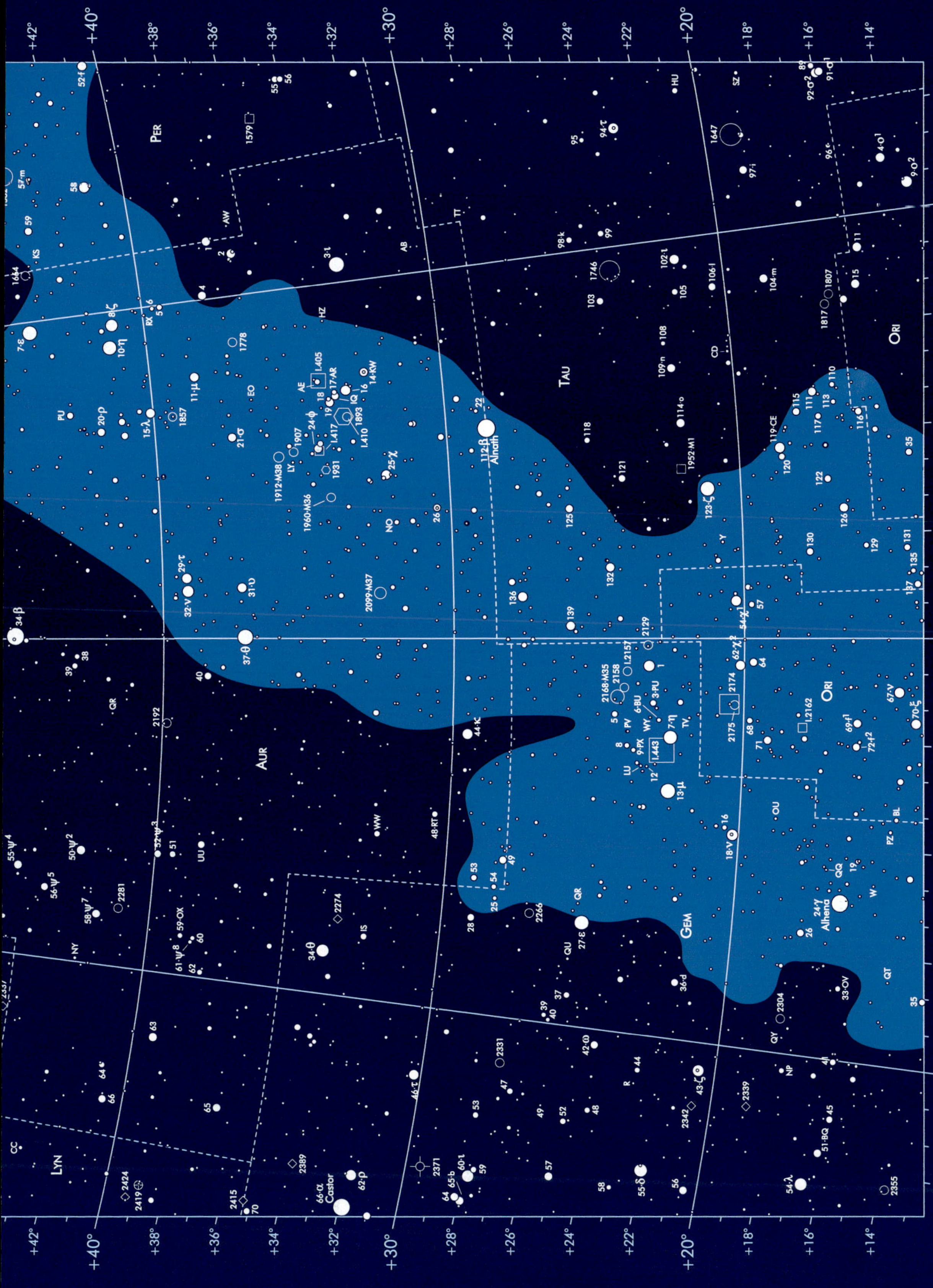
PER
TAU
AUR
GEM
ORI
LYN
112-β Alnath
24-γ Alhena
66-α Castor
5h
6h
7h
+40°
+30°
+20°

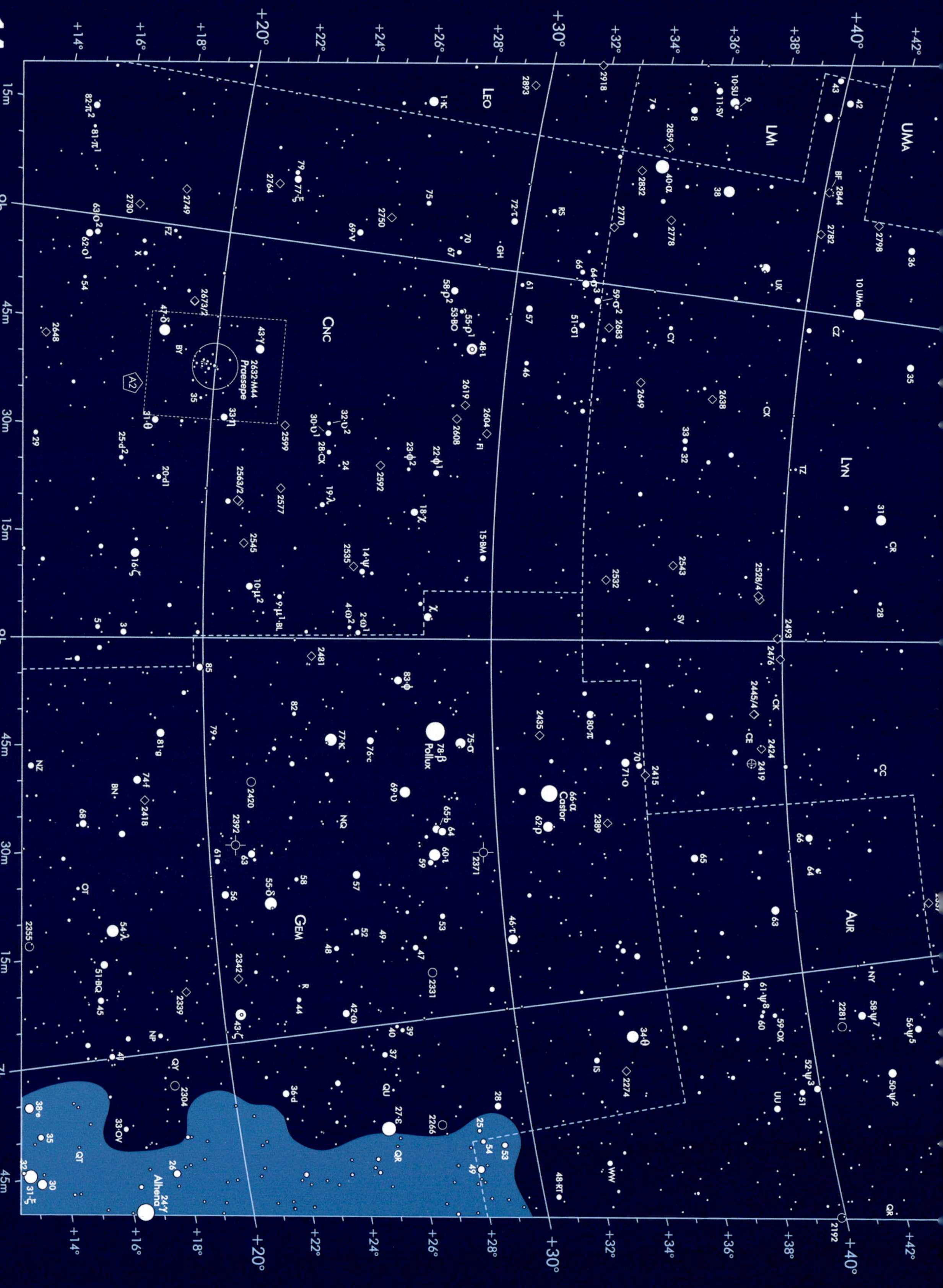
LEO
LMI
UMA
CNC
LYN
GEM
AUR
Praesepe
2632-M44
Pollux
Castor
Alhena
9h
8h
7h
+20°
+30°
+40°

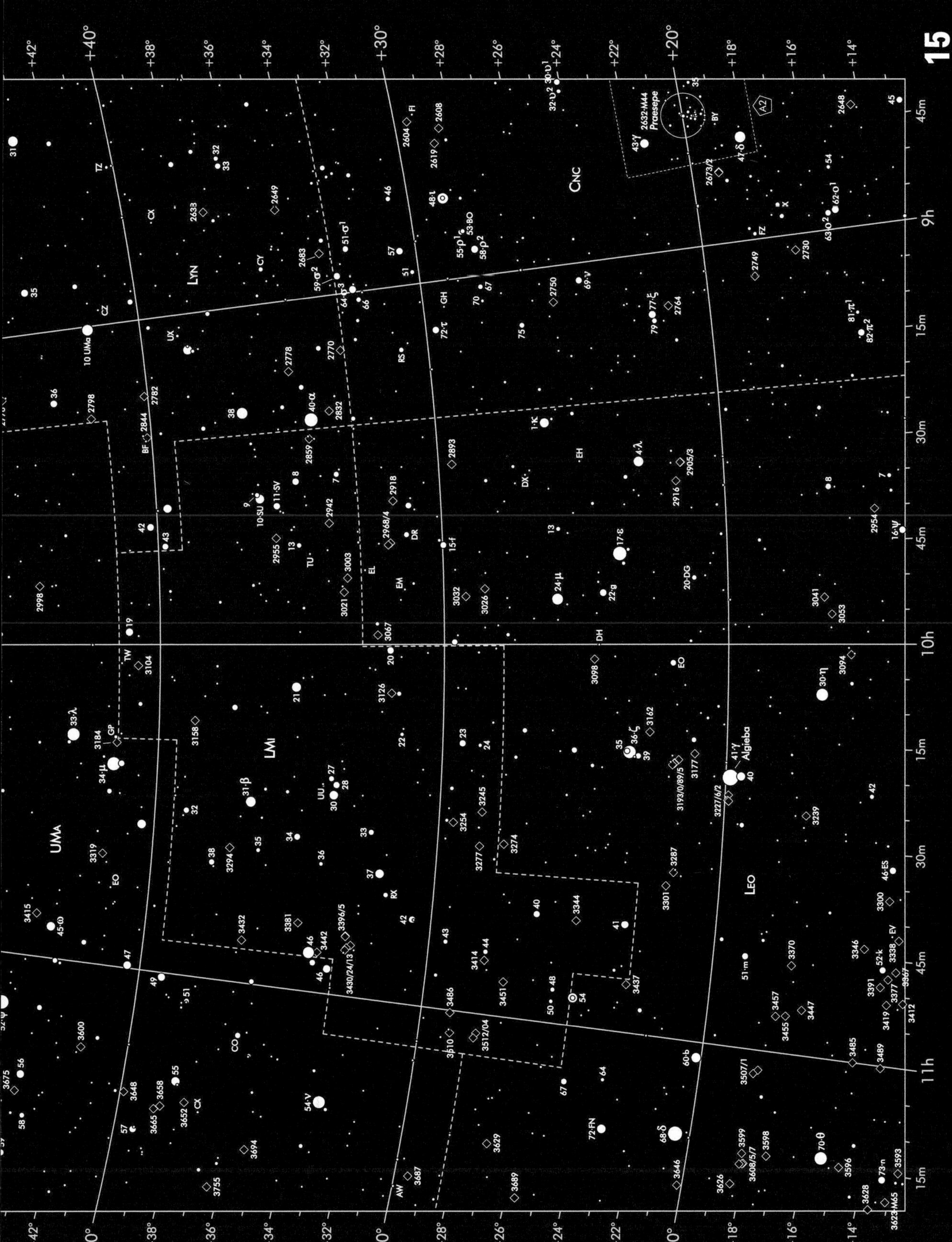
15
UMa
LMi
Lyn
Cnc
Leo
2632·M44 Praesepe
41·γ Algieba
10 UMa
9h
10h
11h
+40°
+30°
+20°

16

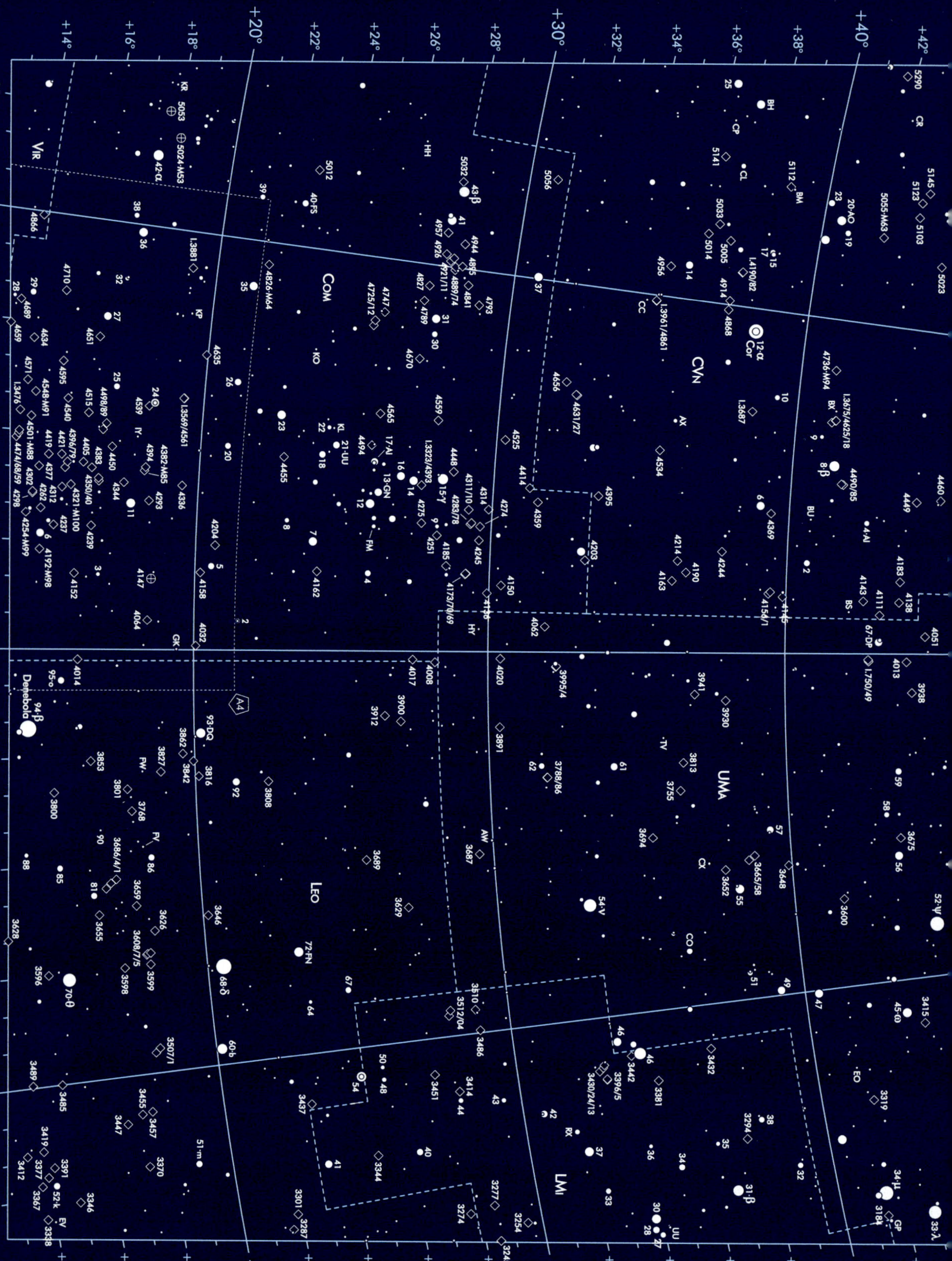

VIR
COM
CVN
UMA
LEO
LMi
Denebola
Cor
13h
12h
11h
15m
30m
45m
+14°
+16°
+18°
+20°
+22°
+24°
+26°
+28°
+30°
+32°
+34°
+36°
+38°
+40°
+42°

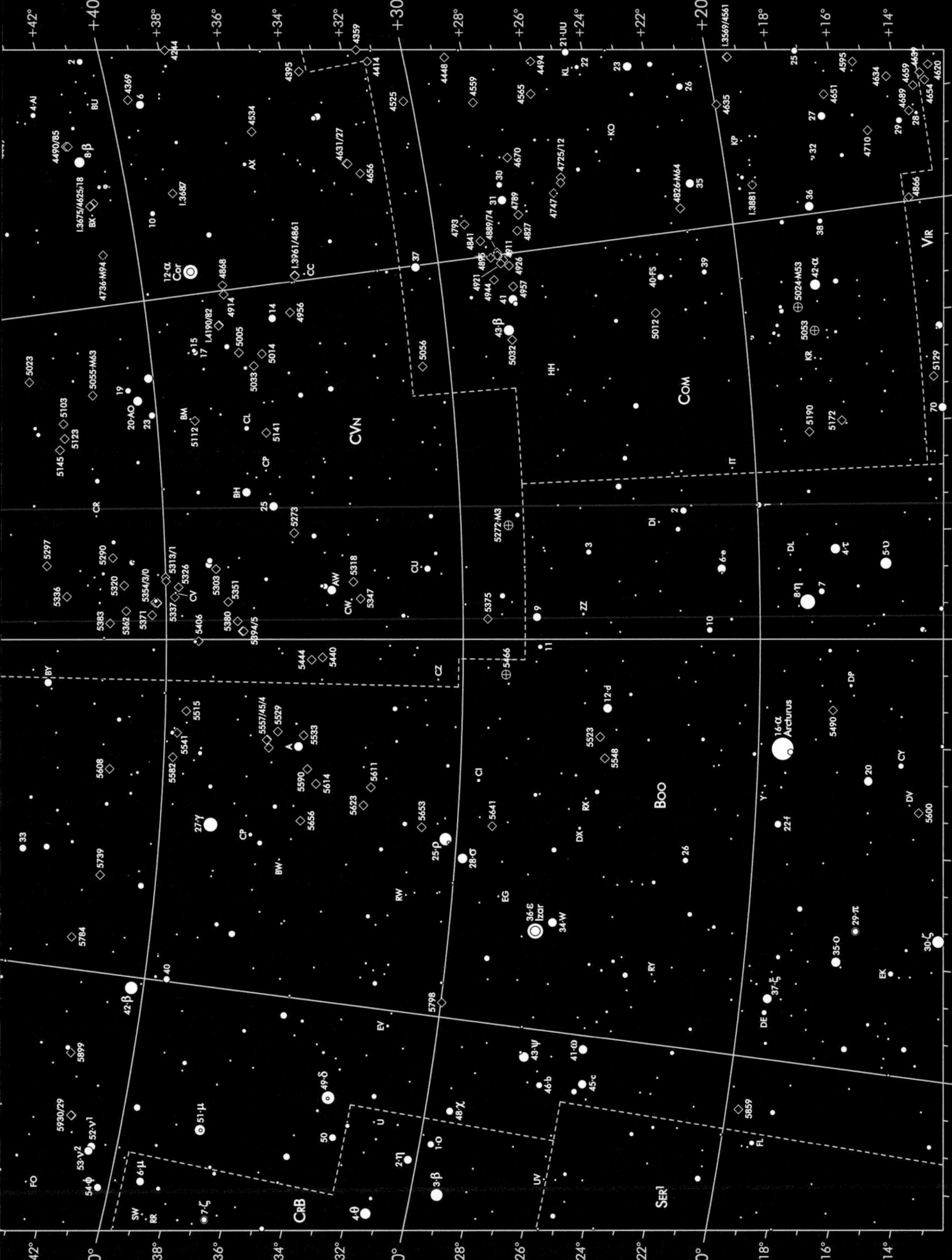
CVn
Com
Boo
CrB
Ser
Vir
12·α Cor
16·α Arcturus
36·ε Izar
27·γ
42·β
49·δ
43·β
8·η
13h
14h
15h
+40°
+30°
+20°

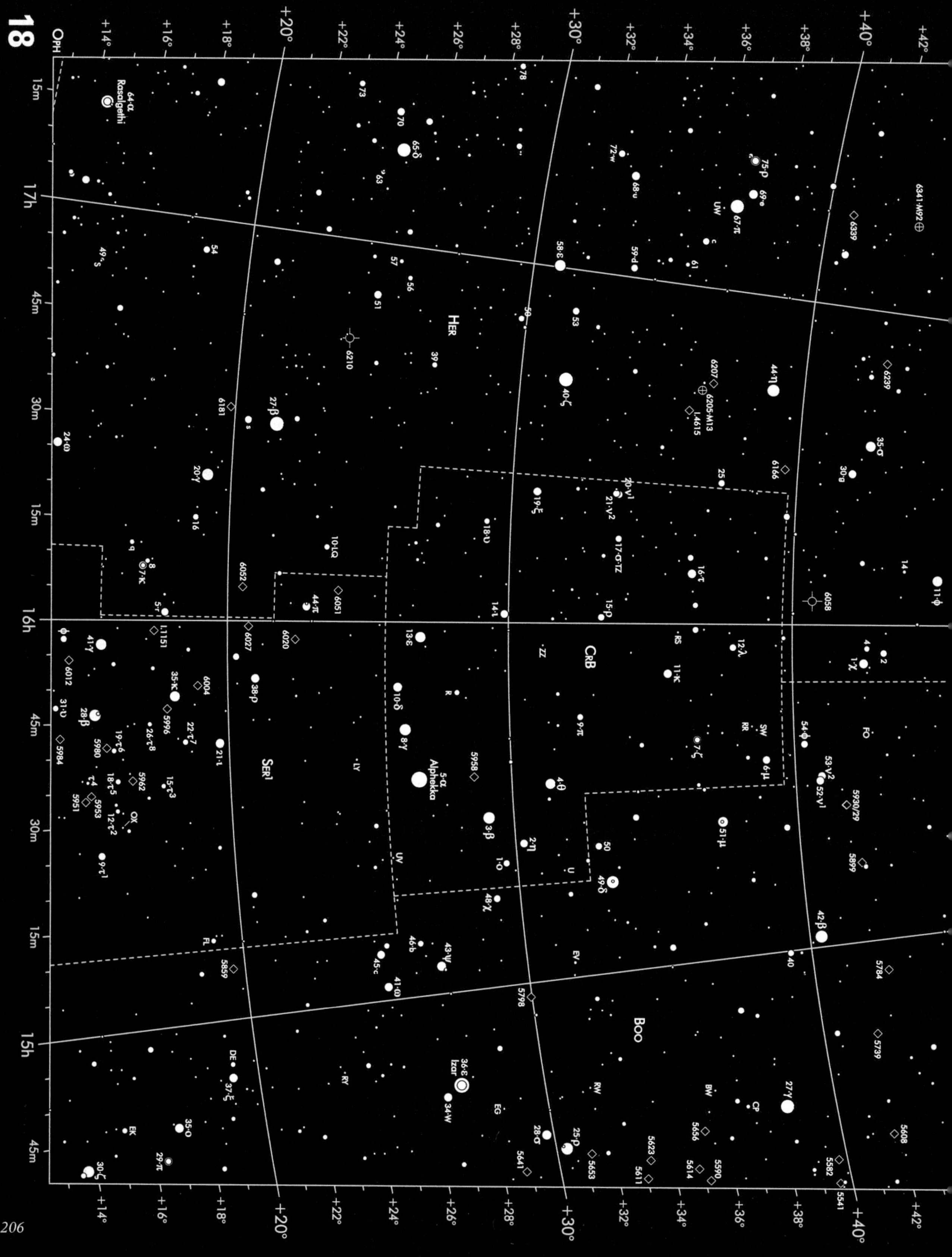
18
OPH
HER
CRB
BOO
SER1
64·α Rasalgethi
5·α Alpheka
36·ε Izar
6205·M13
6341·M92
17h
16h
15h
+20°
+30°
+40°

CrB
Her
Lyr
Cyg
Vul
Sge
Aql
Oph
3·α Vega
6·β Albireo
64·α Rasalgethi
10·β Sheliak
6720·M57
6779·M56
6205·M13
6341·M92
17h
18h
19h
+40°
+30°
+20°

20
Peg
Del
Vul
Sge
Aql
Her
Lyr
Cyg
Albireo
Vega
Sheliak
50-α-Deneb

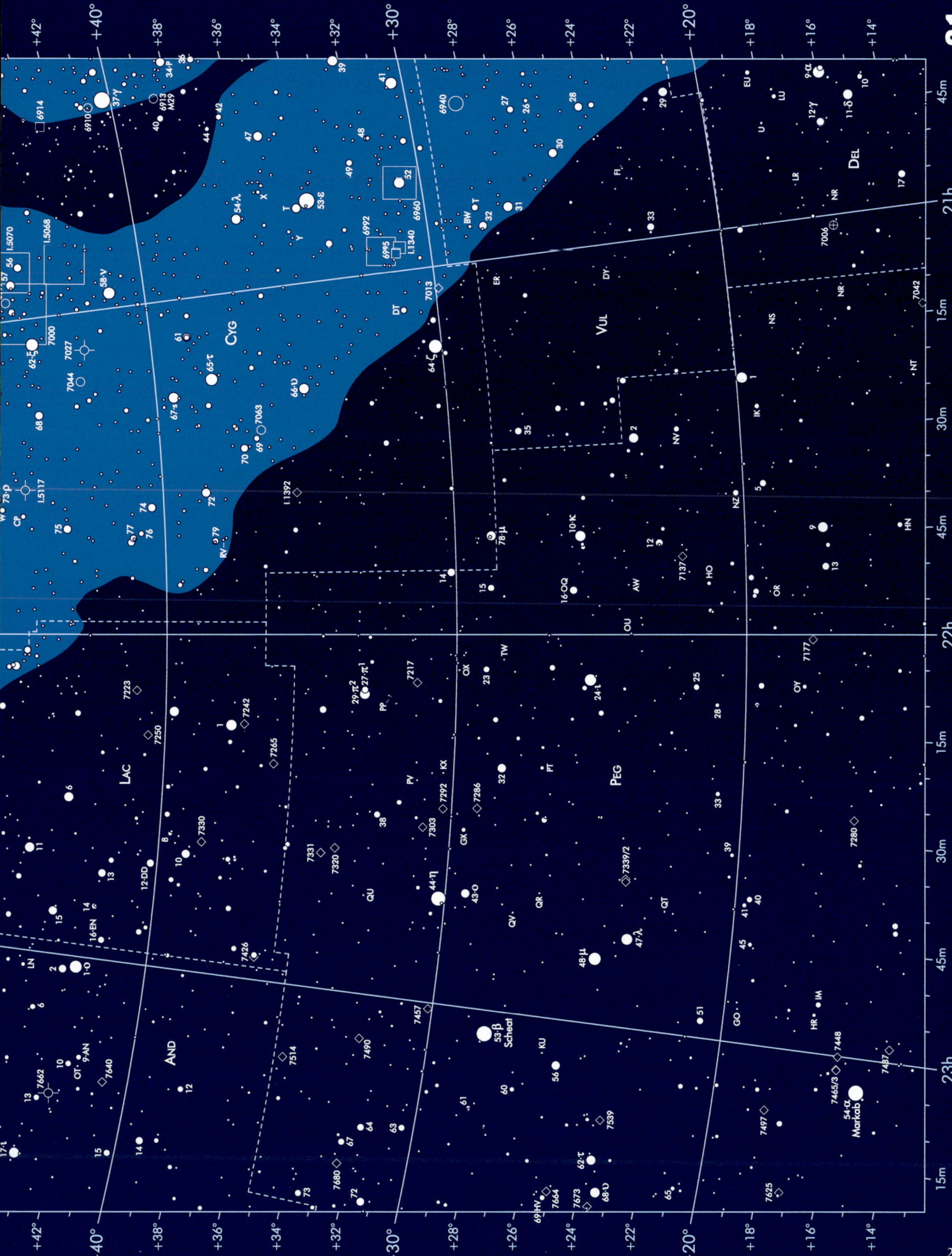

CYG
LAC
PEG
VUL
AND
DEL
53·β Scheat
54·α Markab
21h
22h
23h
+40°
+30°
+20°

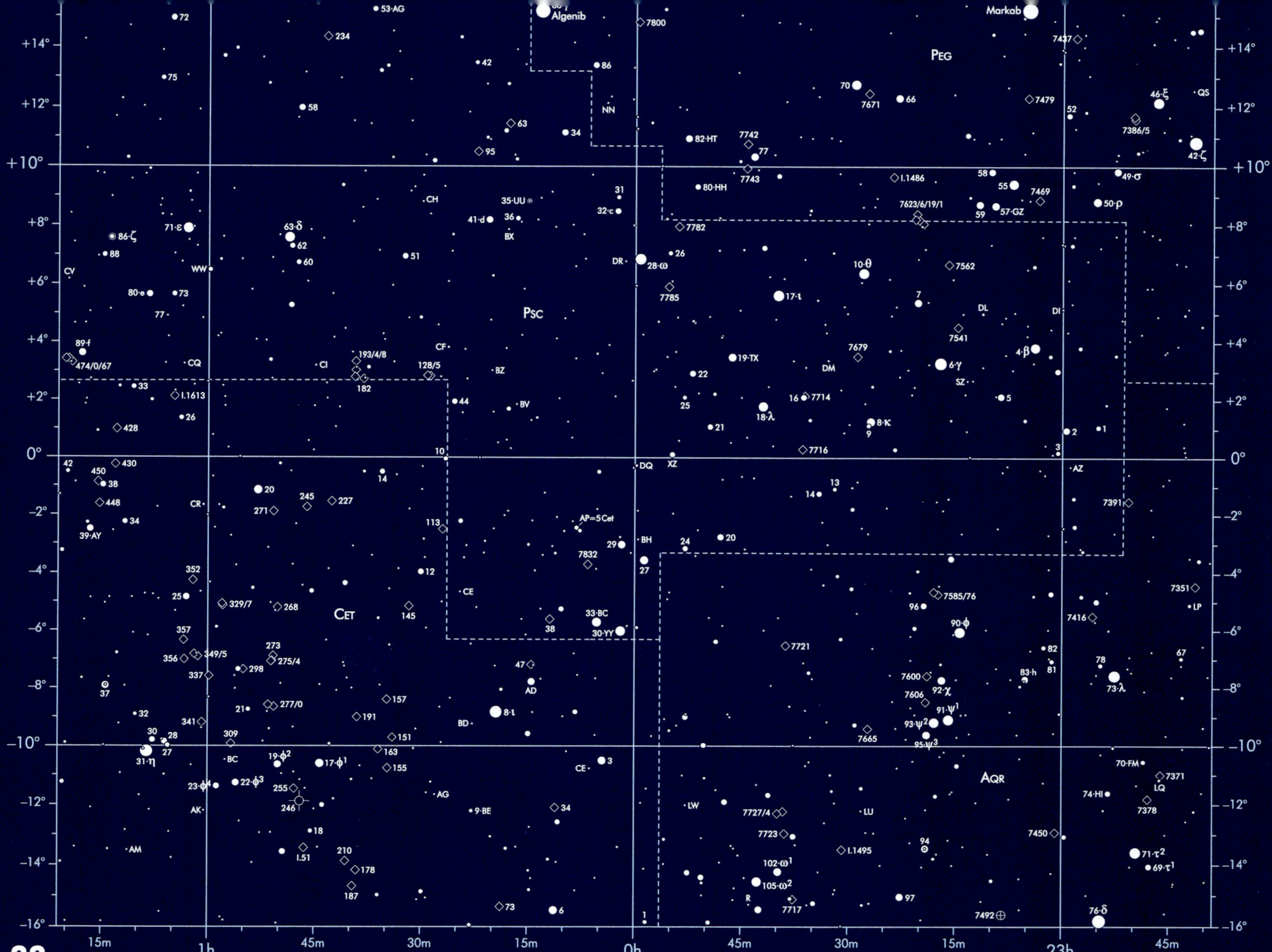
Cet
Psc
Aqr
Peg
Algenib
Markab
1h
0h
23h
15m
30m
45m
+14°
+12°
+10°
+8°
+6°
+4°
+2°
0°
−2°
−4°
−6°
−8°
−10°
−12°
−14°
−16°

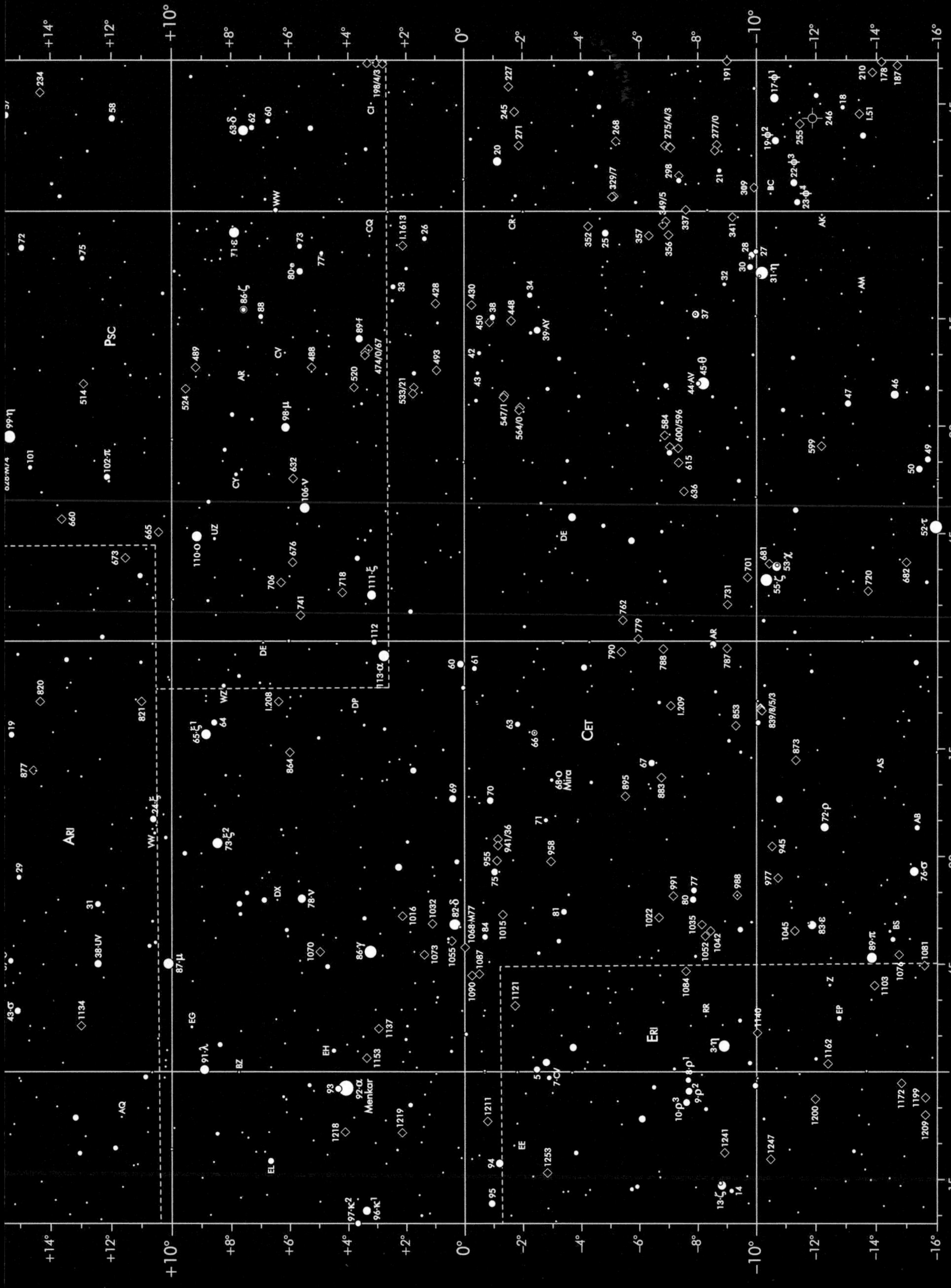
Psc
Ari
Cet
Eri
68·o Mira
92·α Menkar
+14° +12° +10° +8° +6° +4° +2° 0° -2° -4° -6° -8° -10° -12° -14° -16°
45m 1h 15m 30m 45m 2h 15m 30m 45m 3h 15m

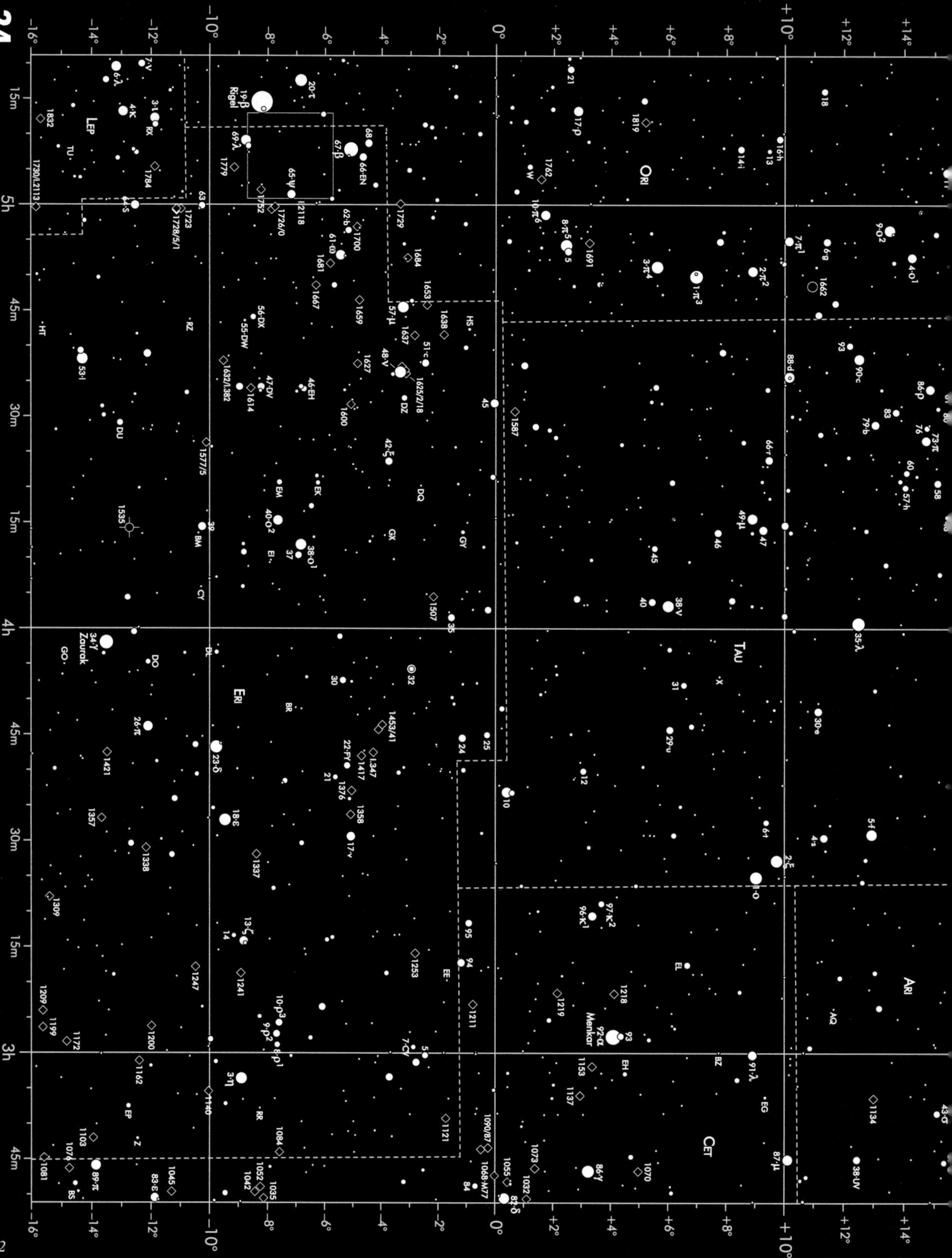

ORI
TAU
ERI
LEP
CET
ARI
Rigel
Zaurak
Menkar
5h
4h
3h

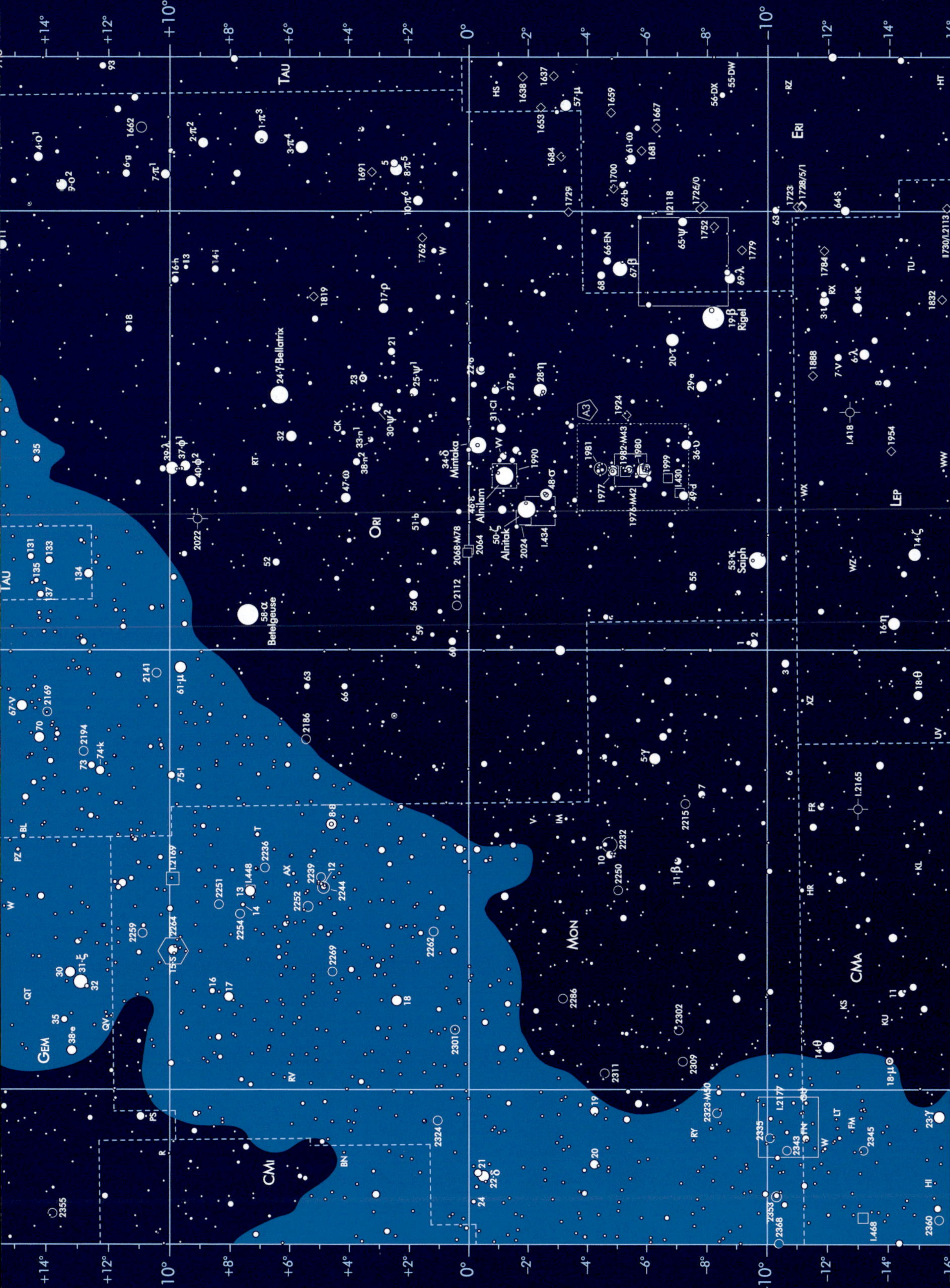
Tau
Ori
Eri
Lep
Mon
CMa
Gem
CMi
58·α Betelgeuse
24·γ·Bellatrix
19·β Rigel
53·κ Saiph
34·δ Mintaka
46·ε Alnilam
50·ζ Alnitak
1976-M42
1982-M43
2068-M78
2323-M50
5h
6h
7h
15m
30m
45m
+14°
+12°
+10°
+8°
+6°
+4°
+2°
0°
-2°
-4°
-6°
-8°
-10°
-12°
-14°
-16°

9h
8h
7h
45m
30m
15m
-16°
-14°
-12°
-10°
-8°
-6°
-4°
-2°
0°
+2°
+4°
+6°
+8°
+10°
+12°
+14°
HYA
CNC
CMI
Procyon
PUP
MON
CMA
GEM
2548-M48
2682-M67
2437-M46
2422-M47
2323-M50
17-β
16-ζ
11-ε
22-θ
26-α
10-α
3-β
4-γ
14-θ
18-μ

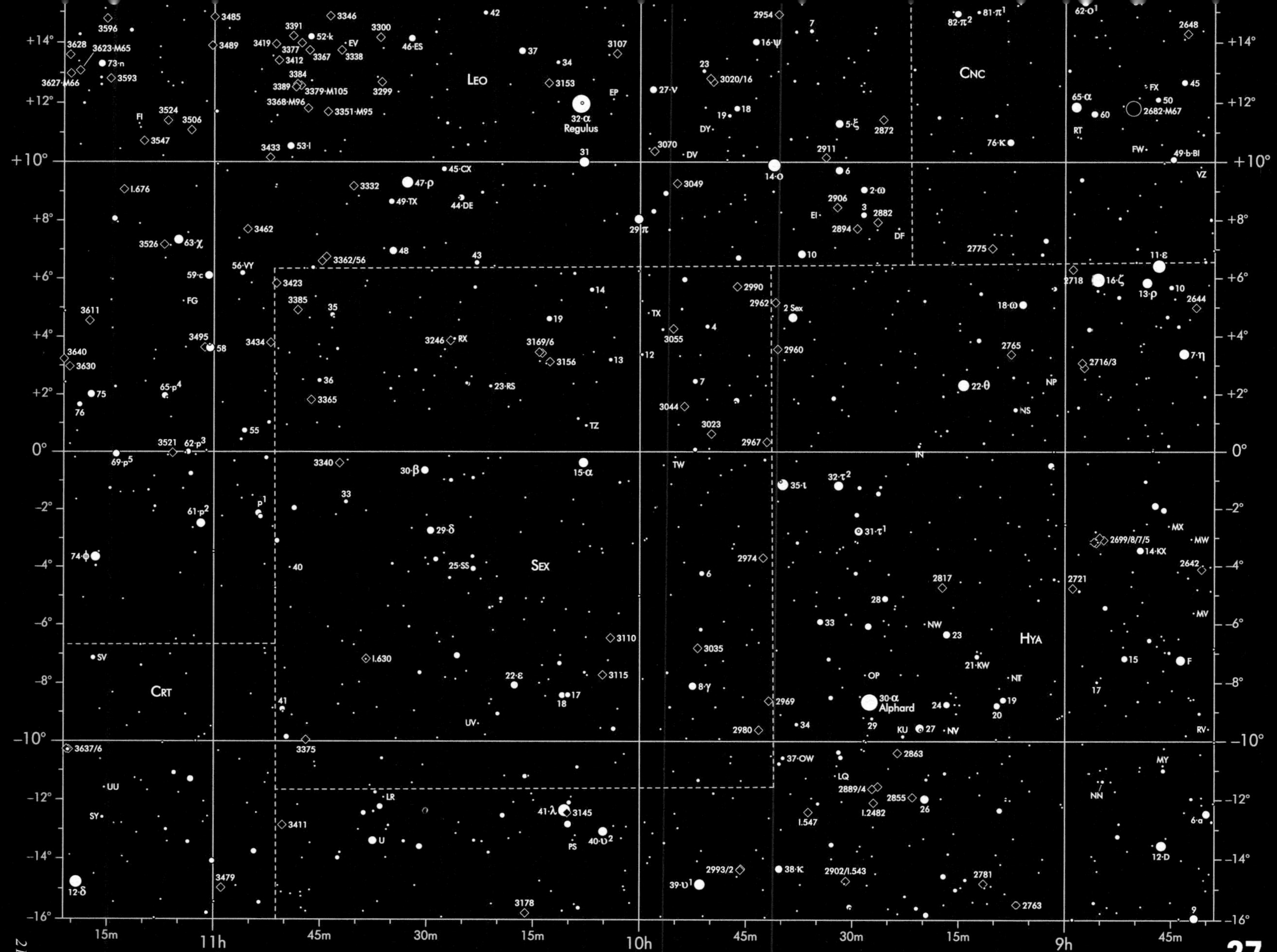
CNC
LEO
SEX
HYA
CRT
Regulus
Alphard

28

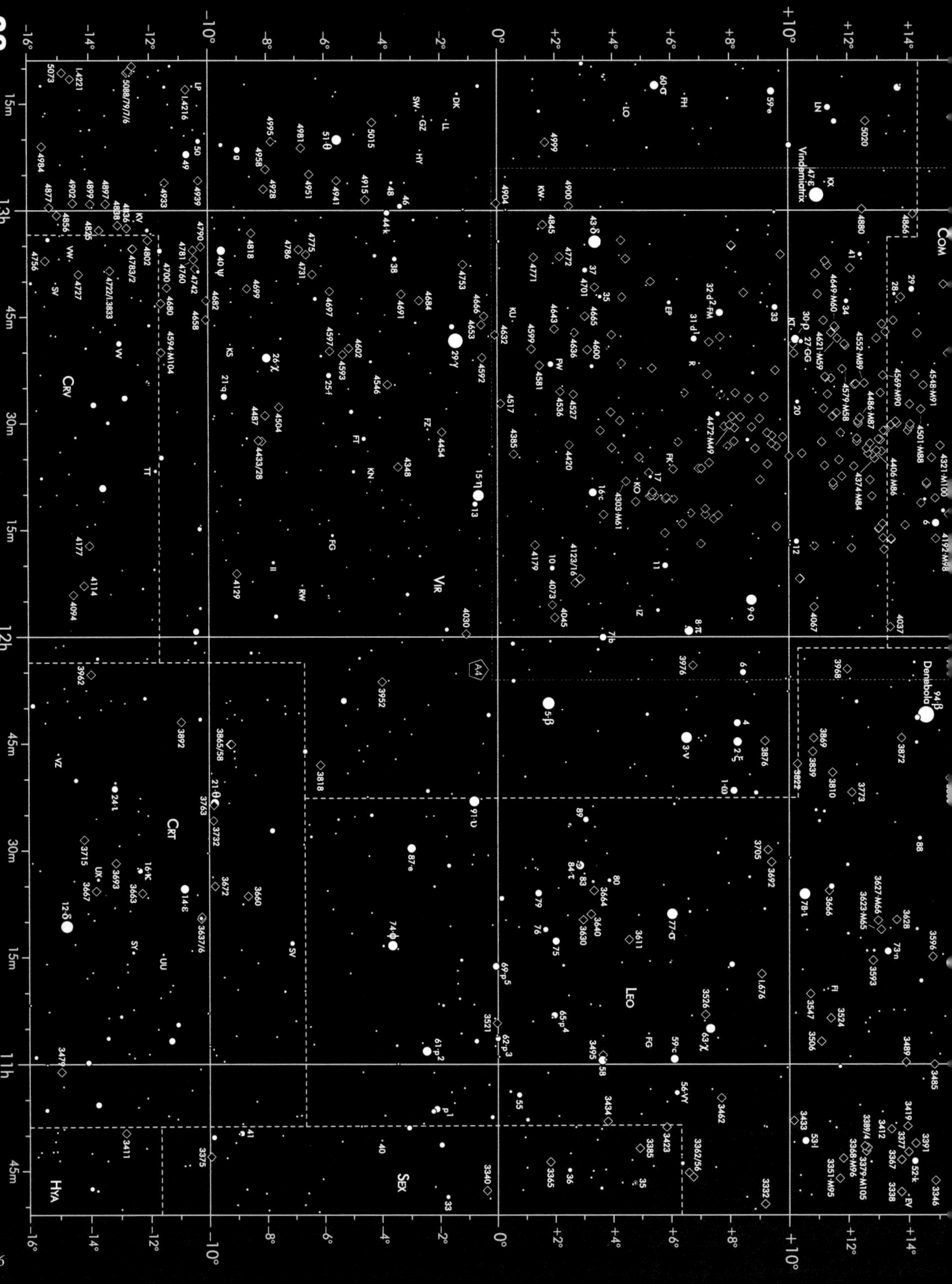

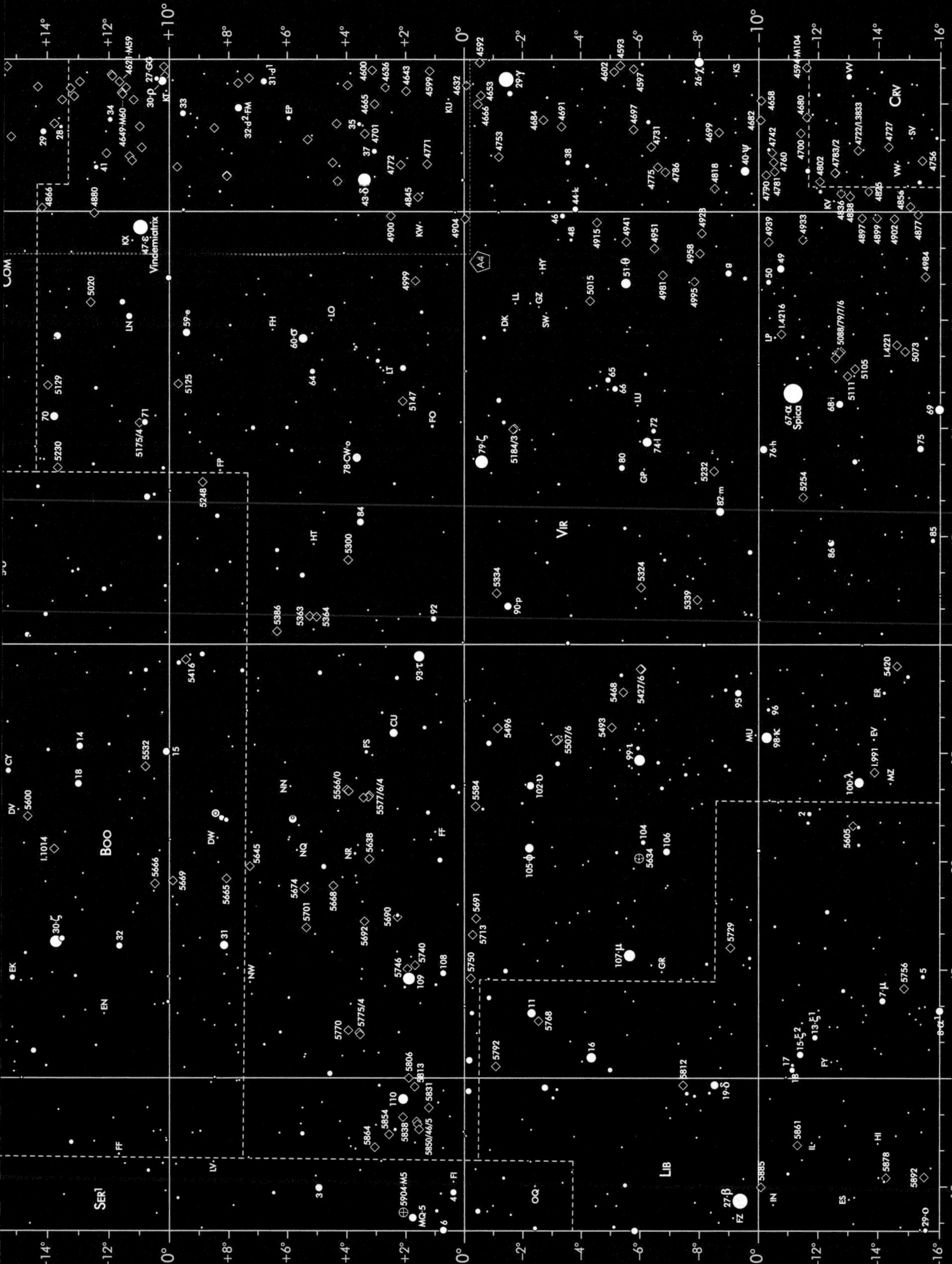

Com
Boo
Vir
Lib
Crv
Ser1
47·ε Vindemiatrix
67·α Spica
13h
14h
15h

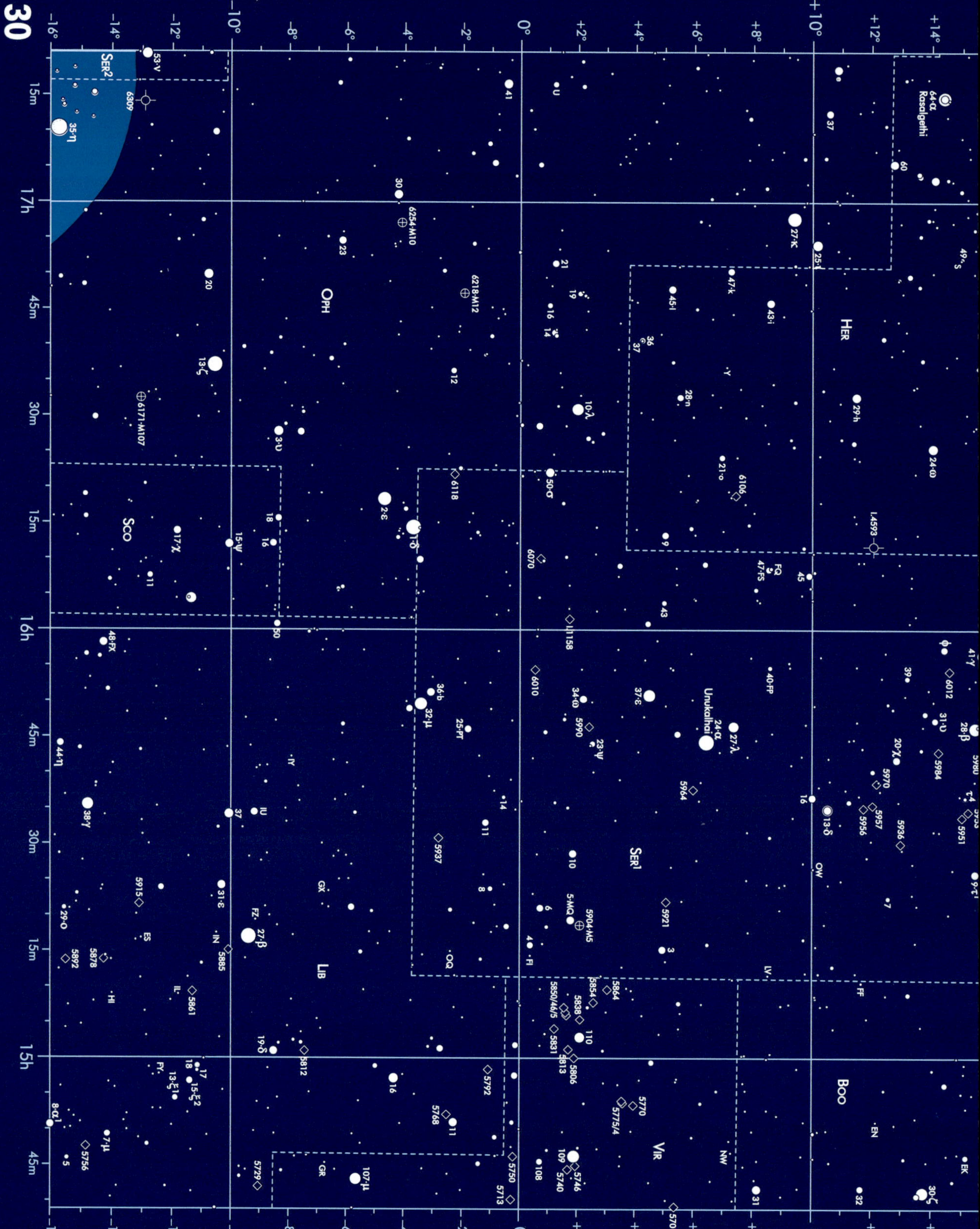
Her
Oph
Sco
Lib
Ser¹
Ser²
Vir
Boo
Rasalgethi
Unukalhai
17h
16h
15h

HER
OPH
SER2
AQL
SCT
SGR
64·α Rasalgethi
55·α Rasalhague
+14°
+12°
+10°
+8°
+6°
+4°
+2°
0°
-2°
-4°
-6°
-8°
-10°
-12°
-14°
-16°
19h
18h
17h
15m
30m
45m

31

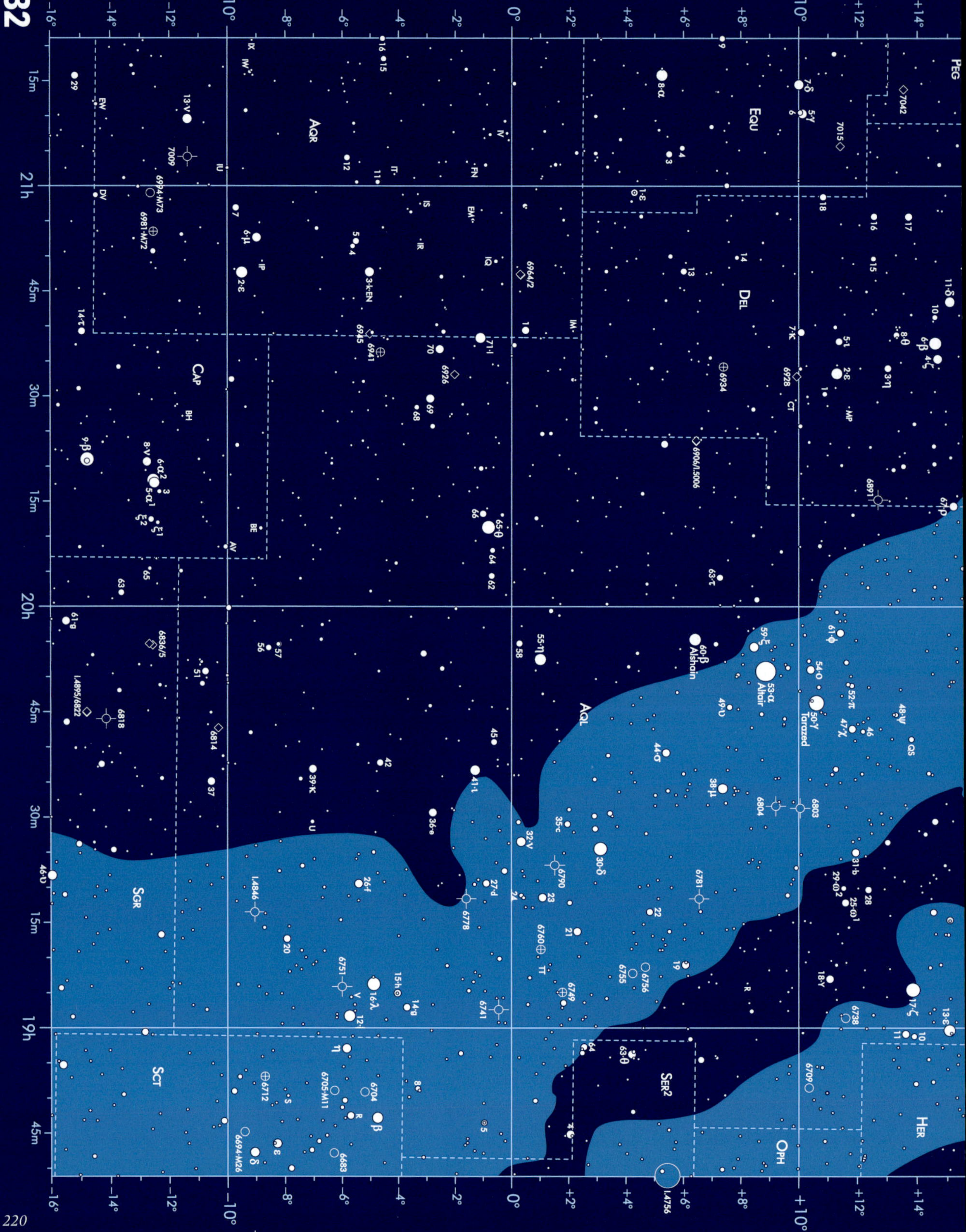
32
Aqr
Equ
Del
Peg
Cap
Aql
Sgr
Sct
Ser²
Oph
Her
53-α Altair
60-β Alshain
50-γ Tarazed
21h
20h
19h
15m
30m
45m
0°
+10°
−10°

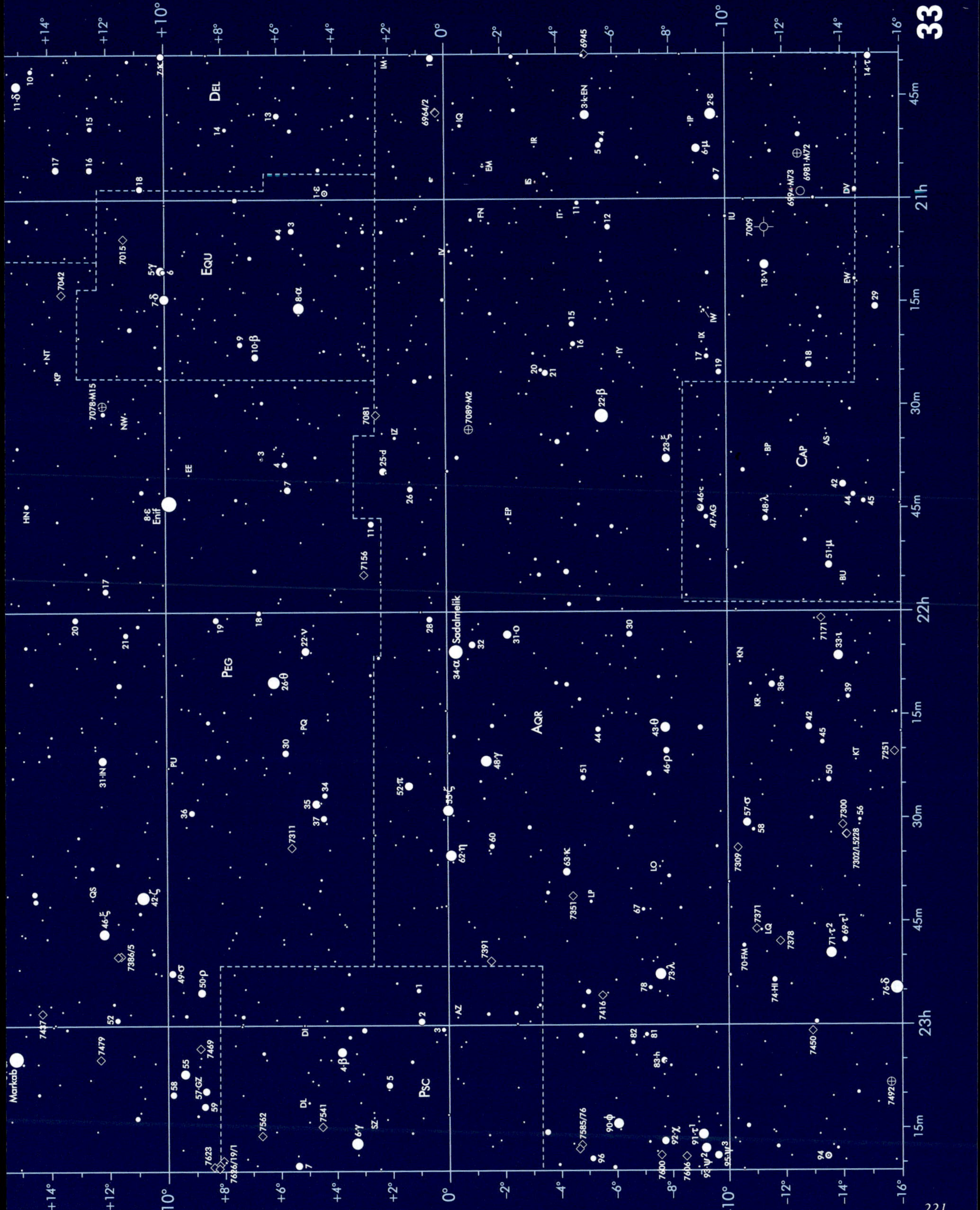
DEL
EQU
PEG
AQR
CAP
PSC
Enif
Sadalmelik
Markab
21h
22h
23h

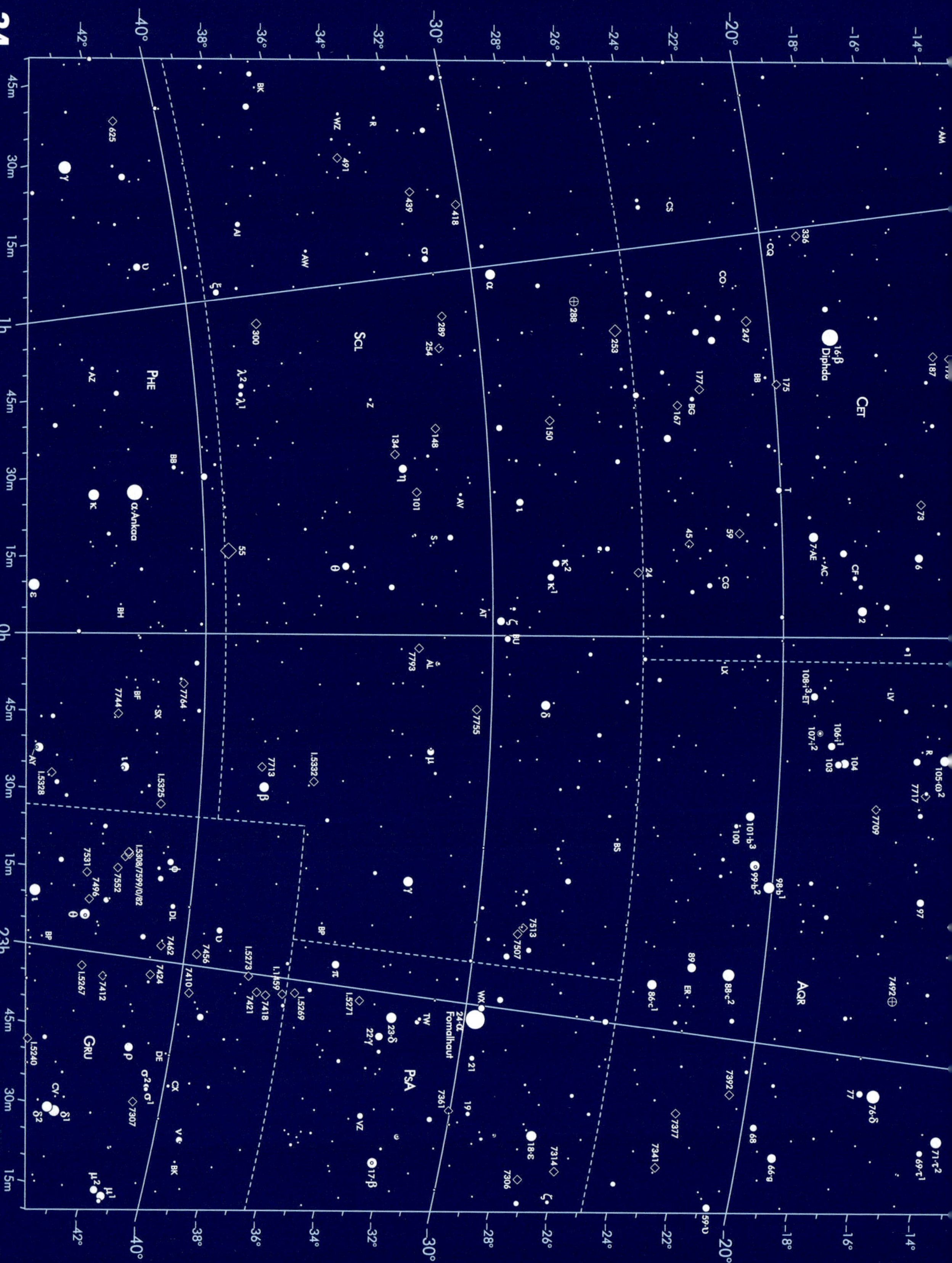
CET
AQR
PSA
SCL
PHE
GRU
16-β Diphda
24-α Fomalhaut
α-Ankaa
0h
1h
23h

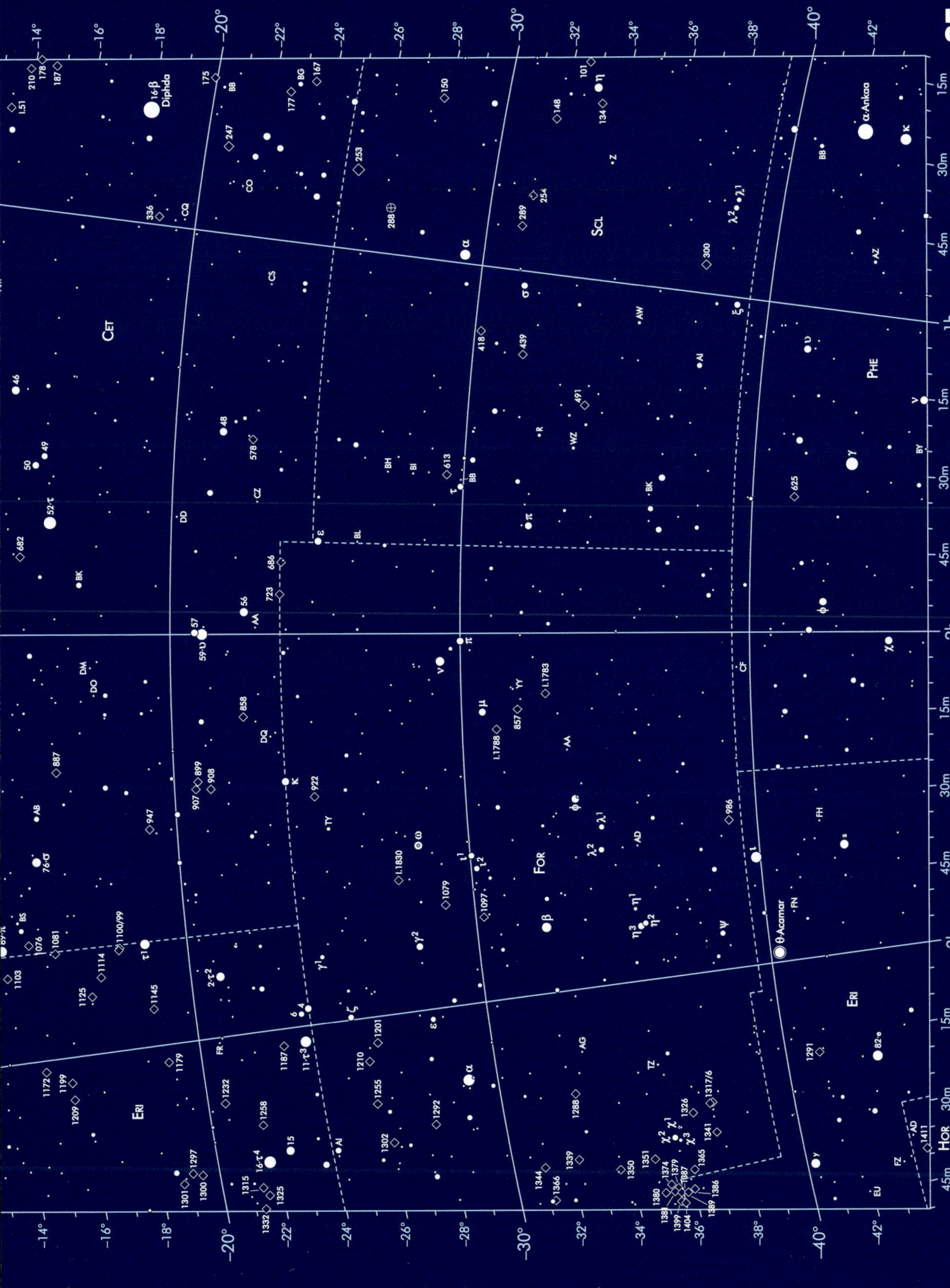
Cet
Scl
For
Phe
Eri
Hor
16·β Diphda
α-Ankaa
θ-Acamar

36

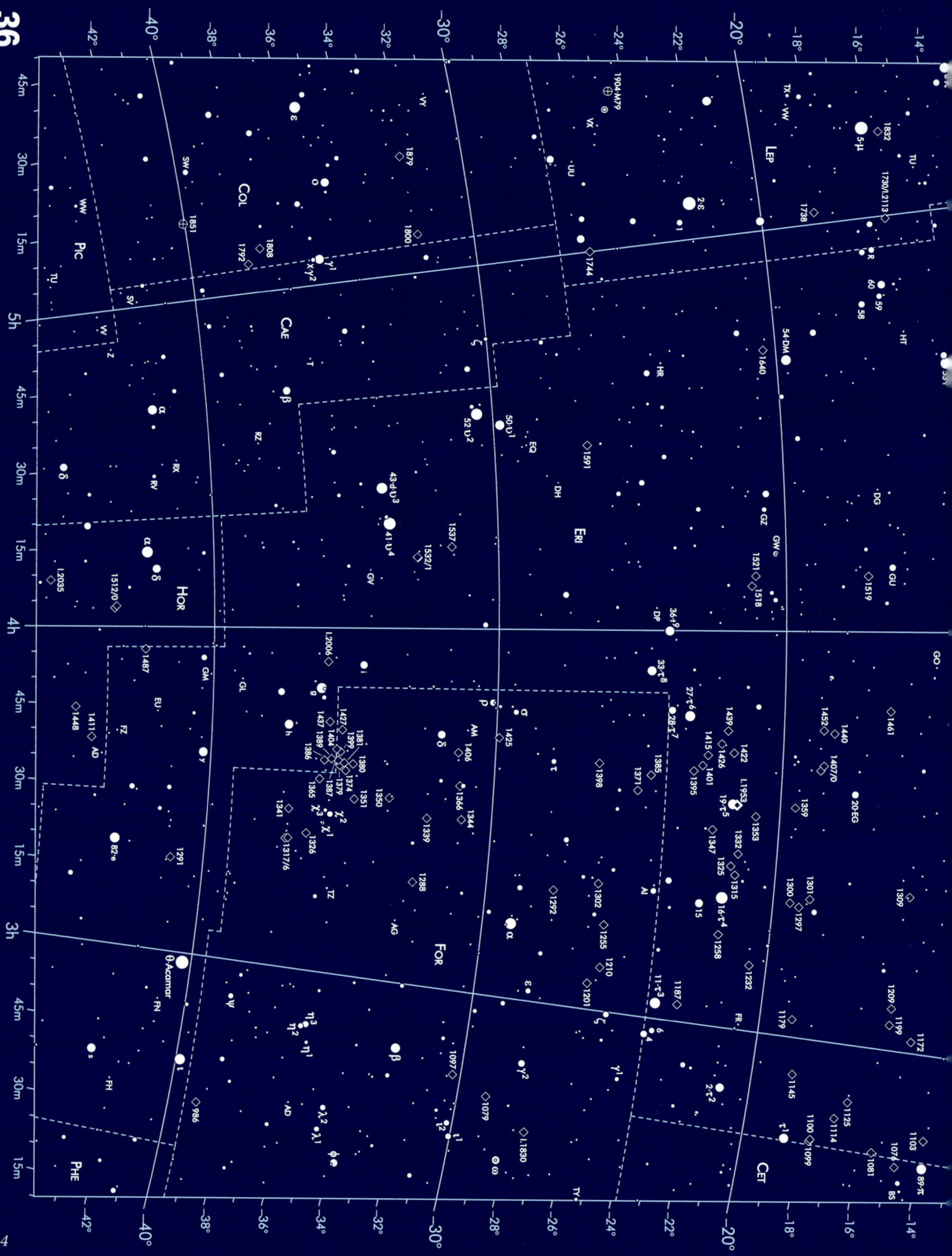

-42°
-40°
-38°
-36°
-34°
-32°
-30°
-28°
-26°
-24°
-22°
-20°
-18°
-16°
-14°
5h
4h
3h
45m
30m
15m
Col
Pic
Cae
Hor
Eri
For
Lep
Cet
Phe
1904-M79
54-DM
θ-Acamar

37
ERI
LEP
CMA
COL
CAE
PUP
PIC
HOR
9·α Sirius
21·ε Adhara
11·α Arneb
9·β Nihal
5h
6h
7h
-20°
-30°
-40°

Ant
Vel
Pyx
Hya
Pup
CMa
Col
Sirius
Adhara
9h
8h
7h
-40°
-30°
-20°

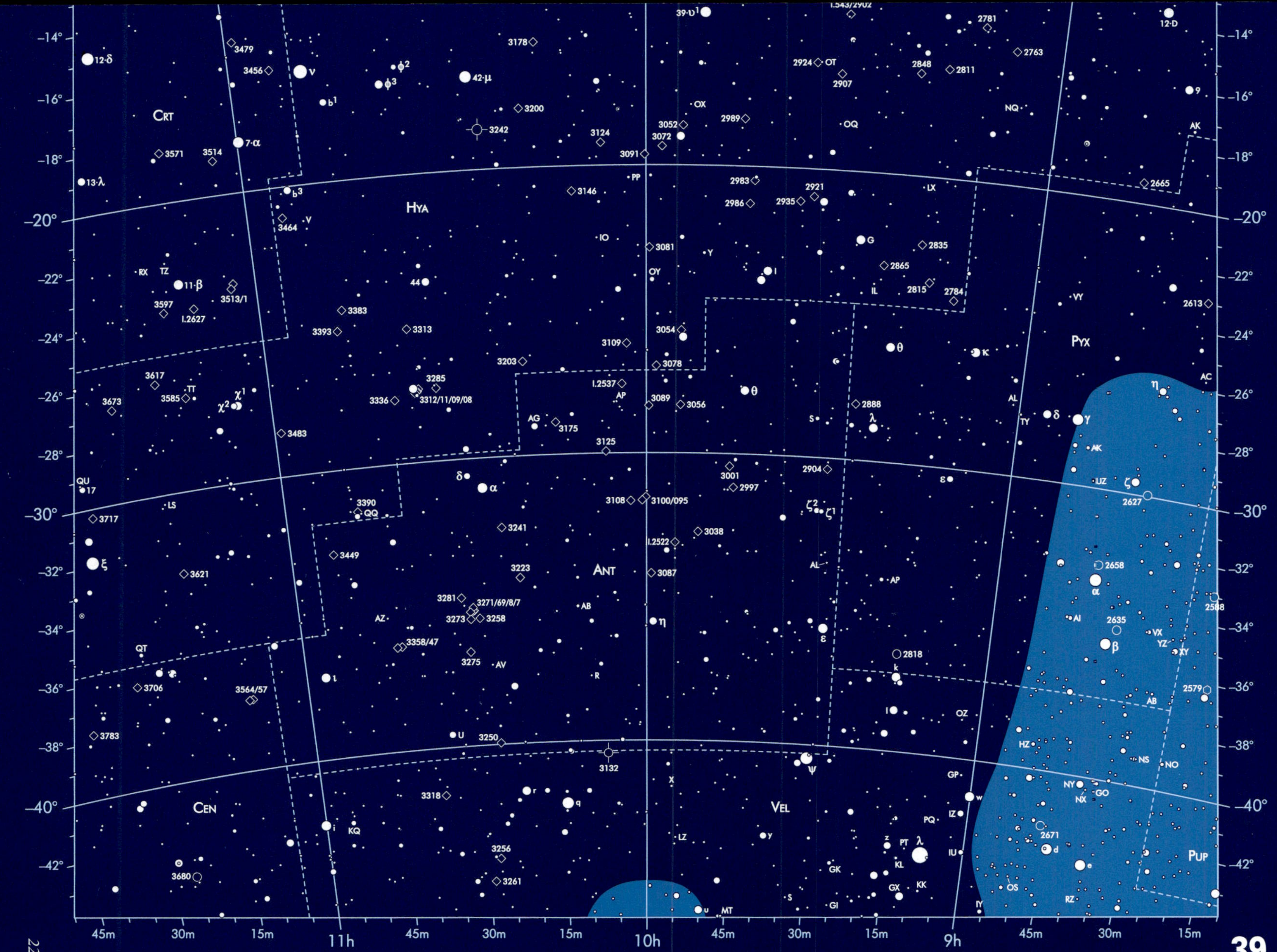

39

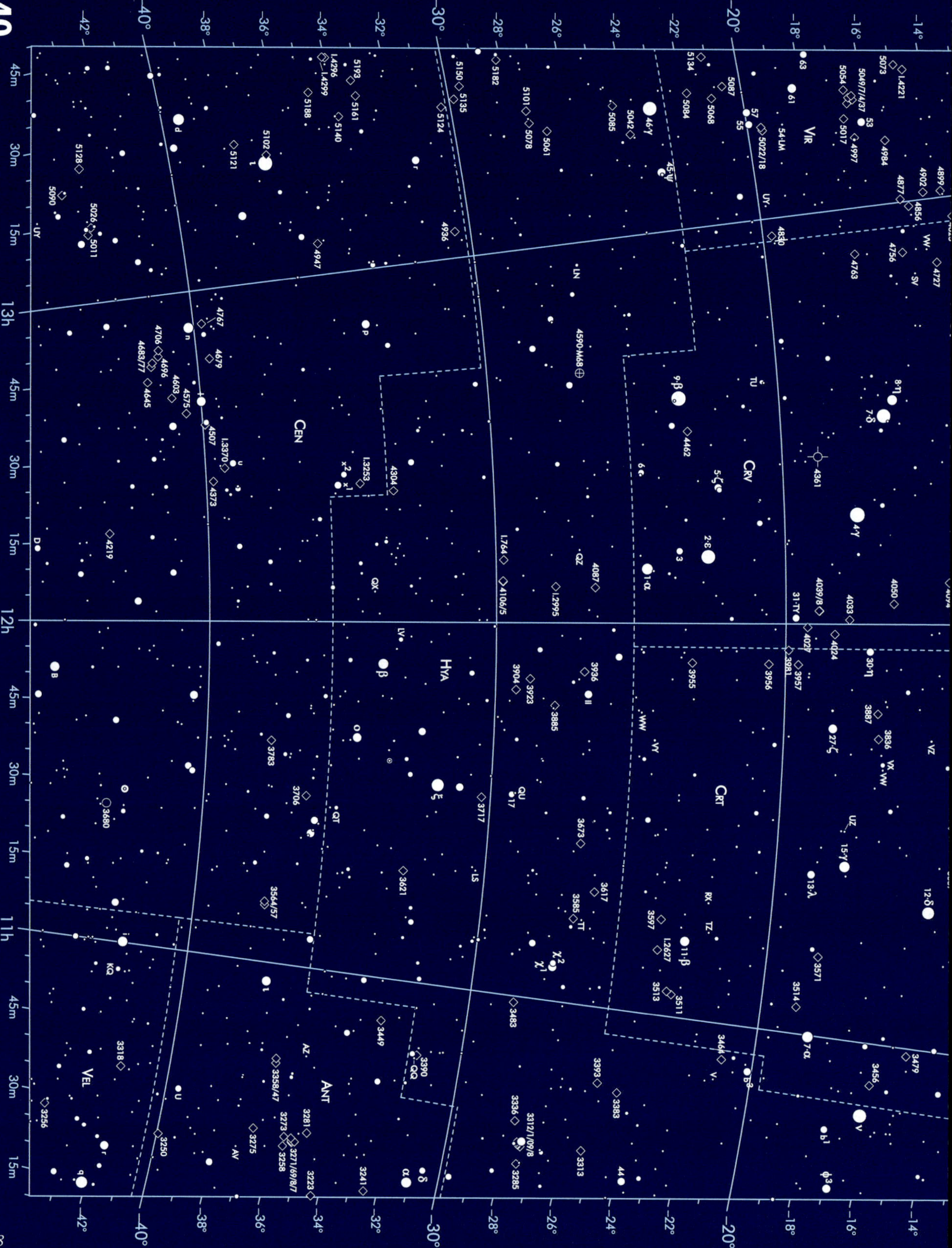

Vir
Crv
Crt
Hya
Cen
Ant
Vel
13h
12h
11h
45m
30m
15m
-14°
-16°
-18°
-20°
-22°
-24°
-26°
-28°
-30°
-32°
-34°
-36°
-38°
-40°
-42°
4590-M68
4361
4038/9

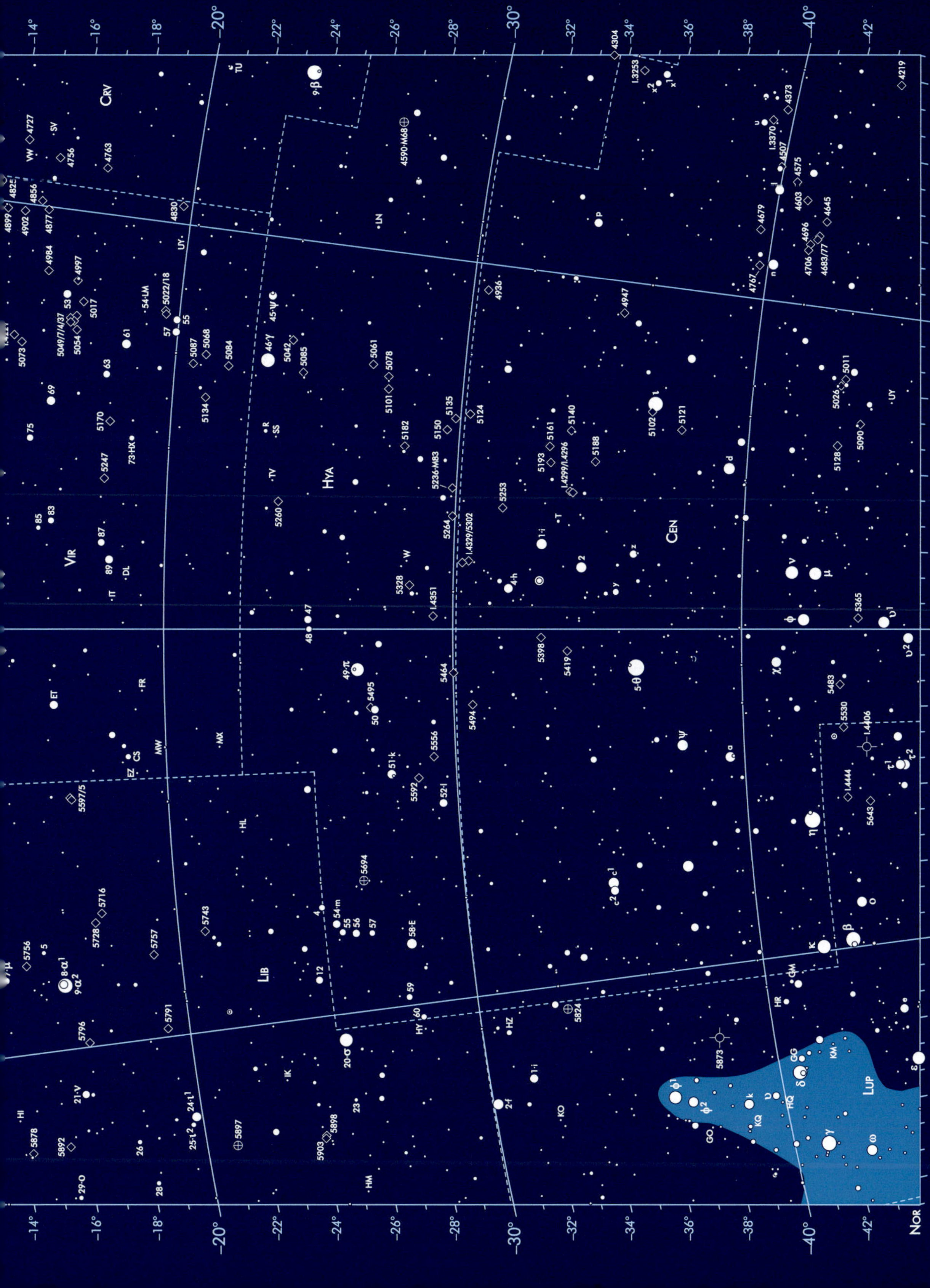
CRV
VIR
HYA
CEN
LIB
LUP
NOR
13h
14h
15h
-20°
-30°
-40°

42

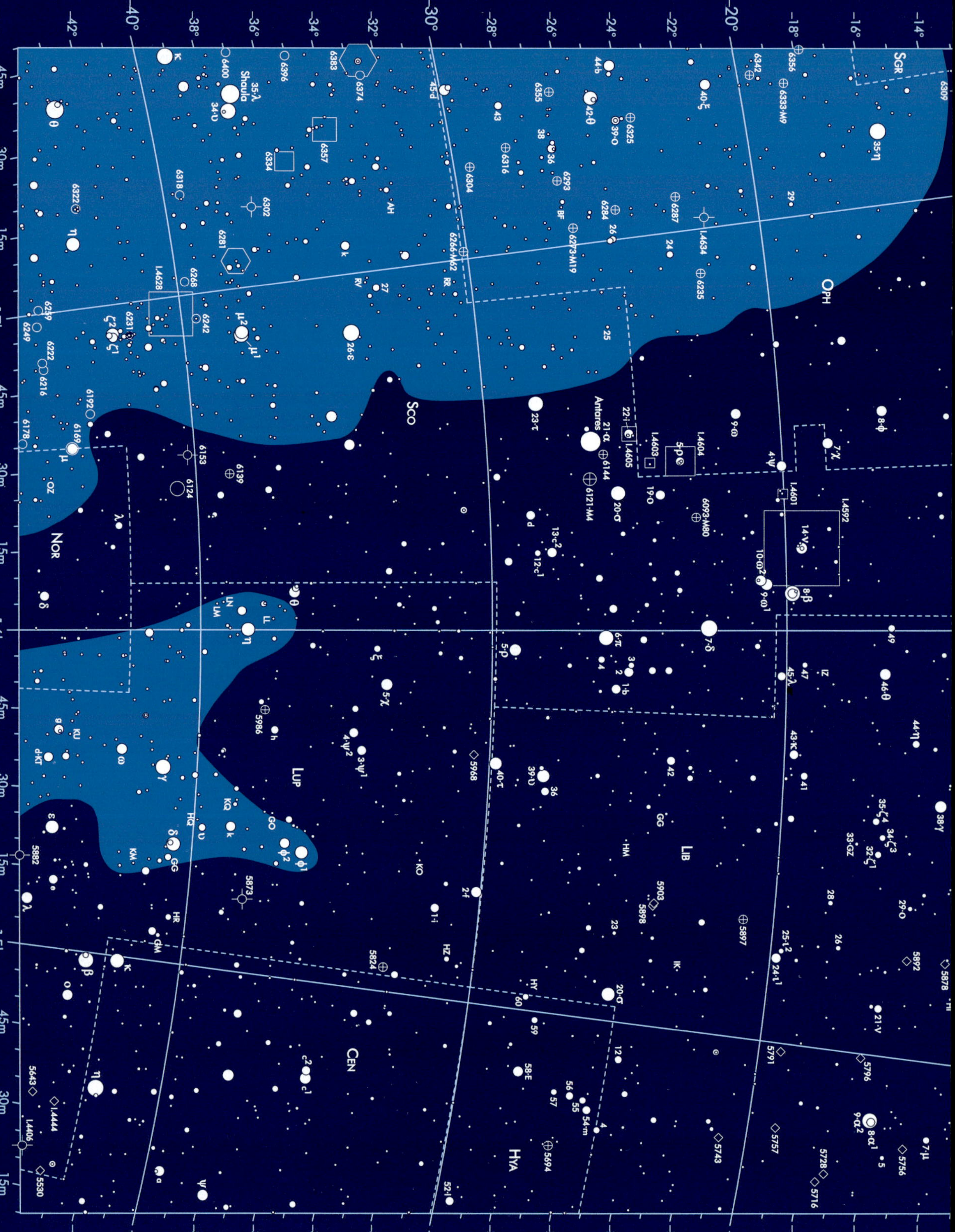

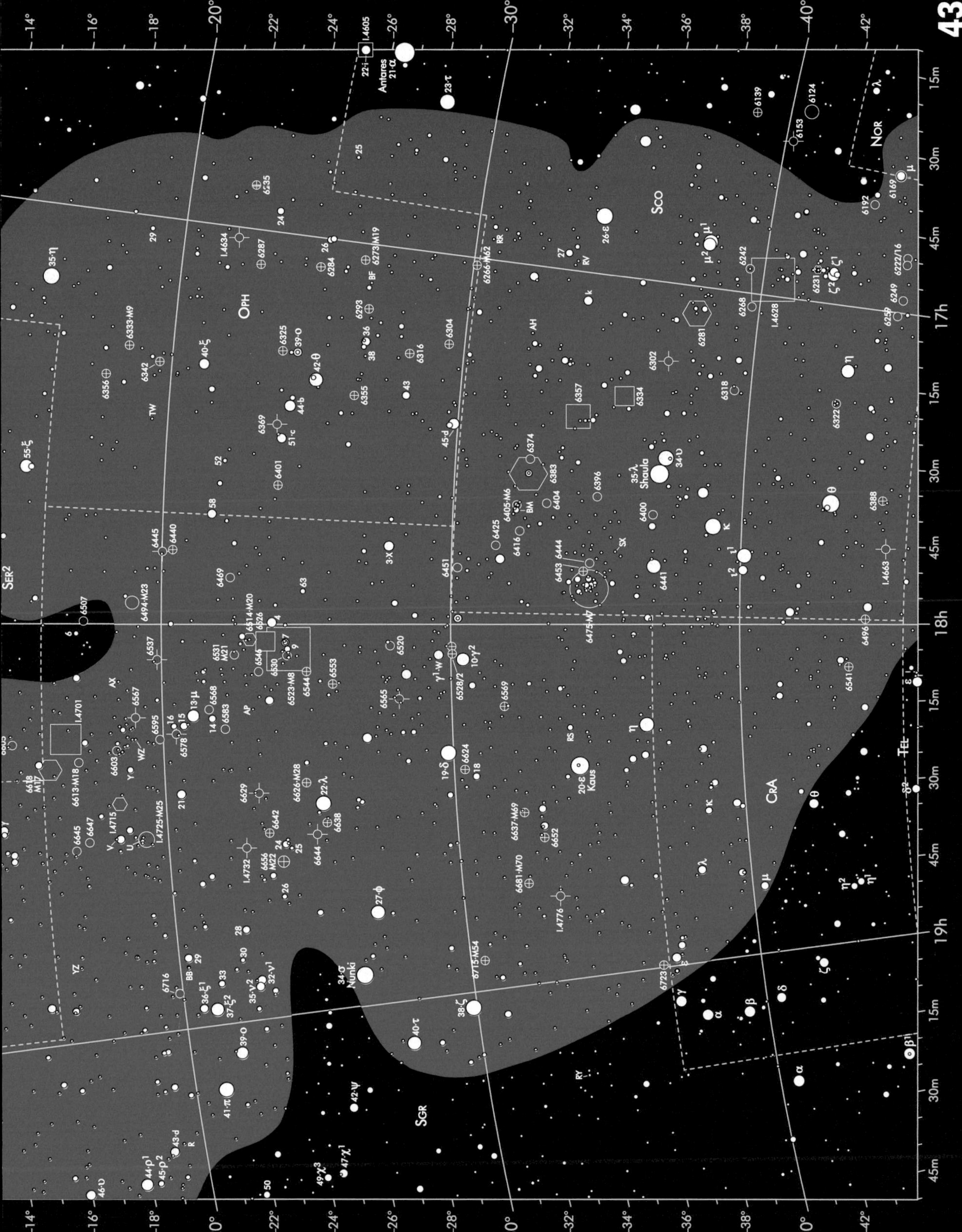

Ser2
Oph
Sco
Sgr
CrA
Tel
Nor
Antares 21·α
22·i
23·τ
26·ε
35·η
55·ξ
40·ξ
42·θ
44·b
51·c
45·d
35·λ Shaula
34·υ
Kaus
20·ε
19·δ
10·γ2
22·λ
13·μ
27·φ
34·σ Nunki
38·ζ
40·τ
41·π
39·o
37·ξ2
36·ξ1
6266·M62
6273·M19
6333·M9
6405·M6
6475·M7
6494·M23
6514·M20
6531 M21
6523·M8
6613·M18
6618 M17
1.4725·M25
6626·M28
6656 M22
6637·M69
6681·M70
6715·M54
6528/2
μ2 μ1
ζ2 ζ1
η1 η2
δ2
β1
α
β
γ
δ
ε
ζ
θ
κ
λ
μ
η
15m
30m
45m
17h
18h
19h
-14°
-16°
-18°
-20°
-22°
-24°
-26°
-28°
-30°
-32°
-34°
-36°
-38°
-40°
-42°

44

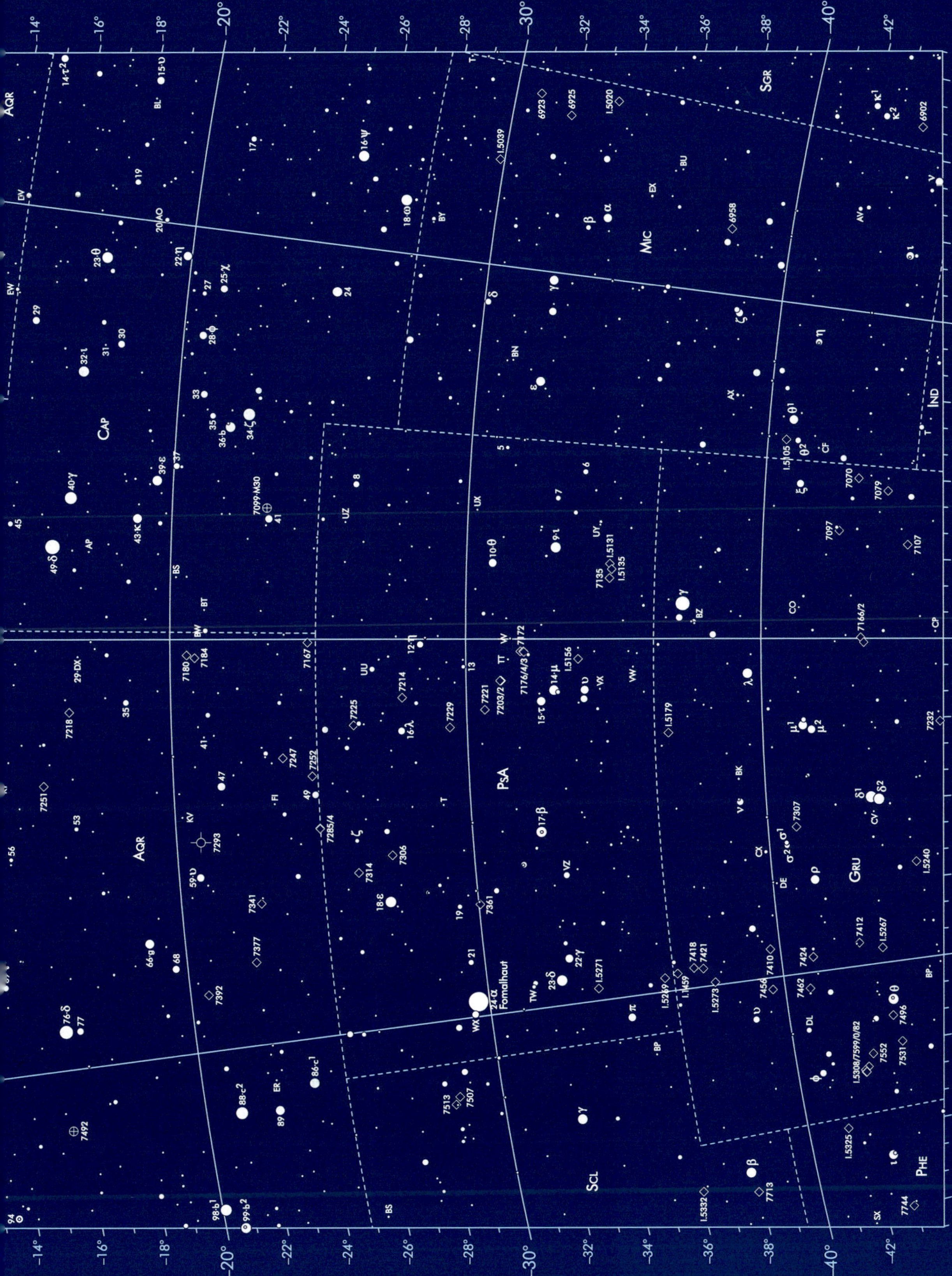
AQR
CAP
PSA
MIC
SGR
IND
GRU
SCL
PHE
Fomalhaut

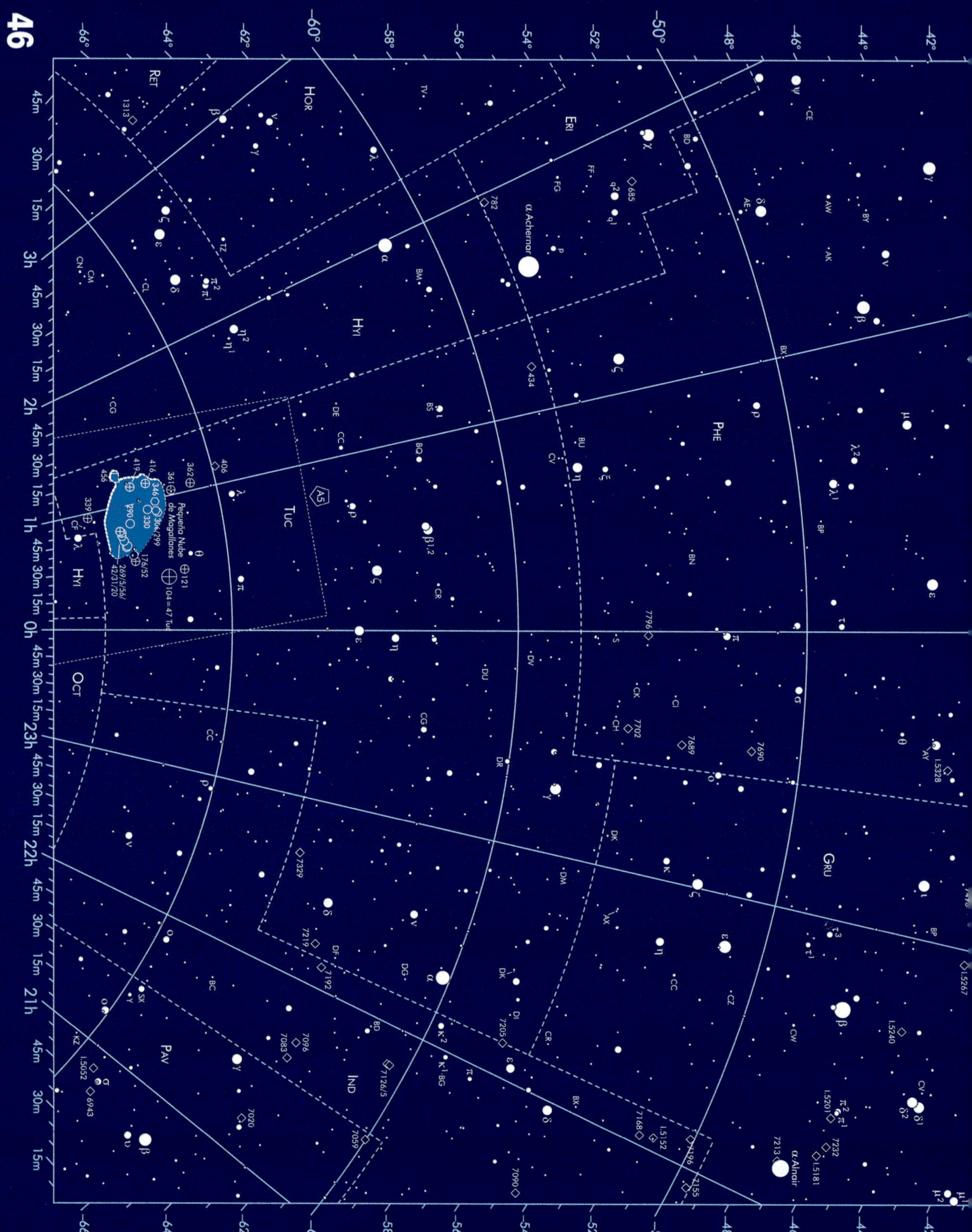
46
Ret
Hor
Eri
Hyi
Tuc
Phe
Oct
Gru
Pav
Ind
α Achernar
α Altair
Pequeña Nube de Magallanes
104=47 Tuc
-66°
-64°
-62°
-60°
-58°
-56°
-54°
-52°
-50°
-48°
-46°
-44°
-42°
3h
2h
1h
0h
23h
22h
21h

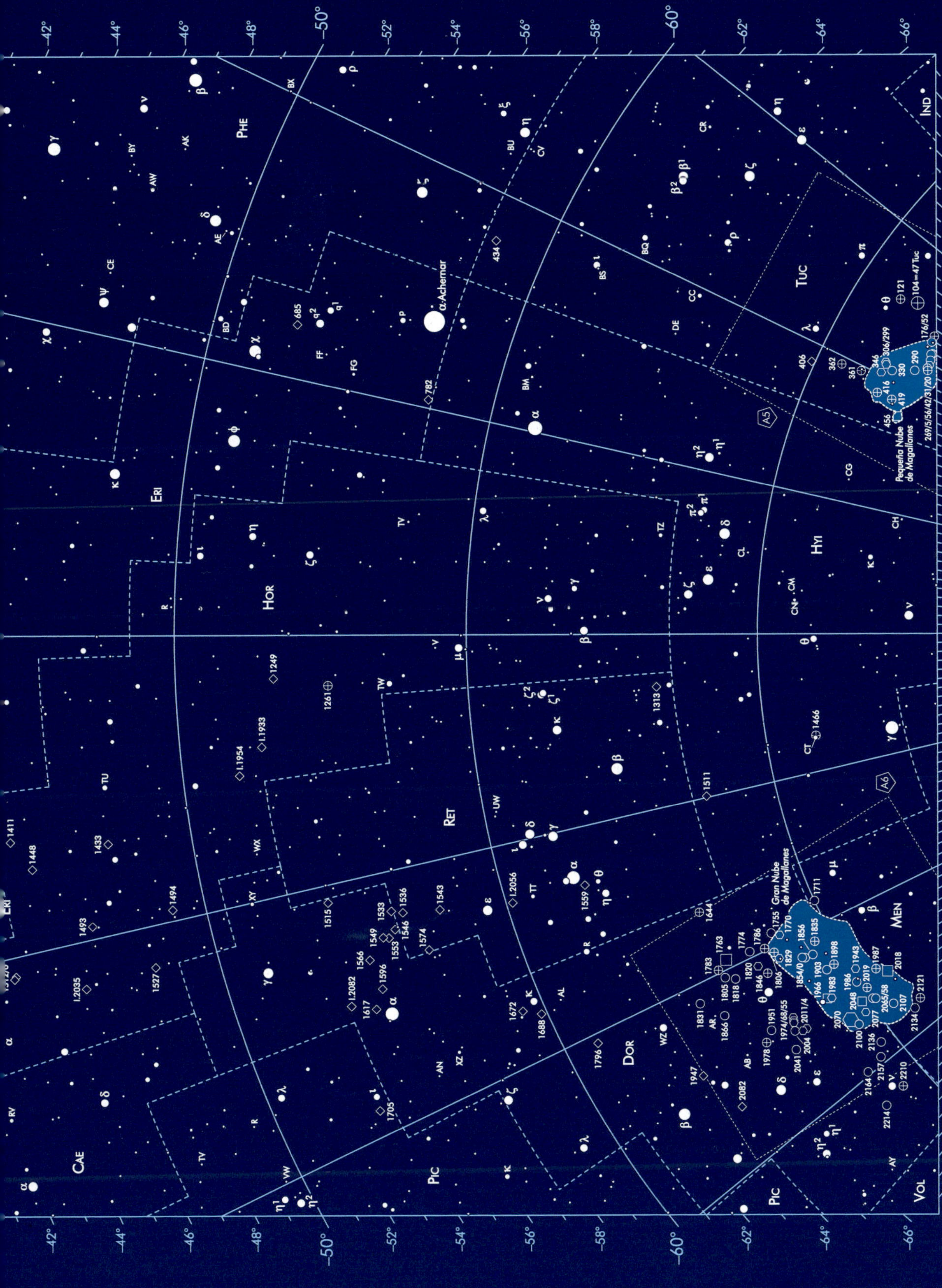
Cae
Phe
Eri
Hor
Ret
Dor
Pic
Men
Hyi
Tuc
Ind
Vol
α Achernar
Gran Nube de Magallanes
Pequeña Nube de Magallanes
104=47 Tuc
A5
A6
0h
1h
2h
3h
4h
5h
6h
-42°
-44°
-46°
-48°
-50°
-52°
-54°
-56°
-58°
-60°
-62°
-64°
-66°

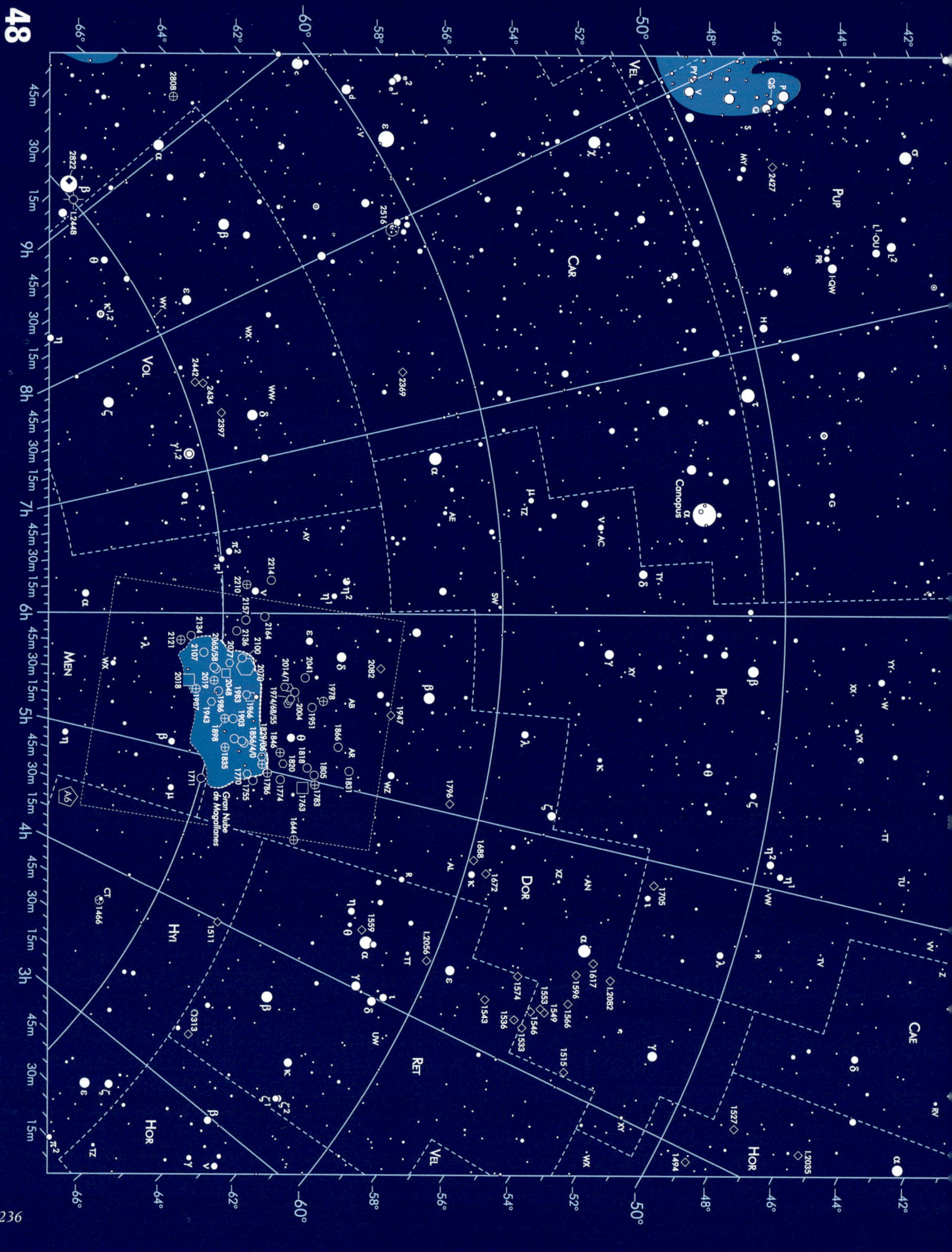
48
VEL
PUP
CAR
VOL
PIC
DOR
MEN
HYI
RET
HOR
CAE
Canopus
Gran Nube de Magallanes

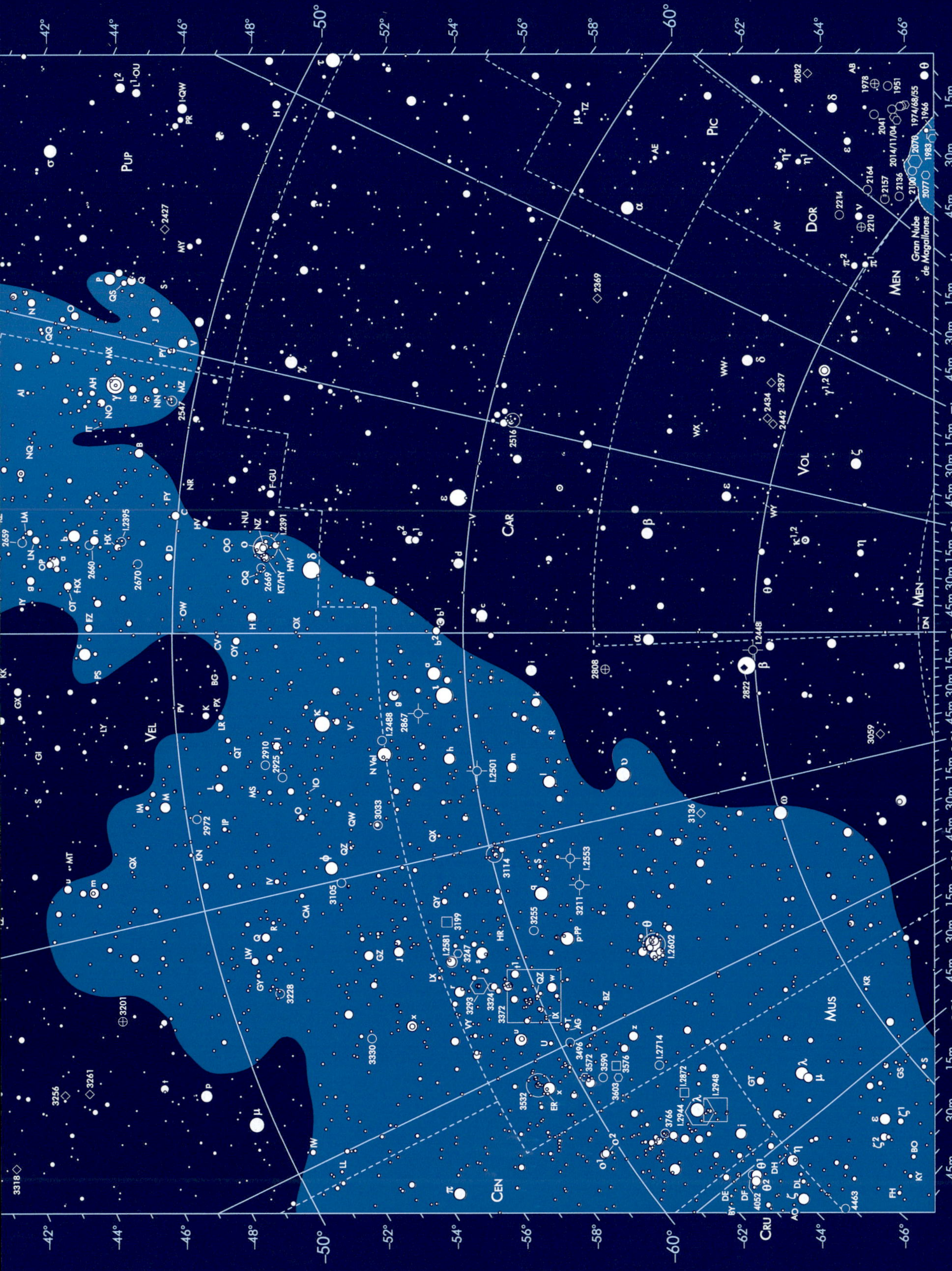
Pup
Vel
Car
Pic
Dor
Men
Vol
Cen
Mus
Cru
Gran Nube de Magallanes
6h
7h
8h
9h
10h
11h
12h
-50°
-60°

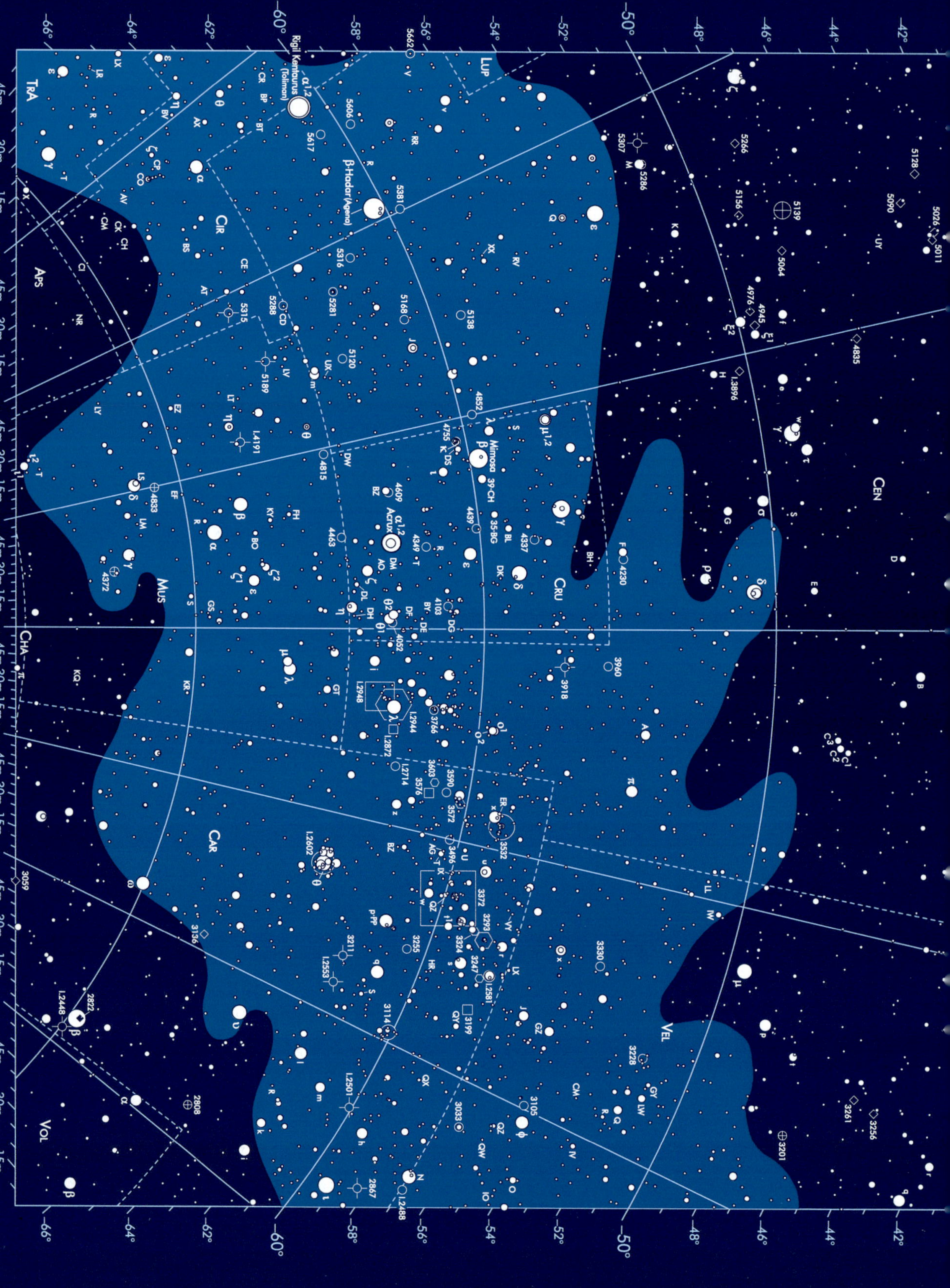
Rigil Kentaurus (Toliman)
β Hadar (Agena)
Mimosa
Acrux
Cen
Cru
Mus
Car
Vel
Cir
Aps
Cha
Vol
TrA
Lup

51

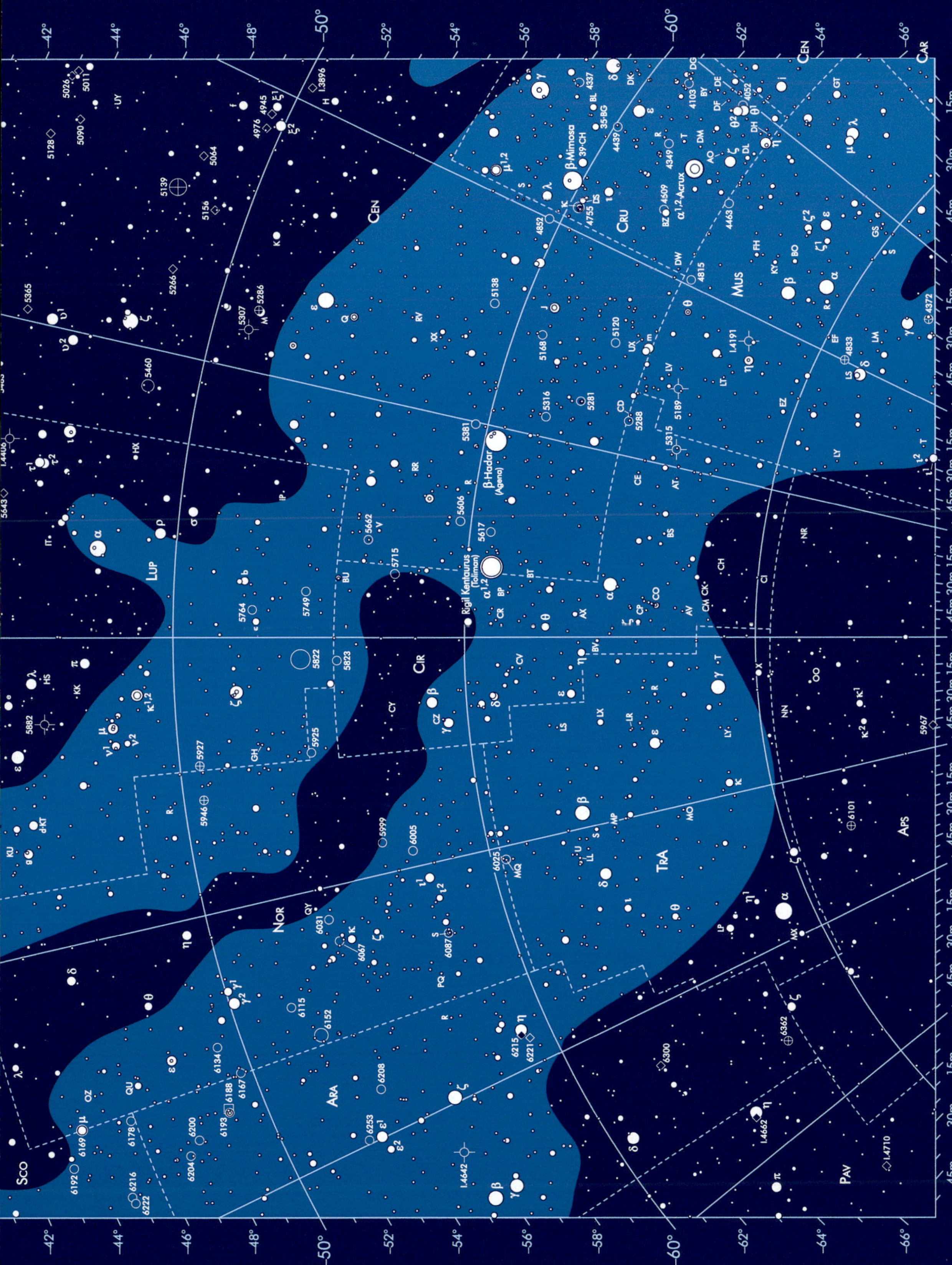
Cen
Cru
Mus
Lup
Cir
Nor
TrA
Ara
Sco
Pav
Aps
Car
β-Mimosa
α1,2 Acrux
β-Hadar (Agena)
Rigil Kentaurus (Toliman)
α1,2
12h
13h
14h
15h
16h
17h
18h
–42°
–44°
–46°
–48°
–50°
–52°
–54°
–56°
–58°
–60°
–62°
–64°
–66°

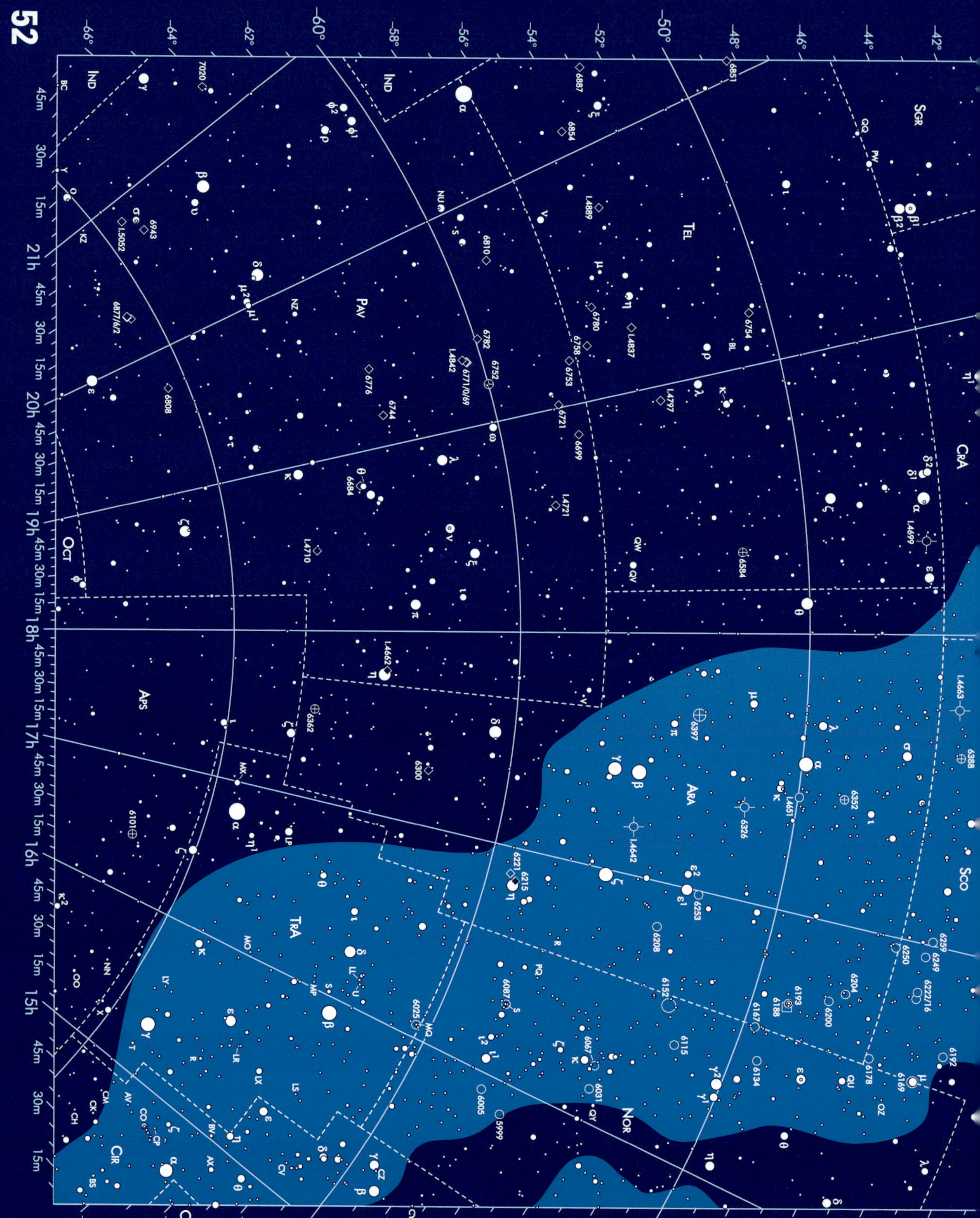
52
Ind
Pav
Tel
Sgr
CrA
Oct
Aps
Ara
Sco
TrA
Nor
Cir
Cen
21h
20h
19h
18h
17h
16h
15h
-66°
-64°
-62°
-60°
-58°
-56°
-54°
-52°
-50°
-48°
-46°
-44°
-42°
6397
6752
6584
6362
6101
6541
6388
6352
6326
6253
6208
6152
6087
6025
6067
6031
6005
5999
6134
6115
6167
6193
6188
6200
6204
6178
6169
6192
6250
6249
6259
6222/16
6215
6221

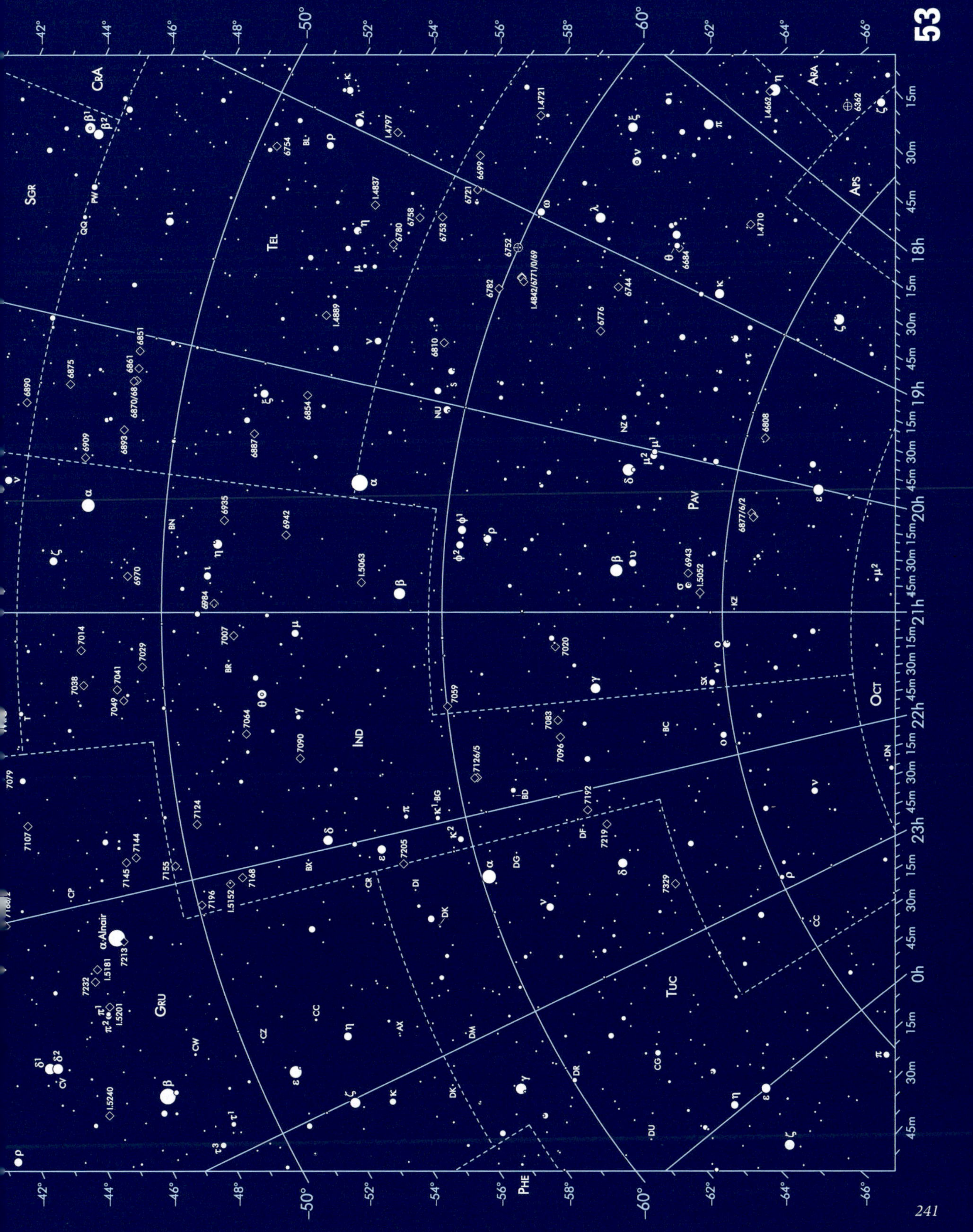

53
SGR
CRA
TEL
IND
PAV
GRU
TUC
OCT
APS
ARA
PHE
α Alnair
18h
19h
20h
21h
22h
23h
0h
-42°
-44°
-46°
-48°
-50°
-52°
-54°
-56°
-58°
-60°
-62°
-64°
-66°

54

Vol
Men
Hyi
Tuc
Car
Cha
Mus
Oct
Ind
Pav
Aps
TrA
Cir
Gran Nube de Magallanes

Pleiades

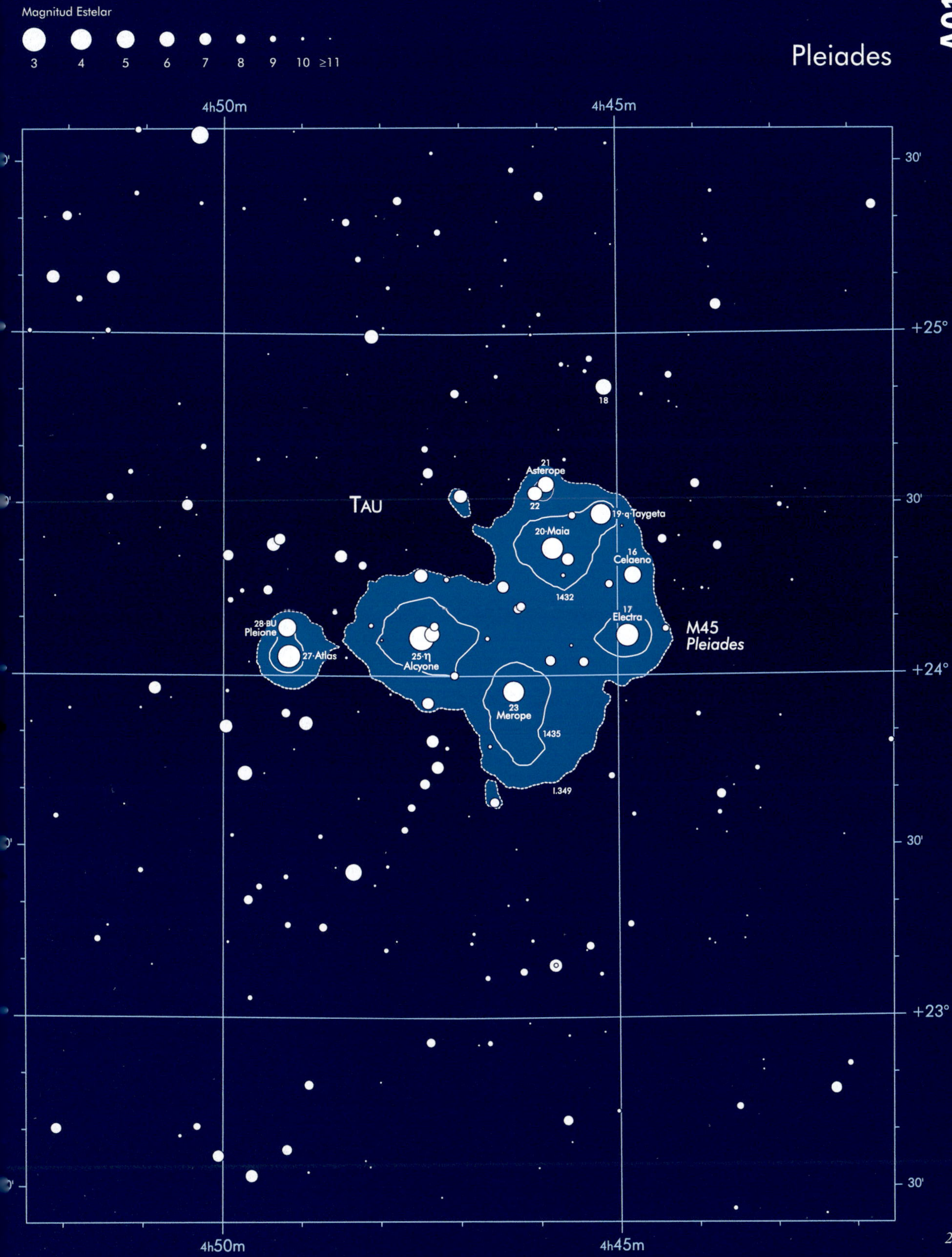
Magnitud Estelar
3 4 5 6 7 8 9 10 ≥11
4h50m
4h45m
30'
+25°
+24°
+23°
18
21
Asterope
22
19·q·Taygeta
20·Maia
16
Celaeno
1432
17
Electra
M45
Pleiades
TAU
28·BU
Pleione
27·Atlas
25·η
Alcyone
23
Merope
1435
I.349

Praesepe

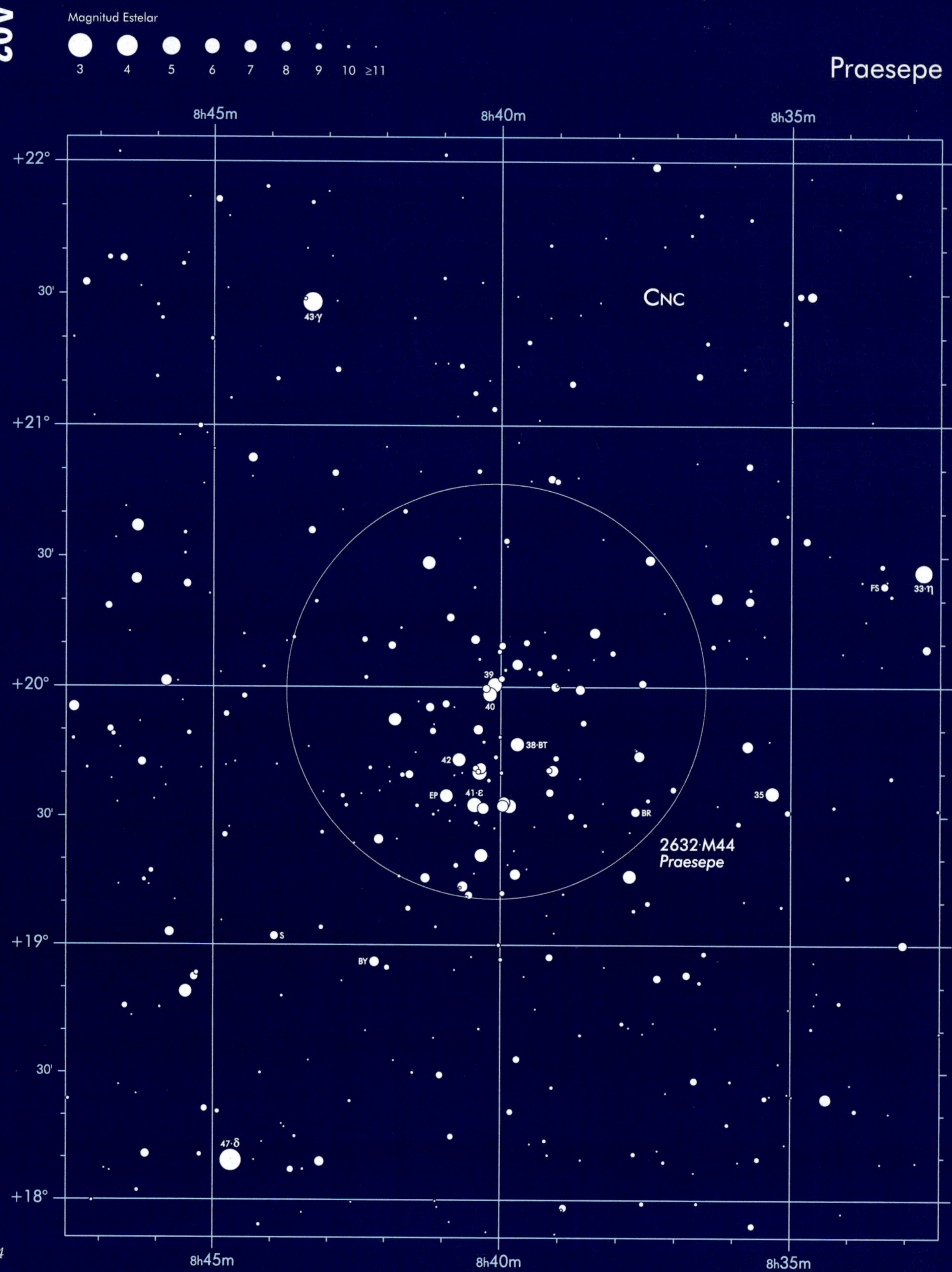
Magnitud Estelar
3
4
5
6
7
8
9
10
≥11
8h45m
8h40m
8h35m
+22°
30'
+21°
30'
+20°
30'
+19°
30'
+18°
CNC
43·γ
33·η
FS
39
40
38·BT
42
41·ε
EP
35
BR
2632·M44
Praesepe
S
BY
47·δ

Región de Messier 42

Magnitud Estelar

3 4 5 6 7 8 9 10 ≥11

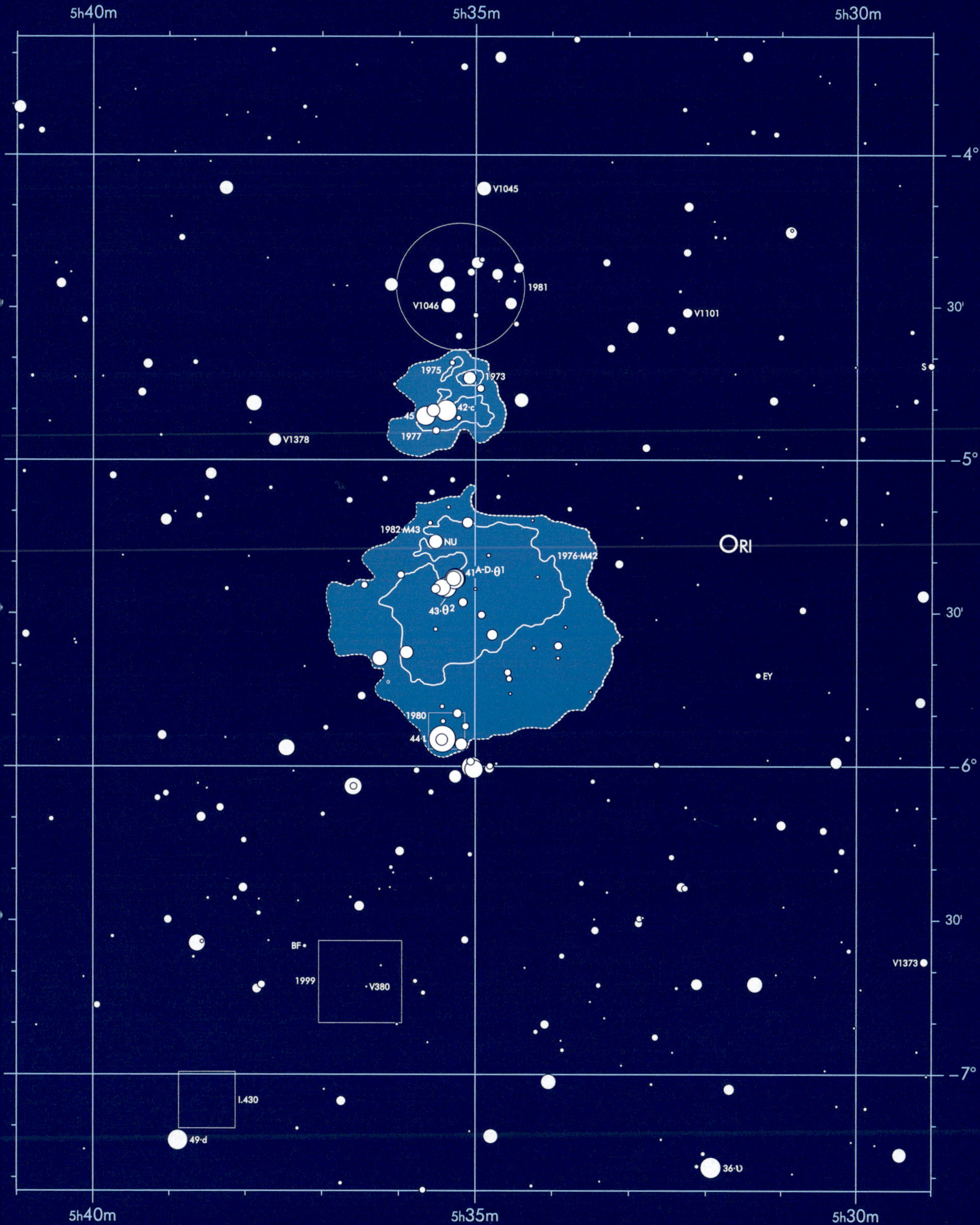

Magnitud Estelar

2 3 4 5 6 7 8 9 9.5

Galaxias en Virgo y Coma Berenices

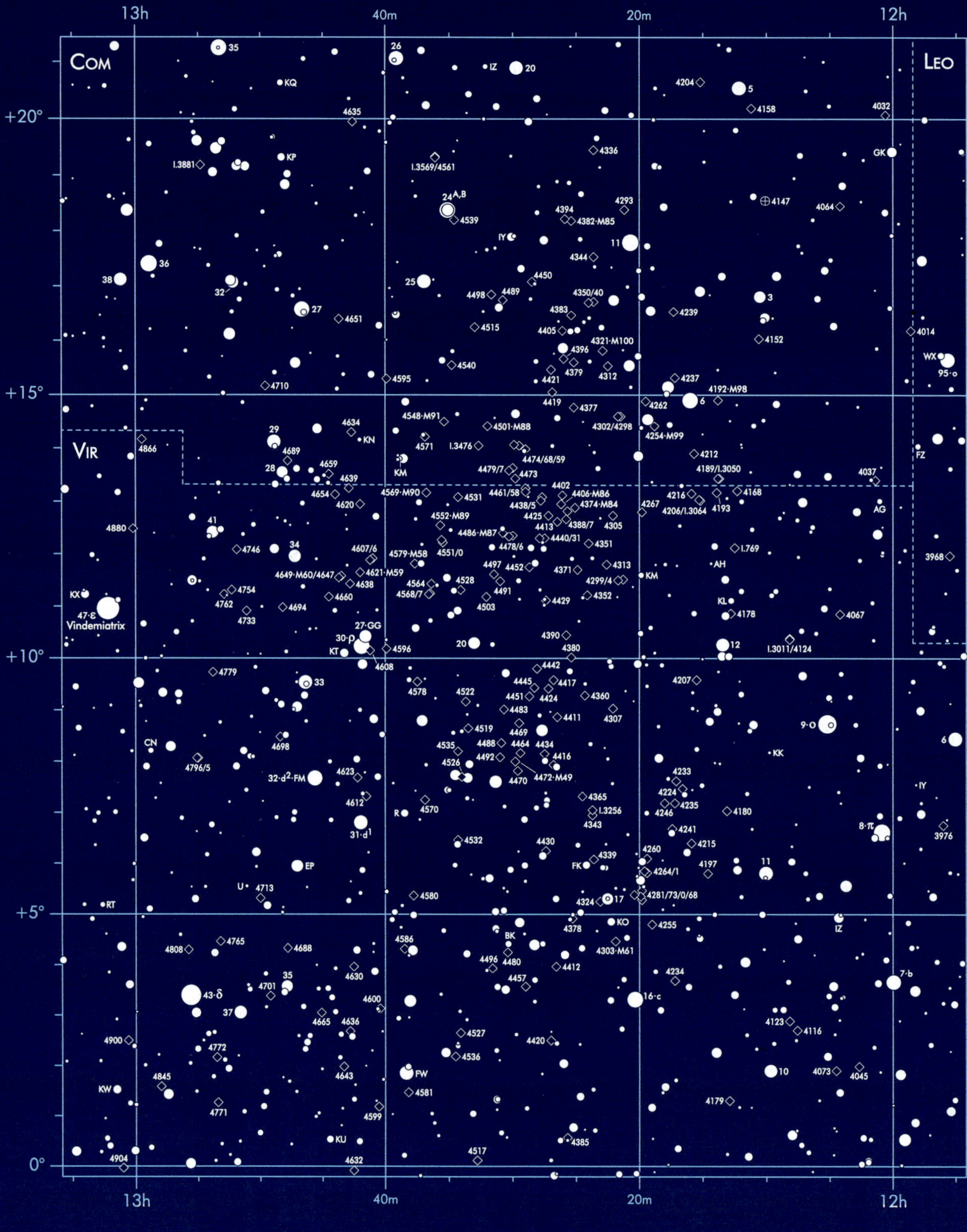

Pequeña Nube de Magallanes

Magnitud Estelar

3 4 5 6 7 8 9 10 ≥11

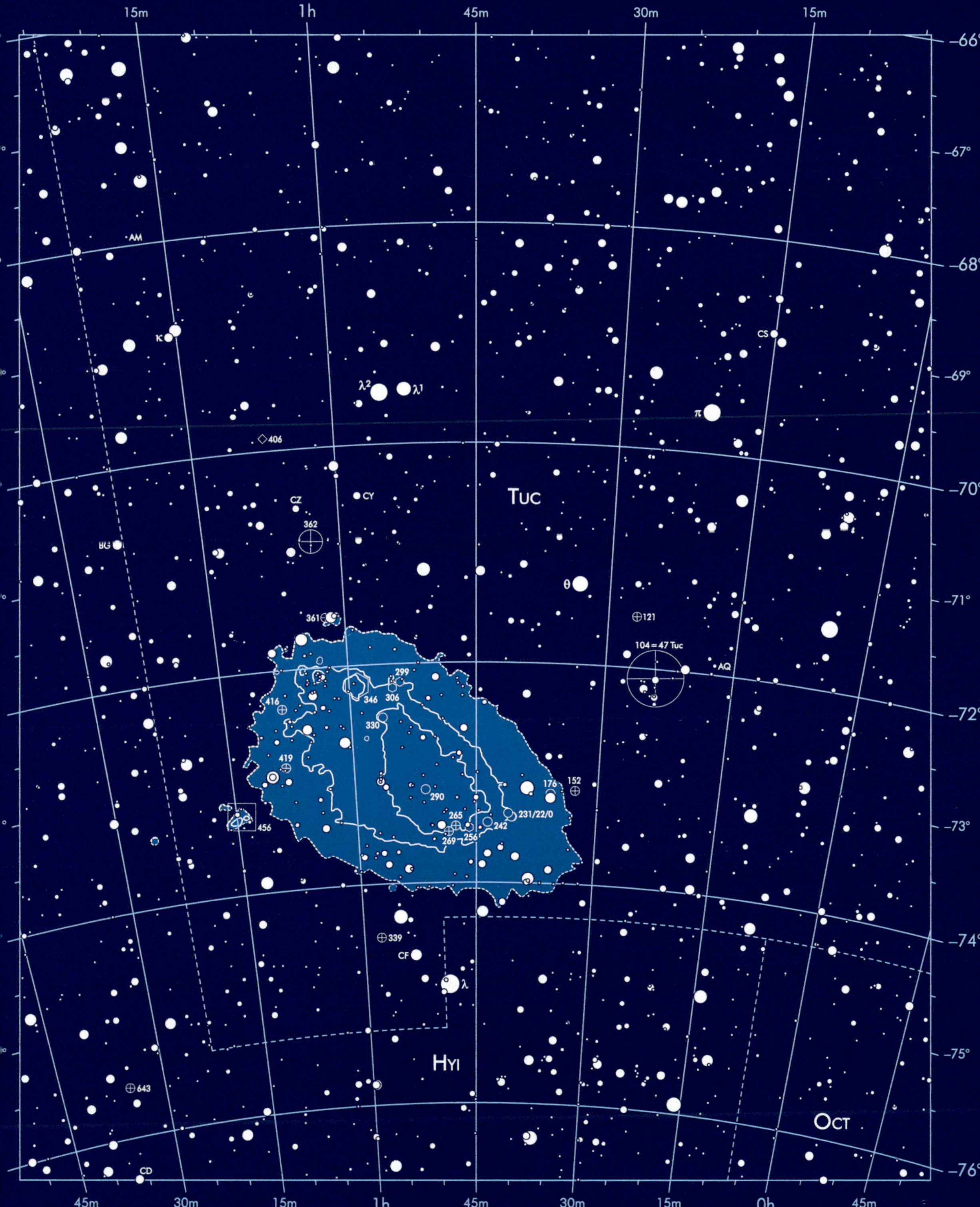

Gran Nube de Magallanes

Paisaje lunar en un viejo grabado que escenifica una vista ideal de la cadena montañosa de los Apeninos, que bordean el Mare Imbrium. La gran mancha blanca que surca el cielo al fondo es la Vía Láctea, que destaca sobre el oscuro cielo lunar, del que ya se sabía que no tenía prácticamente atmósfera.

La astronomía inspira algo afín al amor, por lo que puede presumir de tener revistas populares, cruceros por mar, seminarios de fin de semana en las universidades abiertas, catálogos para los consumidores repletos de cosas que brillan en la oscuridad, centenares de clubes y una multitud de fascinados partidarios. Ninguna otra ciencia, ni siquiera la paleontología, puede presumir de nada parecido.

Nancy Hathaway,
El Universo para curiosos

Retratos del cielo: introducción a la astrofotografía

CAPÍTULO 6

Astronomía en imágenes

La primera foto del autor como debutante en el campo de la astrofotografía. Hecha con una vieja cámara mecánica sobre película Kodachrome dejando el obturador abierto varias horas. Cualquier neófito tiene a su alcance imágenes como ésta, que le servirán como primera lección (Vicente Aupí).

Durante el siglo XIX la aparición de la fotografía revolucionó el estudio del universo. Entre los primeros que apuntaron una cámara hacia la bóveda celeste figuran John William Draper, autor del primer daguerrotipo de la Luna, y George P. Bond, quien obtuvo en 1850 las primeras imágenes estelares. La astronomía puramente observacional tuvo que dejar un sitio en la ciencia a la astrofotografía, cuyas aplicaciones prácticas han tenido tal repercusión, que a ella se deben muchos de los principales descubrimientos cosmológicos, entre ellos la primera imagen de un planeta perteneciente a otro sistema solar, conseguida en 1998 por el telescopio espacial *Hubble* al fotografiarlo junto a una estrella de la constelación de Tauro.

Durante la primera mitad del siglo XX, los grandes observatorios astronómicos fundamentaron su actividad en el estudio fotográfico del cielo, sobre el que grandes protagonistas de discusiones cosmológicas como la galaxia de Andrómeda quedaron *inmortalizados* en una placa. Los grandes refractores de los observatorios de París y de Lick, en Estados Unidos, se utilizaron para cartografiar fotográficamente la Luna con un gran detalle y el telescopio Hooker de Monte Wilson se especializó en imágenes de objetos débiles, sobre todo galaxias y nebulosas.

Aunque algunas colecciones fotográficas de estos históricos telescopios tienen casi un siglo de existencia, su calidad es tal que no tienen nada que envidiarle a las espectaculares imágenes que se consiguen en la actualidad con instrumentos más modernos. Al margen de que entonces no se utilizaban películas en color, la principal diferencia estriba en el tiempo de exposición que era necesario en aquella época, ya que para los objetos más difusos el obturador de la astrocámara debía estar abierto durante varias horas. Las excelentes imágenes de Edward Emerson Barnard sobre la Vía Láctea reproducidas en este libro son un buen ejemplo de aquella labor, ya que su nitidez y resolución las mantiene como una de las mejores colecciones fotográficas sobre nuestra galaxia, si bien para ello necesitó en algunas ocasiones un tiempo de exposición tan lar-

La nebulosa Norteamérica es un espectacular objeto difuso de la constelación del Cisne que no es visible en la ventana óptica de nuestros ojos, pero las fotografías de corta exposición la recogen fácilmente. Debe su nombre a que su forma guarda un asombroso parecido con el de América del Norte (Joaquín Tío).

go que le obligaba a permanecer toda la noche junto al telescopio.

Independientemente de las aplicaciones científicas, las prestaciones de las emulsiones fotográficas actuales permiten obtener en minutos lo que en aquella época exigía horas. Aunque gran parte de los astrofotógrafos más avanzados han decantado, desde hace algunos años, su actividad a la utilización de las cámaras CCD, la fotografía astronómica tradicional no sólo mantiene íntegras sus aplicaciones, sino que además se ha transformado en una de las actividades que mayores satisfacciones brinda al aficionado por sus espectaculares resultados. De alguna manera, la astrofotografía tiene la virtud de enmendar los defectos de la observación visual, y para entenderlo basta con comparar la pobreza de colorido que caracteriza la imagen telescópica de algunas nebulosas con la riqueza cromática que posee una diapositiva de estos mismos objetos.

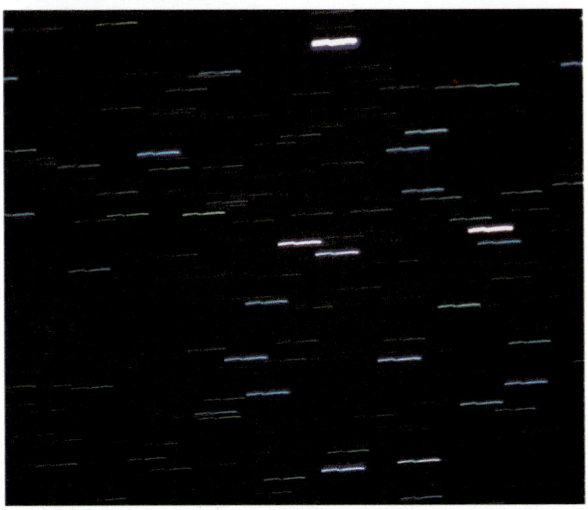

Trazos estelares en una exposición sin seguimiento. El trazo estelar discontinuo revela que la cámara ha sido movida involuntariamente durante la toma (Vicente Aupí).

En las sesiones nocturnas de observación el paisaje que nos rodea puede aportar bellas escenas sobre el fondo de cielo. Esta imagen fue obtenida en marzo de 1986 durante las noches de localización del cometa Halley, y muestra la estación repetidora de televisión existente a 2 000 metros de altitud en el pico turolense de Javalambre (Vicente Aupí).

Fotografía sin telescopio

La constelación de Orión es una de las más fotogénicas del firmamento. Los astrofotógrafos siempre suelen centrar su atención en las nebulosas y estrellas múltiples que alberga, pero el neófito tiene a su alcance fotos de conjunto como ésta, captada con un gran angular, en la que el entorno inmediato realza espectacularmente el resultado final de la imagen (Vicente Aupí).

La primera imagen de las colecciones astrofotográficas obtenidas en todo el mundo por los aficionados casi siempre tiene los mismos instrumentos como protagonistas: una sencilla cámara mecánica, un trípode y una película de alta sensibilidad. La experiencia demuestra que todo el que se inicia de esta forma en la aventura de fotografiar los astros se lleva una grata sorpresa por los inesperados resultados de su primer retrato del firmamento, para el que sólo es necesario elegir un lugar con un buen cielo, asentar la cámara firmemente sobre un trípode, orientar el objetivo hacia las estrellas a su máxima abertura y disparar en exposición —pose B— con un cable durante cinco minutos. Nos aparecerán unos bonitos trazos de espectaculares colores, dejados en la película por las estrellas al moverse en el cielo a causa de la rotación terrestre. Si esta misma fotografía la hacemos en la dirección del polo y dejamos transcurrir una hora o más en lugar de cinco minutos, la imagen resultante permanecerá para siempre en nuestro archivo fotográfico, ya que los trazos circulares dejados por las estrellas nos dejarán maravillados por su apariencia de túnel cósmico.

El siguiente paso aconsejable es proceder de la misma forma pero encuadrando la imagen de manera que en el sector inferior nos aparezca el entorno en el que nos hallamos. Si el emplazamiento es una zona de montaña o un paisaje agreste, el cielo y la Tierra serán protagonistas de una hermosa fotografía en la que el efecto de exposición dejará nuevamente los trazos estelares y revelará, casi como si fuera de día, los rincones del paisaje que apenas vemos en la oscuridad.

Los trazos estelares, derivados de la ausencia de un movimiento mecánico en nuestro dispositivo fotográfico que contrarreste la rotación terrestre, tienen su encanto, pero en determinado momento el observador decidirá tratar de evitarlos con el fin de lograr que las estrellas aparezcan con su aspecto puntual. Lógicamente, la mejor forma —de la que se hablará más adelante— es la utilización de un telescopio con motor de seguimiento,

El cometa Halley fotografiado en 1986 sin seguimiento (Gonzalo Moure).

pero existen algunas alternativas sencillas y perfectamente válidas para un simple montaje de una cámara en un trípode.

Lo primero que hay que tener en cuenta es el tiempo límite a partir del cual las estrellas pierden su forma puntual y su imagen se dibuja como una línea sobre la película fotográfica. Cuanto más larga sea la distancia focal del objetivo, menos tiempo de exposición tenemos de margen para evitar este efecto, de manera que un teleobjetivo de 200 milómetros es más crítico en este aspecto que un objetivo estándar de 50 milímetros. Para el primero, en sólo 10 segundos de exposición perderemos la imagen puntual, mientras que en el segundo, por su menor ampliación de la imagen, podremos mantener el obturador abierto hasta medio minuto. Si utilizamos un gran angular de 24 a 28 milímetros, el límite aproximado será de un minuto.

En este punto hay que advertir que también influye el área del cielo hacia la que enfoquemos la cámara. En la zona ecuatorial, el movimiento aparente de las estrellas es más rápido que en las áreas circumpolares, por lo que en éstas tendremos mayores ventajas. Igualmente, conviene utilizar una película de alta sensibilidad, de 400 a 800 ISO, ya que el tiempo de exposición será menor.

Como referencia global y orientativa, con una cámara fija en un trípode, con una película de 400 ISO —es fundamental que no esté caducada o que su fecha de caducidad no esté próxima— y una cámara con objetivo de 50 milímetros, en 20 a 30 segundos de exposición podremos fotografiar las principales estrellas, de forma que plasmen en la imagen las formas de las constelaciones. Si llegamos hasta el minuto, aparecerá un indicio de trazo estelar, pero sin que realmente llegue a desvirtuar la imagen. Muchas personas han logrado con este sencillo sistema imágenes de gran valor documental como el paso del cometa Halley en 1986 o el más reciente del Hale-Bopp, cuyo brillo fue tal que en pocos segundos quedaba inmortalizado. El astrofotógrafo debe recordar siempre que el objetivo de la cámara ha de estar a su máxima abertura con el fin de recoger toda la luz posible en el menor tiempo. Son recomendables para ello los objetivos de 50 milímetros cuyo número f sea de 1,4 o 2 como máximo.

Uno de los fenómenos más atractivos para fotografiar con una cámara en un trípode son las conjunciones planetarias, que se producen cuando dos o más de ellos se sitúan en la misma zona del cielo y ofrecen un magnífico espectáculo a simple vista. Cuando ello ocurre, podemos fotografiarlos por el mismo procedimiento en pocos segundos. Si la conjunción es de Marte y Júpiter, por ejemplo, al ser ambos de gran brillo y diferente color —rojo y amarillo—, lograremos una buena imagen en unos cuantos segundos con las estrellas como fondo.

Montaje en paralelo: el telescopio como guía

Refractor de 102 mm de diámetro y 1 500 de distancia focal con un pequeño telescopio de 70 mm de abertura montado en paralelo para fotografía astronómica. En este tipo de montaje puede utilizarse como objetivo tanto un segundo telescopio, como en el caso de la fotografía, como lentes fotográficas de todas las clases. Es importante que la masa del conjunto esté bien repartida para evitar flexiones y vibraciones.

El dispositivo astrofotográfico de uso más común entre los observadores es el del montaje en paralelo. El procedimiento exige un telescopio, pero no se utiliza ópticamente para la obtención de las imágenes, sino como soporte e instrumento guía para un correcto seguimiento —la rotación terrestre debe compensarse— en las exposiciones, que pueden ser de varios minutos o, incluso, de una hora.

La cámara se coloca sobre un pequeño soporte en paralelo al tubo del telescopio, cuyo eje óptico y el del objetivo fotográfico quedan perfectamente alineados. Todo el conjunto es arrastrado por una montura ecuatorial, para la cual es preferible instalar tenga un motor en el eje de ascensión recta, con el cual se corregirá el movimiento aparente del cielo. Si el observador tiene la suficiente habilidad y la montura es estable, la corrección puede hacerse manualmente con el mando lento correspondiente al mismo eje, pero en la práctica, en exposiciones de más de 5 minutos, acaba siendo una tarea imprecisa que provoca imágenes defectuosas o, cuando menos, no de la misma calidad que con un motor de seguimiento.

Antes de iniciar la primera exposición, el telescopio debe ponerse en estación, es decir, ajustarse al polo para que el movimiento de corrección sea lo más exacto posible. Algunos telescopios están dotados del denominado buscador polar, un pequeño anteojo cuyo eje óptico atraviesa el eje de ascensión recta y permite orientar el instrumento hacia Polaris en el hemisferio norte o a la estrella Sigma Octantis en el hemisferio sur. Si no se dispone de un buscador polar, la alineación ha de realizarse con el propio telescopio, utilizando un ocular de gran campo hasta que encontremos alguna de las dos estrellas citadas.

El astrofotógrafo ha de saber que aunque se hallan muy próximas a ellos, ni Polaris ni Sigma Octantis están exactamente en los polos celestes, por lo que para realizar fotografías de larga exposición debe ajustarse el eje telescópico exac-

En el montaje en paralelo, el telescopio principal no se utiliza ópticamente y sólo actúa como elemento guía para un seguimiento correcto durante las largas exposiciones que exige la fotografía de objetos débiles (cielo profundo), como galaxias y nebulosas.

Las cámaras ligeras de paso universal con objetivos estándar también pueden colocarse en paralelo en telescopios pequeños, como este refractor de 80 mm de abertura. Si el aficionado es lo suficientemente hábil y el instrumento está perfectamente ajustado al polo, podrá hacer fotografías sin motor de seguimiento, corrigiendo la rotación terrestre con el mando lento para el movimiento de ascensión recta. En estos casos, no obstante, es aconsejable que las exposiciones sean cortas, de no más de 5 minutos, ya que la precisión no es la misma que en un mecanismo sincrónico.

tamente al polo. Para ello, las dos cartas polares de esta obra sirven de referencia.

Una vez orientado correctamente todo el dispositivo, debe orientarse el telescopio hacia la zona del cielo deseada y comprobar que el objeto que pretendemos fotografiar aparece en el campo de la cámara, en la que usaremos un cable de disparo con mando de fijación en lugar del botón habitual. Con el motor en marcha para no perder el encuadre, procederemos a buscar con el telescopio una estrella cuyo brillo sea suficiente para que nos sirva de referencia en la comprobación de que el seguimiento es correcto. Lo mejor es disponer de un ocular que nos proporcione al menos 100 o 150 aumentos y que esté reticulado, ya que así será más fácil mantener la estrella de referencia en el centro del campo óptico durante el tiempo que dure la exposición.

Al disparar la cámara es necesario reparar en dos detalles. En primer lugar, el espejo que llevan las del tipo réflex genera una pequeña vibración al levantarse durante la apertura del obturador, por lo que si la cámara dispone de un mecanismo para activar ese movimiento antes del disparo, es conveniente hacerlo. En caso contrario, es mejor recurrir a un *obturador manual* con algún tipo de objeto oscuro —las boinas clásicas son excelentes—, con el que taparemos el objetivo de la cámara, en la que activaremos el cable disparador y, tras unos segundos, cuando hayan desaparecido las vibraciones originadas por la manipulación, la dejaremos al descubierto retirando el objeto colocado ante ella.

Durante el tiempo que dure la exposición mantendremos constantemente el ojo en el ocular y las manos, respectivamente, en el botón de corrección del motor del eje de ascensión recta y en el mando manual que mueve el eje de declinación. Normalmente la estrella de referencia permanecerá quieta en el campo del ocular gracias al seguimiento del telescopio, pero periódicamente comprobaremos que tiende a moverse, momento en que se hace necesario corregir ese desplazamiento para evitar que la foto salga movida. Dado que por el ocular observamos con grandes aumentos, un leve movimiento de la estrella de referencia no afectará a la imagen tomada por la cámara, ya que en ella el grado de ampliación es notablemente menor, incluso con teleobjetivos de 300 o 400 milímetros de distancia focal.

Con este tipo de teleobjetivos montados en paralelo al telescopio se pueden lograr extraordinarias imágenes de la práctica totalidad de las nebulosas difusas, como M 42 en Orión, Norteamérica en el Cisne y la Laguna en Sagitario, y de las galaxias más grandes, como M 31 en Andrómeda y M 33 en el Triángulo. Por supuesto, también quedarán a nuestro alcance los cúmulos estelares abiertos, caso de las Pléyades, el Pesebre y el doble de Perseo.

Este sistema también es el más adecuado para fotografiar las apariciones de cometas. Si se trata de uno muy grande, con una cola de gran longitud, es preferible utilizar un objetivo de 50 milímetros o un gran angular para que el resto del cielo nos sirva de referencia comparativa acerca de sus dimensiones. En cambio, en los cometas pequeños —o si queremos obtener una imagen más detallada de uno de gran tamaño renunciando a una parte de él— hay que usar teleobjetivos, que nos revelarán los aspectos más pequeños del astro.

El aumento de popularidad de la fotografía astronómica ha sido equivalente, desde hace algunos años, al de las dificultades para practicarla a causa de la creciente presencia de luces en áreas urbanas. Si la observación visual ya padece este problema, la astrofotografía adolece de un verdadero síndrome, y ello obliga casi siempre a un continuo desplazamiento para encontrar enclaves adecuados en las zonas rurales. No obstante, en determinados objetos de cielo profundo, como las nebulosas, los avances técnicos han permitido diseñar filtros que absorben las longitudes de onda propias de las luces de las ciudades y han abierto una puerta para los observadores que están obligados a hacer fotografías desde su interior.

Respecto a las películas, la consideración es la misma que en la fotografía sin telescopio. Por tanto, deberá optarse por altas sensibilidades, con rangos de 400 a 1 600 ISO. Hay que advertir aquí, en cualquier caso, que el incremento de sensibilidad suele ser parejo al del grano de la película, que nos restará definición, por lo que lo mejor es encontrar un punto de equilibrio entre ambos factores. Cada astrofotógrafo tiene, además, sus propias preferencias personales y, al igual que

El cometa Halley, durante su paso de 1986, poco antes del crepúsculo, desde la Península. Captada con una Cámara Schmidt de 200 mm de diámetro a f:1,5 sobre película Technical Pan 2 415 hipersensibilizada (Joan Genebriera).

Imagen del cometa Hale-Bopp tomada en la primavera de 1997 durante los días en que alcanzó mayor extensión y brillo. Pueden verse detalles de la dos colas principales, que fueron observadas a simple vista por millones de personas en todo el mundo. Fotografía obtenida con un teleobjetivo de 400 mm de focal a f:4 mediante montaje en paralelo sobre un telescopio ecuatorial. Exposición: 7 min sobre película Fuji Provia 400 en formato 6 × 7 (Vicente Aupí).

ocurre con las discrepancias sobre los telescopios reflectores y los refractores, la elección de una marca concreta de película está llena de matices personales en la apreciación del resultado final de las imágenes.

Entre las películas en color, por regla general, las diapositivas aportan mayor definición y calidad cromática que las de fotografía sobre papel, si bien muchos aficionados utilizan ambas alternativas. Lo que no debe hacer ninguno es renunciar de antemano al blanco y negro, puesto que en este caso el laboratorio permitirá darle a cada imagen el contraste y tipo de revelado más adecuados para cada tipo de objeto celeste. Una gran parte de los astrofotógrafos avanzados trabaja habitualmente con películas de blanco y negro, algunas de las cuales, como la Technical Pan 2415, ofrecen prestaciones inalcanzables para las emulsiones de color por su gran resolución y contraste.

El telescopio como objetivo fotográfico

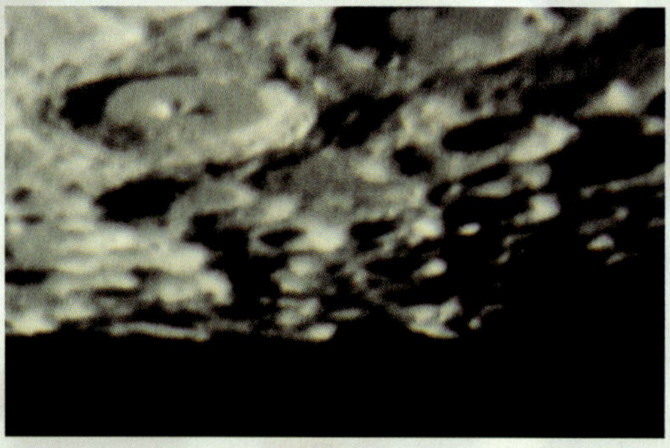

Fotografía a gran aumento de los cráteres cerca del polo sur de la Luna. Esta imagen participó en el programa del Jet Propulsion Laboratory *(JPL) «Luna incognita» para cartografiar esta región lunar aprovechando los momentos más favorables de libración. Tomada con un telescopio Schmidt-Cassegrain de 350 mm de diámetro mediante proyección por ocular en película Fujichrome 400. Focal resultante = f : 140* (Joan Genebriera).

La captación de objetos de cielo profundo débiles y de escaso tamaño, así como la fotografía detallada del Sol, la Luna y los planetas exige la utilización del telescopio como objetivo fotográfico. El observador utilizará la lente o el espejo de su telescopio como si fuera el objetivo de su cámara, mediante la instalación de un adaptador de múltiples prestaciones que ofrece en opción la mayor parte de fabricantes de instrumentos astronómicos. Ello le permitirá tanto fotografiar cualquier objeto a foco directo sobre la cámara como hacerlo mediante una ampliación de la imagen gracias a la inserción de un ocular o de una lente que duplique la distancia focal (Barlow, ETL).

Los reflectores en general y los refractores de fluorita —gracias a la ausencia de aberraciones cromáticas y a su menor relación focal en comparación con otros refractores— son adecuados para la fotografía de cielo profundo, porque permiten tiempos de exposición más cortos. En cambio, los refractores de grandes focales suelen brillar por la nitidez de sus imágenes cuando se fotografía con ellos el Sol, la Luna y los planetas, virtud que comparten los catadióptricos de mejor calidad del tipo Schmidt-Cassegrain y Maksutov.

La astrofotografía de cielo profundo a través de un telescopio plantea tiempos de exposición todavía más largos que en el montaje en paralelo, puesto que en general los teleobjetivos tienen una relación focal (F/D = f) comparativamente más corta. Los reflectores del tipo Newton presentan casi siempre los números f más cortos entre los telescopios, y numerosos fabricantes venden aparatos de este tipo con relaciones F/D de 5 o 5,5. Su ventaja es que podremos utilizarlo ópticamente con exposiciones de tiempo asequible, aunque su desventaja es que no todo el campo de la imagen carece de aberraciones, de forma que en los bordes de la misma las estrellas evidenciarán cierta deformación. En cualquier caso, el uso ideal para estos telescopios desde el punto de vista fotográfico es la obtención de imágenes de objetos de cielo profundo de pequeño tamaño que quedan fuera del alcance de los teleobjetivos, de los que son ejemplo las galaxias M 51, M 81 y M 82, y la nebulosa Dumbell (M 27).

Dispositivo para realizar fotografías utilizando un refractor de 102 milímetros como objetivo. La cámara se instala en el portaoculares mediante adaptadores especiales que se ajustan a la bayoneta o rosca de las principales marcas, y que incluyen piezas especiales para intercalar oculares, lo que permite amplificar la imagen, algo fundamental cuando se fotografían el Sol, la Luna y los planetas.

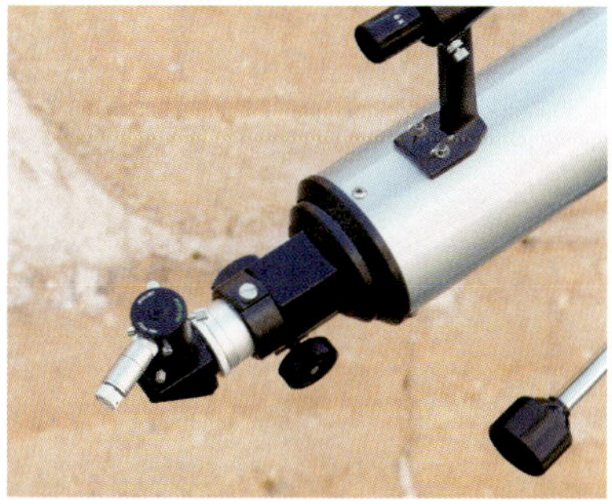

Una de las piezas más valiosas para el astrofotógrafo es el ocular reticulado. Su misión es la de mantener en el campo óptico del telescopio guía una estrella de referencia que se selecciona previamente al inicio de la exposición, y que el observador deberá mantener —mediante oportunas correcciones con el motor de seguimiento y el mando de declinación— invariablemente en la misma posición. El retículo, en forma de cruz, está iluminado con una tenue luz roja que facilita la visualización de la estrella escogida.

La mayor parte de los telescopios Schmidt-Cassegrain existentes tienen una relación focal de 10, un número intermedio pensado para que el instrumento pueda utilizarse tanto en fotografía de cielo profundo como planetaria. Por ello, los mismos fabricantes ofrecen en opción un reductor de focal, que se utiliza para el primero de ambos cometidos, de forma que el tiempo de exposición sea más corto.

En cualquiera de estos casos, como en el de los refractores de fluorita, hay que pensar en exposiciones de 15-20 minutos como mínimo para los objetos más brillantes, pero el tiempo puede alargarse hasta una hora si pretendemos realzar los detalles de una galaxia muy débil. Teniendo en cuenta esto y el mayor factor de ampliación —600 a 1 000 mm de focal frente a los 200-400 de un teleobjetivo fotográfico—, el principal problema con el que se encontrará el observador es que el seguimiento es crítico, ya que el menor movimiento del eje óptico echará a perder la imagen. No cabe en este caso el mismo margen de tolerancia que en los montajes en paralelo, y debe conseguirse que la imagen permanezca centrada en todo momento.

Comoquiera que la cámara la colocamos en el portaoculares, en la mayor parte de los casos será imposible efectuar el seguimiento con el propio telescopio. Hace falta otro pequeño telescopio —en realidad, también un montaje en paralelo—, como un refractor de 60 milímetros que nos sirva de guía con la oportuna estrella de referencia. Algunos telescopios, no obstante, incorporan como accesorio una guía fuera de eje en el que el haz de imágenes se desvía hacia arriba con un prisma situado delante de la cámara. Con ello, y gracias a un ocular situado a 90 grados respecto al eje óptico que recibe la cámara, podemos efectuar el seguimiento en el mismo telescopio.

En los años setenta y ochenta los fabricantes de telescopios para aficionado incluyeron en su oferta un instrumento cuya presencia en el mercado ha disminuido notablemente en los últimos años debido a su alto coste y a la aparición de otros modernos sistemas astrofotográficos, como el de las cámaras CCD. Se trata de la cámara Schmidt, un aparato en el que un espejo esférico y una lente correctora situada en la parte frontal del tubo óptico dan imágenes prácticamente perfectas. Su escaso éxito se debe tanto al elevado precio como a que únicamente tienen utilidad fotográfica y no puede observarse con él. Sin embargo, suelen tener relaciones focales de 1 a 3, lo que permite fotografiar objetos tan débiles como las galaxias y las nebulosas en apenas unos minutos si se utilizan películas de alta sensibilidad. La cámara Schmidt sólo es útil, además, para fotos de cielo profundo, pero no para imágenes del Sistema Solar.

Gran nebulosa de Orión (M 42), considerada como uno de los principales criaderos de estrellas de la Vía Láctea. Imagen obtenida a través de un telescopio catadióptrico «relay» de 400 mm de diámetro a f:7. Exposición de 12 min sobre Kodak Panther 1 600 (Joan Genebriera).

Fotografía planetaria

Júpiter fotografiado con el refractor de 200 mm de abertura del Centro Astronómico del Alto Turia (CAAT). Se aprecian en la imagen las principales franjas ecuatoriales del mayor planeta del Sistema Solar (Vicente Aupí/CAAT).

La obtención de imágenes solar y lunar, al compartir el mismo dispositivo entra dentro del concepto genérico de fotografía planetaria, aunque como se verá, las diferencias son muy notables. Para retratar el Sol, la Luna o Júpiter recurriremos al telescopio como objetivo fotográfico, pero a diferencia de las exposiciones para el cielo profundo, el tiempo será mucho menor, de unos segundos como máximo. Asimismo, podremos trabajar a foco directo como en el cielo profundo —con la cámara directamente en el portaoculares— o bien utilizar los oculares para amplificar la imagen, algo que no puede hacerse con las galaxias y las nebulosas, porque el aumento implica que la relación focal resultante se multiplica, lo que exigiría, a su vez, exposiciones larguísimas.

En cambio, en la fotografía planetaria los oculares son imprescindibles. En el caso del Sol —siempre con filtro protector— y de la Luna, por su gran tamaño, podremos obtener imágenes directas sin el ocular si la distancia focal del telescopio es superior a los 1 000 mm, como ocurre en la mayor parte de los refractores con aberturas a partir de 80 milímetros. En los planetas, sin embargo, su escaso diámetro aparente nos obligará al uso de oculares para lograr una imagen del tamaño mínimo exigible.

En el caso del Sol, las fotografías más clásicas que pueden obtenerse son las de las manchas y fáculas. Es recomendable utilizar un filtro de los que se colocan ante el objetivo del telescopio en lugar de los que el fabricante entrega de serie para colocar en el ocular. Con éste, además, la tonalidad de la imagen será verde, mientras que con los filtros de buena calidad que se adaptan a la lente objetivo lograremos que el color sea fiel al real. El filtro, al oscurecer la luz, puede hacer que el tiempo de obturación sea de 1/15 a 1/30 de segundo, ya que para este tipo de fotografía es mejor utilizar películas de baja sensibilidad, de 25 a 100 ISO, con las que lograremos más resolución y detalles de la superficie solar.

Como se ha señalado anteriormente respecto a la observación solar, los filtros del tipo Hα han abierto un nuevo horizonte

Saturno en una espectacular imagen que muestra la mancha oscura de la zona polar, las franjas ecuatoriales y la División de Cassini (Mark Kidger).

para el astrónomo aficionado. Protuberancias, fulguraciones y filamentos quedan al alcance del astrofotógrafo gracias a ellos en las imágenes más espectaculares que pueden conseguirse del Sol si se exceptúan las de un eclipse.

Salvo que en un día concreto se den circunstancias atmosféricas adversas, siempre es aconsejable hacer fotos del Sol por la mañana, aunque no a primera hora. Debe esperarse a que el astro rey suba lo suficiente sobre el horizonte para que no se enturbie la imagen, pero es mejor no esperar al mediodía, puesto que la temperatura habrá subido de forma notable y el suelo de nuestro entorno estará caldeado, lo que equivale a la formación de turbulencias a causa del aire que asciende al calentarse.

La Luna es un astro mucho menos rico en matices de lo que pueda parecernos a simple vista. Cuando está llena es difícil lograr una buena imagen a causa del exceso de luz, que *difumina* las prominencias de los cráteres y circos lunares. Por ello, las mejores fotografías se consiguen siempre durante los cuartos, en los que el terminador resalta numerosos accidentes que no podemos apreciar cuando la vemos entera. Un excelente pasatiempo para el astrofotógrado principiante es retratar la Luna en sus sucesivas fases, desde un creciente de unos cuantos días pasando por el cuarto creciente y la Luna Gibosa hasta la fase llena, y continuar durante las dos semanas siguientes a medida que decrece la superficie iluminada y vuelve a la fase nueva.

En sólo unas cuantas noches, el observador establecerá sus propias pautas relativas al tiempo de exposición en la fotografía lunar, según la relación focal de su telescopio y el tipo de película empleado. No obstante, deberá partir de la siguiente premisa: la luz que vemos en la Luna es la solar, es decir, la misma que ilumina la Tierra durante el día, por lo que existe cierta similitud entre los tiempos de exposición para una y otra. Así, para un telescopio cuya relación focal (F/D) sea de 11, con una película de 100 ISO podremos empezar haciendo pruebas a 1/125 de segundo. Aunque esto no es más que una referencia, sirve como dato a tener en cuenta, ya que las fotos lunares son las que exigen exposiciones más cortas. En teoría, este privilegio debería corresponderle al Sol, pero la necesidad de utilizar filtros hace que se alarguen los tiempos.

En la fotografía de alta resolución de la Luna es necesario tener en cuenta que describe un movimiento añadido al de rotación aparente del conjunto de la bóveda celeste. Si la exposición es más corta que 1/15 de segundo, este factor no es tan importante, pero en tiempos más largos dicho desplazamiento puede alterar la imagen, por lo que si nuestra especialización va a orientarse en este campo y decidimos incorporar motor al telescopio, debe procurarse uno que además del movimiento de corrección habitual disponga de un sistema específico para este requerimiento.

Para fotografiar la Luna no son recomendables las películas con demasiado contraste. Precisamente, sobre todo en la fase llena,

Conjunto de imágenes de Júpiter obtenidas con una cámara CCD en el Nordic Optical Telescope de 2,5 metros de abertura, en el observatorio del Roque de los Muchachos, en la isla de La Palma, el día 30 de abril de 1993, durante la regeneración del Cinturón Ecuatorial Sur (SEB). El polo sur, en el que se aprecia con claridad la neblina auroral, está orientado hacia la esquina superior derecha (IAA).

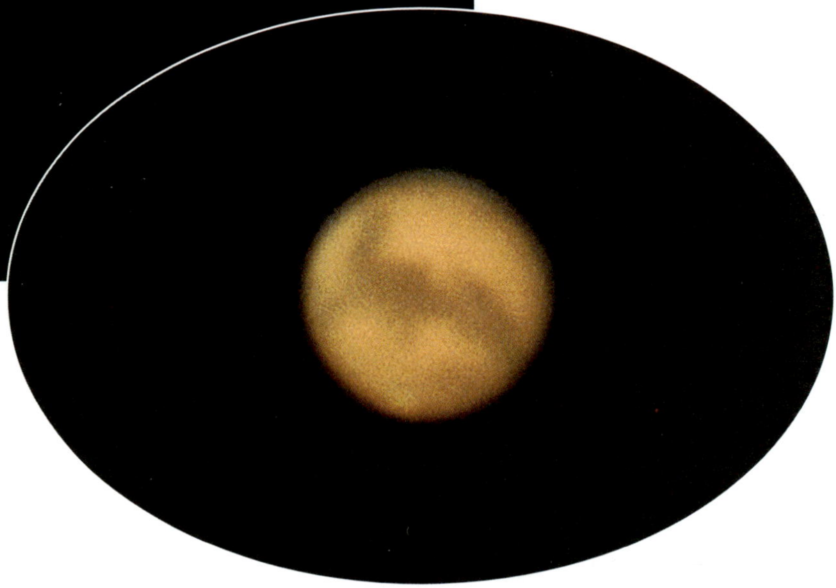

Marte es un aliciente en la fotografía planetaria, aunque obtener detalles superficiales, como las áreas oscuras, no es fácil. Esta foto fue obtenida en la oposición de 1988, una de las más favorables del siglo XX. *Telescopio Schmidt-Cassegrain de 350 milímetros de diámetro a f:125 de focal resultante. 1/2 segundo de exposición sobre película Fujichrome 800* (Joan Genebriera).

debe resaltarse la gama de grises que oculta el exceso de luz. Por tanto, si el propio observador piensa procesar su propia película, deberá tener la precaución de emplear un revelador que no acentúe el contraste entre las zonas más claras y las más oscuras.

La fotografía del Sol, la Luna y los planetas plantea un inconveniente genérico para los usuarios de cámaras fotográficas del tipo réflex, al que ya nos hemos referido antes. Estriba en las vibraciones generadas por el espejo cuando se levanta en el momento del disparo, que son incompatibles con la definición que debe exigirse a la fotografía planetaria. Conviene, por tanto, utilizar cámaras con un dispositivo que permita levantar el espejo antes de la apertura del obturador y disparar después la fotografía.

De todos los planetas, Júpiter y Saturno son los más asequibles en astrofotografía. No obstante, hay que advertir de antemano que ningún otro campo de la fotografía astronómica como el relativo a los planetas plantea tantas dificultades. En oposición a lo ocurrido históricamente con el estudio fotográfico del universo lejano, que ha aportado información de valor incalculable a los astrónomos, nunca podremos fotografiar un planeta, cual sea éste, con la misma calidad de imagen con la que podemos observarlo visualmente.

El cerebro tiene la virtud de guardar la mejor imagen que percibe de un objeto concreto en determinado lapso, y por ello, cuando observamos un planeta, aunque la atmósfera no esté estable y veamos turbulencias, podremos recordar después un pequeño instante de serenidad en el que hemos visto al astro en cuestión con gran nitidez. La película fotográfica no puede hacer eso y almacena toda la información que le llega, incluidas las deformaciones que se producen en la imagen cuando cambia el índice de refracción del aire a causa de sus propios movimientos.

A diferencia de la foto lunar, en las imágenes de los planetas debe conseguirse el máximo contraste. Habitualmente, una película de baja sensibilidad, de 25 a 100 ISO, nos proporcionará mayor definición, pero muchas veces se consiguen mejores resultados con emulsiones de 200 a 400 ISO. La razón de ello es fácil de entender: con una película de 50 ISO tendremos que hacer una exposición de varios segundos en una fotografía típica de Júpiter, pero con una de 400 sólo necesitaremos la octava parte. En la primera, pese a que la película tiene más definición, el mayor tiempo de apertura del obturador dará una imagen alterada por las turbulencias, y en la segunda, a pesar de su menor resolución, paliaremos en parte este inconveniente gracias a la rapidez de la exposición. La práctica demuestra que con películas más sensibles el resultado final suele ser mejor. Las sensibilidades de 200 a 400 se imponen, además, porque para resaltar detalles planetarios debe recurrirse en ocasiones a la utilización de filtros, circunstancia que implica un aumento de la exposición.

En Júpiter y Saturno, el principal objetivo es resaltar las franjas ecuatoriales que cruzan los discos de ambos planetas; en Marte, lograr que aparezcan los casquetes polares, así como las principales zonas oscuras, caso de Syrtis Major, y en Venus, destacar la fase e intentar algún tipo de contraste en su espesa atmósfera. Mercurio, Urano, Neptuno y Plutón no ofrecen alicientes astrofotográficos si se exceptúa la opción de retratarlos sin detalle en el conjunto del cielo.

Un filtro de color azul ayudará a destacar en Júpiter la famosa Gran Mancha Roja, mientras que uno de color naranja acentúa las zonas polares tanto en dicho planeta como en Saturno.

El uso de filtros de diferentes colores mejora los contrastes en la observación de los planetas. El azul resalta en Júpiter la Gran Mancha Roja y los casquetes polares en Marte, y el naranja favorece la observación de nubes azuladas en Júpiter y Saturno con telescopios de mediana y gran potencia (Meade Instruments Corp.).

Imágenes de eclipses

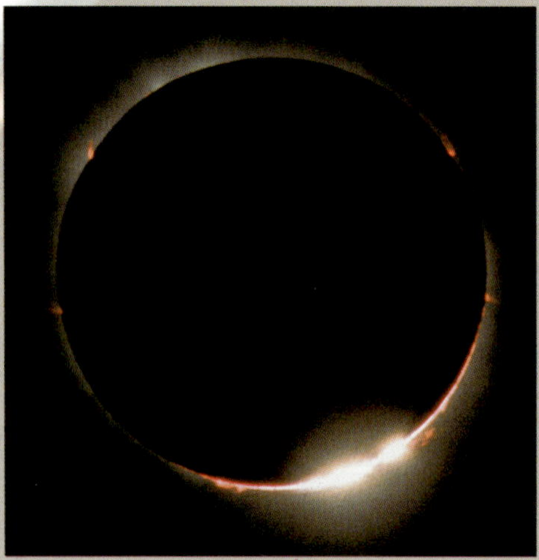

Eclipse total de Sol. Imagen captada desde Bratks, en Siberia central, el 31 de julio de1981, a un segundo aproximadamente de la totalidad. Telescopio Newton de 150 mm de abertura con duplicador fotográfico de la focal, a f:12. Exposición: 1/500 de seg sobre Ektachrome 200 (Joan Genebriera).

El registro fotográfico de eclipses de Sol y Luna se guardará toda la vida como una joya en la colección personal de un astrónomo aficionado, sobre todo en el primer caso. La rareza, en cuanto a su distribución geográfica, de un eclipse solar implica que quien desea fotografiarlo tenga que viajar, a veces, al otro lado de la Tierra. Por ello, quien se proponga este objetivo debe programar muy bien tanto la expedición como la forma de proceder en el mismo instante del fenómeno, puesto que al actuar de forma improvisada corremos el riesgo de echar a perder todos los resultados después de haber empleado un tiempo y un dinero nada desdeñables.

Debe recordarse que la fase de totalidad de un eclipse solar sólo dura minutos, habitualmente entre 2 y 7, por lo que al tratarse de los momentos de mayor belleza deberemos prestar la máxima atención e interés en que las fotografías se tomen de la forma correcta. Lo más aconsejable es utilizar dos cámaras en lugar de una, ya que así podremos fotografiar independientemente y con diferentes tipos de película la secuencia de avance de la sombra y la fase de totalidad. Para la secuencia debe usarse película de 50 a 100 ISO, pero en la totalidad podremos llegar hasta los 200 ISO para hacer más cortos los tiempos de exposición. Dada la rapidez de actuación que se necesita, es aconsejable optar por cámaras con motor de arrastre de la película, ya que así ganaremos tiempo y evitaremos introducir vibraciones al manipularla para avanzar el carrete.

Desde que la Luna entra en contacto con el Sol y se inicia la fase de parcialidad, el procedimiento debe ser básicamente el mismo que en la fotografía solar normal, con el correspondiente filtro colocado ante el telescopio o el teleobjetivo, sólo que realizaremos sucesivas tomas —por ejemplo, cada 5 minutos— para registrar la secuencia de avance de la sombra lunar sobre el disco solar. Es recomendable variar los tiempos de exposición, desde 1/15 de segundo hasta 1/500, de manera que saquemos varias fotografías con cada uno de

Eclipse de Luna del 17 de agosto de 1989, durante la fase de totalidad. El color rojo se debe a que una parte de los rayos solares los refracta la atmósfera de la Tierra, que actúa como una gigantesca lente. Imagen obtenida con un refractor de 102 mm de abertura con una exposición de 30 seg sobre película Agfachrome 200 (Vicente Aupí).

ellos. Así garantizaremos que al menos unas cuantas imágenes tendrán la luz correcta.

En la totalidad hay que estar seguros de que la distancia focal del telescopio permite que obtengamos una imagen del Sol no sólo entera, sino con el suficiente margen a ambos lados del disco para que podamos captar la corona solar. Si la imagen es demasiado grande, puede ocurrir que la corona salga fuera del encuadre e impida una buena fotografía. En los primeros instantes de la totalidad, incluso en un eclipse anular, debemos intentar registrar los Gránulos de Baily (también llamados perlas o cuentas) y el anillo de diamantes, que aparecen como pequeñas chispas de colores en los bordes de la sombra lunar. Con un telescopio a f:15 y película de 200 ISO, el tiempo ideal de exposición puede oscilar entre 1/30 y 1/125 de segundo.

Iniciada la totalidad, deben hacerse nuevamente sucesivas fotografías con diferentes tiempos para captar la corona solar, tomando como referencia un abanico comprendido entre 1 segundo y 1/30 de segundo. En los minutos que dura esta fase pueden realizarse numerosas fotografías si somos lo suficientemente habilidosos, e incluso cabe la posibilidad de que además de la corona registremos algunas protuberancias solares.

La fase de totalidad debe fotografiarse sin filtro, pero el observador debe tener cuidado en los instantes previos y posteriores a la misma para no mirar directamente. En un eclipse anular es necesario mantener la protección de nuestros ojos en todo momento.

Los eclipses lunares carecen de riesgo para la vista y son mucho más sencillos de fotografiar. El procedimiento, no obstante, es relativamente parecido: después del primer contacto de la sombra —en este caso de la Tierra sobre la Luna—, deberemos iniciar una secuencia de fotografías para recoger el avance del área de oscuridad. El tiempo de exposición debe calcularse como en la fotografía lunar normal.

Llegada la fase de totalidad, que dura habitualmente más de una hora, el aliciente es distinto. Hay que intentar reproducir el color rojo que adquiere la Luna como consecuencia de la filtración de los rayos solares a través de la atmósfera terrestre, que originan los aspectos más bellos de un eclipse lunar total. Se necesita para ello un cierto tiempo de exposición, que con una película de 200 ISO puede oscilar entre medio y un minuto. Dado el desplazamiento propio de la Luna sobre el fondo del cielo, puede ser aconsejable optar también por una película de 400 ISO, que reducirá a la mitad el tiempo de exposición.

Eclipse total de Sol del 4 de noviembre de 1994. La imagen fue obtenida a las 12 h, 22 min y 13 seg (tiempo universal o solar) desde Huachacalla (Bolivia), a foco directo en un telescopio refractor de 90 mm de abertura y 1 000 de distancia focal. Exposición de 1/8 de seg sobre película Fujichrome 400 (Joan Manuel Bullón).

Para imágenes de detalle puede usarse el telescopio a foco directo o con un ocular de gran campo, pero con un teleobjetivo o un objetivo fotográfico estándar también captaremos otra magnífica escena: la Luna roja rodeada de estrellas. Efectivamente, a medida que la superficie lunar se va oscureciendo según transcurre el eclipse, el número de estrellas visibles aumenta, hasta que en la totalidad asistimos a una noche completamente estrellada con una invitada de lujo. Esta imagen podremos lograrla con un objetivo de 50 milímetros a f:1,4 o f:2 con medio minuto de exposición, o bien con un teleobjetivo de 200 o 300 milímetros de focal con algo más de tiempo. Es conveniente en ambos casos que la cámara esté en paralelo al telescopio para contrarrestar la rotación terrestre.

CCD, cámaras tradicionales y formatos de películas

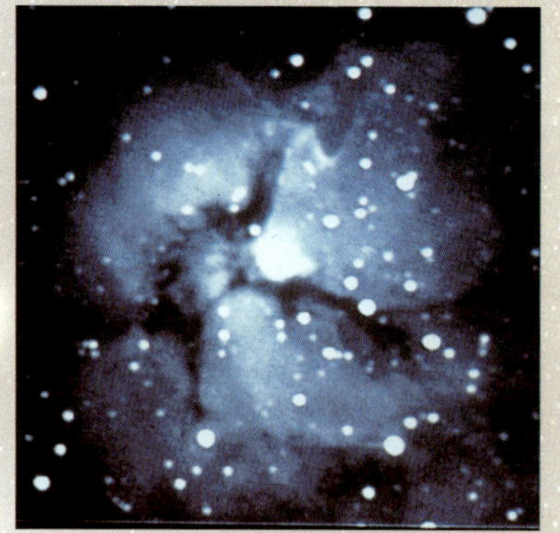

La nebulosa Trífida (M 20/NGC 6514), en la constelación de Sagitario, fotografiada con una cámara CCD adaptada a un telescopio Schmidt-Cassegrain de 203 mm de diámetro (Ramón Barber/Francisco Rodríguez).

Los astrónomos aficionados participan desde hace unos cuantos años de una evidente revolución en la astrofotografía liderada por un ingenio al que se conoce con las siglas CCD, la abreviatura de la denominación inglesa Charge-Coupled Device, un dispositivo de acoplamiento de carga en el que la luz incide en un chip electrónico muy sensible. Las prestaciones de las cámaras CCD se orientan, fundamentalmente, a todo el abanico de posibilidades para aplicar los sistemas informáticos a la fotografía astronómica. Veremos también por tanto, las imágenes en la pantalla de un ordenador y no sólo en una diapositiva o negativo como en la fotografía clásica.

Para hacerse una idea de las posibilidades de una cámara CCD baste decir que con ellas es posible extraer, aumentando el contraste o variando la intensidad de la luz, detalles en áreas que normalmente no suelen ser visibles en algunas nebulosas y galaxias. Hasta hace poco, su precio era prohibitivo, pero en la actualidad una CCD viene a costar lo mismo que una cámara réflex de paso universal, por lo que toda una multitud de astrofotógrafos ha abandonado las técnicas antiguas para apostar por esta nueva vertiente instrumental. Algunos, no obstante, comparten el uso de ambos sistemas en función del tipo de imágenes que pretendan obtener, y otros se mantienen fieles a la fotografía química.

Una parte de las firmas comerciales de telescopios vende también este tipo de dispositivos, así como los programas de tratamiento de imagen necesarios. Dotado de una cámara CCD y un programa de memoria para la localización de objetos celestes, el telescopio del aficionado llega a su máximo exponente en cuanto a equipamiento para la observación del cielo tanto visual como fotográfica.

El auge de las CCD, en cualquier caso, no ha sido —y probablemente no será— suficiente para quitarle el sitio a las cámaras tradicionales, ya que el uso de éstas es mucho más sencillo que el de aquéllas.

El Hale-Bopp evocó la leyenda del cometa Donati, que apareció en 1861 y maravilló a toda Europa con sus dos colas coronando el cielo en ciudades como París y Londres. Los colores blanco y azul de la doble cola del Hale-Bopp gestaron en 1997 una visión tan increíble como la de su predecesor en el siglo XIX (Vicente Aupí).

Respecto a las cámaras clásicas, el aficionado ha de tener en cuenta algunas consideraciones de carácter general. Una de ellas es que la sofisticación electrónica de los modelos disponibles en la actualidad muchas veces es incompatible con las condiciones en las que se desarrolla la astrofotografía: frío, humedad y largas exposiciones. Por tanto, si pretendemos lograr imágenes de cielo profundo que requieren largos tiempos de apertura del obturador, y aunque parezca un contrasentido, lo más propicio son las cámaras mecánicas o las electrónicas que pueden disparar en exposición mecánicamente. Muchos entusiastas que han adquirido el último grito de una prestigiosa marca se han llevado una desagradable sorpresa al comprobar cómo el obturador electrónico agotaba la pila en 10 minutos durante una exposición tomada a temperaturas próximas a los 0 °C.

Otro aspecto a tener en cuenta es que para lograr una imagen nítida, no todas las pantallas de enfoque son válidas, porque suele ocurrir que a grandes aumentos, por ejemplo en una foto de la Luna, nunca terminemos de hallar el punto exacto de definición. Si es posible, debe optarse por cámaras con pantalla intercambiable que faciliten esta tarea.

Las personas que se inicien en la astrofotografía y todavía no hayan adquirido una cámara deben sopesar también el tipo de formato en el que quieren desarrollar su actividad. Es cierto que el paso universal (24 x 36 milímetros) goza de la mayor versatilidad y su manejo es mucho más sencillo, pero la definición de imagen que se consigue con una película de mediano formato (6 x 6 o 6 x 7) no admite comparación. Especialmente a altas sensibilidades, como las que se utilizan en la fotografía de cielo profundo, el grano del paso universal resta calidad a la imagen, pero en el formato medio este problema es infinitamente menor aunque trabajemos con películas de 800 o 1 000 ISO. Por ello, determinadas firmas de instrumental astronómico han puesto en opción en el mercado adaptadores para engranar al telescopio cámaras grandes, ya que los resultados son espectaculares. Lógicamente, el precio también.

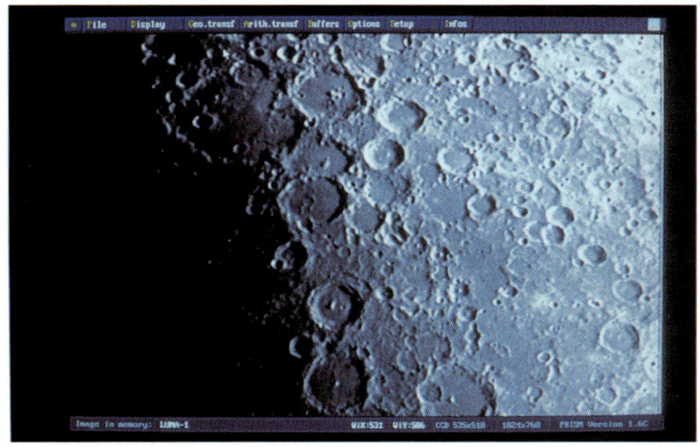

Imagen CCD de la Luna a plena resolución, pixel de 9 x 9 micras a través de un telescopio Schmidt-Cassegrain de 203 mm de diámetro. El uso de las CCD ha proliferado notablemente entre los aficionados a la astrofotografía (Ramón Barber/Francisco Rodríguez).

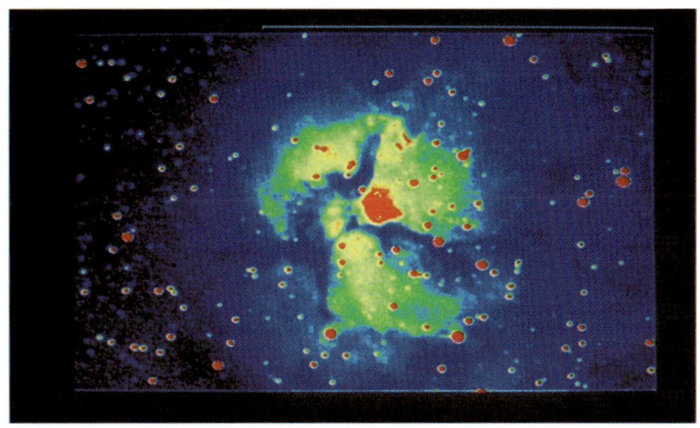

Imagen en falso color de la nebulosa Trífida (M 20/NGC 6514) a través de una cámara CCD. La aplicación de este tipo de instrumentos a la astrofotografía abre enormes posibilidades en el tratamiento de las imágenes por ordenador (Ramón Barber/Francisco Rodríguez).

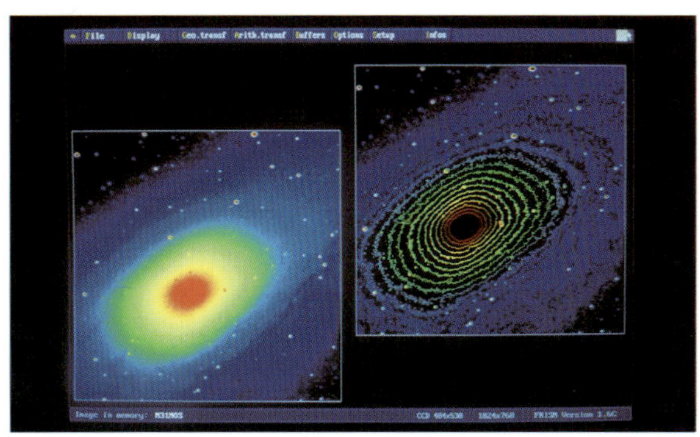

La galaxia de Andrómeda (M 31/NGC 224) fotografiada mediante una cámara CCD y un telescopio Schmidt-Cassegrain de 203 mm de diámetro. El procesado se realizó con el programa Prism con falso color e isofotas (Ramón Barber/Francisco Rodríguez).

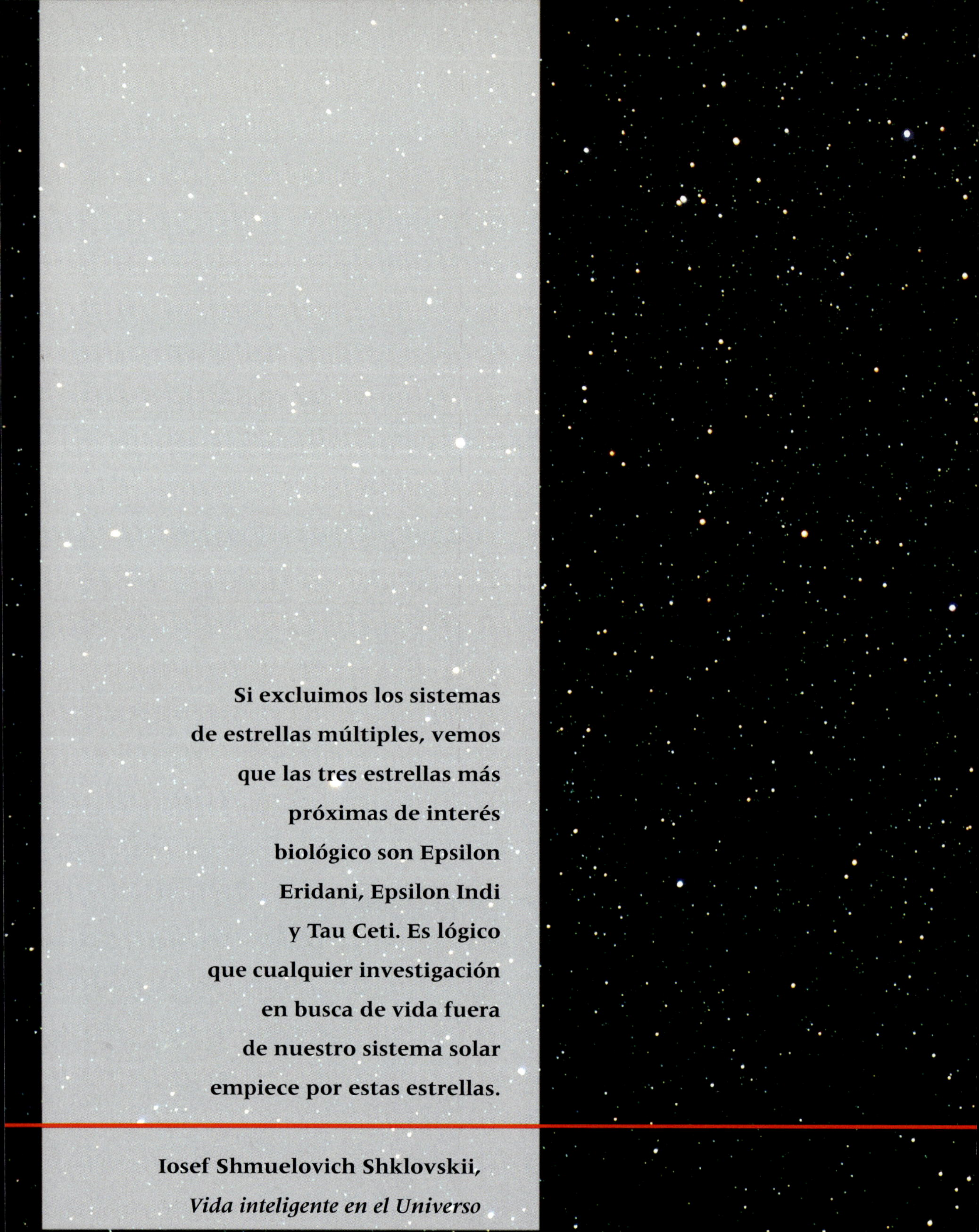

Si excluimos los sistemas de estrellas múltiples, vemos que las tres estrellas más próximas de interés biológico son Epsilon Eridani, Epsilon Indi y Tau Ceti. Es lógico que cualquier investigación en busca de vida fuera de nuestro sistema solar empiece por estas estrellas.

Iosef Shmuelovich Shklovskii,
Vida inteligente en el Universo

Secretos de la bóveda celeste

CAPÍTULO 7

Escondites celestiales

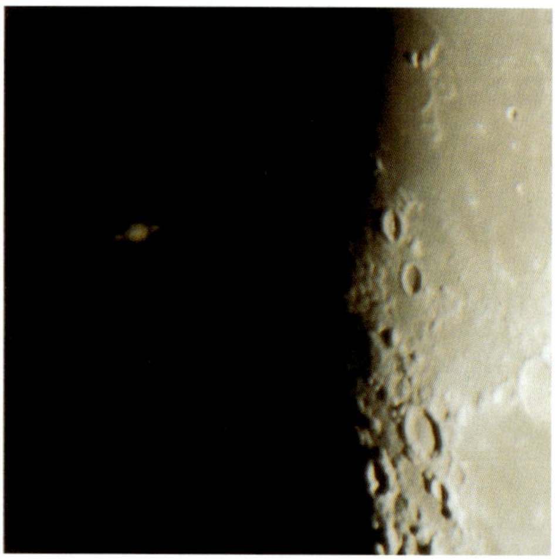

Ocultación de Saturno por la Luna fotografiada con un telescopio Schmidt-Cassegrain de 203 mm de abertura. Este tipo de fenómenos, de gran espectacularidad, forman parte de los episodios periódicos que mayores alicientes reporta al aficionado a la astronomía (Joaquín Tío).

El impacto popular de los eclipses de Sol y de Luna los ha llevado históricamente a traspasar las fronteras de la ciencia astronómica para convertirse en acontecimiento social. Su particular juego del escondite no es, sin embargo, algo exclusivo. El firmamento es escenario constante de otras ocultaciones periódicas en las que intervienen otros protagonistas: planetas, asteroides y estrellas. Las Pléyades son *devoradas* a menudo por la Luna, que se acerca hacia ellas día a día hasta que una noche las eclipsa en un caprichoso delirio de la mecánica celeste, al que no fueron ajenas las civilizaciones antiguas. En el presente, los telescopios muestran un increíble espectáculo cuando Pleione, Atlas, Alcyone, Merope, Electra, Maia, Celeno, Taygete y Astérope, nueve soles azules, se esconden tras el Mar de la Serenidad y amanecen junto al Océano de las Tempestades.

La Luna oculta permanentemente numerosas estrellas, pero su gran resplandor impide ver cómo son eclipsadas. Sólo las más brillantes pueden sobreponerse a la luz lunar para dejarse ver, y en ocasiones ello ocurre de forma rasante, por lo que la estrella apenas se esconde unos instantes detrás de un resalte de la superficie lunar.

Si dejamos al margen los eclipses de Sol, la ocultación más impresionante que puede protagonizar la Luna es la de Saturno. Si este acontecimiento se observa con un telescopio, el efecto de perspectiva hará que el observador sufra la ilusión óptica de que ambos astros están prácticamente juntos, lo que se debe tanto a que el instrumento sitúa a los dos en el mismo plano como al gran tamaño del planeta de los anillos, que emerge espectacularmente tras el disco lunar cuando culmina el fenómeno.

Los asteroides también eclipsan a las estrellas. En un breve fenómeno, alguno de los planetas menores que orbitan entre Marte y Júpiter tapa a una estrella determinada, que desaparece de nuestra vista. Aunque estos sucesos tienen

El cielo es una fuente de sorpresas a la que han asistido durante el paso de los siglos pastores, agricultores y todas aquellas personas que, sin necesidad de ser astrónomos, viven en permanente contacto con la naturaleza. Lo que todos ellos han podido ver con sus simples ojos, el telescopio nos lo muestra en detalle por cada rincón de la bóveda celeste.

un especial interés para los observadores aficionados, en ocasiones también han ayudado a cifrar el tamaño del asteroide que protagoniza la ocultación.

La mayor parte de las publicaciones editadas por agrupaciones astronómicas de España y el resto del mundo informan con precisión acerca de las ocultaciones rasantes de una estrella por la Luna o de estrellas por asteroides.

Cualquier campo estelar sin aparente espectacularidad puede revelar sorpresas cuando lo observamos en detalle a través del telescopio (Vicente Aupí).

Tau Ceti: el espejo del Sol

Grabado en el que se representa la idea vigente en el siglo XIX sobre la naturaleza de los cráteres y la superficie de la Luna. Los telescopios ya revelaban la existencia de cráteres con picos en su interior, como el que aparece al fondo a la izquierda.

En Cetus (la Ballena) no hay aparentemente nada especial, puesto que esta constelación apenas destaca en el conjunto del cielo. Allí, empero, residen algunas de las estrellas más especiales que pueden ver nuestros ojos, entre ellas Mira, la maravillosa variable que se enciende periódicamente como si fuera una candela en la noche. Compañera suya de constelación, la estrella Tau Ceti no destaca si la observamos por el telescopio: la veremos como un puntito luminoso de color amarillento, pero no especialmente brillante. No es, ni siquiera, de las estrellas más bellas, pero su personalidad estelar tiene bastante importancia para el hombre, porque se trata de un alma gemela del Sol.

Como Alfa Centauri, a Tau Ceti le cabe el orgullo de ser una estrella cercana a nosotros con características prácticamente idénticas a las del Sol. Observada por el telescopio, podemos deducir que así es como veríamos el Sol si lo hiciéramos desde allí; prácticamente no habría grandes diferencias, porque nuestra estrella también sería un escueto punto de luz perdido en el espacio si nuestros ojos la atisbaran desde la distancia de casi 12 años luz que separa a ambas.

Los científicos no han sido ajenos a las señas de identidad de Tau Ceti. Algunos de ellos, como Frank Drake, se fijaron en ella para afrontar uno de los programas más serios realizados hasta la fecha para captar posibles señales de radio de alguna hipotética civilización extraterrestre, y aunque el proyecto no se tradujo en resultados concretos, nada permite descartar que esta monótona estrella de la constelación de la Ballena sea uno de los tesoros biológicos próximos al Sistema Solar.

Paseo por la astronomía mágica

Nebulosa Cabeza de Caballo (I 434), en la constelación de Orión. No tan famosa como la célebre M 42, esta nebulosa no puede observarse visualmente y únicamente aparece en las fotografías de larga exposición, como ésta, lograda por el telescopio espacial Hubble (NASA).

Tau Ceti es un contrapunto a los habituales paseos por la bóveda celeste que realizan los astrónomos aficionados. Como ocurre en los circuitos turísticos, siempre hay destinos que acaparan la mayor parte de la demanda, pero el cielo, y las guías astronómicas como ésta, están llenos de bellos objetos poco conocidos e, incluso, por descubrir. Por ello, es muy recomendable que el propio observador se deje llevar por sí mismo en el camino de la astronomía.

En pocos libros suele haber referencias a la estrella Mu (μ) de la constelación de Cefeo, porque, como Tau Ceti, tampoco brilla especialmente. Se trata, en cambio, de una de las estrellas más rojas que existen ahí arriba, y su intensa tonalidad sorprenderá a cualquiera que la enfoque con el telescopio. También son extraordinariamente rojas R Leporis, llamada «la Estrella Carmesí» y la estrella de Barnard, aunque ésta es un tanto difícil de localizar. Pese a ello, se ha estudiado en profundidad por un peculiar comportamiento, y es que se trata de una de las estrellas que más rápidamente se mueven en el cielo. Lo hace tan *deprisa* que en sólo 200 años recorre el sector de cielo equivalente al diámetro de la Luna.

Barnard, Tau Ceti y las otras representan a una familia de estrellas que no suele formar parte de la vida de sociedad de la astronomía famosa, pero albergan la verdadera magia del cielo, porque cuando el observador repara en ellas, o en Mu Cephei, comprende que en el firmamento tienen cabida muchas más cosas que la célebre galaxia de Andrómeda (M 31). Que nadie crea, sin embargo, que toda esa belleza es propiedad de las estrellas, porque para deleitarse con un fascinante cráter envuelto en lava no hace falta cruzar la frontera del Sistema Solar, como ya han hecho las sondas *Pioneer* y *Voyager*; basta con apuntar un pequeño telescopio hacia la Luna y encontrar allí el accidente al que los selenógrafos bautizaron con el nombre del astrónomo sueco Pehr Vilhelm Wargentin.

Apéndices

Apéndice 1
La meteorología y la observación del cielo

Apéndice 2
Astronomía y astronáutica en Internet

Apéndice 3
Bibliografía recomendada

Tablas del Apéndice

La meteorología y la observación del cielo

Las condiciones meteorológicas y los cambios atmosféricos son los factores que más limitan la observación del firmamento. Para los grandes observatorios profesionales, la información meteorológica es fundamental, y una gran parte de ellos tiene sus propias estaciones meteorológicas y personal especializado que elabora pronósticos específicos. Aunque pueda pensarse que estos mismos factores sólo son relativos para el astrónomo aficionado, la realidad no es ésa; si tenemos en cuenta que su actividad la desarrolla con la complejidad de horario que implica el estudio del firmamento nocturno y que deberá compatibilizar su interés por la astronomía con su profesión y los deberes cotidianos, se entenderá en seguida que una jornada de observación echada a perder por la irrupción de una borrasca exaspera al más paciente de los aficionados.

Para evitar este tipo de contratiempos, el observador debe estar permanentemente informado de la evolución atmosférica. Aunque no podrá conseguir que la noche programada haga buen tiempo, sí que logrará estar informado de antemano cuando la previsión sea negativa, lo que le ahorrará muchas pérdidas de tiempo, porque lo que debe evitarse es que la actividad observacional vaya a contracorriente de las situaciones meteorológicas. Es mucho más grave que una falta de información sobre las condiciones atmosféricas nos sorprenda con el telescopio ya instalado que tener que anular una jornada de observación 24 horas antes.

En la actualidad, conocer el estado del tiempo es algo que podemos hacer incluso en tiempo real. En España, el Instituto Nacional de Meteorología (INM) y sus servicios territoriales en

las comunidades autónomas facilitan permanentemente, a través de los medios de comunicación, predicciones con un gran margen de fiabilidad hasta con 48 horas de antelación. A través de Internet es posible saber la situación actualizada, algo muy importante cuando se trata de observar fenómenos especiales, como eclipses solares y lunares. Para obtener información directa sobre el estado del tiempo vía Internet, el Instituto Nacional de Meteorología ofrece un servicio gratuito en la siguiente dirección: **http://www.inm.es**

Además, numerosos servicios territoriales de este instituto están también en la red y ofrecen su propia información específica para cada comunidad autónoma.

Junto al Instituto Nacional de Meteorología, una fuente de información excelente es el servicio Infomet, creado conjuntamente por la Fundació Catalana per a la Recerca, la Generalitat de Cataluña y la Universidad de Barcelona. Su dirección de Internet es ésta: **http://www.infomet.fcr.es**

A pesar de que toda esta información nos será de gran valor, el aficionado pronto entenderá que debe aprender a interpretar por sí mismo los cambios del tiempo, porque la meteorología no es una ciencia exacta y carece de la precisión necesaria para pronosticar las situaciones atmosféricas locales, circunstancia que es particularmente importante en un país como España, donde la variedad climática es uno de los patrones de su personalidad geográfica. El autor jamás olvidará el eclipse de Luna del 4 de mayo de 1985, día en el que las predicciones meteorológicas para el conjunto de España eran pesimistas. Sin embargo, tras un día completamente cubierto, dos horas antes del inicio del eclipse la atmósfera mostró signos de cambio en el lugar elegido para asistir al fenómeno, en la provincia de Teruel, donde el cielo quedó despejado poco antes del primer contacto con la sombra.

Al final, todo el fenómeno fue perfectamente visible gracias a una atmósfera diáfana que no estaba contemplada en las predicciones. Sin embargo, la propia observación de las condiciones locales permitió saber que el cielo se despejaría, y ello supuso asistir a un acontecimiento astronómico que no puede verse todos los días. Con ello se comprende la importancia de que el propio astrónomo aficionado observe por su cuenta la atmósfera y saque sus deducciones. Cometerá, ciertamente, algunos errores, pero a la larga se sorprenderá de la eficacia que tiene estar atento a las evoluciones atmosféricas, cuyo seguimiento nos permitirá observar el cielo en más ocasiones de las que los meros pronósticos generales auguren.

Si el aficionado cuenta con un observatorio astronómico fijo u observa siempre desde el mismo lugar, constituye una buena idea la instalación de una estación meteorológica propia, que le aportará datos acerca de la temperatura y la humedad, que influyen de manera fundamental en una actividad que se desarrolla al aire libre. Aunque los instrumentos meteorológicos de calidad son bastante caros, los termómetros estándar de máxima y mínima son bastante asequibles, al igual que los higrómetros. Si su interés por la meteorología es el suficiente para anotar diariamente los datos básicos, el aficionado tiene la posibilidad de llegar a un acuerdo con el Instituto Nacional de Meteorología, que en algunas ocasiones cede gratuitamente los instrumentos de una estación meteorológica a cambio del compromiso del beneficiario para registrar las observaciones cada día. Actualmente existen también barómetros digitales de pulsera de asombrosa precisión.

El devenir de la atmósfera es tan complejo que no existen reglas básicas aplicables a la astronomía, aunque siempre es posible tener en cuenta algunos criterios fundamentales. Por ejemplo, las noches extraordinariamente transparentes no disfrutaremos, en contra de la creencia generalizada, de los mejores momentos para observar por el telescopio. El aire diáfano en extremo suele ser sinónimo de inestabilidad atmosférica, ya que es la propia circulación del aire la que se encarga de limpiar la atmósfera de partículas en suspensión. Ello implica, inevitablemente, cambios en la refracción de la luz de los astros que llega hasta nosotros a través del aire, lo que traducido a resultados prácticos para la observación astronómica presupone inestabilidad en las imágenes. Esto es especialmente perjudicial para la observación planetaria, puesto que significa una notable pérdida de definición.

Las mejores imágenes que ven los astrónomos de Marte, Júpiter y Saturno se dan en las noches serenas, aunque éstas no sean muy transparentes. Para astros de gran brillo como los planetas la transparencia sólo tiene un valor secundario, pero la quietud de la atmósfera es fundamental. La distorsión del frente de ondas luminosas de un astro, a causa de factores perturbadores como la turbulencia atmosférica, se conoce internacionalmente con el término *seeing*. Una noche con el mejor *seeing* es la que carece por completo del centelleo de la luz de las estrellas, mientras que las peores condiciones se dan cuando la distorsión es tal que la observación telescópica de una estrella doble nos impide ver ambos componentes, que aparecen juntos como consecuencia de la falta de resolución del instrumento, que no es achacable al mismo, sino a las malas condiciones atmosféricas.

Como ya se ha citado en el capítulo relativo a instrumental astronómico, el impacto de las turbulencias atmosféricas es muy notable en la observación astronómica. Las noches estivales son menos favorables porque el suelo irradia calor hacia arriba a causa del intenso calentamiento sufrido durante las horas de luz. Por esta misma razón, los observadores del Sol no esperan al mediodía y efectúan sus estudios unas dos o tres horas después de su salida, cuando la superficie terrestre no se ha caldeado aún. En esta misma línea, y salvo que las horas de visibilidad nos obliguen a lo contrario, es mejor observar los planetas y la Luna en las horas previas al amanecer que en las posteriores al ocaso, puesto que ya habrán transcurrido los momentos de mayor turbulencia.

Los observadores que utilicen telescopios refractores o catadióptricos de tubo cerrado están a salvo, pero los usuarios de reflectores newtonianos y Cassegrain estándar sufrirán el inconveniente de las turbulencias interiores del instrumento, que se generan por hallarse los espejos en un tubo abierto. El calor interior tenderá a escapar hacia fuera en las horas de observación, con consecuencias que pueden ser desastrosas para la calidad de imagen requerida. Por esto, siempre es aconsejable abrir el tubo óptico, retirando la tapa protectora —si la hay—, al menos una o dos horas antes de iniciar las observaciones. Gracias a ello evitaremos una parte importante de esas molestas turbulencias.

Acerca del emplazamiento ideal para observar el cielo, desde el punto de vista meteorológico, hay algunos datos a tener en cuenta: la sequedad atmosférica es casi siempre un factor favorable, aunque en ocasiones —especialmente en el caso de España— lamentablemente esto conlleva grandes oscilaciones diarias de la temperatura, que influyen en contra porque la turbulencia está claramente asociada a ellas. De ahí que los observatorios busquen lugares de montaña, donde la atmósfera no sólo es seca sino que también presenta pocos cambios en la temperatura diaria. Para entender esto basten un par de ejemplos: en Albacete, la humedad relativa media del mes de julio es únicamente del 47 %, pero el promedio de las temperaturas máximas es de casi 33 grados y el de las mínimas, de 15,5. Hay por tanto una diferencia próxima a los 20 grados entre la máxima y la mínima habituales de un día típico de verano. En cambio, en el observatorio de Izaña, situado a 2 367 m de altitud en la isla de Tenerife, durante el mes de julio la humedad es tan baja que su promedio es del 25%, al tiempo que las temperaturas máximas tienen una media de poco más de 21 grados y las mínimas, de 13, o sea, una oscilación de apenas 8 grados para un mismo día. De esta forma, en Izaña, que tiene un notable número de días despejados al año, las condiciones son mucho más favorables.

Debe aclararse que esta comparación —al margen de cuestiones relativas a la polución lumínica de las ciudades— no presupone que Albacete sea un lugar desfavorable para la observación, sino que Izaña está en un emplazamiento privilegiado. De hecho, Albacete, con sus casi 700 metros de altitud, y la mayor parte de ciudades españolas que se hallan en ambas mesetas y sus proximidades, como Burgos, Soria, Cuenca, Ávila y Teruel, aventajan claramente en este aspecto a las áreas urbanas del perímetro litoral de la Península, que además de estar al nivel del mar tienen los índices de humedad más elevados.

Astronomía y astronáutica en Internet

Las autopistas de la información nos permiten traer hoy el cielo a casa. La sugestiva labor del astrónomo aficionado en una noche estrellada se ha visto complementada desde hace varios años por las actividades que él mismo puede desarrollar en su faceta de cibernauta, y que en la práctica le otorgan un grado de información sobre los temas de mayor interés que era inimaginable hace tan sólo una década. Con sólo echarse a la aventura de navegar, Internet brinda al observador una multitud abrumadora de datos actualizados sobre fenómenos astronómicos próximos que le serán de suma utilidad, cursillos de iniciación, compraventa de telescopios y otros instrumentos, intercambio de experiencias con otros observadores y, también, la posibilidad de ver por la pantalla de su ordenador las últimas imágenes del Sistema Solar enviadas a la Tierra por las sondas espaciales.

Las posibilidades para el astrónomo aficionado en Internet son tan vastas que no sabrá por dónde empezar. Aquí ocurre igual que en el resto de facetas de la astronomía: no hay otra ciencia que reúna tal cúmulo de actividades excitantes, y el observador hará bien en buscar por la red experiencias gratificantes entre sus compañeros. Unos le informarán sobre algún telescopio que jamás debe comprar y de aquellas firmas comerciales que en lugar de ayudar al principiante le endosan algún instrumento que ni siquiera permite apuntar certeramente a la Luna; otros dispondrán de ese dato sobre Júpiter o cualquier otro planeta que no encontramos en ningún tratado, y la mayor parte estará simplemente encantada de charlar un rato por correo electrónico sobre los últimos temas astronómicos de actualidad.

Aunque a continuación se anotan algunas direcciones de gran interés, el aficionado que desee introducirse en la astronomía vía Internet puede dejarse llevar por algunos de los servidores que operan en la red para informar al público en general. La astronomía es una afición tan extendida que la mayor parte de los servidores ofrece un amplio surtido de direcciones de interés.

En España, el Instituto de Astrofísica de Canarias (IAC) es, por sí mismo, un servidor de gran ayuda. La dirección de su biblioteca es: **http://www.iac.es/biblio/**

El planetario de Madrid ofrece cursos de astronomía por Internet. La dirección es ésta: **http://www.planetmad.es/**

En la Universidad de Barcelona, el Departamento de Astronomía y Meteorología tiene esta dirección: **http://www.am.ub.es**

La Sociedad Española de Astronomía (SEA) también ofrece información sobre numerosos temas: **http://sea.am.ub.es**

AstroRed es una red de información y recursos astronómicos, que puede consultarse en la dirección: **http://aaa.home.ml.org**

Algunas agrupaciones astronómicas, que integran a los aficionados españoles, también tienen direcciones de Internet. He aquí unas cuantas:

— Agrupación Astronómica Aragonesa:
http://zar.unizar.es/~alex
— Agrupación Astronómica de Madrid:
http://www.iac.es/AA/AAM/AAM.html
— Agrupación Astronómica de Sabadell:
http://www.iac.es/AA/AAS/www/home.html
— Agrupación Astronómica Aster de Barcelona: **http://www.encomix.es/~aster**

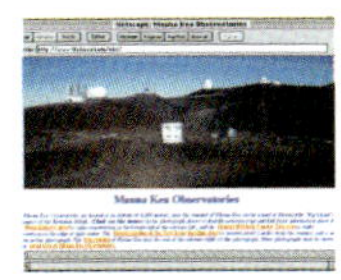

— Agrupación Astronómica de Gran Canaria:
http://sopa.dis.ulpgc.es/~rvr/aagc.html
— Asociación Valenciana de Astronomía:
http://www.uv.es/~solerm/ava/ava.html
— Sociedad Astronómica de España y América (Sadeya):
http://www.sadeya.cesca.es
— Agrupación Astronómica Albireo de Sevilla:
http://www.arrakis.es/~jroncero/albireo/
— Grup d'Estudis Astronòmics: **http://www.gea.cesca.es/**
— Sociedad de Observadores de Meteoros y cometas de España:
http://www.iac.es/galeria/lbellot/somyce/somyce.html

Fuera de España, la NASA es uno de los grandes protagonistas de Internet. Su dirección general es: **http://www.nasa. gov/**

Dentro de la NASA, el Jet Propulsion Laboratory (JPL) es uno de los lugares más visitados por los navegantes de Internet. La dirección del JPL con carácter general es la siguiente: **http://www.jpl.nasa.gov/**

En el mismo JPL podemos entrar en el Planetary Photojournal, en el que se ofrecen al visitante las imágenes más espectaculares de la historia de las exploraciones espaciales. Todos los planetas del Sistema Solar, además del Sol, la Luna y los asteorides, están presentes aquí. La dirección de Internet del Planetary Photojournal es la siguiente: **http://photojournal.jpl.nasa.gov/**

Además de estas direcciones, el astrónomo aficionado encontrará de gran utilidad la información que facilita el Centre de Données Astronomiques, con sede en la Estrasburgo: **http://cdsweb.u-strasbg.fr/**

Bibliografía recomendada

ARAGO, FRANCISCO. *Grandes astrónomos anteriores a Newton.* Espasa-Calpe.
—, *Grandes astrónomos. De Newton a Laplace.* Espasa-Calpe.
ASIMOV, ISAAC. *El Universo.* AlianzaEditorial.
—, *Alpha Centauri, la estrella más próxima.* Alianza Editorial.
—, *La relatividad del error.* Planeta.
AUPÍ, VICENTE. *Fotografiar el cielo.* Planeta.
—, *Los enigmas del Cosmos.* Planeta.
—, *Guía para exploradores del cielo.* Omega
BAKER, DAVID/HARDY, DAVID. *Guía de astronomía.* Omega.
BATTANER LÓPEZ, EDUARDO. *Planetas.* Alianza Editorial.
BERTIN, LEON. *La tierra, nuestro planeta.* Labor.
BOOTH, NICHOLAS. *El espacio en los próximos 100 años.* Planeta.
BÜRGEL, BRUNO H. *Los mundos lejanos.* Labor.
COMELLAS, JOSÉ LUIS. *El Universo.* Salvat.
—, *Guía del Firmamento.*
COOPER, HENRY S. F., JR. *La imagen de Saturno.* Editorial Juventud.
CLUBE, VICTOR/NAPIER, BILL. *El invierno cósmico.* Alianza Editorial.
FLAMMARION, CAMILLE. *Los mundos reales, los mundos imaginarios.* Ediciones Mascarón.
—, *Astronomía Popular.*
—, *La atmósfera.* Montaner y Simón Editores.
GALILEI, GALILEO/KEPLER, JOHANNES. *El mensaje y el mensajero sideral.* Alianza Editorial.
GRIBBIN, JOHN. *Diccionario del Cosmos.* Crítica
HATHAWAY, NANCY. *El Universo para curiosos.* Crítica
HOYLE, FRED. *Iniciación a la astronomía.* Hermann Blume.
—, *La nube de la vida.*
LEVY, DAVID H. *Observar el cielo.* Planeta.
MARFELD, A. F. *El Universo y nosotros.* Labor.
MARTÍNEZ, PATRICK. *Astrofotografía.* Omega.
MOORE, PATRICK. *El Atlas del Universo.* Editorial Labor.
—, *La Luna.* Herman Blume.
MENZEL, DONALD H. *Guía de campo de las estrellas y los planetas.* Omega.
MENZEL, DONALD H./PASACHOFF, JAY M. *Guía de campo de las estrellas y los planetas.* Omega.
NICOLSON, IAIN. *El Sol.* Herman Blume.
PELLEQUER, BERNARD. *Guía del cielo.* Alianza, Ediciones del Prado.
RIORDAN, MICHAEL/SCHRAMM, DAVID N. *Las sombras de la creación.* Acento Editorial.
ROTH, GÜNTER D. *Guía de las estrellas y los planetas.* Omega.
—, *Meteorología.* Omega.
RUDAUX, LUCIEN/VAUCOLEURS, GERARD DE. *Astronomía. Los astros, el Universo.* Labor.
SAGAN, CARL. *Cosmos.* Planeta.
—, *Un punto azul pálido.* Planeta
SAGAN, CARL/SHKLOVSKII, I. S. *Vida inteligente en el Universo.* Ed. Reverté.
SCHIAPARELLI, GIOVANNI VIRGINIO. *La astronomía en el Antiguo Testamento.* Espasa-Calpe.
SÉRSIC, JOSÉ LUIS. *La exploración de Marte.* Labor.
SIDGWICK, J. B. *Amateur astronomer' s hand book.* Dover publications.
VERDET, JEAN-PIERRE. *El cielo, ¿caos o armonía?* Aguilar Universal.

PUBLICACIONES PERIÓDICAS
Astronomía (España)
Espacio (España)
Sky &Telescope (Estados Unidos)
Astronomy (Estados Unidos)
Astronomy Now (Gran Bretaña)

Tablas

Tablas del apéndice

Tabla A-1
LAS CONSTELACIONES

Nombre español	Nombre latino	Genitivo latino	Abreviatura
Andrómeda	Andromeda	Andromedae	And
Máquina Neumática	Antlia	Antliae	Ant
Ave del Paraíso	Apus	Apodis	Aps
Acuario	Aquarius	Aquarii	Aqr
Águila	Aquila	Aquilae	Aql
Altar	Ara	Arae	Ara
Aries	Aries	Arietis	Ari
Cochero	Auriga	Aurigae	Aur
Boyero	Boötes	Boötis	Boo
Cincel	Caelum	Caeli	Cae
Jirafa	Camelopardalis	Camelopardalis	Cam
Cangrejo	Cancer	Cancri	Cnc
Perros de Caza	Canes Venatici	Canum Venaticorum	CVn
Can Menor	Canis Minor	Canis Minoris	CMi
Can Mayor	Canis Major	Canis Majoris	CMa
Capricornio	Capricornus	Capricorni	Cap
Quilla del Navío	Carina	Carinae	Car
Casiopea	Cassiopeia	Cassiopeiae	Cas
Centauro	Centaurus	Centauri	Cen
Cefeo	Cepheus	Cephei	Cep
Ballena	Cetus	Ceti	Cet
Camaleón	Chamaeleon	Chamaeleonis	Cha
Compás	Circinus	Circini	Cir
Paloma	Columba	Columbae	Col
Cabellera de Berenice	Coma Berenices	Comae Berenices	Com
Corona Austral	Corona Australis	Coronae Australis	CrA
Corona Boreal	Corona Borealis	Coronae Borealis	CrB
Cuervo	Corvus	Corvi	Crv
Copa	Crater	Crateris	Crt

Tabla A-1 *(continuación)*

Nombre español	Nombre latino	Genitivo latino	Abreviatura
Cruz del Sur	**Crux**	**Crucis**	**Cru**
Cisne	Cygnus	Cygni	Cyg
Delfín	Delphinus	Delphini	Del
Carpa Dorada	Dorado	Doradus	Dor
Dragón	Draco	Draconis	Dra
Caballito	Equuleus	Equulei	Equ
Eridano	Eridanus	Eridani	Eri
Horno	Fornax	Fornacis	For
Gemelos	Gemini	Geminorum	Gem
Grulla	Grus	Gruis	Gru
Hércules	Hercules	Herculi	Her
Reloj	Horologium	Horologii	Hor
Serpiente de Mar	Hydra	Hydrae	Hya
Serpiente de Agua	Hydrus	Hydri	Hyi
Indio	Indus	Indi	Ind
Lagarto	Lacerta	Lacertae	Lac
León	Leo	Leonis	Leo
León Menor	Leo Minor	Leonis Minoris	LMi
Liebre	Lepus	Leporis	Lep
Libra	Libra	Librae	Lib
Lobo	Lupus	Lupi	Lup
Lince	Lynx	Lyncis	Lyn
Lira	Lyra	Lyrae	Lyr
Mesa	Mensa	Mensae	Men
Microscopio	Microscopium	Microscopii	Mic
Unicornio	Monoceros	Monocerotis	Mon
Mosca	Musca	Muscae	Mus
Escuadra	Norma	Normae	Nor
Octante	Octans	Octantis	Oct
Ofiuco	Ophiuchus	Ophiuchi	Oph
Orión	Orion	Orionis	Ori
Pavo	Pavo	Pavonis	Pav
Pegaso	Pegasus	Pegasi	Peg
Perseo	Perseus	Persei	Per

Tabla A-1 *(continuación)*

Nombre español	Nombre latino	Genitivo latino	Abreviatura
Fénix	Phoenix	Phoenicis	Phe
Caballete del Pintor	Pictor	Pictoris	Pic
Peces	Piscis	Piscium	Psc
Pez Austral	Piscis Austrinus	Piscis Austrini	PsA
Popa	Puppis	Puppis	Pup
Brújula	Pyxis	Pyxidis	Pyx
Retículo	Reticulum	Reticuli	Ret
Flecha	Sagitta	Sagittae	Sge
Sagitario	Sagittarius	Sagitarii	Sgr
Escorpión	Scorpius	Scorpii	Sco
Escultor	Sculptor	Sculptoris	Scl
Escudo	Scutum	Scuti	Sct
Serpiente*	Serpens	Serpentis	Ser
Sextante	Sextans	Sextantis	Sex
Toro	Taurus	Tauri	Tau
Telescopio	Telescopium	Telescopii	Tel
Triángulo	Triangulum	Trianguli	Tri
Triángulo Austral	Triangulum Australe	Trianguli Australis	TrA
Tucán	Tucana	Tucanae	Tuc
Osa Mayor	Ursa Major	Ursae Majoris	UMa
Osa Menor	Ursa Minor	Ursae Minoris	UMi
Vela	Vela	Velorum	Vel
Virgen	Virgo	Virginis	Vir
Pez Volador	Volans	Volantis	Vol
Zorra	Vulpecula	Vulpeculae	Vul

** Esta constelación está dividida en realidad en dos: Serpens Caput y Serpens Cauda, cuyas abreviaturas son, respectivamente, Ser_1 y Ser_2.*

Tabla A-2
LAS CINCUENTA ESTRELLAS MÁS BRILLANTES

Nombre	Nombre griego h.	A. R. m.	DEC. s.	T. E. °	Mv ′	MA ″	DIST. años luz	Caract.
Sirius	α Canis Majoris	06 45 09.2	–16 42 47	A1	–1,4	1,4	8,8	E, m
Canopus	α Carinae	06 23 57.1	–52 41 44	F0	–0,6	–8,5	1 100	SG
Alfa Centauri$_1$	α Centauri	14 39 40.9	–60 50 07	G2	0,0	4,4	4,3	E, m
Vega	α Lyrae	18 36 56.2	+38 46 59	A0	0,0	0,3	26	E, m
Capella	α Aurigae	05 16 41.3	+45 59 57	G8	0,1	–0,6	42	G, m
Arcturus	α Bootis	14 15 39.7	+19 10 57	K2	0,2	–0,2	36	G
Rigel	β Orionis	05 14 32.3	–08 12 06	B8	0,3	–7,1	910	SG, m
Procyon	α Canis Minoris	07 39 18.5	+05 13 39	F5	0,4	2,6	11,2	g, m
Achernar	α Eridani	01 37 42.8	–57 14 12	B5	0,5	–1,6	85	g
Betelgeuse	α Orionis	05 55 10.3	+07 24 25	M2	0,6	–5,6	310	SG, m, V
Hadar	β Centauri	14 03 49.4	–60 22 23	B1	0,6	–5,1	460	G, m
Altair	α Aquilae	19 50 47.0	+08 52 06	A7	0,9	2,2	17	g, m
Aldebarán	α Tauri	04 35 55.2	+16 30 33	K5	1,0	–0,3	68	G, m
Antares	α Scorpii	16 29 24.5	–26 25 55	M1	1,1	–4,7	330	SG, m, V
Spica	α Virginis	13 25 11.6	–11 09 41	B1	1,1	–3,5	260	E, m, V
Pollux	β Geminorum	07 45 18.9	+28 01 34	K0	1,2	0,2	36	G, m
Fomalhaut	α Piscis Austrini	22 57 39.0	–29 37 20	A3	1,2	2,0	22	E
Deneb	α Cygni	20 41 25.9	+45 16 49	A2	1,3	–7,5	1 800	SG, m
Mimosa	β Crucis	12 47 43.3	–59 41 20	B0	1,3	–5,0	420	G, m, V
Acru$_1$	α Crucis	12 26 35.9	–63 05 57	B1	1,3	–3,9	320	g, m
Regulus	α Leonis	10 08 22.3	+11 58 02	B7	1,4	–0,6	85	E, m
Alfa Centauri$_2$	α Centauri	14 39 39.4	–60 50 22	K1	1,4	5,8	4,3	E, m
Adhara	ε Canis Majoris	06 58 37.5	–28 58 20	B2	1,5	–4,4	490	G, m
Acrux$_2$	α Crucis	12 26 36.4	–63 05 58	B3	1,6	–3,3	320	
Shaula	λ Scorpii	17 33 36.5	–37 06 14	B2	1,6	–3,0	270	g, m
Bellatrix	γ Orionis	05 25 07.9	+06 20 59	B2	1,7	–3,6	360	G, m
Gacrux	γ Crucis	12 31 10.0	–57 06 48	M3	1,7	–0,5	88	G, m
El Nath	β Tauri	05 26 17.5	+28 36 27	B7	1,7	–1,6	130	G, m
Alnilam	ε Orionis	05 36 12.8	–01 12 07	B0	1,7	–6,2	1 210	SG, m
Miaplacidus	β Carinae	09 13 12.0	–69 43 02	A0	1,7	–0,6	85	G
Al Na'ir	α Gruis	22 08 14.0	–46 57 40	B5	1,8	–1,1	68	E, m
Mirfak	α Persei	03 24 19.4	+49 51 40	F5	1,8	–4,6	620	SG, m
	γ Velorum	08 09 31.9	–47 20 12	W	1,8	–	?	m

Tabla A-2 *(continuación)*

Nombre	Nombre griego	A. R. h.	m.	s.	DEC. °	′	″	T. E.	M_V	M_A	DIST. años luz	Caract.
Dubhe	α Ursae Majoris	11	03	43.7	+61	45	04	K0	1,8	0,2	75	G, m
Alioth	ε Ursae Majoris	12	54	01.7	+55	57	35	A0	1,8	0,4	62	V
	δ Canis Majoris	07	08	23.5	−26	23	36	F8	1,8	−8,0	3 070	SG
Kaus Australis	ε Sagittarii	18	24	10.3	−34	23	05	B9	1,8	−0,3	85	g, m
Menkalinan	β Aurigae	05	59	31.7	+44	56	51	A2	1,9	0,6	72	g, m, V
	δ Velorum	08	44	42.2	−54	42	32	A0	1,9	0,6	68	E, m
Alkaid	η Ursae Majoris	13	47	32.4	+49	18	48	B3	1,9	−1,7	110	E
Atria	α Trianguli Aust.	16	48	39.9	−69	01	40	K2	1,9	−0,1	55	G
	α Pavonis	20	25	38.9	−56	44	06	B3	1,9	−2,3	230	g, m
	θ Scorpii	17	37	19.1	−42	59	52	F0	1,9	−5,6	910	SG
Alnitak	ζ Orionis	05	40	45.5	−01	56	33	O9	1,9	−6,0	1 100	SG
Hamal	α Arietis	02	07	10.4	+23	27	45	K2	2,0	−0,1	85	G
Polaris	α Ursae Minoris	02	31	49.1	+89	15	51	F8	2,0	−4,6	150	SG, m, V
Mirzam	β Canis Majoris	06	22	42.0	−17	57	21	B1	2,0	−4,8	720	G, m, V
Alhena	γ Geminorum	06	37	42.7	+16	23	57	A0	2,0	0,0	85	g, m
Castor	α Geminorum	07	34	36.0	+31	53	19	A1	2,0	1,2	46	E, m
Alphard	α Hydrae	09	27	35.2	−08	39	31	K3	2,0	−0,2	85	m

Las coordenadas y la magnitud visual son datos del atlas Tycho reproducidos con autorización de la Agencia Espacial Europea (ESA).

ABREVIATURAS

A. R.: Ascensión recta. DEC.: Declinación. T. E.: Tipo espectral de la componente más brillante. M_V: Magnitud visual. M_A: Magnitud absoluta. Es la magnitud que tendría la estrella si se hallara a 32,6 años luz de distancia del Sol. DIST.: Distancia a la que se halla del Sol en años luz. SG: Supergigantes. G: Gigantes. g: Subgigantes. E: Enanas. m: Sistema múltiple (dos o más estrellas). V: Estrella variable.

Tabla A-3
EL CATÁLOGO DE MESSIER

N.° M	N.° NGC	A. R. h.	A. R. m.	DEC. °	DEC. ′	Objeto	Const.	T ′	Mv	DIST. años luz	Carta N.°
M 1 (Neb. Cangrejo)	1952	05	34,5	+22	01	NEB	Tau	6×4	8,4	3 423	13
M 2	7089	21	33,5	–00	49	CG	Aqr	12	6,3	52 300	33
M 3	5272	13	42,2	+28	23	CG	CnV	19	6,4	45 600	17
M 4	6121	16	23,6	–26	31	CG	Sco	23	6,5	7 500	42
M 5	5904	15	18,5	+02	05	CG	Ser	20	6,2	27 000	29, 30
M 6	6405	17	40,0	–32	12	CA	Sco	26	5,3	2 050	43
M 7	6475	17	54,0	–34	49	CA	Sco	50	5,0	815	43
M 8 (Neb. Laguna)	6523	18	03,7	–24	23	NEB	Sgr	80×40	6,0	4 900	43
M 9	6333	17	19,2	–18	31	CG	Oph	6	7,3	25 800	42, 43
M 10	6254	16	57,2	–04	06	CG	Oph	12	6,7	16 300	30, 31
M 11	6705	18	51,1	–06	16	CA	Sct	12	6,3	5 500	31,32
M 12	6218	16	47,2	–01	57	CG	Oph	12	6,6	18 900	30, 31
M 13	6205	16	41,7	+36	28	CG	Her	23	5,7	22 500	18, 19
M 14	6402	17	37,6	–03	15	CG	Oph	7	7,7	23 500	31
M 15	7078	21	30,0	+12	10	CG	Peg	12	6,0	48 900	33
M 16	6611	18	18,9	–13	47	CA/NEB	Ser	8	6,4	5 900	31
M 17 (Neb. Omega)	6618	18	20,8	–16	10	CA/NEB	Sgr	46×37	7,4	5 900	43
M 18	6613	18	19,9	–17	08	CA	Sgr	7	7,5	4 900	43
M 19	6273	17	02,6	–26	16	CG	Oph	5	6,6	22 500	42, 43
M 20 (Neb. Trífida)	6514	18	02,4	–23	02	NEB	Sgr	29×27	6,9	5 200	43
M 21	6531	18	04,7	–22	30	CA	Sgr	12	6,5	4 200	43
M 22	6656	18	36,4	–23	54	CG	Sgr	17	5,9	9 800	43, 44
M 23	6494	17	56,9	–19	01	CA	Sgr	27	6,9	2 200	43
M 24	6603	18	18,4	–18	25	CA	Sgr	4	4,6	16 300	43
M 25	4725	18	31,7	–19	14	CA	Sgr	35	6,0	1 950	43
M 26	6694	18	45,2	–09	24	CA	Sct	9	9,3	4 900	31, 32
M 27 (Dumbbell)	6853	19	59,6	+22	43	NP	Vul	8×4	7,6	650	20
M 28	6626	18	24,6	–24	52	CG	Sgr	15	7,3	15 000	43
M 29	6913	20	24,0	+38	31	CA	Cyg	7	7,1	3 900	20, 21
M 30	7099	21	40,4	–23	11	CG	Cap	0	8,4	42 400	45
M 31 (G. Andrómeda)	224	00	42,7	+41	16	G	And	160×40	4,8	2 280 000	10, 11
M 32	221	00	42,7	+40	52	G	And	3×2	8,7	2 280 000	10, 11
M 33 (G. Triángulo)	598	01	33,8	+30	39	G	Tri	60×40	5,8	2 280 000	10,11

Tabla A-3 *(continuación)*

N.° M	N.° NGC	A. R. h.	A. R. m.	DEC. °	DEC. ′	Objeto	Const.	T ′	Mv	DIST. años luz	Carta N.°
M 34	1039	02	42,0	+42	47	CA	Per	30	5,5	1 500	11,12
M 35	2168	06	08,8	+24	20	CA	Gem	29	5,3	2 800	13
M 36	1960	05	36,3	+34	08	CA	Aur	16	6,3	4 200	12,13
M 37	2099	05	53,0	+32	33	CA	Aur	24	6,2	4 200	13
M 38	2912	05	28,7	+35	30	CA	Aur	18	7,4	4 200	12, 13
M 39	7092	21	32,3	+48	46	CA	Cyg	32	5,2	815	9
M 40*	—	12	22,2	+58	05	*	UMa	—	9,0	—	6
M 41	2287	06	47,0	-20	46	CA	CMa	32	4,6	2 200	37, 38
M 42 (Neb. Orión)	1976	05	35,3	–05	23	NEB	Ori	66x60	4,8	1 500	25
M 43*	1982	05	35,5	–05	16	NEB	Ori	—	9,0	1 500	25
M 44 (Pesebre)	2632	08	40	+20	00	CA	Cnc	90	3,7	515	14, 15
M 45 (Pléyades)	—	03	47,5	+24	07	CA	Tau	120	1,6	410	12
M 46	2437	07	41,8	–14	49	CA	Pup	27	6,0	5 900	26
M 47	2422	07	36,6	–14	29	CA	Pup	25	5,0	—	26
M 48	2548	08	13,8	–05	48	CA	Hya	30	6,0	—	26
M 49	4472	12	29,8	+08	00	G	Vir	4x4	8,6	36 000 000	28
M 50	2323	07	03,0	–08	21	CA	Mon	16	6,3	2 970	25, 26
M 51 (G. Torbellino)	5194	13	29,9	+47	12	G	CVn	12x6	8,1	6 500 000	6, 7
M 52	7654	23	24,2	+61	36	CA	Cas	13	7,3	6 850	9
M 53	5024	13	12,9	+18	10	CG	Com	15	7,6	65 200	16, 17
M 54	6715	18	55,1	–30	28	CG	Sgr	6	7,3	48 900	43, 44
M 55	6809	19	40,0	–30	57	CG	Sgr	15	6,9	18 900	44
M 56	6779	19	16,6	+30	11	CG	Lyr	5	8,2	45 650	19, 20
M 57 (Anular Lyra)	6720	18	53,6	+33	02	NP	Lyr	1x1	9,3	1 800	19, 20
M 58	4579	12	37,7	+11	49	G	Vir	4x3	9,2	36 000 000	28
M 59	4621	12	42,0	+11	39	G	Vir	3x2	9,6	36 000 000	28, 29
M 60	4649	12	43,7	+11	33	G	Vir	4x3	9,3	36 000 000	28, 29
M 61	4303	12	21,9	+04	28	G	Vir	6	9,7	36 000 000	28
M 62	6266	17	01,2	–30	07	CG	Oph	6	6,6	22 500	42, 43
M 63	5055	13	15,8	+42	02	G	CVn	8x3	9,5	13 000 000	16, 17
M 64	4826	12	56,7	+21	41	G	Com	8x4	8,8	19 500 000	16, 17
M 65	3623	11	18,9	+13	06	G	Leo	8x2	9,3	?	27, 28
M 66	2682	11	20,3	+13	00	G	Leo	8x2	8,4	?	27, 28
M 67	2682	08	51,3	+11	48	CA	Cnc	18	6,1	2 700	26, 27

Tabla A-3 *(continuación)*

N.º M	N.º NGC	A. R. h.	m.	DEC. °	′	Objeto	Const.	T ′	Mv	DIST. años luz	Carta N.º
M 68	4590	12	39,5	−26	45	CG	Hya	9	8,0	39 100	40, 41
M 69	6637	18	31,4	−32	21	CG	Sgr	4	8,9	23 500	43, 44
M 70	6681	18	43,2	−32	17	CG	Sgr	4	9,6	65 200	43, 44
M 71	6838	19	53,7	+18	47	CG	Sge	6	9,0	17 950	20
M 72	6981	20	53,5	−12	32	CG	Aqr	5	9,8	58 700	32,33
M 73	6994	20	59,0	−12	38	CA	Aqr	—	—	—	32, 33
M 74	628	01	36,7	+15	47	G	Psc	8	10,2	?	11
M 75	6864	20	06,1	−21	55	CG	Sgr	5	8,0	78 250	44
M 76	650	01	42,2	+51	34	NP	Per	2×1	11,4	8 150	2, 3
M 77	1068	02	42,7	−00	01	G	Cet	2	8,9	?	23, 24
M 78	2068	05	46,7	+00	04	NEB	Ori	8×6	8,3	1 630	25
M 79	1904	05	24,2	−24	31	CG	Lep	8	7,9	42 400	36, 37
M 80	6093	16	17,0	−22	59	CG	Sco	5	7,7	35 850	42
M 81	3031	09	55,8	+69	04	G	UMa	16×10	7,0	9 800 000	5, 6
M 82	3034	09	56,2	+69	42	G	UMa	7×2	8,4	9 800 000	5, 6
M 83	5236	13	37,7	−29	52	G	Hya	10×8	10,1	13 000 000	41
M 84	4374	12	25,1	+12	53	G	Vir	3	9,3	36 000 000	28
M 85	4382	12	25,4	+18	11	G	Com	4×2	9,3	36 000 000	16
M 86	4406	12	26,2	+12	57	G	Vir	4×3	9,7	36 000 000	28
M 87	4486	12	30,8	+12	23	G	Vir	3	9,2	36 000 000	28
M 88	4501	12	32,0	+14	25	G	Com	6×3	10,2	36 000 000	28
M 89	4552	12	35,7	+12	33	G	Vir	2	9,5	36 000 000	28
M 90	4569	12	36,8	+13	10	G	Vir	6×3	10,0	36 000 000	28
M 91	4548	12	35,4	+14	30	G	Com	—	9,5	—	28
M 92	6341	17	17,1	+43	08	CG	Her	12	6,3	35 850	18, 19
M 93	2447	07	44,6	−23	53	CA	Pup	18	6,0	3 600	38
M 94	4736	12	50,9	+41	07	G	CVn	6×4	7,9	19 500 000	16, 17
M 95	3351	10	44,0	+11	42	G	Leo	3	9,9	?	27, 28
M 96	3368	10	46,8	+11	49	G	Leo	7×4	9,1	?	27, 28
M 97 (N. Lechuza)	3587	11	14,9	+55	01	NP	UMa	3	12,0	2 600	5, 6
M 98	4192	12	13,8	+14	54	G	Com	8×2	10,4	36 000 000	28
M 99	4254	12	18,8	+14	25	G	Com	4	9,9	36 000 000	28
M 100	4321	12	22,9	+15	49	G	Com	5	9,9	36 000 000	28
M 101	5457	14	03,2	+54	21	G	UMa	22	8,1	9 800 000	6, 7

Tabla A-3 *(continuación)*

N.° M	N.° NGC	A. R. h.	m.	DEC. °	'	Objeto	Const.	T '	Mv	DIST. años luz	Carta N.°
M 102**											
M 103	581	01	33,1	+60	42	CA	Cas	6	7,4	8 500	2, 3
M 104 (G. Sombrero)	4594	12	40,0	−11	37	G	Vir	7×2	8,4	14 350 000	28, 29
M 105	3379	10	47,9	+12	35	G	Leo	2×2	9,2	?	27, 28
M 106	4258	12	19,0	+47	18	G	UMa	20×6	8,6	?	6
M 107	6171	16	32,5	−13	03	CG	Oph	8	9,0	7 200	30
M 108	3556	11	11,6	+55	40	G	UMa	8×2	10,5	?	5,6
M 109	3992	11	57,7	+53	22	G	UMa	7	10,6	?	6

ABREVIATURAS

N.° M: Número del objeto Messier. NGC: Número del Nuevo Catálogo General (New General Catalogue), de Dreyer, que incluye más de 13.000 objetos tras sus ampliaciones. A.R.: Ascensión recta. DEC.: Declinación. Const.: Constelación a la que pertenece el objeto. T.: Tamaño o diámetro aparente del objeto en minutos de arco. M_V: Magnitud visual. DIST.: Distancia. CA: Cúmulo abierto. CG: Cúmulo globular. G: Galaxia. NEB: Nebulosa. NP: Nebulosa planetaria.

** Estrella doble.*
*** No existe.*

Tabla A-4
LAS ESTRELLAS MÁS CERCANAS

Nombre	Constelación	M_V	M_A	T.E.	V.R. km/s	DIST. años luz	Caract.
Próxima	Centaurus	11,0	15,4	M5	–16	4,2	E, m
Alfa Centauri$_1$	Centaurus	0,0	4,4	G2	-22	4,3	E, m
Alfa Centauri$_2$	Centaurus	1,4	5,8	K1	-22	4,3	E, m
Barnard	Ophiuchus	9,5	13,2	M5	108	6,0	E
Wolf 359	Leo	13,5	16,7	M8	+13	7,7	E
Lalande 21185	Ursa Major	7,5	10,5	M2	-84	8,2	E
Luyten 726–8	Cetus	12,5	15,5	M6	+29	8,4	E, m
Sirius	Canis Major	–1,4	1,4	A1	-8	8,8	E, m
Ross 154	Sagittarius	10,5	13,1	M5	-4	9,5	E
Ross 248	Andromeda	12,3	14,8	M6	-81	10,4	E
ε Eridani	Eridanus	3,7	6,1	K2	+16	10,8	E
Ross 128	Virgo	11,1	13,5	M5	–13	10,9	E
61 Cygni A	Cygnus	5,2	7,6	K5	-64	11,1	E, m
61 Cygni B	Cygnus	6,0	8,4	K7	-64	11,1	E, m
ε Indi	Indus	4,7	–7,0	K5	-40	11,2	E
BD+43° 44 A	Andromeda	8,1	10,4	M1	+13	11,2	E, m
BD+43° 44 B	Andromeda	11,1	–13,4	M6	+20	11,2	E, m
Tau Ceti	Cetus	3,5	5,7	G8	–16	11,8	E

ABREVIATURAS

T. E.: Tipo espectral de la componente más brillante. M_V: Magnitud visual. M_A: Magnitud absoluta. Es la magnitud que tendría la estrella si se hallara a 32,6 años luz de distancia del Sol. DIST.: Distancia a la que se halla del Sol en años luz. E: Enanas. m: Sistema múltiple (dos o más estrellas). V. R.: Velocidad radial en kilómetros por segundo.

Tabla A-5
PRINCIPALES GALAXIAS

N.° NGC	MESSIER*	A. R. h.	m.	DEC. °	′	Tipo	Constelación	T ′	Mv
55		00	15	−39	11	S	Sculptor	25,0×3,0	7,8
205		00	40	+41	41	E	Andromeda	8,0×3,0	9,5
221	M 32	00	43	+40	52	E	Andromeda	2,6×2,1,	8,2
224	M 31	00	43	+41	16	S	Andromeda	160×40	3,5
247		00	47	−20	46	S	Cetus	18,0×5,0	10,7
253		00	48	−25	17	S	Sculptor	22,0×6,0	7,0
Pequeña Nube		00	53	−72	50	I	Tucana	216×216	2,8
598	M 33	01	34	+30	39	S	Triangulum	60×40	5,8
628	M 74	01	37	+15	47	S	Pisces	8×8	10,2
Gran Nube		05	24	−69	45	I	Dorado	432×432	0,6
2403		07	37	+65	36	S	Camelopardalis	16×10	8,8
2903		09	32	+21	30	S	Leo	11,0×5,0	9,7
3031	M 81	09	56	+69	04	S	Ursa Major	16×10	7
3034	M 82	09	56	+69	41	I	Ursa Major	7,0×1,5	8,4
3351	M 95	10	44	+11	42	S	Leo	3×3	9,9
3368	M 96	10	47	+11	49	S	Leo	7,0×4,0	9,1
3379	M 105	10	48	+12	35	S	Leo	2,0×2,0	9,2
3556	M 108	11	12	+55	40	S	Ursa Major	8,0×2,0	10,1
3623	M 65	11	19	+13	06	S	Leo	8,0×2,0	9,3
3627	M 66	11	20	+13	06	S	Leo	8,0×2,0	8,4
4565		12	36	+25	59	S	Coma Berenices	15×1	9,6
4594	M 104	12	40	−11	37	S	Virgo	7×2	8,4
4631		12	42	+32	32	S	Canes Venatici	12×1	9,3
4725		12	50	+25	30	S	Coma Berenices	5,0×4,0	9,5
5005		13	12	+37	04	S	Canes Venatici	8,0×3,0	9,9
5128 (Centauro A)		13	25	−43	01	I	Centaurus	10,0×8,0	7,5
5236	M 83	13	37	−29	52	S	Hydra	10,0×8,0	10,1
5457	M 101	14	03	+54	21	S	Ursa Major	22×22	8,1
7331		22	37	+34	25	S	Pegasus		9,6
7793		23	58	−32	35	S	Sculptor	6,0×4,0	9,7

ABREVIATURAS

NGC: Número del Nuevo Catálogo General. A.R.: Ascensión recta. DEC.: Declinación. T.: Diámetro aparente en minutos de arco. Mv.: Magnitud visual. S.: Espiral. E.: Elíptica. I.: Irregular.

** Si se desea ver la lista completa de galaxias del catálogo Messier, búsquese la tabla A-3.*

Tabla A-6
SATÉLITES DEL SISTEMA SOLAR

PLANETA Y NOMBRE	Diámetro (km)	Magnitud visual	Descubridor y fecha
LA TIERRA			
Luna	3 476	−12,5	
MARTE			
Fobos	26×22×20	11,3	Asaph Hall (1877)
Deimos	15×12×12	12,4	Asaph Hall (1877)
JÚPITER			
Ganímedes	5 300	4,6	Galileo (1610)
Europa	3 150	5,3	Galileo (1610)
Ío	3 630	5,0	Galileo (1610)
Calisto	4 800	5,6	Galileo (1610)
Amaltea	135×80×75	14,1	Barnard (1892)
Leda	16	20	Kowal (1974)
Himalia	180	14,7	Charles D. Perrine (1904)
Tebe	100	—	Nave Voyager (1979)
Pasiphae	70	17,8	Melotte (1908)
Elara	80	16,5	Charles D. Perrine (1904)
Metis	40	—	Nave Voyager (1979)
Carme	44	18,0	Nicholson (1938)
Sinope	40	18,3	Nicholson (1914)
Ananke	30	19,0	Nicholson (1951)
Lysithea	40	18,4	Nicholson (1938)
Adrastea	25×20×15	—	Nave Voyager (1979)
SATURNO			
Titán	5 150	8,3	Huygens (1655)
Rhea	1 530	9,7	Cassini (1672)
Japeto	1 440	11,2	Cassini (1671)
Dione	1 120	10,4	Cassini (1684)
Tetis	1 050	10,3	Cassini (1684)
Encelado	500	11,6	William Herschel (1789)
Mimas	400	12,9	William Herschel (1789)
Hiperion	350×240×200	14,0	William C. Bond (1848)
Febe	230×220×210	16,3	William Pickering (1898)
Jano	220×190×160	15,0	Dollfus, Fountain y Larson

Tabla A-6 *(continuación)*

PLANETA Y NOMBRE	Diámetro (km)	Magnitud visual	Descubridor y fecha
SATURNO (cont.)			
Epimethens	140x120x100	—	Dollfus, Fountain y Larson (1966)
Prometeo	140x100x80	—	Nave Voyager (1980)
Pandora	110x45x70	—	Nave Voyager (1980)
Helena	40x30	—	Lecacheux y Laques (1980)
Atlas	40x30	17,0	Terrile (1980)
Calipso	30x30x15	19	Smith (1980)
Telesto	20x20	19,0	Smith (1980)
S1/1995	70	—	Telescopio Hubble
S2/1995	70	—	Telescopio Hubble
URANO			
Titania	1 600	14,0	William Herschel (1787)
Oberon	1 550	14,2	William Herschel (1787)
Ariel	1 120	14,5	William Lassell (1851)
Umbriel	1 200	15,3	William Lassell (1851)
Miranda	500	16,5	Gerard Kuiper (1948)
Punk	170	—	Nave Voyager (1985)
Julieta	80	—	Nave Voyager (1986)
Porcia	80	—	Nave Voyager (1986)
Rosalinda	60	—	Nave Voyager (1986)
Belinda	60	—	Nave Voyager (1986)
Cresida	60	—	Nave Voyager (1986)
Desdémona	60	—	Nave Voyager (1986)
Bianca	50	—	Nave Voyager (1986)
Cordelia	50	—	Nave Voyager (1986)
Ofelia	50	—	Nave Voyager (1986)
NEPTUNO			
Tritón	3 500	13,6	William Lassell (1846)
Nereida	400	18,7	Gerard Kuiper (1949)
Proteo	420	—	Nave Voyager (1989)
Larisa	200	—	Nave Voyager (1989)
Galatea	160	—	Nave Voyager (1989)
Nayade	50	—	Nave Voyager (1989)
Despina	140	—	Nave Voyager (1989)

Tabla A-6 *(continuación)*

PLANETA Y NOMBRE	Diámetro (km)	Magnitud visual	Descubridor y fecha
NEPTUNO (cont.)			
Thalassa	90	—	Nave Voyager (1989)
PLUTÓN			
Caronte	1 200	17,0	James W. Christy (1978)

Tabla A-7
ESTRELLAS DOBLES

Nombre	Nombre griego	A. R. h.	m.	s.	DEC. °	′	″	A	B	SEP. ″	N.° Aitken
Almach	γ Andromedae	02	03	54	+42	19	47	2,3	5,1	10,0	1630
Alfirk	β Cephei	21	28	39	+70	33	39	3,3	7,9	13,0	15032
Albireo	β Cygni	19	30	43	+27	57	35	3,1	5,1	34,0	12540
Antares	α Scorpii	16	29	24	–26	25	55	1,1	6,5	2,9	10074
Graffias	β Scorpii	16	05	26	–19	48	19	2,9	5,1	14,0	9913
Schedir	α Cassiopeiae	00	40	30	+56	32	15	2,2	8,9	63,0	561
	η Cassiopeiae	00	49	06	+57	48	58	3,5	7,2	12,0	671
Mintaka	δ Orionis	05	32	00	–00	17	57	2,2	6,7	53,0	
Rigel	β Orionis	05	14	32	–08	12	06	0,1	7,0	9,2	3823
Alnitak	ζ Orionis	05	40	45	–01	56	33	1,9	4,2	2,4	
Castor	α Geminorum	07	34	36	+31	53	19	2,0	2,8	2,7	6175
Algieba	γ Leonis	10	19	58	+19	50	30	2,5	3,5	4,0	7724
Porrima	γ Virginis	12	41	40	–01	26	57	3,5	3,5	3,6	8630
Polaris	α Ursae Minoris	02	31	49	+89	15	51	2,0	9,0	18,3	1477
Aldebarán	α Tauri	04	35	55	+16	30	33	1,0	11,0	31,4	3321
Mizar	ζ Ursae Majoris	13	23	56	+54	55	31	2,3	4,0	14,5	8891
Cor Caroli	α C. Venaticor.	12	56	02	+38	19	06	2,9	5,6	20,0	8706
Rasalgethi	α Herculis	17	14	39	+14	23	25	3,2	5,4	4,6	10418
	δ Herculis	17	15	02	+24	50	21	3,1	8,7	9,0	10424
	ε $Lyrae_1$	18	44	30	+39	40	00	5,0	6,1	2,6	11635
	δ $Lyrae_2$	18	44	40	+39	37	00	5,2	5,5	2,4	11635
Acamar	θ Eridani	02	58	16	–40	18	17	3,2	4,4	8,5	
Atik	ζ Persei	03	54	08	+31	53	01	2,9	9,4	13,0	
	ε Persei	03	57	51	40	00	37	2,9	8,1	9,0	2888
Sirius	α Canis Majoris	06	45	09	–16	42	47	–1,4	8,5	4,5	5423
Adhara	ε Canis Majoris	06	58	37	–28	58	20	1,5	8,1	7,4	5654
Izar	ε Boötis	14	44	59	+27	04	27	2,4	5,1	2,9	9372
Acrux	α Crucis	12	26	35	–63	05	57	1,3	1,6	4,7	
Alpha Centauri	α Centauri	14	39	41	–60	50	07	0,0	1,4	19,7	

ABREVIATURAS

A. R.: Ascensión recta. DEC.: Declinación. A: Magnitud visual de la estrella principal. B: Magnitud visual de la segunda componente. SEP.: Separación o distancia aparente entre las dos estrellas en segundos de arco. El número de Aitken corresponde al catálogo de estrellas dobles del mismo nombre.

Tabla A-8
ESTRELLAS VARIABLES

Nombre	Nombre griego	A. R. h.	m.	s.	DEC. °	′	M_{v1}	M_{v2}	PERÍODO Días	TIPO
Algol	β Persei	03	08	10	+40	57.4	2,1	3,5	2,9	E
	δ Cephei	22	29	10	+58	24.9	3,5	4,4	5,4	C
Mira	o Ceti	02	19	21	–02	58.7	3,4	9,3	332	M
Sheliak	β Lyrae	18	50	05	+33	21,8	3,3	4,3	12,9	BL
	T Cassiopeiae	02	23	15	+55	47.6	7,9	12,0	445	M
	L Carinae	09	45	15	–62	30.4	3,4	4,1	35	C
	T Cephei	21	09	32	+68	29.4	6,0	10,3	388	M
	R Centauri	14	16	34	–59	54.8	5,9	10,8	546	M
	V Cassiopeiae	23	11	39	+59	41.9	7,5	12,2	229	M
	RR Lyrae	19	25	28	+42	47,8	7,3	8,1	0,6	RR
	ζ Geminorum	07	04	07	+20	34.2	3,7	4,3	10,2	C

ABREVIATURAS

A. R.: Ascensión recta. DEC.: Declinación. M_{v1}: Magnitud más brillante. M_{v2}: Magnitud más débil. E: Variable eclipsante. C: Variable cefeida. M: Variable del tipo Mira. BL: Variable del tipo Beta Lyrae. RR: Variable del tipo RR Lyrae.

Tabla A-9
PROPIEDADES DE LOS PLANETAS

Planeta	Distancia media al Sol en km	Diámetro en km	Duración de la rotación	Período sideral	M_{v1}	Masa Tierra=1	I °
Mercurio	60 000 000	4 877	58,7 días	88 días	–2,0	0,06	7,5
Venus	108 000 000	12 100	–243 días*	225 días	–4,4	0,8	3,5
La Tierra	150 000 000	12 750	24 horas	365 días	—	1	0,01
Marte	228 000 000	6 800	24 horas	687 días	–2,8	0,11	1,8
Júpiter	780 000 000	142 800	10 horas	12 años	–2,8	318	1,2
Saturno	1 425 000 000	120 000	10,5 horas	29,5 años	0,5	95,2	2,5
Urano	2 870 000 000	51 200	15,6 horas	84 años	5,8	14,6	0,8
Neptuno	4 500 000 000	49 500	18,4 horas	165 años	7,7	17,3	1,6

ABREVIATURAS

M_{v1}: Magnitud más brillante en las épocas más favorables. I: Inclinación respecto a la eclíptica, en grados.

La distancia al Sol se refiere al promedio durante la órbita.

* El signo negativo indica que el sentido de giro en la rotación es retrógrado.

Índice onomástico y de materias

Glosario

Índice onomástico y de materias

(Los números señalados en letra negrita corresponden a las páginas de las ilustraciones; en cursiva, a las páginas de las referencias principales y en color azul a las páginas de los mapas celestes del Atlas de las Estrellas)

N

ABREVIATURAS

I o IC: Objeto del Index Catalogue. M: Objeto del Catálogo Messier. NGC: Objeto del Nuevo Catálogo General (New General Catalogue).

Glosario

Aberración: defecto que originan en las imágenes los objetivos, ya sean lentes o espejos. Las más importantes son la aberración cromática, la aberración esférica, astigmatismo y coma.

Abertura: diámetro del objetivo de un instrumento óptico, como un telescopio o unos prismáticos. De él depende su capacidad para recoger luz y para distinguir detalles pequeños (resolución) en los objetos celestes, por lo que es el principal factor a tener en cuenta.

Acimutal: tipo de sencilla montura telescópica en la que el dispositivo óptico puede moverse en dos ejes, vertical y horizontal.

Acromático: término que se usa para las lentes clásicas de los refractores de aficionado. Están compuestas por dos elementos, *flint* y *crown*, cuya doble función reduce la aberración cromática a índices residuales.

Afelio: punto de la órbita de un cuerpo celeste, como un planeta o un cometa, en el que se halla a su máxima distancia del Sol.

Agujero negro: objeto cósmico en el que la fuerza de la gravedad es tan intensa que la velocidad de escape es mayor que la de la luz, por lo que ni siquiera ésta puede salir de él.

Año luz: es la distancia que recorre la luz en un año. Por tanto, al propagarse a casi 300 000 kilómetros por segundo, esta medida equivale a 9,46 billones de kilómetros.

Ápex solar: punto de la bóveda celeste hacia el que se dirige el Sol en su desplazamiento alrededor del centro de la Vía Láctea. Se halla en la dirección de la estrella Vega, la más brillante del hemisferio celeste norte.

Ascensión recta: coordenada astronómica que equivale a la longitud terrestre. Se mide en horas, minutos y segundos.

Asterismo: figura formada por un grupo de estrellas que no corresponde a la forma de una constelación. Un ejemplo es el de «las tres Marías» en el Cinturón de Orión.

Asteroide: cuerpos celestes con la misma constitución rocosa que los planetas terrestres, pero de tamaño muy inferior, que no supera los 1 000 kilómetros. Una gran parte se halla en un cinturón principal entre las órbitas de Marte y Júpiter y, en muchas ocasiones, tienen forma irregular.

Astrógrafo: telescopio refractor que se utiliza específicamente para estudios fotográficos del firmamento. Sus lentes tienen un índice de corrección mucho más elevado que el de un refractor normal para la observación visual.

Binarias: estrellas que forman un sistema constituido por dos de ellas girando alrededor de un centro de masas común. Aunque significa lo mismo que estrella doble, para el aficionado ésta puede ser un par visual que no pertenece a un mismo sistema físico, como Mizar y Alcor.

Bólido: meteoro cuya intensa luz ilumina espectacularmente el cielo durante unos instantes, en ocasiones dejando tras de sí una gran estela. Si es de gran tamaño, el objeto termina cayendo a la superficie terrestre, lo que da lugar a un meteorito.

Buscador: pequeño anteojo, de campo similar al de unos prismáticos, que incorporan la mayor parte de los telescopios. Los ejes ópticos de éste y aquél están perfectamente alineados, por lo que el buscador sirve para localizar un objeto celeste cualquiera que después se observa en detalle por el telescopio.

Cabellera: parte de un cometa que envuelve como un halo el núcleo cometario.

Cefeidas: es la clase más importante de estrellas variables, cuyo brillo oscila porque son pulsantes. Deben su nombre a la estrella Delta Cephei, que es su prototipo.

Cenit: el punto más alto del la bóveda celeste, situado a 90 grados sobre el horizonte.

Centelleo: cambios de gran rapidez en el brillo de una estrella o de un planeta, cuya imagen parece parpadear. Se debe a las alteraciones del índice de refracción del aire cuando existe inestabilidad atmosférica.

Circumpolar: estrellas o constelaciones próximas a ambos polos celestes y que permanecen visibles en cualquier época del año por encima del horizonte.

Cometa: pequeño cuerpo celeste, con un tamaño de sólo varios kilómetros, que al aproximarse al Sol se volatiliza y forma una gran cola, en algunos casos de cientos de millones de kilómetros.

Constelación: uno de los 88 grupos de estrellas que además de aparentar alguna figura o forma ha sido clasificado por la Unión Astronómica Internacional para delimitar el cielo en zonas.

Corona solar: es la parte exterior de la atmósfera del Sol. Aunque en condiciones normales no es visible por el resplandor, durante eclipses totales es posible contemplarla. También puede observarse con un instrumento especial denominado coronógrafo.

Cuásar: el objeto celeste más distante que se conoce. Su aspecto es similar al de una estrella, pero los estudios espectroscópicos revelan un fuerte desplazamiento de sus ondas luminosas hacia el rojo, lo que sugiere que se aleja a una espectacular velocidad.

Eclíptica: línea imaginaria que dibuja el Sol en su movimiento aparente por el cielo y que atraviesa las constelaciones zodiacales. Consecuentemente, el plano de la eclíptica corresponde al de la órbita de la Tierra alrededor del Sol. Recibe dicho nombre porque en ella se producen los eclipses al alinearse el Sol, la Tierra y la Luna.

Estrella fugaz: es lo mismo que un meteoro y, a pesar de su nombre, nada tiene ver con las estrellas verdaderas. En realidad se trata de un fenómeno atmosférico, que se produce por el encuentro de la Tierra con las partículas y corpúsculos que vagan por el espacio. Al entrar en la atmósfera se vuelven incandescentes y, por ello, pueden verse en la oscuridad nocturna. Si el meteoro es grande y llega a caer al suelo, en todo o en parte, forma un meteorito.

Fotosfera: superficie visible del Sol, en la que se observan las manchas y las fáculas.

Galaxia: gigantesca agrupación de miles de millones de estrellas, que están juntas por la atracción gravitatoria. Las galaxias forman, a su vez, cúmulos y supercúmulos.

Límite de Chandrasekhar: umbral que determina la frontera entre una estrella estable y su colapso. Equivale a 1,4 masas solares. Si la de la estrella en cuestión supera dicho límite, al final de su evolución terminará convertida en púlsar o agujero negro a causa de su propia fuerza gravitatoria.

Magnitud: es la escala con la que se mide el brillo de los objetos visibles en el cielo. Los astros más brillantes tienen magnitud negativa, como el Sol, la Luna, Venus y las principales estrellas. En cambio, cuanto mayor es el número de la magnitud, menor es el brillo de un objeto. El ojo humano puede alcanzar, en condiciones normales, hasta la magnitud 6 o 6,5.

Magnitud aparente: en realidad es lo mismo que se conoce genéricamente como magnitud, es decir, la escala que se aplica a la intesidad lumínica de los astros. El concepto, sin embargo, trata de establecer que el brillo que vemos de un objeto cambiaría si lo observáramos desde una distacia diferente.

Magnitud absoluta: magnitud aparente que tendría una estrella u objeto celeste si la observáramos desde una distancia de 32,6 años luz (10 parsecs). El Sol, que en condiciones normales tiene una magnitud de –26,8, perdería tanto brillo a 32,6 años luz que lo veríamos como una débil estrella de magnitud 4,8.

Materia oscura: parte del Universo que no puede observarse pero cuya existencia se sospecha ante su influencia gravitatoria. Se cree que la masa del universo conocido apenas supera un 20% de la total.

Nebulosa difusa: objeto celeste con aspecto de nube que está formado por gas o polvo, o por ambas cosas a la vez. Algunas de ellas, como la Nebulosa del Águila y la Nebulosa de Orión son auténticos nidos de la Vía Láctea en el que nacen numerosas estrellas de forma continua.

Nebulosa planetaria: este objeto, habitualmente de tamaño muy inferior al de las nebulosas difusas, debe su nombre a su aspecto compacto, similar al de un planeta. Sin embargo, está formada por las nubes gaseosas que expelen algunas estrellas en trance de muerte, durante las últimas fases de su evolución.

Nova: estrella que aumenta repentinamente su brillo a causa de una explosión. Se llamaron así en la antigüedad porque al aparecer en el cielo se las consideraba una nueva estrella.

Paralaje: aunque este término indica genéricamente los cambios de posición de un objeto al observarlo desde dos puntos diferentes, en astronomía se utiliza para calcular las distancias estelares. Así, se efectúan dos observaciones diferentes de una estrella cuando la Tierra ocupa cada extremo de su órbita alrededor del Sol. El desplazamiento angular de la estrella sobre el fondo permite determinar la distancia a la que se halla.

Parsec: unidad utilizada para determinar la distancia que equivale a 3,26 años luz. Tal sería la distancia de una estrella que describiera un paralaje de un segundo de arco.

Perihelio: punto de la órbita de un cuerpo celeste en el que ésta más próximo al Sol.

Púlsar: uno de los cuerpos celestes más vertiginosos del Universo, formado por una estrella de neutrones que gira sobre su eje a gran velocidad.

Secuencia principal: período estable de la vida de una estrella en el que se alimenta energéticamente durante miles de millones de años al transformar en su interior hidrógeno en helio. La denominación fue acuñada por Ejnar Hertzsprung y Henry Norris Russell en su famoso diagrama, que crearon de forma independiente al estudiar su luminosidad y color. Dentro de él, una gran parte de les estrellas, entre las cuales está el Sol, ocupa una gran franja diagonal que corresponde a la Secuencia Principal.

Supernova: una estrella en explosión que aumenta millones de veces su brillo habitual, superando, incluso, el de la galaxia a la que pertenece.

Unidad astronómica: es la distancia media que separa al Sol de la Tierra, o lo que es lo mismo, casi 150 millones de kilómetros.

Variable: estrella que oscila en su brillo. Pueden ser pulsantes, como las cefeidas, o binarias eclipsantes, como Algol. En éstas, la pérdida de luz se produce cuando otra estrella que pertenece al mismo sistema físico pasa por delante de la componente principal y la eclipsa.

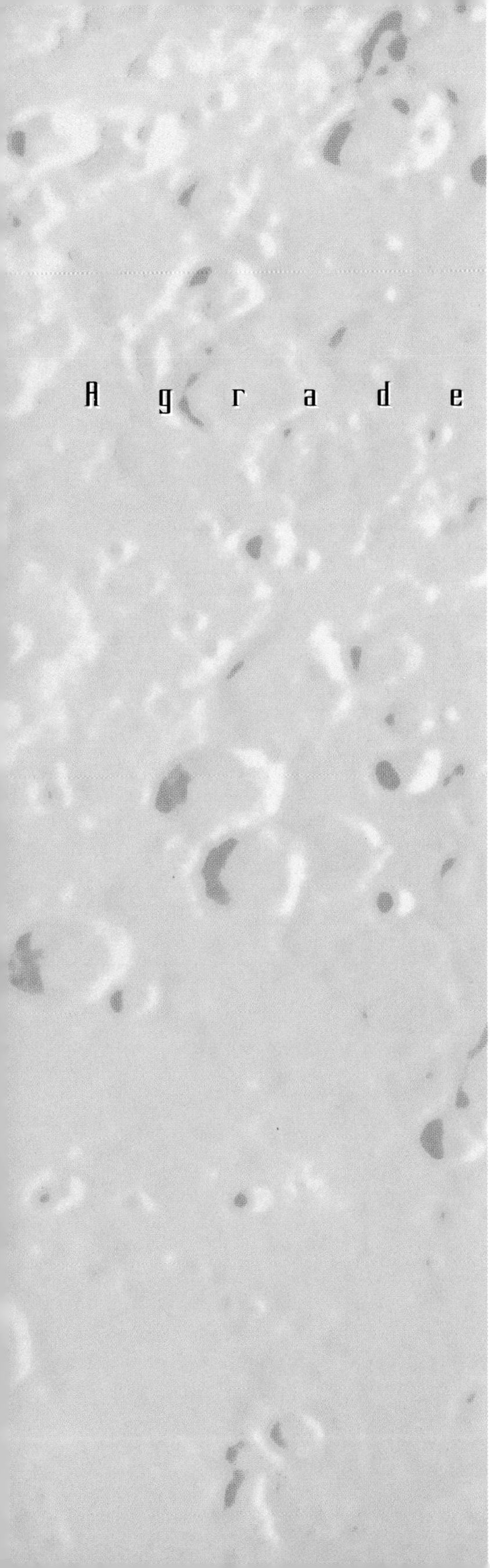

Agradecimientos

Esta obra no hubiera sido posible sin la colaboración de numerosos profesionales y aficionados a la astronomía, que han trabajado de forma desinteresada para la elaboración de este libro. Quiero dar las gracias de manera especial a Patricia Craig, del Instituto Carnegie de Washington; a Joan C. Horvat, del *Jet Propulsion Laboratory* de la NASA; a Simon Vermeer y María Menéndez, de la Agencia Espacial Europea, y a Calvin J. Hamilton.

A Carmen del Puerto y Begoña López, del Instituto de Astrofísica de Canarias, por su constante colaboración y apoyo, y a Fernando Moreno, del Instituto de Astrofísica de Andalucía, por idéntico motivo.

Estoy en deuda con Álvaro López, director del Observatorio Astronómico de la Universidad de Valencia, que me ha permitido acceder a un ingente material bibliográfico, documental y fotográfico imprescindible para el libro. Mi gratitud la hago extensiva a Antonio Ten, que no ha tenido reparos en facilitarme una parte de su valiosa colección bibliográfica.

A Vladímir Yershov, del Observatorio Astronómico de Pulkovo, Rusia, y a José Carlos Guirado, del planetario de Valencia, por sus gestiones para obtener una parte importante del material utilizado.

Los infogramas son obra de Marcos Gil Fons, y en el tratamiento de las fotografías e ilustraciones ha sido indispensable la colaboración de Carlos, Nuria y José Benet, así como de Óscar Romero y Antonio Maroto.

Finalmente, tengo un agradecimiento especial para mis padres, por haberme recopilado documentos de su colección particular sobre astronomía y astronáutica que me han sido de gran utilidad.

Vicente Aupí